高等学校"十一五"规划教材

化工分离工程

主　编　宋　华　陈　颖

副主编　李　锋　高彦华　张娇静

哈尔滨工业大学出版社

内 容 简 介

本书主要介绍化工生产中常用的平衡分离过程的基本原理和设计计算方法。包括多组分精馏,特殊精馏,吸收过程及分离方法的选择和发展。每章后附有习题及参考文献。全书注重基本理论及其在工程实际中的应用,内容由浅入深便于自学。

本书可作为高等院校化工专业教材,也可供有关生产设计部门的工程技术人员参考。

图书在版编目(CIP)数据

化工分离工程/宋华,陈颖主编. —2 版. —哈尔滨:哈尔滨工业大学出版社,2008.8(2015.7 重印)

ISBN 978-7-5603-1877-6

Ⅰ.化… Ⅱ.①宋…②陈… Ⅲ.化工过程-分离法(化学) Ⅳ.TQ028

中国版本图书馆 CIP 数据核字(2008)第 084311 号

责任编辑	张秀华 孙连嵩
封面设计	卞秉利
出版发行	哈尔滨工业大学出版社
社　　址	哈尔滨市南岗区复华四道街 10 号　邮编150006
传　　真	0451 - 86414749
网　　址	http://hitpress.hit.edu.cn
印　　刷	哈尔滨工业大学印刷厂
开　　本	787mm×1092mm　1/16　印张 17　字数 393 千字
版　　次	2008 年 8 月第 2 版　2015 年 7 月第 7 次印刷
书　　号	ISBN 978-7-5603-1877-6
定　　价	30.00 元

前　言

根据"厚基础、宽专业、多方向、强能力"的要求和教育部 1998 年调整的专业目录，我们编写了《化工分离工程》一书，以适应培养跨世纪高水平人才的需要。

化工分离工程作为化学工程学科的一个重要分支，是根据分离过程的基本原理以及从实验或生产中得到的有关分离资料，研究化学工业生产中大规模物质分离过程的学科。而化工分离工程课则是物理化学、化工热力学及化工原理等理论课程的后续课程，主要讨论化学工业和化学工程领域中常见的分离过程，是化工工程与工艺专业和相关化工专业的专业课。其主要任务是使学生掌握当前的分离单元过程（多组分精馏、萃取精馏、恒沸精馏、吸收过程及吸附过程）的基本原理、基础知识和设计计算方法，了解分离过程的前沿技术，加强基本概念和基本理论的训练，培养学生分析实际问题的方法和解决工程问题的能力，以打下分离工程方面的扎实基础。

全书包括多组分精馏、特殊精馏、吸收过程、吸附过程及分离方法的选择和发展等五章，每章后面都附有习题及参考文献。本书注重理论联系实际，密切结合工程实际问题，内容由浅入深、循序渐进，力求概念清晰、层次分明，便于自学。本书可作为化工类及相关专业的本科生教材，也可供有关科研、设计及生产单位的科技人员参考。

本书由宋华、陈颖主编，李锋、高彦华、张娇静副主编。绪论、第一章第七节、第四章第五节、第五章由宋华编写，第三章由陈颖编写，第一章第一至第六节由李锋编写，第二章第一、二、四节及习题由高彦华编写，第四章第一至第四节及习题、第二章第三节由张娇静编写。

限于作者水平，书中不足及欠妥之处在所难免，恳请使用本书的师生和读者批评指正。

编　者

2008 年 3 月

目　录

绪　　论

化学工业生产原料来源广泛,产品种类繁多,生产的方法各异,但都有原料预处理、化学反应、加工精制等过程。原料预处理之所以必要,是因为存在于自然界的原料多数是不纯的。例如,石油是由多种碳氢化合物组成的混合物,煤也是组分复杂的固体混合物;其中有我们需要的物质,也有我们不需要的甚至有害的物质。如果直接采用这样的原料去进行化学反应,让那些与反应无关的多余组分一起通过反应器,轻则影响反应器的处理能力,使生成的产物组成复杂化;重则损坏催化剂和设备,使反应无法顺利进行,因此,反应前的原料预处理,即进行分离操作往往是必不可少的。

至于从反应器出来的中间产物或粗产品也需要分离,其理由也是十分明显的。因为绝大多数有机化学反应都不可能百分之百地完成;而且除主反应外,尚有副反应发生。这样出反应器的产物往往是由目的产物、副产物以及未反应的原料所组成,要得到产品,必须进行分离。

在实际产品的生产中,尽管反应器是至关重要的设备,但我们往往发现在整个流程中,分离设备所占的地位,在数量上远远超过反应设备,在投资上也不在反应设备之下,同时消耗于分离的能量和操作费用在产品成本中也占有极大的比重。

通常分离设备占生产设备投资的 50% ~ 90%,分离过程的操作费用对整个生产过程也占有很大的比重。它在提高产品质量和经济效益中起着重要的作用,因此,掌握分离过程的理论和技术是化工技术人员所必不可少的。

分离过程是指将两组分或多组分的混合物分离成为组成不同的两股或多股产物的过程。化工分离工程作为化学工程学科的一个重要分支,它是根据分离过程的基本原理以及从实验或生产中得到的有关分离资料,研究化学工业生产中大规模物质分离过程的学科。

分离过程可以分为机械分离和传质分离过程两大类。机械分离过程是指被分离的混合物本身就不是一个均相混合物,只用机械的方法就可以简单地将各相予以分开,相间不发生物质传递现象,例如过滤、沉降、气液和气固的分离等。传质分离过程其特点是相间都有物质传递现象。按传质机理来划分又可分为平衡分离过程和速率控制分离过程两大类。蒸馏、吸收、萃取、吸附等属于平衡分离过程。速率控制分离过程则是依靠传递速率的不同来实现的,是均相传递过程,例如反渗透、电渗析、扩散渗析等。

本书所讨论的内容主要是传质分离过程中的平衡分离过程。它是利用两相的平衡组成互不相等的原理来实现的,所以平衡分离过程是在非均相中进行物质的传递。它是借助于加入能量分离剂或物质分离剂使操作过程产生第二相的。例如,精馏过程是依靠加入热量(能量分离剂),吸收、萃取过程是靠加入吸收剂或溶剂(物质分离剂),而萃取精馏和恒沸精馏则是既加入能量又加入物质的混合分离剂的结果。这些操作过程都是使混合物中各组分由于具有不同的分离性能,致使从混合物相进入到另一相中从而达到分离的目的的。一般来说,达到相同的分离效果,采用能量分离剂比采用物质分离剂消耗的能量要低,因为在使用物质分离剂的过程中引入了另一个组分,此组分又必须从一个产品中除去进行再生循环使用。但是有些混合物,如相对挥发度很小或相对挥发度等于1的物系,只靠加入能量分离剂进行分离无论其设备投资还是能量消耗都将是巨大的,甚至是不可能实现的。

随着工业技术的进步,分离方法越来越多,有的已有很长历史,有的正在进入工业应用的行列。可以预见,将会有越来越多的新颖分离方法被提出和被应用。

本书内容是在已掌握物理化学、化工热力学和化工原理知识的基础上,对化工生产中常见的分离方法作进一步研究和讨论。其内容是以多组分物系为对象,密切结合工程实际作了系统的叙述。通过对该书的学习,使读者能够掌握各种分离技术的基本理论、设计计算方法,提高分析、解决分离技术中的工程实际问题的能力。

第一章　多组分精馏

在石油化工生产中,使用的原料和反应后的产物多是由若干组分组成的混合物,常常需要进行分离得到比较纯的组分作为中间产品或产品。精馏是石油化工生产中最常见、最重要的分离方法。例如,炼油工业用铂重整装置中的芳烃分离,催化裂化装置中的汽油稳定塔,气体分馏装置,烃类裂解所得烷烃与烯烃气体混合物的深冷分离,油田气的轻烃分离等都是用精馏的方法把混合物分离成所需要的产品。虽然在化工原理课程中对双组分精馏进行过比较详细的讨论,但在生产实践中所遇到的精馏操作多为多组分混合物而极少是双组分溶液。因此,研究和解决多组分精馏的设计计算和生产问题更具有实际意义。多组分精馏依据的基本原理及使用的设备与双组分精馏相同,所用的工具仍是物料衡算、热量(焓)衡算和相平衡关系,但由于系统组分数目增多,无论在工艺流程的设计和有关设计计算上都比双组分精馏复杂。双组分精馏计算中用得很成功的图解法,在多组分精馏中由于组分数目的增加却不能使用。近些年来随电子计算机的迅速发展,应用电子计算机进行多组分精馏的严谨计算获得很大成功,为多组分精馏的设计计算提供了极为有利的条件。

第一节　二元系气液相平衡关系

我们所研究的分离过程是建立在平衡级概念基础上的。根据相平衡的原理,当相变化达到平衡时,就是分离的相对极限,研究相平衡就是要了解在给定条件下相变化的方向和限度。这对选择适宜的分离操作条件和进行设备的设计都是非常重要的,所以相平衡是各种分离过程的基础。

对于气液接触系统来说,液体分子不断蒸发,气相分子不断凝结,如果是两种不同的物质,一般它们的凝结和蒸发的速率是不同的。在达到平衡之前,液体和气体是在不同的温度和压力下且摩尔分数不同。当达到平衡时两相的温度、压力和摩尔分数停止变化。尽管从微观上看分子是在不断地蒸发和凝结,但每种物质的凝结速率与蒸发速率相等,从宏观上看,此时的压力、温度和组成不再变化。

平衡状态可以分成热量、机械和化学位平衡,在热平衡中热量传递停止,两相温度相等。在机械平衡中气相和液相之间的力达到平衡,这意味着压力相等,即

$$T_{液} = T_{气}; \qquad p_{液} = p_{气}$$

在相平衡中任一物质的蒸发速度恰好等于其凝结速度,所以其摩尔组成不变,但通常气液两相的组成并不相等,否则就不能达到分离的目的。

在恒温恒压条件下,两相中任一组分的化学位以 μ_i 表示时,当有微量 dn_i 物质从气相转移到液相时,将使气相的自由焓改变了 dG_V,即

$$dG_V = \mu_{iV} \, dn_{iV} = - \mu_{iV} \, dn_i$$

而使液相的自由焓改变了 dG_L，即

$$dG_L = \mu_{iL} dn_{iL} = \mu_{iL} dn_i$$

整个物系总的自由焓变化应等于两相中自由焓变化的总和，即

$$dG = dG_V + dG_L = -\mu_{iV} dn_i + \mu_{iL} dn_i \tag{1-1}$$

当物系处于平衡状态时，$dG = 0$，故

$$\mu_{iV} dn_i = \mu_{iL} dn_i$$

$$\mu_{iV} = \mu_{iL} \tag{1-2}$$

说明任一物质在气液两相中同时并存的平衡条件是该物质在两相中的化学位相等，同理可证明对多相系统的相平衡条件为任一组分在各相中的化学位相等。

一、亨利定律

亨利于 1803 年根据实验总结出对非电解质稀溶液中的溶质 A，当达到平衡时其液面上的平衡分压与液相中摩尔（物质的量）浓度成正比

$$p_A = H_A x_A \tag{1-3}$$

H_A 称亨利系数，它随温度、压力、溶液的种类不同而不同，由于压力对其影响很小，它的数值是在恒温下由实验测定的。亨利定律仅适用于浓度很低的稀溶液中的溶质。

二、拉乌尔定律

1886 年拉乌尔根据大量实验数据发现，当平衡时稀溶液中溶剂的蒸气分压 p_A 等于纯溶剂在此温度下的饱和蒸气压 p_A^0 与其溶液中摩尔浓度 x_A 的乘积，即

$$p_A = p_A^0 x_A \tag{1-4}$$

拉乌尔定律适用于稀溶液中的溶剂。

从拉乌尔定律和亨利定律可知溶液的一个很重要的性质是在一定的温度下，它的蒸气压不仅与溶液的本性有关，还与溶液的浓度有关，如图 1-1 所示。至于浓度多低才算稀溶液，这取决于溶质和溶剂的性质。有机化合物的同系物或同分异构体的混合物几乎在全部浓度范围内都适用于拉乌尔定律。实验还证明，在稀溶液中溶质若服从亨利定律，则溶剂必服从拉乌尔定律。

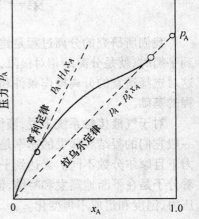

图 1-1　蒸气分压与浓度的关系

三、理想溶液及其相图

液体混合物中的各组分，在全部浓度范围内都遵循拉乌尔定律，则此溶液称为理想溶液。对这样的溶液，亨利定律和拉乌尔定律是一致的，其亨利常数 H_A 即为该组分在此温度下的饱和蒸气压 p_A^0。显然，对理想溶液的蒸气压曲线在全部浓度范围内为一直线。

实际上这样的理想溶液是不存在的，然而分子结构和形状相似的非极性物质的混合物具有接近理想溶液的性质。例如像丙烯、丁烷和戊烷构成的混合物或者由苯、甲苯、二甲苯物系

那样的碳氢化合物的同系物所构成的混合液,可看做理想溶液。而对于那些分子间相互作用力大的物系,如水－乙醇,或者电解质溶液等则不能看做理想溶液。理想溶液所具有的性质称为理想特性,主要有:

(1) 体积的加和性,各组分混合时溶液的总体积等于各组分原有体积之和,体积既不膨胀也不收缩。

(2) 溶液在混合或稀释时没有热效应,既不放热也不吸热。

(3) 同类分子间与异类分子间的相互作用力相等,不产生缔合和氢键等现象。

(4) 在全部浓度范围内,各组分都严格地遵循拉乌尔定律。

对二元系的气液平衡,根据相律可知其自由度 $F = 2$。如果固定温度,其总压力和各组分的分压力与溶液组成的关系可在平面上绘制成图,如图 1-2 所示。由拉乌尔定律可知

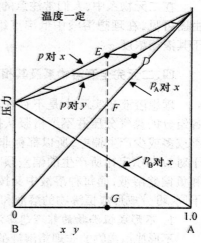

图 1-2 理想溶液的 $p-x,y$ 图

$$p_A = p_A^0 x_A; \quad p_B = p_B^0(1 - x_A)$$

总压

$$p = p_A + p_B = p_A^0 x_A + p_B^0(1 - x_A) = \\ p_B^0 + (p_A^0 - p_B^0) x_A \tag{1-5}$$

所以,理想溶液的总压力和各组分的分压力与液相组成都成直线关系。溶液蒸汽总压力与液相组成的关系称液相线或泡点线。因蒸汽压力不大,蒸气可看成理想气体混合物,故可应用道尔顿分压定律

$$p_A = py_A$$

当气液两相平衡时,溶液上方组分 A 的分压由拉乌尔定律可得

$$p_A = p_A^0 x_A$$

故

$$py_A = p_A^0 x_A$$

$$y_A = \frac{p_A^0}{p} x_A \tag{1-6}$$

由上式可知在恒定温度下溶液的总压力与气相组成的关系不是一条直线而是一条曲线,此曲线称气相线或露点线。图 1-2 表达了恒温下溶液的蒸汽压与组成的关系,所以称为蒸气压组成图($p-x,y$)。

分离过程的操作大多在一定的压力下进行,特别需要研究混合液在恒压下气液平衡的沸点与组成的关系。一般由实验测得在恒定压力下沸腾时的温度与平衡的气液两相组成的数据绘制成,图 1-3 所示为沸点(或温度)组成图($T-x,y$)。图 1-4 表达了在恒定压力下气液平衡两相的组成关系,它是由恒压下的沸点组成图($T-x,y$)绘制而成,此曲线称气液平衡曲线。它在研究精馏理论中起着重要的作用。

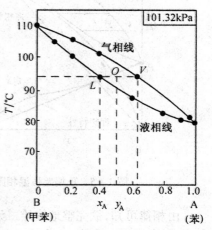

图 1-3 (甲苯)B-(苯)A 二元系的恒压相图

在二元物系中，人们常注意的是低沸点组分 A(轻组分)，由图可见，在理想溶液中低沸点组分的气相浓度 y_A 永远大于其液相浓度 x_A。

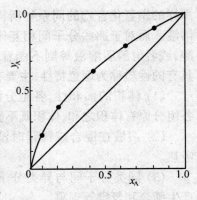

图 1-4　(甲苯)B-(苯)A 二元系的 $y-x$ 图

四、二元完全互溶物系及其相图

理想溶液在实际中是不存在的，我们所遇到的溶液，其各组分的蒸气分压并不严格服从拉乌尔定律，对拉乌尔定律都或多或少产生偏差，所以都称非理想溶液或实际溶液。由于对拉乌尔定律所产生的偏差倾向不同，可分为正偏差溶液和负偏差溶液，而每种溶液中又按对拉乌尔定律偏差的大小不同，可分成形成恒沸物的溶液和不形成恒沸物的溶液。

1. 不形成恒沸物的非理想溶液

不形成恒沸物的非理想溶液的二元恒温相图($p-x,y$)如图 1-5 和图 1-6 所示。图 1-5 中两组分的蒸气分压在全部组成范围内都比理想溶液计算值大，故称正偏差溶液，如甲醇-水等；而图 1-6 中两组分的蒸气压在全部组成范围内都比理想溶液的计算值小，故称负偏差溶液，如乙醚-氯仿等。但它们都有一共同点，就是溶液的蒸气总压都介于两纯组分蒸气压之间，各组分对拉乌尔定律都偏离较小。另外，从两图可看出压力-液相线均为曲线而不为直线。

低压下组分的实际蒸气分压 p_A 与理想溶液时所计算的蒸气压 $p_A^0 x_A$ 之比为活度系数，即

$$\gamma_A = \frac{p_A}{p_A^0 x_A} \qquad\qquad (1-7)$$

显然它可以衡量实际溶液与理想溶液的偏差程度，对于正偏差溶液 $\gamma_A > 1$，对于负偏差溶液 $\gamma_A < 1$，而对理想溶液则 $\gamma_A = 1$。

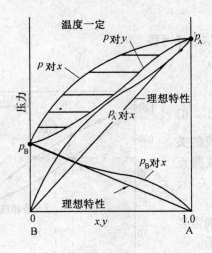

图 1-5　正偏差恒温相图

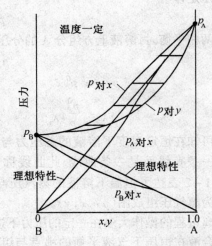

图 1-6　负偏差恒温相图

由相律可知，欲完整地描绘二元系统的压力、温度和组成的关系，需要用三维坐标图表达，如图 1-7 所示。曲线 p_A 为纯 A 组分的蒸气压曲线，是在 $x=1$ 的平面图上，C_A 为其临界点。曲线 p_B 为纯 B 组分的蒸气压曲线。在 $x=0$ 的平面图上，C_B 为其临界点。对液相浓度 $x=0\sim1$ 之间的混合液，其液相和气相的范围是连结曲线 p_A 和 p_B 所构成的两层曲面，上层曲

面为液相面,下层曲面为气相面,处于两层曲面之间的为气液混合状态。如果分别用一定压力或一定温度的坐标面进行切割就会发现,当压力低于两个组分的临界压力时液相线和气相线在全部浓度范围内是连续的,而当压力超过一个组分的临界压力时其温度组成图和 $x-y$ 图的一端就脱离纵轴,不呈连续状态,如图1-8所示。如果压力高于两个纯组分的临界压力仍然有气液平衡存在时,则会有如图1-9温度组成图和 $x-y$ 图。从图1-8可知在压力高于纯物质 A 的临界压力下进行分离操作只能得到纯物质 B,而不可能得到纯物质 A。而压力在高于A、B 两个纯物质的临界压力下操作时,只能得到相应的两个混合物而不可能得到两个较纯的 A、B 产品。例如

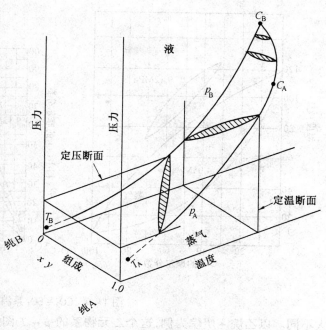

图1-7 二元系的气液平衡相图

在 9.12 MPa 下进行 CO_2 和 SO_2 混合液的精馏时,欲得到含 CO_2 为 33%(摩尔分数)以下和 72.5%(摩尔分数)以下的产品是不可能的。

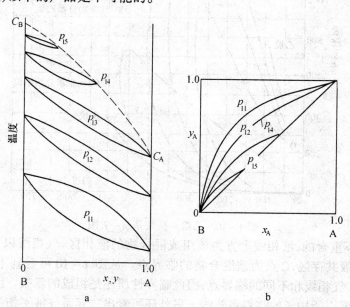

图1-8 压力对气液平衡的影响

混合物的临界性质与纯组分的临界性质也有所不同,纯物质的临界点有一固定点。临界点是纯物质能够呈气液平衡状态的最高温度和最高压力,而混合物的 $p-T$ 图与纯物质有很

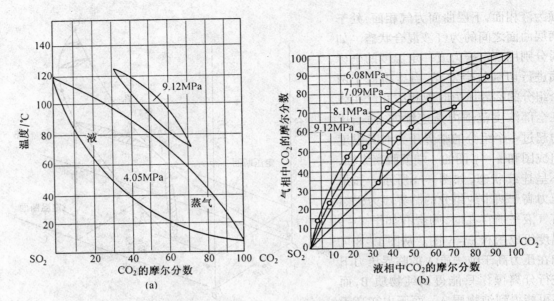

图 1-9 CO_2-SO_2 系沸点图

大不同。以乙烷-庚烷为例,这个二元物系的 $p-T$ 图如图 1-10 所示。混合物的液相线 AC

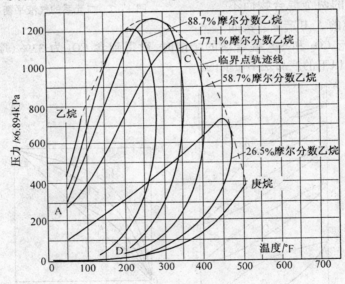

图 1-10 乙烷-庚烷系 $p-T$ 图

和气相线 CD 是不重合的,液相线上方为该组成混合物的液相区,气相线以下为气相区,曲线中间的区域为气液共存区,C 点为该混合物的临界点。从图 1-10 可看到不同组成的混合物有不同的液相线、气相线和不同的临界点,因此临界性质还是组成的函数。图中的虚线即为各个组成的不同临界点所构成的临界点轨线。另外还可看出二元系气液平衡的最高温度和最高压力并不与临界点重合,而分别为 F 点和 E 点,如图 1-11 所示。也就是说,在临界温度以上还可以有液体存在。当物系从初始点 K 等温降压至 M 点时,则会有液体开始出现,随着压力的降低液体量增加,至 J 点液体量最大,再继续降压液体会逐渐减少,至露点 G 又全部为饱和气相,液相消失。此现象称为"逆向冷凝"。CJF 线表示逆向冷凝所出现的最大液体量的轨迹。

这样"逆向冷凝"现象在生产中可以遇到,当天然气从高压油井喷出时,由于压力降低会凝出液态的烃类。

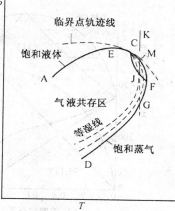

图 1-11 临界区相行为的 $p-T$ 图

2. 二元恒沸物及其相图

当构成溶液的两组分所呈现的蒸汽分压与由拉乌尔定律的计算值偏差相比较大时,就会使溶液的蒸汽总压高于或低于两纯组分的蒸气压,在恒温相图上出现最大点或最小点,如图 1-12(a) 和图 1-13(a) 所示。而在恒压相图上会出现系统的最低温度或最高温度点,如图 1-12(b) 和图 1-13(b) 所示的 L 点。把这类具有最低温度点的混合物称为最低恒沸物,具有最高温度点的混合物称为最高恒沸物。在恒沸物 L 点泡点与露点相等,此点温度称恒沸点,相应的组成称恒沸组成,此时气液两相组成相等,也就是说在恒沸组成下 $x-y$ 平衡曲线与对角线相交,两组分的相对挥发度等于 1。由此可知,如果把能生成二元恒沸物的物系在一个塔中进行精馏时,不能得到二个纯组分,只能得到一个纯组分和一个恒沸物。

由相律可知,对于恒沸物在两相平衡时因有一个浓度限制条件 $y_A = x_A$,故其自由度为 $F = 1$。也就是说当物系压力一定时,恒沸温度和恒沸组成就随之被确定。若物系压力改变则恒沸温度、恒沸组成将随之改变,有时在减压下恒沸物甚至消失。表 1-1 为乙醇-水物系的恒沸温度和恒沸组成随压力而改变的实验数据,当压力降低到 9.33 kPa 时,恒沸物消失。

表 1-1 压力对乙醇-水物系恒沸点的影响

压力 / × 10^3 Pa	9.33	13.33	20.0	26.66	53.32	101.33	146.6	193.3
恒沸温度 /℃		34.2	42.0	47.8	62.8	78.15	87.5	95.3
恒沸组成(乙醇)/摩尔分率	1	0.992	0.962	0.938	0.914	0.894	0.893	0.890

从图 1-12 还可看出,在恒沸点左侧气相所含的 CS_2 要比与之呈平衡的液相所含的 CS_2 组成高,如 E 与 D 点所示。而在恒沸点的右侧,如 G 与 H 点则恰好相反,此时 CS_2 在气相的组成要小于其与之平衡的液相组成,也就是说对 CS_2 来说在恒沸组成的左侧时它的挥发能力比丙酮高,而在恒沸组成的右侧时它的挥发能力则比丙酮低。这种情况在具有最高恒沸物的图 1-13 中也同样会出现,只不过情况恰好相反。

就目前已发现的恒沸物来说,最低恒沸物已达上万种,而最高恒沸物则较少,只有数百种。

五、部分互溶的二元物系

当某二元物系对理想溶液具有特别强的正偏差时,两组分分子间的吸引倾向非常小,以致在比较低的温度时不能完全互溶而分成两个部分互溶的液相。此时二元物系的恒温相图、恒压相图和 $x-y$ 相图,如图 1-14 所示。由于在一定的温度下形成两个部分互溶的液相,而该两液相的组成一定,所以每一组分的蒸气分压一定为一水平线。这类相图的上半部与一般最低恒沸物相似,只是在 T_E 时溶液已经不能完全互溶而分成两个互相平衡的液相 C 和 D。

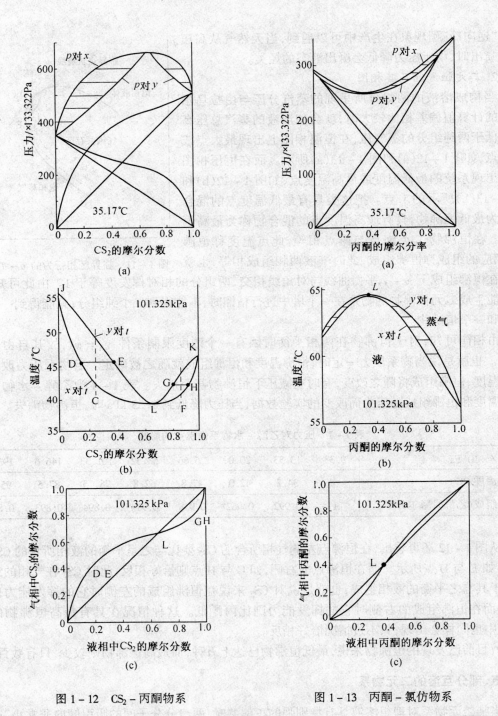

图 1-12 CS₂-丙酮物系

图 1-13 丙酮-氯仿物系

C 相含 B 组分较 D 相多,而 D 相含 A 组分较 C 相多。C 相和 D 相同时与气相 E 呈平衡,即在温度 T_E 时为气-液-液三相共存并互呈平衡。也就是说当温度为 T_E 时,两液相上的蒸气压等于外界压力,两液相同时沸腾,所形成的气相组成为 E 点。T_E 称共沸点。它与两液相的数量无关,所产生的蒸气 E 称为共沸物。由于 E 冷凝后仍分成 C、D 两液相,故此类共沸物亦称非均相共沸物。当物系的总组成恰好等于共沸物 E 的组成时,在共沸点下两液相完全转

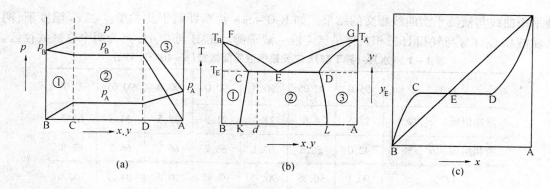

图 1-14 二元部分互溶物系的相图

变为蒸气 E 而同时消失；如果物系的总组成在 C-E 之间，则 D 相先消失，温度上升后物系进入 FCE 两相共存区；而物系的总组成如果在 D-E 之间，则 C 相先消失，温度上升后物系进入 GCE 两相共存区。

此类恒压相图的下半部实为二元部分互溶的液-液平衡相图，CK 和 DL 两曲线为相互溶解度曲线，随温度的增高相互溶解度增大，即 C 点和 D 点互相接近。当温度超过会溶点时，A、B 两组分将会完全互溶成为均相溶液。

由相律可知，二元物系在三相平衡状态下其自由度 $F = 1$，故所形成的共沸物的共沸点和

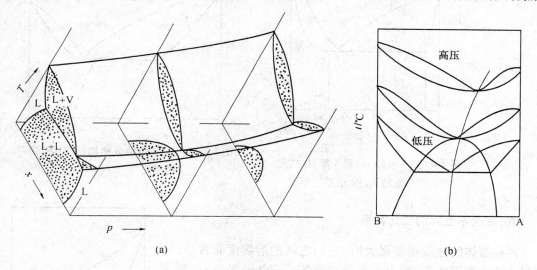

图 1-15 不同压力下的沸点组成图

组成都将随压力的变化而改变，如图 1-15 所示。由图可以看出，随压力的升高不仅共沸温度随之升高，共沸组成随之改变，而且当压力超过一定值时，使物系的泡点都高于最高会溶点，此时就不会再发生液相分层的现象，而变为具有最低恒沸物的物系。

表 1-2 为水-异丁醇在 101.32 kPa 压力下气液平衡数据，由此数据绘制的恒压相图如图 1-16 所示。部分互溶系统的气液平衡相图除此类型外还有两种类型，如图 1-17 和图 1-18 所示。图 1-17 在部分互溶区内不生成非均相共沸物，而在系统内有均相恒沸物存在。这种类型可看做是具有最低恒沸物的气液平衡曲线与液液平衡曲线相交的结果。而图 1-18 类型的物系既不产生非均相的共沸物，也不生成均相的恒沸物，它可看做是具有一般正偏差气

液平衡曲线与液液平衡曲线相交的结果。如 H_2O-SO_2 物系即属于此类型。在 t_H 温度下,两共轭液相 C_0、C'_0 与气相 H 三相共存呈气–液–液平衡。aC_0H 与 C'_0Hb 则为两个气液共存区。

表 1-2　(水)A-(异丁醇)B 二元系气液平衡数据($p=101.32$ kPa)

$t/℃$	95.8	92.05	90.0	90.0	90.0	90.05	90.05
液相组成　$w_B/\%$	2.06	4.6	13.3	21.9	38.5	54.3	67.5
液相组成　$w'_B/\%$	42.0	56.6	67.1	66.7	66.7	66.7	67.8
$t/℃$	90.1	90.35	90.75	92.45	95.5	100.1	100.6
液相组成　$w_B/\%$	76.4	82.0	87.4	90.8	94.5	97.4	99.2
液相组成　$w'_B/\%$	68.3	69.5	71.2	75.2	82.2	89.5	98.2

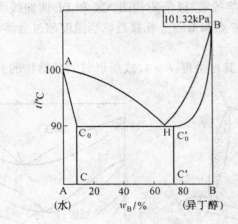

图 1-16　(水)A–(异丁醇)B 二元系的气-液-液平衡相图

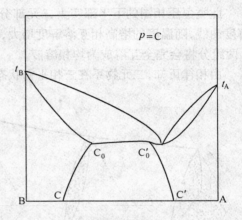

图 1-17　具有均相恒沸物的气-液-液平衡相图

六、完全不互溶的二元物系

两种液体的性质相差很大时,它们之间的溶解度非常小,可看作完全互不相溶,如水与各种烃类等。当气液平衡时,是一个气相与两互不相溶的液相呈平衡,此时两组分所各自呈现的蒸气分压与各自液相数量的多少无关,即与总组成无关,它分别等于在该温度下的饱和蒸气压 p_A^0、p_B^0。总压就等于两饱和蒸气压之和。

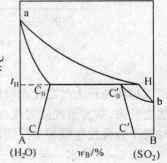

图 1-18　$(H_2O)A-(SO_2)B$ 二元系液液汽平衡相图

$$p = p_A^0 + p_B^0$$

由此可知,当两组分在某温度下的饱和蒸气压之和等于外压时,溶液则沸腾。此沸点与两液相量之比是无关的,两液相共沸时所产生的蒸气组成也与液相的总组成无关而为一定值。这是由于此二元物系在呈气–

液－液平衡时,根据相律其自由度 $F = 1$。此类物系恒温下的 $p - x$ 图,恒压下的 $t - x$ 图和 $y - x$ 图如图 1 – 19 所示。

从图中可看出溶液上方的总压恒大于任一纯组分的饱和蒸气压。图中横坐标的液相组成 x_A,是指 A 的液相量与互不相溶的两液相总量之比,它与均相溶液的浓度不同。图 1 – 20 为压力在 101.32 kPa 下水 – 苯的 $t - x$,y 相图。从图可看出,当 $t = 69$ ℃时水与苯就可共沸,其蒸气组成含苯为 70%(摩尔分数)。由于两者不互溶,冷凝后很容易分开。根据上述原理,可把不溶于水的有机化合物和水一起蒸馏,使物系的沸点大大降低,这种方法称为水蒸气蒸馏。这对高沸点易分解且不溶于水的有机物的提纯具有重要意义。

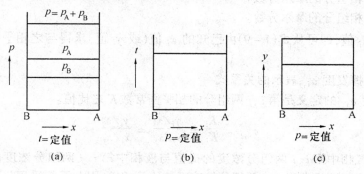

图 1 – 19　完全不互溶系统的平衡相图

CED 是三相平衡线,共沸物 E 的组成可由两液体在此共沸点时的饱和蒸气压数据来确定。

$$y_苯 = \frac{p_苯^0}{p_苯^0 + p_水^0} = \frac{p_苯^0}{p}$$

AE 线是对苯饱和的气相线,对水则是不饱和的。对该线上的各点为

$$p = p_苯^0 + p_水$$

其蒸气组成为

$$y_苯 = \frac{p_苯^0}{p} \qquad (1 - 8a)$$

而 GE 线是对水饱和的气相线,对苯是不饱和的,同理 GE 线上的蒸气组成可由下式算出

$$y_苯 = \frac{p_苯}{p} = \frac{p - p_水^0}{P} \qquad (1 - 8b)$$

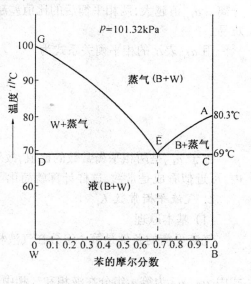

图 1 – 20　水 – 苯的恒压相图

七、气液相平衡关系及相平衡常数 K_i

气液平衡所研究的是在一定操作条件下相变过程进行的方向和限度。它是处理气液传质过程的基础,也是分析传质设备效率高低的依据。在精馏计算中运用气液平衡关系基本上有两种情况:

(1) 计算已知操作压力、温度时的气液两相平衡组成;

(2) 计算达到一定平衡组成时所需的温度和压力。

双组分系统相平衡关系常常利用实验来测得,而多组分系统的相平衡关系用实验方法来

测定就比较复杂。随着相平衡理论研究的深入,近来对双组分和多组分系统的气液相平衡已建立了一些定量的关系式,从而大大减轻了实验工作量。

1. 气液相平衡关系

(1) 用相平衡常数 K_i 表示的关系式

用相平衡常数 K_i 表示的气液相平衡关系式为

$$y_i = K_i x_i \tag{1-9}$$

$$\sum y_i = 1; \qquad \sum x_i = 1$$

式中　y_i——气相组分的摩尔分数;

　　　x_i——液相组分的摩尔分数。

只要有了 K_i 值,即可从式(1-9)由已知的 x_i 值(或 y_i 值)求得与之相平衡的 y_i 值(或 x_i 值)。

(2) 用相对挥发度 $\alpha_{i,j}$ 表示的关系式

相对挥发度 $\alpha_{i,j}$ 的定义是第 i、j 两组分的相平衡常数 K 之比值。

$$\alpha_{i,j} = \frac{K_i}{K_j} = \frac{y_i/x_i}{y_j/x_j} = \frac{y_i/y_j}{x_i/x_j} \tag{1-10}$$

$\alpha_{i,j}$ 也就是气相中第 i、j 两组分浓度的比值与液相中第 i、j 两组分浓度的比值之商。若 $\alpha_{i,j} = 1$,表示气相与液相中第 i、j 两组分的浓度的比值相等,因此不能采用一般的精馏方法来分离。$\alpha_{i,j}$ 值越大,两相平衡后的比值差越大,越易分离,所以工程上用它来判别混合物分离的难易。

用 $\alpha_{i,j}$ 表示的相平衡关系式为

$$y_i = \frac{\alpha_{i,j} x_i}{\sum (\alpha_{i,j} x_i)} \tag{1-11}$$

$$x_i = \frac{y_i/\alpha_{i,j}}{\sum (y_i/\alpha_{i,j})} \tag{1-12}$$

由于 $\alpha_{i,j}$ 是两相平衡常数的比值,故对于非理想偏差不大的料液,在温度变化不大的范围内,可近似看成是常数,这样计算就简化了。

2. 气液平衡常数 K_i

(1) 基本原理

气液平衡的条件是第 i 组分在气液相中的化学位相等

$$\mu_{iL} = \mu_{iV}$$

式中 μ_{iL}、μ_{iV} 为等 i 组分在液相和气相中的化学位。

根据活度和逸度定义,经整理可用逸度表示溶液的相平衡关系;即在气液平衡时,任一组分 i 在气液两相中的逸度相等

$$f_{iL} = f_{iV}$$

式中　f_{iL}——在系统温度和压力下,第 i 组分的液相逸度;

　　　f_{iV}——在系统温度和压力下,第 i 组分的气相逸度。气相逸度 f_{iV} 与气相组成 y_i 的关系为

$$f_{iV} = f_{iV}^0 \gamma_{iV} y_i = p\varphi_{iV}^0 \gamma_{iV} y_i = p\hat{\varphi}_{iV} y_i$$

式中　f_{iV}^0——在系统温度和压力下,第 i 纯组分的气相逸度;

　　　　γ_{iV}——第 i 组分的气相活度系数;

　　　　φ_{iV}^0——在系统温度和压力下,第 i 纯组分的气相逸度系数;

　　　　$\widehat{\varphi}_{iV}$——在系统温度和压力下,第 i 组分的气相分逸度系数。

$$\widehat{\varphi}_{iV} = \varphi_{iV}^0 \gamma_{iV}$$

　　液相逸度 f_{iL} 与液相组成 x_i 的关系为

$$f_{iL} = f_{iL}^0 \gamma_{iL} x_i = p\varphi_{iL}^0 \gamma_{iL} x_i = p\,\widehat{\varphi}_{iV_{iL}} x_i$$

式中　f_{iL}^0——在系统温度和压力下,第 i 纯组分的液相逸度;

　　　　γ_{iL}——第 i 组分的液相活度系数;

　　　　φ_{iL}^0——在系统温度和压力下,第 i 纯组分的液相逸度系数;

　　　　$\widehat{\varphi}_{iV}$——在系统温度和压力下,第 i 组分的液相分逸度系数。

$$\widehat{\varphi}_{iL} = \varphi_{iL}^0 \cdot \gamma_{iL}$$

平衡时

$$f_{iV} = f_{iL}$$

所以

$$p\,\widehat{\varphi}_{iV} y_i = p\,\widehat{\varphi}_{iL} x_i$$

$$K_i = \frac{y_i}{x_i} = \frac{p\,\widehat{\varphi}_{iL}}{p\,\widehat{\varphi}_{iV}}$$

　　只要给出第 i 组分的液相和气相的分逸度系数,即能求得 K 值。第 i 组分的液相和气相的分逸度系数可以通过状态方程来计算,但这时必须要有一个既能适应于气相又能适应于液相的 $p-V-T$ 状态方程。可惜这样的状态方程很少,而且有的也只适用于某些特定物质,例如 BWR 和 SHBWR 方程只适用于轻烃。

　　由于大部分的 $p-V-T$ 状态方程(例如维里方程、$R-K$ 方程等),只适用于气相,故只能用它来计算气相的逸度系数 φ_{iV}^0 和 $\widehat{\varphi}_{iV}$。而液相的计算只能采用另一类方法,用计算活度系数 γ_{iL} 的方法来求 K_i。

$$p\,\widehat{\varphi}_{iV} y_i = f_{iL}^0 \gamma_{iL} x_i$$

　　同样由于 $p-V-T$ 状态方程不适用于液相,纯组分的液相逸度 f_{iL}^0 还不能求。因而 f_{iL}^0 的计算只能通过饱和蒸气压下的气相逸度来计算,其推导过程如下。

　　纯组分 i 在系统温度下的饱和蒸气压 p_i^0 下,气液相达到了平衡,因此气相和液相逸度相等,即

$$f_{iL}^0(p_i^0) = f_{iV}^0(p_i^0)$$

$$f_{iV}^0(p_i^0) = p_i^0 \varphi_{iV}^0(p_i^0)$$

　　由于 f_{iL}^0 是系统压力下的液相逸度,而通过气相计算得到的是饱和蒸气压下的液相逸度 $f_{iL}^0(p_i^0)$。它们之间的关系可通过压力对逸度的关系导出

$$f_{iL}^0 = f_{iL}^0(p_i^0) \exp\left[\frac{v_{iL}(p - p_i^0)}{RT}\right]$$

式中　v_{iL}——第 i 组分的液体摩尔体积,m³/kmol;

　　　　p_i^0——第 i 组分在系统温度下的饱和蒸气压,MPa;

　　　　$\exp\left[\dfrac{v_{iL}(p - p_i^0)}{RT}\right]$——普瓦廷因子。

一般 v_{iL} 较小,当 p 与 p_i^0 之差不大时,普瓦廷因子可忽略不计,可简化成

$$f_{iL}^0 = f_{iL}^0(p_i^0) = f_{iV}^0(p_i^0) = p_i^0 \varphi_{iV}^0(p_i^0)$$

根据平衡条件,相平衡常数 K_i 的普遍式为

$$p \hat{\varphi}_{iV} y_i = p_i^0 \varphi_{iV}^0(p_i^0) \gamma_{iL} x_i$$

$$K_i = \frac{y_i}{x_i} = \frac{p_i^0 \varphi_{iV}^0(p_i^0) \gamma_{iL}}{p \hat{\varphi}_{iV}} \qquad\qquad (1-13)$$

(2) 相平衡常数 K_i 分类

组分的相平衡常数 K_i 是平衡物系的温度、压力及组成的函数。根据物系所处的温度、压力和溶液性质,可将相平衡常数分为若干类型。以下分为五种情况。

A. 低压下,组分的物理性质(尤其是分子的化学结构)比较接近的物系,称为完全理想系。如常压下 150 ℃时由轻烃组成的混合物系。此时

$$\varphi_{iV}^0(p_i^0) = 1 \qquad \gamma_{iL} = 1 \qquad \hat{\varphi}_{iV} = 1$$

$$K_i = \frac{p_i^0}{p} = f(T, p)$$

完全理想系的相平衡常数 K_i 仅与温度、压力有关而与溶液组成无关。

B. 低压下,物系中组分的分子结构差异较大,如低压下的水和醇、醛、酮、酸等所组成的物系,此时气相可看成是理想气体混合物,而液相为非理想溶液,$\hat{\varphi}_{iV} = 1$,$\gamma_{iL} \neq 1$,$\varphi_{iV}^0(p_i^0) = 1$,所以

$$K_i = \frac{p_i^0 \gamma_{iL}}{p} = f(T, p, x_i)$$

这类物系的 K_i 值,不仅与温度、压力有关,还与溶液的组成有关。

C. 中压下,气相为真实气体,但物系分子结构相近,气相可看成是真实气体的理想混合物,液相可看成是理想溶液,如 3.55 MPa 大气压下裂解的分离,此时,$\hat{\varphi}_{iV} \neq 1$,$\varphi_{iV}^0(p_i^0) \neq 1$,$\gamma_{iV} = 1$,$\varphi_{iV}^0(p_i^0) \neq 1$,$\gamma_{iL} = 1$,所以

$$K_i = \frac{p_i^0 \varphi_{iV}^0(p_i^0)}{p \varphi_{iV}^0} = f(T, p)$$

D. 高压下,气相为真实气体混合物,但液相仍为理想溶液,此时,$\hat{\varphi}_{iV} \neq 1$,$\gamma_{iL} = 1$,$\varphi_{iV}^0(p_i^0) \neq 1$,因而

$$K_i = \frac{p_i^0 \varphi_{iV}^0(p_i^0)}{p \hat{\varphi}_{iV}} = f(T, p, y_i)$$

E. 高压下,物系分子结构差异大,气液两相均为非理想,称为完全非理想系,此时,$\hat{\varphi}_{iV} \neq 1$,$\varphi_{iV}^0(p_i^0) \neq 1$,$\gamma_{iL} \neq 1$

$$K_i = \frac{p_i^0 \varphi_{iV}^0(p_i^0) \gamma_{iL}}{p \hat{\varphi}_{iV}} = f(T, p, x_i, y_i)$$

这类 K_i 值不仅与温度、压力有关,而且与溶液组成、气相组成有关。

在有机化工产品的生产中,经常遇到的是前三类情况。现将各种条件下的相平衡常数 K_i 列于表 1-3。

表 1 – 3　各种条件下的相平衡常数 K_i

类型	状态	相态	条　件	φ_i^0	γ_i	f_i	K_i
1	低压	气相	理想气体混合物	$\varphi_{iV}^0 = 1$	$\gamma_{iV} = 1$	$f_{iV} = p y_i$	$K_i = \dfrac{p_i^0}{p}$
		液相	理想溶液	$\varphi_{iV}^0(p_i^0) = 1$	$\gamma_{iL} = 1$	$f_{iL} = p_i^0 x_i$	
2	低压	气相	理想气体混合物	$\varphi_{iV}^0 = 1$	$\gamma_{iV} = 1$	$f_{iV} = p y_i$	$K_i = \dfrac{p_i^0 \gamma_{iL}}{p}$
		液相	非理想溶液	$\varphi_{iV}^0(p_i^0) = 1$	$\gamma_{iL} \neq 1$	$f_{iL} = p_i^0 \gamma_{iL} x_i$	
3	中压	气相	真实气体理想溶液	$\varphi_{iV}^0 \neq 1$	$\gamma_{iV} = 1$	$f_{iV} = p \varphi_{iV} y_i$	$K_i = \dfrac{p_i^0 \varphi_{iV}^0(p_i^0)}{p \varphi_{iV}^0}$
		液相	理想溶液	$\varphi_{iV}^0(p_i^0) \neq 1$	$\gamma_{iL} = 1$	$f_{iL} = p_i^0 \varphi_{iV}^0(p_i^0) x_i$	
4	高压	气相	真实气体非理想溶液	$\varphi_{iV}^0 \neq 1$	$\gamma_{iV} \neq 1$	$f_{iV} = p \varphi_{iV} y_i$	$K_i = \dfrac{p_i^0 \widehat{\varphi}_{iV}^0(p_i^0)}{p \varphi_{iV}}$
		液相	理想溶液	$\varphi_{iV}^0(p_i^0) \neq 1$	$\gamma_{iL} = 1$	$f_{iL} = p_i^0 \varphi_{iV}^0(p_i^0) x_i$	
5	高压	气相	真实气体非理想溶液	$\varphi_{iV}^0 \neq 1$	$\gamma_{iV} \neq 1$	$f_{iV} = p \varphi_{iV} y_i$	$K_i = \dfrac{p_i^0 \varphi_{iV}^0(p_i^0) \gamma_{iL}}{p \widehat{\varphi}_{iV}}$
		液相	非理想溶液	$\varphi_{iV}^0(p_i^0) \neq 1$	$\gamma_{iL} \neq 1$	$f_{iL} = p_i^0 \varphi_{iV}^0(p_i^0) \gamma_{iL} x_i$	

第二节　设　计　变　量

在设计各种分离过程的装置中需要确定许多物理量的数值,如各物流的流率、浓度、压力、温度、热负荷、机械功的输入(或输出)量、传热面积的大小以及理论板数等等。由于这些物理量都是互相关联互相制约的,所以其中只有少数是独立变量可供设计者选择。例如,对一个只有一股进料的双组分普通精馏塔,如果已知进料流率、进料中一个组分的浓度、进料热状态和塔压后,再指定馏出液(或釜液)中 A(或 B)的浓度,A(或 B)在馏出液(或釜液)中的回收率以及回流比,便可以算出按适宜进料位置进料时该塔所需的各种数据,如精馏段的理论板数、提馏段的理论板数、冷凝器、再沸器的热负荷等等。但对较复杂的分离系统来说,究竟应该有多少个变量需要在设计前予以指定,往往就不是那么明显的。因此可以说,设计的第一步还不是选择变量的具体数值,而是需要知道应该指定的变量确切数目。如果设计者所指定的变量数目多于或少于应该指定的变量数目,都将会使设计得不到惟一正确解。

1956 年郭慕孙曾比较系统地简述过这一课题。从原则上讲确定要指定的独立变量的数目并不困难。如果 N_v 是描述系统所需的独立变量总数,N_c 是各独立变量之间可以列出的方程数和给定的条件,那么设计者指定的独立变量的数目 N_i 应为

$$N_i = N_v - N_c \qquad (1 - 14)$$

在郭氏法中把 N_i 称为设计变量,也就是说,设计者只要规定 N_i 个独立变量的数值后,所设计的过程便被确定,其他非独立变量的数值也就随之被确定了。

根据相律可以确定每一物流处于平衡状态时的自由度为

$$F = C - \pi + 2 \qquad (1 - 15)$$

式中 C 为组分数,π 为相数。自由度也就是描述系统所需的独立变量数。相律所指定的独立

变量是指强度性质,如温度、压力、浓度等与系统数量无关的性质,而在实际的分离过程中,处理的物系是流动系统,对一个物流来说还必须加上描述物流大小的物理量(流率)。所以,对每一个单相物流

$$N_v = F + 1 = (C - 1 + 2) + 1 = C + 2$$

而对每一由两个平衡的相所构成的物流,因要加上两个相的流率,故

$$N_v = F + 2 = (C - 2 + 2) + 2 = C + 2$$

由上式可见,不管单相物流还是含有互成平衡的两相物流都需用 $C + 2$ 个独立变量来描述。如果所讲述的系统除物流外,还有热量和功的输入或输出,那么,应在 N_v 中相应地加入热量和功的变量数目。

约束数即是在这些变量间可以列出的方程数和给定条件的总数目。在分离过程中具体地说就是由物料衡算、热量衡算和相平衡关系可以写出的变量之间关系式的数目和已知的等量关系的数目。对 C 个组分可写出 C 个物料衡算式,而每个系统则只能写出一个热量衡算式。

根据上述办法,按式(1 - 14)计算设计变量数 N_i,原则上很简单而且肯定是正确的。但实际使用时不仅很麻烦,且易出错。它要求设计者对所设计的对象有全面的了解,尤其对较复杂的分离过程,例如复杂精馏装置,在多股进料及多侧线采出的情况下,因影响此过程的数很多,而有些变量又是相互制约的,要正确地确定设计变量数,对初学者是比较困难的,如往往会把适宜的进料位置这一设计变量遗漏,或忘记了某个约束条件,或过多地指定设计变量等。另外,值得说明的是当设计变量数确定后,其变量的指定并非是任意的。如规定的馏出液量 D 不能大于加料量,它要服从总物料衡算的结果;指定的回流比不能小于最小回流比;指定的理论板数不能小于分离该物系所需的最少理论板数等等。

为了简单、方便、不易出错,郭氏法将一个装置分解为若干简单过程的单元,由每个单元的独立变量数 N_v^e 和约束数 N_c^e 求出每一单元的设计变量数 N_i^e,然后再由单元的设计变量数计算出装置的设计变量数 N_i^E。郭氏法又把设计变量 N_i 分为两类,一为固定设计变量 N_x,它是指系统的压力和确定进料物流的那些变量(如进料组成、温度、压力和流率)。这些变量实际上常常是由单元在整个装置中的地位,或装置在整个流程中的地位所决定。一般不需要设计者指定,或即使没有预先定好,也很容易看出或决定下来的量。另一类为可调设计变量 N_a,它要由设计者根据工艺要求来确定,因此郭氏法的目的是要正确确定可调设计变量的数目,并按工艺要求对各变量赋值。

郭氏法适用于连续稳定流动过程,并且要求过程中无化学反应,流体流动的动能和位能可忽略,与外界交换的机械能只限于轴功,平衡级是串联的,所以它很适用于来确定分离过程各单元操作的设计变量数。

郭氏法把分离中所用到的单元分为两大类。一类是有浓度变化的单元,如混合器、分凝器、理论板等。另一类为无浓度变化的辅助单元,如分配器、换热器、全凝器等,主要的辅助单元如图 1 - 21 所示。由于这些单元中无浓度变化,故每一物流均可看成是单相单组分,用三个独立变量(温度、压力和流率)便可描述。如果单元中有热交换和功交换,N_v^e 中还应包括说明交换的热和功数量的变量。约束数 N_c^e 是物料衡算式、热量衡算式、相平衡关系式和物流间的温度、压力等式的总数。现以图 1 - 21 中的换热器为例加以说明。它共有四个物流,没有与系统外的热量交换和功的交换,所以独立变量数 $N_v^e = 4 \times 3 = 12$。在换热器中冷热两物流不相互混合,所以可分别列出物料衡算式,而系统的热量衡算式只能列出一个,各物流间没有相平衡

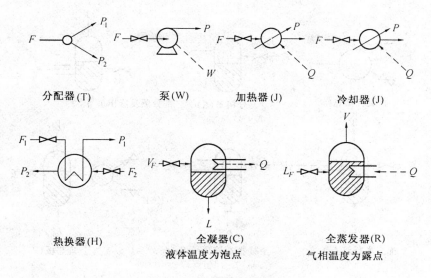

分配器 (T) 　泵 (W) 　加热器 (J) 　冷却器 (J)

热换器 (H) 　全凝器 (C) 　全蒸发器 (R)
　　　　　液体温度为泡点 气相温度为露点

图 1-21　无浓度变化的单元举例

关系,也没有其他相等关系,故其约束数为 $N_c^e = 3$。设计变量数 $N_i^e = N_v^e - N_c^e = 12 - 3 = 9$。进入该系统的物料一为热物料,一为冷物料共两个,并且冷、热二物料分居传热面的两侧,所以系统内存在二个压力,因此,固定设计变量 $N_x^e = 2 \times 3 + 2 = 8$。可调设计变量 $N_a^e = N_i^e - N_x^e = 9 - 8 = 1$。也就是说,当进入换热器的冷、热两物流的温度、压力和流率以及换热器传热面两侧的压力被确定以后,设计者只要再确定一个物理量就可以进行换热器的设计计算,通常可指定一物流的出口温度或传热面积。再如分配器,有三个物流共有九个独立变量,因无热和功的交换,故 $N_v^e = 3 \times 3 = 9$。在三个物流之间可列出一个物料衡算式,且三个物流的压力均相等;三个物流的温度均相等又各可列出两个等式,共可列出五个关系式,故 $N_c^e = 5$。设计变量数为 $N_i^e = 9 - 5 = 4$。对分配器只有一个进料物流,它具有三个变量(进料的温度、压力和流率)。因在约束数中列出了进料的压力与分配后物流的压力相等的关系,因此系统(分配器)的压力不能再列为设计变量,也就是说,系统的压力与进料压力相等这一关系,已在约束数中列出,因此不能再在固定设计变量中列出,所以 $N_x^e = 3$。可调设计变量 $N_a^e = N_i^e - N_x^e = 4 - 3 = 1$。通常指定分配比,即 p_1/p_2 或 p_1/F。又如全凝器有两个物流,还有一个与外界的热量交换,因此 $N_v^e = 2 \times 3 + 1 = 7$。在全凝器中两物流间可列出一个物料衡算式和热量衡算式,而凝液温度为全凝器压力下的泡点温度,它与系统的压力间受相平衡关系的约束,所以共可列出三个关系式,即 $N_c^e = 3$,则设计变量 $N_i^e = 7 - 3 = 4$。全凝器中的固定设计变量为进料的温度、压力和流率以及全凝器系统的压力(图中有阀门符号表示前后压力不同),即 $N_x^e = 4$,可调设计变量 $N_a^e = 0$。说明对全凝器来说,当进料的温度、压力、流率和全凝器的操作压力被确定以后,就不能再指定其他的变量值了。其他的辅助单元的计算结果列于表 1-4。

有浓度变化的单元示意图如图 1-22 所示,其计算结果可见表 1-5。在这类单元中描述一个互成平衡的两相物流的独立变量数也是 $C + 2$ 个。例如对离开分相器的两个物流,可以把它们看成是一个两相物流,因此互成平衡的两个物流之间可以列出 $(C + 2)$ 个等式(压力、温度相等,组分的化学位分别相等),因此与把互成平衡的气液两相看成一个两相物流时的 N_v 值是一样的。其他处理问题的方法与无浓度变化单元相同。例如对理论板,虽然有四个物流,

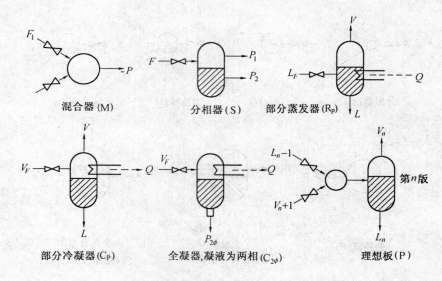

图 1-22 有浓度变化的单元举例

表 1-4 无浓度变化的单元

变量		单元及代表符号				
		分配器 (T)	泵 (W)	加热器或冷却器 (J)	换热器 (H)	全凝器(C)或 全蒸发器(R)
物 流 数		3	2	2	4	2
叙述内容	数目					
N_v^e: 每一物流 热量 功	 3(a) 1 1	 3×3 − −	 2×3 − 1	 2×3 1 −	 4×3 − −	 2×3 1 −
共计		9	7	7	12	7
N_c^e: 物料衡算 热量衡算 等式	 1 1 1	 1 − 2×2(b)	 1 1 1(c)	 1 1 −	 2(f) 1 −	 1 1 1(d)
共计		5	3	2	3	3
$N_i^e = N_v^e - N_c^e$		4	4	5	9	4
N_x^e: 进料 压力	 3 1	 3 0(e)	 3 1	 3 1	 2×3 2(g)	 3 1
共计		3	4	4	8	4
$N_a^e = N_i^e - N_x^e$		1(h)	0	1(h)	1(h)	0

注： (a) 指温度、压力和流率；

(b) 各物流的温度、压力分别相等；

(c) 进、出泵两物流的温度相等；

(d) 出口温度为泡点或露点；

(e) 进料物料的压力等于单元的压力；

(f) 没有物料通过传热面，故冷物料及热物料可分别列一物料衡算式；

(g) 传热面两边各有一个压力；

(h) 可调设计变量选用举例：分配器——比例 P_1/P_2 或 P_2/F；加热器、冷却器、换热器——一个出口温度或传热面；泵——输入功率。

表 1-5 有浓度变化的单元

叙述内容	数目	混合器 (M)	分相器 (S)	分凝器(C_p)或 再沸器(R_p)	产物为两相的 全凝器($C_{2\varphi}$)	理论板 (P)
物流数：单相的		3	1	1	1	2
两相的		-	1	1	1	1
N_v^e:						
每一物流	$C+2$	$3(C+2)$	$2(C+2)$	$2(C+2)$	$2(C+2)$	$3(C+2)$
热量	1	1	-	1	1	-
共计		$3C+6$	$2C+4$	$2C+5$	$2C+5$	$3C+6$
N_C^e:						
物料衡算	C	C	C	C	C	C
热量衡算	1	1	1	1	1	1
等式	1	1	-	-	1[①]	-
共计		$C+1$	$C+1$	$C+1$	$C+2$	$C+1$
$N_i^e = N_v^e - N_C^e$		$2C+5$	$C+3$	$C+4$	$C+3$	$2C+5$
N_x^e:						
进料	$C+2$	$2(C+2)$	$C+2$	$C+2$	$C+2$	$2(C+2)$
压力	1	1	1	1	1	1
共计		$2C+5$	$C+3$	$C+3$	$C+3$	$2C+5$
$N_a^e = N_i^e - N_x^e$		0	0	1[②]	0	0

① 两相产物的温度为泡点；

② 一般是选用：分凝器的 L_i；再沸器的 V_i；传热面或热负荷量。

但因 V_n 与 L_n 为互成平衡的物流，所以可以把它们看成一个两相物流，故 $N_v^e = 3(C+2)$ 个。因为可以列出 C 个物料衡算式和一个热量衡算，所以 $N_C^e = C+1$ 个，则设计变量数 $N_i^e = 2C+5$ 个。对理论板来说有两个进料占有 $2(C+2)$ 个变量，且进料之间以及进料与板上的压力均不相等，这样，固定设计变量为 $N_x^e = 2(C+2)+1 = 2C+5$，故可调设计变量 $N_a^e = N_i^e - N_x^e = 0$。

由表 1-4，表 1-5 可看出，无论是有浓度变化还是无浓度变化的单元，可调设计变量均与组分数目无关，且值很小，非 0 即 1，所以这对计算整个装置的 N_a^E 是比较方便的。按照郭氏法的原则，一个装置是由若干个单元组成的。如把各单元的独立变量数 N_v^e 相加作为整个装置

的独立变量数 N_v^{E} 则

$$N_v^{\mathrm{E}} = \sum N_v^{\mathrm{e}}$$

但这时单元之间每个物流的 $(C+2)$ 个独立变量,实际上是多计算一次,因此在计算 N_c^{E} 时,除将各单元的 N_c^{e} 相加外,还应对每一单元之间的每一中间物流附加 $(C+2)$ 个等式,即

$$N_c^{\mathrm{E}} = \sum N_c^{\mathrm{e}} + n(C+2)$$

式中 n 为单元间的中间物流数。

故装置的设计变量数 N_i^{E} 为

$$\begin{aligned}
N_i^{\mathrm{E}} = N_v^{\mathrm{E}} - N_c^{\mathrm{E}} &= \sum N_v^{\mathrm{e}} - \sum N_c^{\mathrm{e}} - n(C+2) = \\
&\sum (N_v^{\mathrm{e}} - N_c^{\mathrm{e}}) - n(C+2) = \\
&\sum N_i^{\mathrm{e}} - n(C+2) = \\
&\sum N_x^{\mathrm{e}} + \sum N_a^{\mathrm{e}} - n(C+2)
\end{aligned} \tag{1-16}$$

对装置的固定设计变量数 N_x^{E} 来说,是指进入装置的各进料物流的变量数与装置中不同压力的等级数之和。因此它与 $\sum N_x^{\mathrm{e}}$ 相比要少 $n(c+2)$ 个,所以

$$N_i^{\mathrm{E}} = N_x^{\mathrm{E}} + N_a^{\mathrm{E}} = \sum N_x^{\mathrm{e}} - n(C+2) + N_a^{\mathrm{E}}$$

将上式代入 $(1-16)$ 式可得

$$N_a^{\mathrm{E}} = \sum N_a^{\mathrm{e}} \tag{1-17}$$

即装置的可调变量等于各单元的可调设计变量之和。

把某些单元进行组合可以成为在分离过程中常见的重要复合单元。图 1-23 列出了三种复合单元。进料板可看做由一个分相器和两个混合器的组合,因分相器与混合器的 N_a^{e} 均为零,故进料板的 $N_a^{\mathrm{e}} = 0$。侧线采出板可看做理论板与分配器的组合。因理论板的 $N_a^{\mathrm{e}} = 0$,分配器的 $N_a^{\mathrm{e}} = 1$,故侧线采出板的 $N_a^{\mathrm{e}} = 1$。一个塔段可看做是由一定数量的理论板靠板间的蒸气和液体联结起来的串级单元,它是重复地应用同一单元(理论板)。理论板的 $N_a^{\mathrm{e}} = 0$,但不同理论板数组成的塔段其作用不同,为表达这一特征,就必须另加一变量,所以串级单元的可调设计变量为 $N_a^{\mathrm{e}} = 1$。

综上所述,应用郭氏法可确定任何复杂的分离装置的设计变量数,其步骤可归纳如下:

① 确定过程的压力等级数。即不考虑由于摩擦阻力而引起的微小压降时,装置内共有几个不同的压力等级。

② 按每一进料有 $(C+2)$ 个变量计算装置的进料变量总数。如果某一进料的压力等于所进入单元的压力,则在相应的进料变量数中减掉 1。

③ 各单元的可调设计变量 N_a^{e} 之和即为该装置的可调设计变量 N_a^{E}。

上述的①、②之和即为装置的固定设计变量 N_x^{E}。一般是给定的条件或很易被确定的数值,而可调设计变量则应由设计者所确定的。随着确定的变量和数值不同可形成不同的方案,但所能指定的变量数只能是 N_a^{E} 个。现举例说明其应用。

例 1-1 用郭氏法分析普通双组分精馏塔的设计变量数。已知塔顶冷凝器为全凝器,塔底为部分再沸器,进料压力与塔压相同。

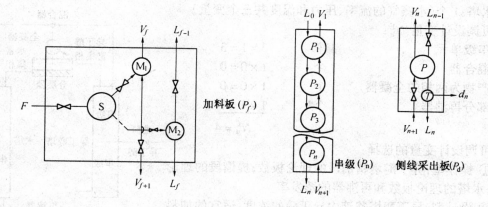

图 1-23 重要复合单元

解 普通双组分精馏塔可由如图 1-24 所示的各单元组成。按郭氏法有

压力等级数:1

进料变量数:$(C+2)-1=4-1=3$

(因进料压力与塔压相同)

故 $N_x^E = 1+3 = 4$

可调设计变量 N_a^E:

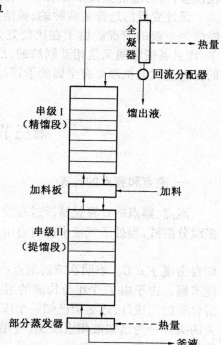

串级单元	2 个	$2 \times 1 = 2$
回流分配器	1 个	$1 \times 1 = 1$
全凝器	1 个	$1 \times 0 = 0$
部分再沸器	1 个	$1 \times 1 = 1$
加料板	1 个	$1 \times 0 = 0$
		$N_a^E = 4$

图 1-24 一般双组分精馏塔示意图

一般情况下,应指定下列各变量的值。

N_x^E:塔压、进料的流率、进料中组分的浓度、进料的温度(或 q 值)。

N_a^E:① 操作型:精馏段理论板数、提馏段理论板数、回流比、再沸器的蒸发率。② 设计型:馏出液中组分 A 的浓度、塔釜液中组分 B 的浓度、回流比、最适宜进料板位置。

不难看出,对常规精馏塔若处理的原料为多组分时,N_x^E 将会随原料组分的增加而增加,但 N_a^E 数值仍保持不变。

例 1-2 用郭氏法分析共沸物的双塔精馏装置的设计变量数。装置示意图如图 1-25 所示。已知异丁醇塔和水塔的操作压力相同,再沸器为部分再沸器。

解 固定设计变量 N_x^E:

压力等级数: 1

进料物流:

异丁醇塔:1 个(进料的流率、温度、压力、异丁醇的浓度共四个变量)

水塔:1 个(水蒸气的流率、压力和温度共三个变量)

可调设计变量 N_a^E:

串级单元	3 个	$3 \times 1 = 3$
混合器	1 个	$1 \times 0 = 0$
产物为两相的全凝器	1 个	$1 \times 0 = 0$
部分再沸器	1 个	$1 \times 1 = 1$
		$N_a^E = 4$

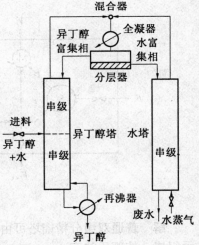

图 1-25 恒沸双塔精馏(例 2-2 图)

可调设计变量的选择:

① 操作型:异丁醇塔精馏段的理论板数;提馏段的理论板数;水塔的理论板数和再沸器的蒸发率。

② 设计型:异丁醇塔釜液中异丁醇的浓度;适宜的加料板位置;再沸器的蒸发率和水塔塔底产品中异丁醇的含量。

设计变量的选择是多种的、灵活的,上两例中的选择只能作为一般的情况。由于在比较复杂的装置中,变量数很多,而且各变量间又是相互制约的,故设计者必须对所设计的分离过程的机理要有全面的了解,只有这样才能正确选择设计变量。

第三节 单级平衡分离过程

一、泡点和露点的计算

泡点、露点的计算是精馏过程设计的基础,在很多工艺计算中也经常用到。由相律可知对多组分溶液,当处于气液平衡时自由度为

$$F = C - 2 + 2 = C$$

即自由度 $F = C$。表明在求解泡点或露点气液平衡问题时,必须首先指定 C 个独立变量值才能求解。由于由 C 个组分构成的溶液其独立变量数为 $(C-1)$ 个,所以在一般的计算中除已知混合物的组成外,还必须已知一个压力或温度。按已知条件的不同,泡点、露点的计算均可分为两类。一为已知液相组成 x_i(气相组成 y_i)和系统的平衡压力 p,求泡点(露点)温度 T 和平衡的气相组成 y_i(液相组成 x_i);另一类为已知液相组成 x_i(气相组成 y_i)和系统的平衡温度 T,求泡点(露点)压力 p 和平衡的气相组成 y_i(液相组成 x_i)。在气液平衡时,其相平衡关系式为

$$y_i = K_i x_i \tag{1-18}$$

在泡点条件下

$$\sum y_i = \sum K_i x_i = 1 \tag{1-19}$$

在露点条件下

$$\sum x_i = \sum \frac{y_i}{K_i} = 1 \tag{1-20}$$

所以在进行泡点计算时需通过联解(1-18)和(1-19)式来求定泡点温度(或泡点压力)及平衡的气相组成 y_i。而进行露点计算时需通过联解(1-18)和(1-20)式来求定露点温度(或露点压力)及平衡的液相组成 x_i。

以上分析的泡点、露点计算方法看来很简单,但从气液平衡的热力学分析可知,混合物中第 i 组分的相平衡常数 K_i 是系统温度 T、压力 p 和平衡的气液相组成 y_i 和 x_i 的函数,即

$$K_i = f(p, T, x_1 、 x_2 \cdots, y_1 、 y_2 \cdots) \tag{1-21}$$

如果按严谨的气液平衡模型计算 K_i 值,其工作量很大,只能借助于计算机进行。为手工计算的需要通常作简化处理。对石油化工中常见的烃类系统由于组成对 K_i 的影响较小,因而在简化计算中可将 K_i 近似看做为温度 T 和压力 p 的函数,即

$$K_i = f(p 、 T)$$

通常使用的图 1-26 和图 1-27 所表示的 $K_i - T - p$ 列线图就是通过上述关系绘制而成。尽管把 K_i 简化为 T、p 的函数,但在计算泡点、露点时仍不能直接得到 K_i 值,因此必须用试差法方能求解。

1. 泡点计算

若已知操作压力为 p,液相组成 x_i,用试差法求泡点温度的步骤如下:

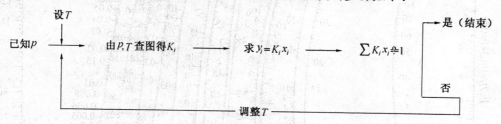

在手算中 $\sum K_i x_i$ 很难恰好等于1,一般误差 $|\sum K_i x_i - 1| \leq 0.01$ 便可结束计算。由(1-6)式和(1-18)式可知,在低压下的理想溶液其相平衡常数 K_i 为

$$K_i = \frac{y_i}{x_i} = \frac{p_i^0}{p} \tag{1-22}$$

如果所设温度的计算结果 $\sum K_i x_i > 1$,说明 K_i 值偏大,由(1-22)式可知,是由所设的温度偏高造成,应将所设 T 降低,反之应增高。如果已知操作温度求泡点压力,此时是已知 T,应设 p,其计算步骤仍按上述进行。若其计算结果 $\sum K_i x_i > 1$,因 K_i 与 p 成反比,说明所设的压力 p 偏小,应使 p 增大。虽然可以根据(1-22)式的关系定性地调整所设的温度或压力,但它不能定量地表达应调整多少,为避免盲目性,加速试差过程的收敛采用以下方法。将 $\sum K_i x_i$ 表示为

$$\sum_{i=1}^{c} K_i x_i = K_G \sum_{i=1}^{c} \left(\frac{K_i}{K_G} \right) x_i = K_G \sum_{i=1}^{c} \alpha_{iG} x_i$$

式中下标 G 表示对 $\sum K_i x_i$ 值影响最大的关键性组分。由于在不太宽的温度范围内可取 $\alpha_{iG} = $ 常数,所以上式可表示为

$$\frac{1}{K_G} \sum_{i=1}^{c} K_i x_i \cong 常数$$

即对各次试差

$$\frac{1}{K_{G,m}} \left(\sum_{i=1}^{c} K_i x_i \right)_m \cong \frac{1}{K_{G,m-1}} \left(\sum_{i=1}^{c} K_i x_i \right)_{m-1}$$

下标 m 指试差序号。为使第 m 次试差时 $\left(\sum K_i x_i \right)_m = 1$,按上式应取 $K_{G,m}$ 为

$$K_{G,m} = \frac{K_{G,m-1}}{\left(\sum_{i=1}^{c} K_i x_i \right)_{m-1}} \tag{1-23}$$

由该 $K_{G,m}$ 值便可从 K 图上读出第 m 次试差时应假设的温度 T 值。按上述方法通常经过 2~3 次试算便可结束计算。

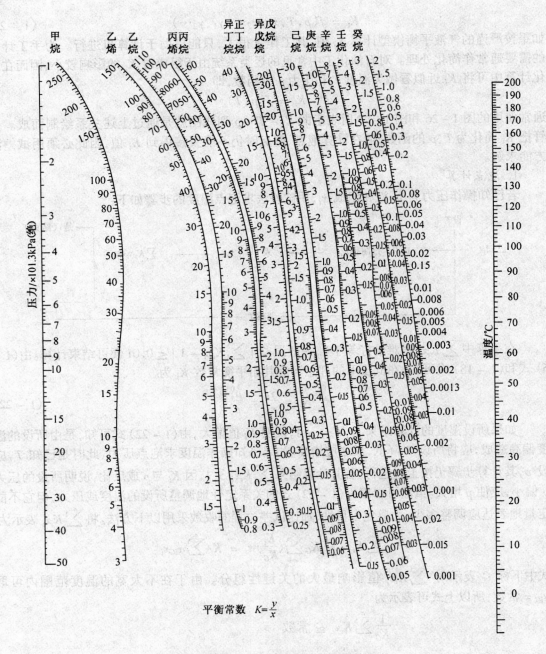

甲 乙 乙 丙丙 异正异戊 己 庚 辛 壬 癸
烷 烯 烷 烯烷 丁丁戊烷 烷 烷 烷 烷 烷
            烷烷烷

压力/×101.3kPa(绝)

温度/℃

平衡常数 $K = \dfrac{y}{x}$

图 1-26　烃类的 $p-T-K$ 图($0\sim200$ ℃)

例 1-3　一烃类溶液,其组成(摩尔分数)为 $x_{C_2^=} = 0.5352$,$x_{C_2^0} = 0.1235$,$x_{C_3^=} = 0.3175$,$x_{C_3^0} = 0.0238$,求该溶液在 $p = 3.55$ MPa 下的泡点温度 T_B 和平衡气相组成 y_i。

解:　设 $T_1 = 8$ ℃ 时,由图 1-27 读得 $p = 3.55$ MPa,$T = 8$ ℃ 时各组分的 K_i 值列于表 1-6,经第一次试差,$(\sum K_i x_i)_1 = 0.88482 < 1$。取 $C_2^=$ 作为关键性组分 G,由(1-23)式求得

$$K_{G,2} = K_{C_2^=,2} = \frac{K_{G_2^=,1}}{(\sum K_i x_i)_1} = \frac{1.20}{0.8482} = 1.415$$

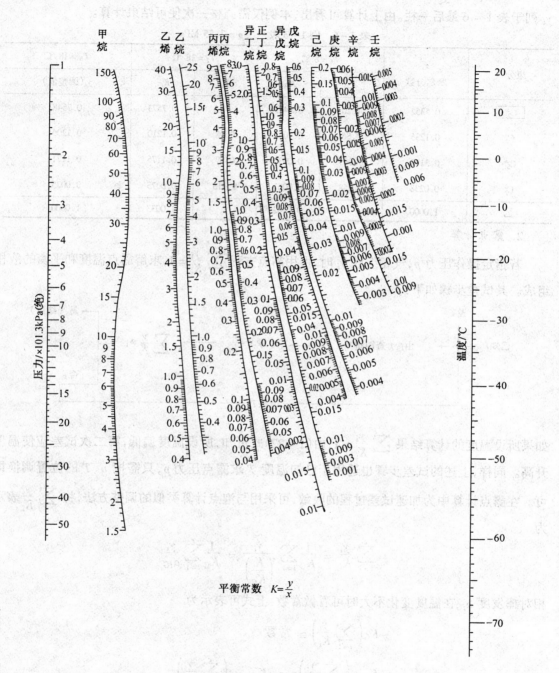

图 1-27　烃类的 $p-T-K$ 图（-70 ~ +20 ℃）

由图 1-27 查得在 $p=3.55$ MPa 下，$K_{C_2^-}=1.415$ 时 $T_2=18$ ℃。再由图 1-27 查得 $p=3.55$ MPa，$T_2=18$ ℃时各组分的 K_i，然后算出

$$\sum K_i x_i = 1.003\ 3$$

因 $|\sum K_i x_i - 1| = 0.003\ 3 < 0.01$，所以 $T_B = 18$ ℃，即为泡点温度。经圆整的平衡气相组成

y_i 列于表 1－6 最后一栏。由上计算可看出,本例仅需调整一次便可结束计算。

表 1－6 例 1－3 表 $p = 3.55$ MPa

组分, i	x_i 摩尔分数	$T_1 = 8$ ℃		$T_2 = 18$ ℃		$T_B = 18$ ℃
		K_i	$K_i x_i$	K_i	$K_i x_i$	y_i(圆整值)
$C_2^=$	0.5352	1.20	0.6422	1.415	0.7573	0.7548
C_2^0	0.1235	0.86	0.1062	0.98	0.1210	0.1206
$C_3^=$	0.3175	0.295	0.0937	0.37	0.1175	0.1171
C_2^0	0.0238	0.258	0.0061	0.315	0.0075	0.0075
Σ	1.0000		0.8482		1.0033	1.0000

2. 露点计算

若指定操作压力 p,气相组成 y_i 时,可用露点方程 $\sum \dfrac{y_i}{K_i} = 1$,求解露点温度和平衡的液相组成。其试差步骤如下:

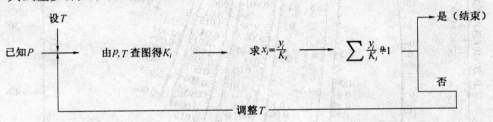

如果所设温度的计算结果 $\sum \dfrac{y_i}{K_i} > 1$,由 $(1-22)$ 式可知,所设温度偏低,第二次试差应使温度升高。同样,上述的试差步骤也适用于已知温度 T 求露点压力 p,只需把 p、T 的位置调换即可。在露点计算中为加速试差过程的收敛,可采用与泡点计算类似的调整方法,将 $\sum \dfrac{y_i}{K_i}$ 表示为

$$\sum_{i=1}^{c} \frac{y_i}{K_i} = \frac{1}{K_G} \sum_{i=1}^{c} \frac{y_i}{\left(\dfrac{K_i}{K_G}\right)} = \frac{1}{K_G} \sum_{i=1}^{c} \frac{y_i}{\alpha_{iG}}$$

相对挥发度 α_{iG} 在温度变化不大时可看做常数,上式可表示为

$$K_G \left(\sum_{i=1}^{c} \frac{y_i}{K_i} \right) \cong 常数$$

$$K_{G,m} \left(\sum_{i=1}^{c} \frac{y_i}{K_i} \right)_m \cong K_{G,m-1} \left(\sum_{i=1}^{c} \frac{y_i}{K_i} \right)_{m-1}$$

为使第 m 次试差时 $\left(\sum \dfrac{y_i}{K_i} \right)_m = 1$,故按上式 $K_{G,m}$ 应为

$$K_{G,m} = K_{G,m-1} \left(\sum_{i=1}^{c} \frac{y_i}{K_i} \right)_{m-1} \tag{1-24}$$

由该 $K_{G,m}$ 值可从 K 图上定出第 m 次试差时应假设的温度 T_m 值。

例1-4 一烃类气相混合物，其组成（摩尔分数）为 $y_{C_2^=} = 0.8099$, $y_{C_2^0} = 0.1851$, $y_{C_3^=} = 0.0048$, $y_{C_3^0} = 0.0002$，求该混合物在压力 $p = 3.24$ MPa 下露点温度 T 和平衡液相组成 x_i。

解 设 $T = -10$ ℃，由 K 图读出 $p = 3.24$ MPa, $T = -10$ ℃ 时各组分的 K_i 列于表 1-7 中，经计算 $\sum \dfrac{y_i}{K_i} = 1.1632 > 1$，按（1-24）式调整温度，按本例应取 $C_2^=$ 为关键性组分

$$K_{G,2} = K_{C_2^=,2} = K_{C_2^=,1}\left(\frac{y_i}{K_i}\right)_1 = 0.94 \times 1.1632 = 1.0934$$

由 K 图查得 $p = 3.24$ MPa, $K_{C_2^=,2} = 1.0934$ 时 $T_2 = -2.7$ ℃。查出在 $p = 3.24$ MPa, $T_2 = -2.7$ ℃ 下各组分的 K_i 值，进行计算得出 $\left(\sum \dfrac{y_i}{K_i}\right) = 1.0045$。其误差 < 0.01，可结束计算，$T = -2.7$ ℃。

表 1-7 例 1-4 表　　$p = 3.24$ MPa

组分,i	y_i 摩尔分数	$T_1 = -10$ ℃		$T_2 = -27$ ℃		$T_D = -2.7$ ℃
		K_i	y_i/K_i	K_i	y_i/K_i	x_i（圆整值）
$C_2^=$	0.8099	0.94	0.8616	1.094	0.7403	0.7370
C_2^0	0.1851	0.67	0.2763	0.76	0.2435	0.2424
$C_3^=$	0.048	0.198	0.0242	0.242	0.0198	0.0197
C_2^0	0.0002	0.170	0.0011	0.210	0.0009	0.0009
Σ	1.0000		1.1632		1.0045	1.0000

电子计算机技术现已成功地应用到分离过程。对平衡常数 K_i 可以用很多模型进行严谨的计算。当相平衡常数 K_i 可表示为温度 T 的函数时，求定压下的泡点温度、露点温度都可用牛顿-拉夫森（Newton-Raphson）迭代法求解。

由泡点方程

$$F(T) = \sum_{i=1}^{c} K_i x_i - 1.0$$

求导可得

$$F'(T) = \sum_{i=1}^{c} x_i \frac{dK_i}{dT} \tag{1-25}$$

按牛顿-拉夫森迭代公式可得

$$T_{m+1} = T_m - \frac{F(T_m)}{F'(T_m)} \tag{1-26}$$

由露点方程

$$\phi(T) = \sum_{i=1}^{c} \frac{y_i}{K_i} - 1.0$$

求导可得

$$\phi'(T) = -\sum_{i=1}^{c} \left(\frac{y_i}{K_i^2}\right)\left(\frac{dK_i}{dT}\right) \tag{1-27}$$

按迭代公式可写出

$$T_{m+1} = T_m - \frac{\phi(T_m)}{\phi'(T_m)} \tag{1-28}$$

式中下标 m 表示迭代序号。设一温度初值 T，由 $K = \phi(T)$ 关联式求出各组分的 K 值后，便可按上述公式计算。其框图如图 1-28 和图 1-29。

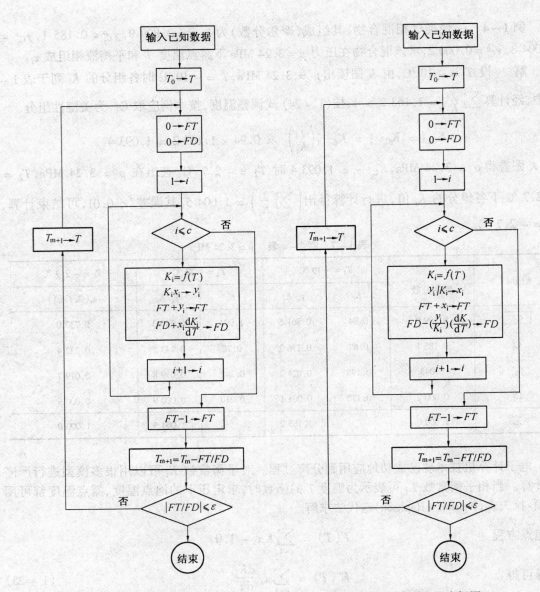

图 1 – 28　求泡点温度框图　　　　　图 1 – 29　求露点温度框图

通常允许偏差 ε 可取 10^{-4}。在现代一些烃类精馏计算程序中常于最初几次迭代中,采用严格的气液平衡模型进行泡点(露点)的计算,然后将所得的 $K_i - T$ 数据(近似反映了组成影响)再用计算机回归成 $K_i = f(T)$ 的函数形式应用于以后各次迭代计算,这样可大大缩短精馏计算所需的时间。

二、部分汽化和部分冷凝计算

在石油化工生产中,部分汽化和部分冷凝为常见的重要过程。如物料通过塔顶部分凝冷器,塔釜部分再沸器以及一些加热器、冷凝器等都会产生部分汽化或部分冷凝现象。典型的部分汽化和部分冷凝过程如图 1 – 30 所示。它是已知进料组成为 z_i 经加热或冷却后在预定的压力 p、温度 T 下分离为平衡的气液两相。由于它可以起到一个平衡级的分离作用,所以是一种单级平衡分离过程,也称为平衡汽化过程或闪蒸过程。此过程由物料衡算式和相平衡方程式联解可导出计算部分汽化和部分冷凝的方程式,其推导如下。

对第 i 组分的物料衡算

$$Fz_i = Vy_i + Lx_i$$

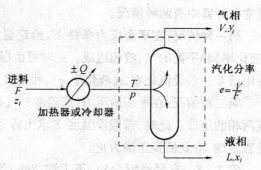

图 1-30 部分汽化或部分冷凝过程

将相平衡关系 $y_i = K_i x_i$ 代入上式并消去 y_i,则可得

$$x_i = \frac{z_i}{\dfrac{VK_i}{F} + \dfrac{L}{F}} \qquad (1-29)$$

现定义汽化率 $e = \dfrac{V}{F}$,则 $\dfrac{L}{F} = 1 - e$

代入(1-29)式,可得

$$x_i = \frac{z_i}{eK_i + (1-e)} = \frac{z_i}{(K_i - 1)e + 1} \qquad (1-30)$$

因 $\sum x_i = 1$,则

$$\sum_{i=1}^{c} \frac{z_i}{(K_i - 1)e + 1} = 1 \qquad (1-31)$$

汽相组成为

$$y_i = \frac{z_i K_i}{e(K_i - 1) + 1} \qquad (1-32)$$

(1-31)式即为计算部分汽化的方程式。若将(1-31)式中的 $\dfrac{L}{F}$ 定义为液化率 q,则 $\dfrac{V}{F} = 1 - q$ 代入(1-29)式,并整理可得

$$x_i = \frac{z_i}{K_i + (1 - K_i)q} \qquad (1-33)$$

$$\sum_{i=1}^{c} \frac{z_i}{K_i + (1 - K_i)q} = 1 \qquad (1-34)$$

汽相组成为

$$y_i = \frac{z_i K_i}{K_i + (1 - K_i)q} \qquad (1-35)$$

(1-34)式可作为计算部分冷凝的方程式。实际上(1-31)和(1-34)式都是由(1-29)式推导而来,两式在计算部分汽化和部分冷凝过程中是通用的。另外,由求总和式 $\sum y_i = 1$ 和 $\sum x_i = 1$ 可写出

$$\sum (y_i - x_i) = 0$$

将(1-30)式和 $y_i = K_i x_i$ 关系式代入上式可得

$$\sum_{i=1}^{c} \frac{z_i(K_i - 1)}{(K_i - 1)e + 1} = 0 \qquad (1-36)$$

利用上式也可进行部分汽化和部分冷凝的计算。

应用设计变量法可看出,对部分汽化和部分冷凝过程其可调设计变量为 1。即当进料的组成、温度、压力、流率和平衡分离的压力一定时,还必须给定一个变量后其状态才能被确定。

通常在计算中有两种情况。

第一种情况:在平衡压力条件下,给定温度(或在平衡温度条件下,给定压力),求汽化率(液化率)和平衡的气、液相组成。此时可由温度 T、压力 p 计算出各组分的相平衡常数 K_i,然后用试差法假设汽化率 e(液化率 q),利用(1-31)式检验所设定是否正确,直到正确为止。

第二种情况:在平衡的压力(或温度)下,指定汽化率(液化率),求平衡温度(或压力)和气、液两相的组成。此时,需假设温度 T 求出各组分的相平衡常数 K_i 然后用(1-31)式检验所设是否正确,直到所设正确为止。

例 1-5 有烃类混合物,正丁烷 20%(摩尔分数),正戊烷 50%,正己烷 30%,在压力为 1.01MPa,温度 132 ℃条件下进行平衡汽化。试求其汽化率和平衡的气、液相组成。

解 由温度和压力可查得各组分的 K_i,计算结果如下表。

组分	z_i	K_i	设 $e=0.5$		设 $e=0.7$		
			$1-(1-K_i)e$	x_i	$1-(1-K_i)e$	x_i	$y_i=K_ix_i$
正丁烷	0.2	2.13	1.565	0.127 8	1.791	0.111 7	0.237 9
正戊烷	0.5	1.10	1.05	0.476 2	1.07	0.467 4	0.514 0
正己烷	0.3	0.59	0.795	0.377 4	0.713	0.420 8	0.248 4
Σ				0.981 4		0.999 9	1.000 1

这类问题也可用牛顿-拉夫森法进行电算求解。按该法的迭代公式对汽化率 e 可写出

$$e_{k+1} = e_k - \frac{F(e_k)}{F'(e_k)} \tag{1-37}$$

当应用(1-31)式时,函数 $F(e)$ 可表示为

$$F(e) = \sum_{i=1}^{c} \frac{z_i}{(K_i-1)e+1} - 1 \tag{1-38}$$

需求解 $F(e)=0$ 时的 e 值,对上式求导可得

$$F'(e) = -\sum_{i=1}^{c} \frac{z_i(K_i-1)}{[(K_i-1)e+1]^2} \tag{1-39}$$

此时为保证使迭代计算得到收敛,可设初值 $e=1.0$。

当应用(1-36)式时,函数 $F(e)$ 和其导数 $F'(e)$ 可分别表示为

$$F(e) = \sum_{i=1}^{c} \frac{z_i(K_i-1)}{(K_i-1)e+1} \tag{1-40}$$

$$F'(e) = -\sum_{i=1}^{c} \frac{z_i(K_i-1)^2}{[(K_i-1)e+1]^2} \tag{1-41}$$

应用此方程时其收敛性能甚佳,对初值 e 的选择并无特殊要求,其框图如图 1-31 所示。

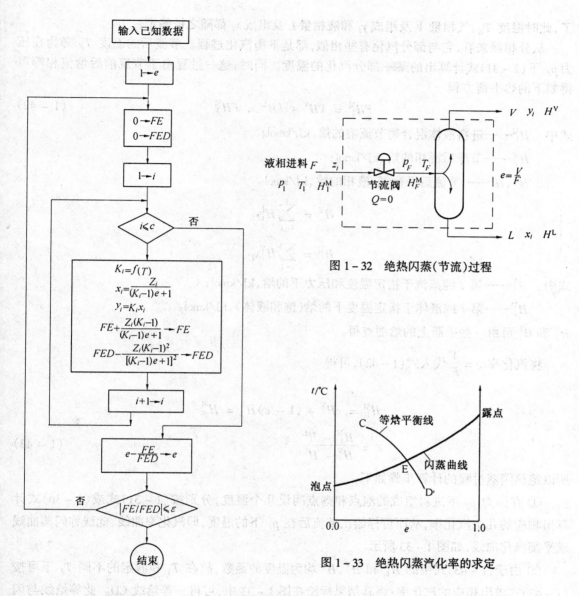

图 1-32　绝热闪蒸(节流)过程

图 1-31　部分汽化计算框图

图 1-33　绝热闪蒸汽化率的求定

三、绝热闪蒸过程

当流量为 $F(\text{kmol/h})$、组成为 z_i(摩尔分数)的液相,自温度为 T_1,压力为 p_1 绝热瞬间降压(如经节流阀)至压力 p_F 时,其中一部分液相汽化,汽化所需的潜热由原来液体的显热供给,致使系统温度降到 T_F。由于该过程是在绝热情况下进行,与外界没有热量交换,因而节流前后混合物的焓相等。此过程称为绝热闪蒸,又称等焓节流过程,如图 1-32 所示。节流后生成的气液两相在分离器内达到平衡状态。

用郭氏法分析绝热闪蒸过程的设计变量,它相当于一个分相器,其可调设计变量为零。即当进料的温度、压力、流率和组成一定后,如果节流后的压力被确定,则节流后的状态就被确定了,此时温度 T_F、气相量 V 及组成 y_i 和液相量 L 及组成 x_i 都随之被确定。

从分相器来看,它与部分汽化有些相似,都是平衡汽化过程。节流后的温度 T_F 必为在压力 p_F 下 $(1-31)$ 式计算出的某一部分汽化的温度。同时,这一过程由于节流前后焓值相等可得如下的热平衡方程

$$FH_1^M = VH^V + LH^L = FH_F^M \tag{1-42}$$

式中　H_1^M——进料液体混合物节流前的焓,kJ/kmol;

　　　H_F^M——节流后混相的焓,kJ/kmol;

　　　H^V,H^L——节流后平衡气、液相的焓,kJ/kmol。

$$H^V = \sum_{i=1}^{c} H_i^L y_i$$

$$H^L = \sum_{i=1}^{c} H_i^V x_i$$

式中　H_i^V——第 i 纯蒸汽于指定温度和压力下的焓,kJ/kmol;

　　　H_i^L——第 i 纯液体于指定温度下的焓(饱和液体),kJ/kmol。

H_i^V 和 H_i^L 可由一些手册上的焓图查得。

将汽化率 $e = \dfrac{V}{F}$ 代入式 $(1-42)$,可得

$$H_1^M = eH^V + (1-e)H^L = H_F^M$$

$$e = \frac{H_1^M - H^L}{H^V - H^L} \tag{1-43}$$

所以绝热闪蒸过程的计算步骤如下:

① 在压力 p_F 下进料组成的泡点和露点间设几个温度,分别按 $(1-31)$ 式或 $(1-36)$ 式计算出相应的几个汽化率,从而可标绘出节流后在 p_F 下的温度,即汽化率曲线,此线称闪蒸曲线或平衡汽化曲线,如图 $1-33$ 所示。

② 由于 $(1-43)$ 式中的 H_1^M 和 H^V、H^L 均为温度的函数,故在 T_1 和假定的不同 T_F 下可按 $(1-43)$ 式求出相应的汽化率;将其结果标绘在图 $1-33$ 中,可得一等焓线 CD。此等焓线与闪蒸曲线之交点 E,因它既符合等焓条件又符合在 p_F 压力下的平衡汽化规律,所以 E 点所在的温度和汽化率即为所求的节流后温度 T_F 和汽化率。

图 $1-34$ 所示为用框图表达绝热闪蒸的计算过程。

例 1-6　已知由 $C_1^0(1)-C_2^0(2)-C_3^0(3)$ 构成的三元溶液其组成(摩尔分数)为 $z_1 = 0.6144$,$z_2 = 0.3282$,$z_3 = 0.0574$,自 $p_1 = 1.38$ MPa,$T_1 = -101$ ℃节流至 $p_F = 709$ kPa,试求节流后的温度 T_F、汽化率 e 和平衡的气液相组成 y_i 和 x_i。

解　取 $F = 1$ kmol/h 为基准

① 计算原料焓 $H_1^M(p_1 = 1.38\text{MPa}, T_1 = -101$ ℃),计算结果如下表。

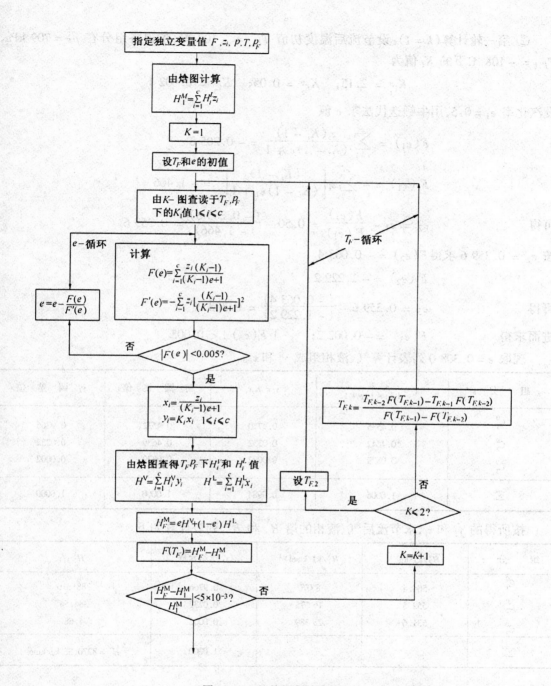

图 1-34　绝热闪蒸计算框图

组　分, i	$\overline{H}_i^L$ /kJ·kg^{-1}	H_i^L/kJ·kmol^{-1}	z_i 摩尔分数	$H_i^L z_i$,
C_1^0	127.7	2 043	0.6144	1 255.22
C_2^0	62.78	1 883	0.3282	618.00
C_3^0	54.41	2 394	0.0574	137.42
Σ			1.0000	$H_1^M = 2\,010.64$ kJ/kmol

② 第一轮计算 $(k=1)$：设节流后温度初值 $T_{F,1} = -108\ ℃$，求得各组分在 $p_F = 709\ kPa$，$T_{F,1} = -108\ ℃$ 下的 K_i 值为

$$K_{C_1^0} = 2.15;\quad K_{C_2^0} = 0.05;\quad K_{C_3^0} = 0.002\ 1$$

设汽化率 $e_1 = 0.5$，用牛顿迭代法求 e 值

$$F(e_1) = \sum_{i=1}^{c} \frac{z_i(K_i - 1)}{(K_i - 1)e + 1} = -0.205\ 8$$

$$F'(e_1) = -\sum_{i=1}^{c} z_i\left[\frac{(K_i - 1)}{(K_i - 1)e_1 + 1}\right]^2 = -1.466$$

可得
$$e_2 = e_1 - \frac{F(e_1)}{F'(e_1)} = 0.50 - \frac{(-0.205\ 8)}{(-1.466)} = 0.359\ 6$$

按 $e_2 = 0.359\ 6$ 求得 $F(e_2) = -0.063\ 4$

$$F'(e_2) = -1.229\ 2$$

可得
$$e_3 = 0.359\ 6 - \frac{(-0.063\ 4)}{(-1.229\ 2)} = 0.308\ 0$$

进而求得
$$F(e_3) = -0.002\ 2;\quad |F(e_3)| < 0.005$$

现取 $e = 0.308\ 0$ 列表计算气、液相组成 y_i 和 x_i。

组　分　i	$x_i = \frac{z_i}{(K_i - 1)e + 1}$	$y_i = K_i x_i$	x_i 圆整值	y_i 圆整值
C_1^0	0.4535	0.9750	0.4532	0.9766
C_2^0	0.4642	0.0232	0.4639	0.0232
C_3^0	0.0829	0.0002	0.0829	0.0002
Σ	1.0006	0.9984	1.0000	1.0000

按所得的 y_i 和 x_i，求节流后气、液相的焓 H^V 和 H^L，列表计算如下。

组　分　i	$\overline{H}_i^V/kJ\cdot kg^{-1}$	$H_i^V/kJ\cdot kmol^{-1}$	y_i 摩尔分数	$H_i^V y_i$
C_1^0	504.4	8 070	0.9766	7881.16
C_2^0	552.5	16 575	0.0232	384.54
C_3^0	531.6	23 389	0.0002	4.68
Σ			1.0000	$H^V = 8270.38$ kJ/kmol

组　分　i	$\overline{H}_i^L/kJ\cdot kg^{-1}$	$H_i^L/kJ\cdot kmol^{-1}$	x_i 摩尔分数	$H_i^L x_i$
C_1^0	83.71	1339	0.4532	606.83
C_2^0	46.04	1381	0.4639	640.65
C_3^0	41.86	1842	0.0829	152.70
Σ			1.0000	$H^L = 1400.18$ kJ/kmol

于是可求出节流后混相的焓 $H_{F,1}^M$

$$H_{F,1}^M = eH^V + (1-e)H^L = 3\,516.20 > H_1^M$$

表明所设初值 $T_{F,1}$ 偏高。

③ 第二轮计算 $(k=2)$：设 $T_{F,2} = -115\ \text{℃}$

查得 $T_{F,2} = -115\ \text{℃}$，$p_F = 709\ \text{kPa}$ 时

$$K_{C_1^0} = 1.75;\ K_{C_2^0} = 0.027;\ K_{C_3^0} = 0.000\,9$$

设 $e_1 = 0.15$，由 $(1-40)$ 和 $(1-41)$ 式可求得

$$F(e_1) = -0.027\,3;\qquad F'(e_1) = -0.781\,4$$

按 $(1-37)$ 式可得 e_2

$$e_2 = 0.15 - \frac{(-0.027\,3)}{(-0.781\,4)} = 0.115\,1$$

然后再由 $(1-40)$ 式计算得

$$F(e_2) = -0.000\,3;\qquad |F(e_2)| < 0.005$$

则 $e = 0.1151$，由 $(1-30)$ 式和 $(1-32)$ 式求 x_i、y_i 得

$$x_{C_1^0} = 0.565\,5;\qquad x_{C_2^0} = 0.369\,7;\qquad x_{C_3^0} = 0.064\,8$$

$$y_{C_1^0} = 0.989\,9;\qquad y_{C_2^0} = 0.010\,0;\qquad y_{C_3^0} = 0.000\,1$$

根据 y_i、x_i 求出在 $p_F = 709\ \text{kPa}$，$T_{F,2} = -115\ \text{℃}$ 下的焓

$$H^V = 7887.41\,\text{kJ/kmol};\qquad H^L = 1\,759.00\ \text{kJ/kmol}$$

则节流后的焓

$$H_{F,2}^M = eH^V + (1-e)H^L = 961.87\ \text{kJ/kmol}$$

因

$$\left| \frac{H_{F,2}^M - H_1^M}{H_1^M} \right| = \left| \frac{1\,759.00 - 2\,010.64}{2\,010.64} \right| = 0.125 > 0.005$$

所以还需重新调整 T_F 值。

④ 第三轮计算 $(k=3)$：用正割法调整 T_F 值，按两个初值

$$T_{F,1} = -108\ \text{℃}$$

$$F(T_{F,1}) = H_{F,1}^M - H_1^M = 1\,506.45\ \text{kJ/kmol}$$

$$T_{F,2} = -115\ \text{℃}$$

$$F(T_{F,2}) = H_{F,2}^M - H_1^M = -251.51\ \text{kJ/kmol}$$

由正割法迭代公式 $\quad T_{F,k} = \dfrac{T_{F,k-2}F(T_{F,k-1}) - T_{F,k-1}F(T_{F,k-2})}{F(T_{F,k-1}) - F(T_{F,k-2})} \qquad\qquad (1-44)$

求得 $\quad T_{F,3} = \dfrac{[(-108)(-251.51)] - [(-115)(1\,506.45)]}{(-251.51 - 1\,506.45)} =$

$$-113.998\,5 \approx -114\ \text{℃}$$

由 K 图查出 $T_{F,3} = -114\ \text{℃}$，$p_F = 709\ \text{kPa}$ 时，

$$K_{C_1^0} = 1.78;\qquad K_{C_2^0} = 0.0295;\qquad K_{C_3^0} = 0.001\,1$$

设 $e_1 = 0.12$，经两次迭代求得 $e = 0.135\,8$，相应的气、液相组成 y_i 和 x_i 为（经圆整后）

$$y_{C_1^0} = 0.988\,7;\qquad y_{C_2^0} = 0.011\,2;\qquad y_{C_3^0} = 0.000\,1$$

$$x_{C_1}^0 = 0.555\,4; \qquad x_{C_2}^0 = 0.378\,2; \qquad x_{C_3}^0 = 0.066\,4$$

进而求得

$$H^V = 8\,033.23 \text{ kJ/mol}; \qquad H^L = 1057.63 \text{ kJ/kmol}$$

于是

$$H_{F,3}^M = (0.135\,8 \times 8\,033.23) + (1 - 0.135\,8)(1\,057.63) =$$

$$2\,004.94 \quad \text{kJ/kmol}$$

因

$$\left| \frac{H_{F,3}^M - H_1^M}{H_1^M} \right| = \left| \frac{2\,004.94 - 2\,010.64}{2\,010.64} \right| = 0.002\,83 < 0.005$$

经三轮迭代,求得节流后的温度为 -114 ℃,汽化率为 13.58%,由本例可看出即使仅含三个组分的混合物,其绝热闪蒸计算的工作量已相当繁琐,所以现多编成程序进行电算。

第四节　极限条件、简捷法

在双组分精馏的讨论中,已经知道,要使进料达到某一分离要求,存在着最小回流比和最少理论塔板数两个极限条件。若采用的条件小于最小回流比或小于最少理论塔板数,则不可能达到规定的分离要求。这一原理同样适用于多组分精馏。因此,在精馏过程中知道这两个极限条件对精馏装置的设计和操作都是非常重要的。这两个极限条件还被用来关联操作回流比和所需理论塔板数,成为简捷法计算的基础,还可用来估算各组分的分离度。

一、最小理论板数(N_m)

全回流时所需的理论塔板数为最小,故称为最小理论板数。芬斯克(Fenske)导出了全回流下多组分物系中任意两个组分间,在一定分离要求下所需的最少理论板数。现以再沸器为第一块理论板开始向上计算塔板序号,由相对挥发度的定义可写出

$$\left(\frac{y_A}{y_B} \right)_1 = \alpha_1 \left(\frac{x_A}{x_B} \right)_W \tag{1-45}$$

上式中(以后各式同),A、B 指任意两个组分,括号外的下注指理论塔板的序号,W 代表釜液。为了简便起见,α 的下注省略了 A 对 B 的符号,只注明塔板序号以表明其条件。因此 α_1 是指在第一块理论塔板(在此也就是釜)的条件下,组分 A 对于 B 的相对挥发度。

第二块理论板上的液相浓度 $x_{2,A}$ 和 $x_{2,B}$ 可用物料衡算式由 $y_{1,A}$ 和 $y_{1,B}$ 求出,因为

$$V_1 y_{1,A} = L_2 x_{2,A} - W x_{W,A} \tag{1-46}$$

在全回流时,$V_1 = L_2$;$W = 0$,故上式成为 $\qquad y_{1,A} = x_{2,A}$

同理 $\qquad\qquad\qquad\qquad y_{1,B} = x_{2,B}$

故

$$\left(\frac{y_A}{y_B} \right)_1 = \left(\frac{x_A}{x_B} \right)_2 \tag{1-47}$$

由(1-45)和(1-47)式可得出

$$\left(\frac{x_A}{x_B} \right)_2 = \alpha_1 \left(\frac{x_A}{x_B} \right)_W$$

同样，由平衡关系可得
$$\left(\frac{y_A}{y_B}\right)_2 = \alpha_2 \left(\frac{x_A}{x_B}\right)_2$$

由物料衡算可得
$$\left(\frac{y_A}{y_B}\right)_2 = \left(\frac{x_A}{x_B}\right)_3$$

故
$$\left(\frac{x_A}{x_B}\right)_3 = \alpha_2 \left(\frac{x_A}{x_B}\right)_2 = \alpha_2 \alpha_1 \left(\frac{x_A}{x_B}\right)_W$$

依此类推，直至塔顶，可得出

$$\left(\frac{x_A}{x_B}\right)_D = \alpha_N \cdot \alpha_{N-1} \cdot \alpha_{N-2} \cdots \alpha_2 \alpha_1 \left(\frac{x_A}{x_B}\right)_W \tag{1-48}$$

若使用全凝器时，第 N 板是代表塔顶最上一块塔板，若使用分凝器时，则分凝器为第 N 块理论板。

若全塔的 α 值可视为常数，或可取平均值时，且令 $N = N_m$，则(1-48)式可变成

$$\left(\frac{x_A}{x_B}\right)_D = \alpha^{N_m} \left(\frac{x_A}{x_B}\right)_W$$

$$N_m = \frac{\lg\left[\dfrac{(x_A/x_B)_D}{(x_A/x_B)_W}\right]}{\lg \alpha_{AB}} \tag{1-49}$$

式中　N_m——最少理论板数。

此式即为芬斯克求最少理论板数的公式。应用时 α 值可由塔顶、塔釜及进料板处条件下的 α 值求取

$$\alpha_{平均} = \sqrt[3]{\alpha_D \cdot \alpha_W \cdot \alpha_F}$$

或用
$$\alpha_{平均} = \sqrt{\alpha_D \cdot \alpha_W}$$

(1-49)式中摩尔分数比也可用摩尔体积或质量比来代替，因为换算因子可互相抵消。(1-49)式也常写成下列形式

$$N_m = \frac{\lg\left[\dfrac{(d/w)_A}{(d/w)_B}\right]}{\lg \alpha_{平均}} \tag{1-50}$$

式中　$\left(\dfrac{d}{w}\right)_i$——组分 i 的分配比，即组分 i 在馏出液中的摩尔分数与在釜液中的摩尔分数之比(或体积、质量分数之比亦可)。

芬斯克公式在推导中并没有对组分的数目有何限制，所以它既可用于双组分精馏，也可用于多组分精馏。用于多组分精馏时，由于设计者所选定的轻、重关键组分在设计中对整个过程起控制作用，式(1-49)、(1-50)中 A、B 分别代表轻、重关键组分。

由芬斯克公式可看出，最少理论板数 N_m 只决定于两个组分的分离要求和相对挥发度，而与进料组成无关。随着分离要求的提高(即轻关键组分的分配比增大，重关键组分的分配比减少)，和两关键组分挥发度的接近，所需最少理论板数将随之增加。

由(1-50)式可得出

$$\left(\frac{d}{w}\right)_A = \left(\frac{d}{w}\right)_B \cdot \alpha_{AB}^N$$

由于芬斯克公式是用任意两组分推导而得,若以任意非关键组分 i 与重关键组分 h 代替可得

$$\left(\frac{d}{w}\right)_i = \left(\frac{d}{w}\right)_h \cdot \alpha_{ih}^{N_m}$$

将 $f_i = d_i + w_i$ 代入上式则

$$w_i = \frac{f_i}{1 + \left(\frac{d}{w}\right)_h \cdot \alpha_{ih}^{N_m}} \qquad (1-51)$$

$$d_i = \frac{f_i \cdot \left(\frac{d}{w}\right)_h \cdot \alpha_{ih}^{N_m}}{1 + \left(\frac{d}{w}\right)_h \cdot \alpha_{ih}^{N_m}} \qquad (1-52)$$

利用上两式,可由重关键组分的分配比求出任意一非关键组分在全回流条件下在塔顶、塔釜两产品中的量。

同理利用任意非关键组分 i 与轻关键组分 l 代替可导出类似的关系式

$$d_i = \frac{f_i \cdot \left(\frac{d}{w}\right)_l}{\alpha_{li}^{N_m} + \left(\frac{d}{w}\right)_l} \qquad (1-53)$$

$$w_i = \frac{f_i \cdot \alpha_{li}^{N_m}}{\alpha_{li}^{N_m} + \left(\frac{d}{w}\right)_l} \qquad (1-54)$$

由设计变量对精馏塔的分析可知,对一般精馏塔不管组分有多少,其可调设计变量数 $N_a^E = 4$,故在设计时设计者在指定回流比和适宜进料位置后,只能对关键组分的分离要求再指定两个变量。其余非关键组分的分离程度,都是由这两个组分的分离要求被相应地确定了。它们可按(1-51)至(1-54)式估算出来。对关键组分的分离要求一般有两种指定方法。

① 指定回收率:即指定轻关键组分在塔顶产品中的量占该组分在进料中量的百分数,或重关键组分在塔底产品中的量占该组分在进料中的百分数。即规定原料中某关键组分的回收要求。

② 控制量:即规定塔顶产品中轻、重关键组分的含量或塔底产品中轻、重关键组分的含量。即规定产品的纯度要求。

对同一组分来说,当指定了它在一端的回收率后,也就等于确定了它在另一端的控制量,故两种定法只能居其一。一般来说,当工艺要求着眼于产品纯度时,多指定控制量,而着眼于原料的回收时多用回收率。

由芬斯克公式(1-49)式可知,在多组分精馏中,要想求最少理论板数,必须已知轻、重关键组分在塔顶、塔釜产品中的浓度或数量,而在设计时又只能指定两个变量,因此,除在指定轻、重两关键组分回收率的情况外,一般在计算最少理论板数时都先按清晰分割进行各组分在产品中的分配。然后用(1-51)~(1-54)式求出各组分在产品中的量,如相差较大,再用所求出的浓度或数量,重新求最少理论板数,直到两次计算数值相近为止。

例 1-7 进料中含正己烷 0.33,正庚烷 0.33,正辛烷 0.34(平均摩尔分数)。今要求馏出液中正庚烷浓度 $x_{D,2} \leqslant 0.01$,釜液中正己烷浓度 $x_{W,3} \leqslant 0.01$,试求所需最小理论板数及在全回流条件下馏出液和釜液之组成。已知各组分之相对挥发度为 $\alpha_{1,1} = 1.00$, $\alpha_{2,1} = 2.27$, $\alpha_{3,1} = 5.25$。

解 根据题意,组分3(正己烷)是轻关键组分,组分2(正庚烷)是重关键组分,而组分1是

重组分。要用芬斯克公式求最少理论板数需要知道馏出液及釜液中的轻、重关键组分的浓度，即必须先由物料衡算求出 $x_{D,3}$ 及 $x_{W,3}$。

取 100 摩尔进料为基准。假定为清晰分割，即 $x_{D,1} \approx 0.0$，则

$$x_{D,3} = 1.00 - x_{D,2} = 1.00 - 0.01 = 0.99$$

因为

$$F = D + W \qquad Fx_{F,3} = Dx_{D,3} + Wx_{W,3}$$

可得

$$100 \times 0.33 = 0.99 \times D + (100 - D) \times 0.01$$

所以

$$D = 32.65\text{mol}; \qquad W = 100 - 32.65 = 67.35\text{mol}$$

再由组分 2 之物料衡算，可得

$$Fx_{F,2} = Dx_{D,2} + Wx_{W,2}$$

$$100 \times 0.33 = 32.65 \times 0.01 + 67.35 \times x_{W,2}$$

故

$$x_{W,2} = 0.4851$$

由组分 1 之物料衡算，可得

$$Fx_{F,1} = Wx_{W,1}; \qquad 100 \times 0.34 = 67.35 x_{W,1}$$

故

$$x_{W,1} = \frac{100 \times 0.34}{67.35} = 0.5048$$

也可由 $x_{W,2}$ 及 $x_{W,3}$ 得出 $x_{W,1}$ 之值

$$x_{W,1} = 1 - x_{W,2} - x_{W,3} = 1 - 0.4851 - 0.01 = 0.5049$$

结果一致，说明计算无误，故最少理论塔板数为

$$N_m = \frac{\lg\left[\dfrac{(0.99/0.01)}{(0.01/0.4851)}\right]}{\lg\left(\dfrac{5.25}{2.27}\right)} = 10.1$$

现在，再根据算得的 N_m 及组分 2 的分配比，按芬斯克公式来计算组分 1 在馏出液中的浓度。

因

$$10.1 = \frac{\lg\left[\dfrac{(0.01/0.4851)}{(x_{D,1}/0.5049)}\right]}{\lg 2.27}$$

故得

$$x_{D,1} = 2.64 \times 10^{-6}$$

显然，此值可以忽略，故原假定为清晰分割是正确的。

二、最小回流比 (R_m)

在双组分精馏过程中，在最小回流比下如欲达到规定的分离要求，需要无限多理论板。这是因为在最小回流比下操作线与平衡线相交，在接近该点(又称挟点)处的这些塔板的浓度差为无限小，即塔板没有分离能力而形成恒浓区。在双组分精馏中，当平衡线无异常情况时，恒浓区将出现在进料板上下。在多组分精馏中，在最小回流比下也出现恒浓区。但由于有非关键组分存在，使塔内出现恒浓区的部位较双组分时更为复杂。

如果把比轻关键组分还易挥发的组分称为轻组分，把比重关键组分还难挥发的组分称为重组分，由于这些非关键组分与关键组分之间挥发度的差别，它们在塔的两端产品中的分配情况不同。在最小回流比下，对那些只在塔的一端产品中出现的非关键组分常称为非分配组分；而在塔顶和塔釜产品中均出现的组分则称之为分配组分。轻、重关键组分显然都是分配组分。

若某组分的相对挥发度介于两组分之间,该组分必定也是分配组分。相对挥发度稍大于轻关键组分的轻组分,以及稍小于重关键组分的重组分,也可能是分配组分。

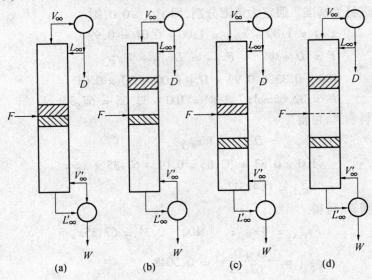

图1-35 多组分精馏塔中恒浓区的位置

多组分精馏恒浓区的位置与进料中有无非分配组分有关。可分为如图1-35所示的四种情况。(a)所示为进料中的所有组分均为分配组分时的情况,恒浓区在进料板上下,与双组分精馏时相同。但在实际工程中这种情况是很少的,只有当进料中的轻、重组分均与关键组分的挥发度相接近时才会出现。(b)所示为进料中有一个或几个重组分为非分配组分,而且进料中没有轻组分或轻组分均为分配组分时的情况。这时上恒浓区将在精馏段的中间部位。(c)表示进料中有一个或几个轻组分为非分配组分,而进料中不含重组分或重组分均为分配组分时的情况。这时下恒浓区将在提馏段的中部出现。(d)表示进料的轻、重组分中均有非分配组分时的情况,此时,下恒浓区位于精馏段和提馏段的中部。

图1-36是原料为 $C_1 \sim C_6$ 的脱丙烷塔在最小回流比下气相组成沿塔高的分布图。C_3、C_4

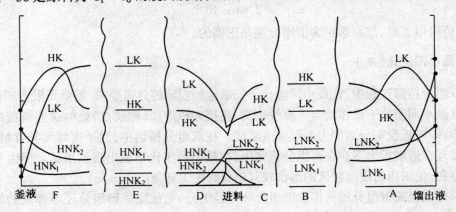

图1-36 最小回流比下,沿塔高的气相浓度分布图

为轻、重关键组分(LK 和 HK),C_1 和 C_2 为轻组分(HNK_1 和 HNK_2)是非分配组分。C_5、C_6 为重组

分(HNK_1 和 HNK_2)也是非分配组分。它属于图 1-35 中的(d)情况,把塔分成六个区域。这六个区域分别所起的作用可从图 1-36 看出。原料进入塔后,区域 C 的作用是使气相中两个重组分(HNK_1,HNK_2)的浓度变为零。区域 D 是使下流液体中的两个轻组分(LNK_1,LNK_2)消失。

然后分别进入上恒浓区 B 和下恒浓区 E,在恒浓区内各组分的浓度保持不变。在区域 A(即塔顶部一段塔板)内,重关键组分(HK)的浓度降至设计所规定的数值,轻关键组分(LK)的浓度经历最高值后降至规定值。而轻组分(LNK_1,LNK_2)的浓度在该区域内有所升高。区域 F 的作用与区域 A 类似,它是把轻关键组分(LK)的浓度降至设计的规定数值,重关键组分(HK)的浓度经历最高值后降至规定值。而重组分(HNK_1,HNK_2)的浓度在该区域内有所升高。在双组分精馏过程中,轻、重两组分的摩尔分数之比是从再沸器的较低值沿塔向上逐渐增加。在多组分精馏过程中轻、重关键组分的摩尔分数之比沿塔高的变化也应逐渐增大。但从图 1-36 脱丙烷塔在最小回流比下的沿塔气相浓度变

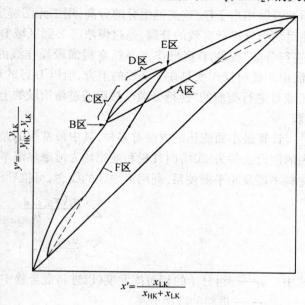

图 1-37　最小回流比下的等效二元分馏图

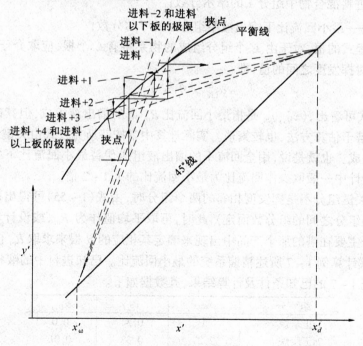

图 1-38　最小回流比下进料板附近关键组分逆行分馏现象

化情况可看出,在区域 A 和 F 确实是这种情况,而在区域 C 和 D 中,轻、重关键组分的摩尔分

数之比沿塔高反而下降。这种效应称为"逆行分馏"。这无凝将会降低轻、重关键组分的分离效果,增加理论塔板数。在实际操作的塔中,若回流比接近最小回流比,"逆行分馏"现象仍会存在,所以操作回流比不能太接近最小回流比,以消除"逆行分馏"现象。图 1 – 37 是把多组分精馏看做相当于轻、重关键组分的分离,用二元图解定性的表达在最小回流比条件下的情况。在对两组分进行有效的分馏,通过恒浓区 E 到区域 D,轻、重关键组分的摩尔分数比降低,出现"逆行分馏"现象,D 区操作点必然在提馏段操作线的左上方,D 区的操作线位于平衡线的外面,由于此时操作线是在平衡线的上方,所以 D 区的理论板将向下进行,如图 1 – 38 所示。在区域 C 进行类似的"逆行分馏",然后通过精馏段的上恒浓区进入区域 A,再一次出现有效的分馏。

计算最小回流比的方法有多种,其中最常用的是恩特伍德法(Underwood)。推导该式时所用的假设条件为:①塔内气相和液相均为恒摩尔流率;②各组分的相对挥发度均为常数。根据物料平衡及相平衡关系,利用恒浓区的概念,可推导出由两式联立求取最小回流比的公式。

$$\sum \frac{\alpha_i (x_{D,i})_m}{\alpha_i - \theta} = R_m + 1 \tag{1 – 55a}$$

$$\sum \frac{\alpha_i x_{F,i}}{\alpha_i - \theta} = 1 - q \tag{1 – 55b}$$

式中　α_i——组分 i 的相对挥发度(以进料混合物中最难挥发的组分为基准);

　　q——进料的液相分率;

　　R_m——最小回流比;

　　$x_{F,i}$——进料混合物中组分 i 的摩尔分数;

　　$(x_{D,i})_m$——最小回流比下馏出液中组分 i 的摩尔分数;

　　θ——方程式的根,对于由 C 个组分组成的物系将有 C 个根,应取介于轻、重关键组分相对挥发度之间的值,即

$$\alpha_{LK} > \theta > \alpha_{HK}$$

由(1 – 55)式可看出,$(x_{D,i})_m$ 是指最小回流比 R_m 下的馏出液组成,但其确切的组成是难以知道的,虽有若干估算方法,也较繁琐。实际计算中常按芬斯克公式由关键组分的分配比来估算馏出液的组成。也就是说,用全回流下的馏出液组成代替最小回流比下的馏出液组成进行计算。工业设计中一般取操作回流比为最小回流比的 1.1 ~ 2 倍。

如果轻、重关键组分不是挥发度相邻的两个组分时,由式(1 – 55)可得出两个或两个以上的 R_m(视在关键组分之间的组分数而定),此时,可取平均值作为 R_m,或设计者希望关键组分之间的中间组分主要在塔的那个产品中出现来确定其相应的 θ 根来求取 R_m 值。

例 1 – 8　试计算例 1 – 7 所述精馏系统的最小回流比。已知进料中的液相分率为 0.4。

解　根据例 1 – 7 的已知条件及计算结果,其数据如下。

组　分	α_i	$x_{F,i}$	$x_{D,i}$
1 正辛烷	1	0.34	0.0
2 正庚烷	2.27	0.33	0.01
3 正己烷	5.25	0.33	0.99

由(1 – 55)式得

$$1 - 0.4 = \frac{0.34}{1 - \theta} + \frac{0.33 \times 2.27}{2.27 - \theta} + \frac{0.33 \times 5.25}{5.25 - \theta}$$

用试差法求出 $\theta = 3.814$，代入 (1-55) 式

$$R_m + 1 = \frac{2.27 \times 0.01}{2.27 - 3.814} + \frac{5.25 \times 0.99}{5.25 - 3.814} = 3.605$$

故　　　　$$R_m = 3.605 - 1 = 2.605$$

三、简捷法求理论塔板数

与双组分精馏一样。求理论塔板数有简捷法和逐板计算法两种。尽管随着电子计算机日益广泛应用，逐板计算法日渐增多，但简捷法仍有其一定的意义，这是由于有些物系缺少足够准确的物性数据，不能满足多次严格计算的要求；另外应用电子计算机计算时，往往由简捷法提供初值，以减少机时，加速收敛。在实际中只要能满足工程要求，一般仍以用简捷法为宜。

最小回流比和最少理论板数是两个极限条件，不仅有助于确定回流比和理论板数的容许范围，而且对选择设计计算中的特定操作条件也是很有用的变量。为了达到两关键组分间的分离要求，实际回流比和理论板数必须大于其最小值。实际回流比通常是在最小回流比的某一倍数下考察其经济性而予以确定。其相应的理论板数是通过适当的解析或图解法或者一些经验关联来确定。由于回流比与理论板数之间的确切关系很复杂，所以多用一些经验关联式。这些关联式多是以 N_m 和 R_m 的已知值作为基础。即假定在分离过程中各组分的相对挥发度为常数和气液相量为恒摩尔流。最常用的经验关系是吉利兰特图 (Gilliland)，它是由吉利兰特提出，后来由罗宾逊 (Robinson) 和吉利兰特稍加修改而得。此关系如图 1-39 所示。图中的三组数据是吉利兰特等人经计算所得的点，共有 61 个数据，它们所涉及的范围为：①组分数为 2 到 11 个；②进料状态 $q = 0.28 \sim 1.42$；③压力从真空到 41.1MPa；④相对挥发度 $\alpha = 1.11 \sim 4.05$；⑤最小回流比 $R_m = 0.53 \sim 9.09$。⑥最少理论板数 $N_m = 3.4 \sim 60.3$。图中的曲线可用下面的方程表示

$$Y = \frac{N - N_{min}}{N + 1} = 1 - \exp\left[\left(\frac{1 - 54.4X}{11 + 117.2X}\right)\left(\frac{X - 1}{X^{0.5}}\right)\right] \qquad (1-56)$$

其中

$$X = \frac{R - R_{min}}{R + 1}$$

该方程满足 $(Y = 0, X = 1)$ 和 $(Y = 1, X = 0)$ 两端点。如果所使用的是部分再沸器和部分冷凝器，它们各自相当于一块理论板，均包括在 N 内。图 1-40 为用普通坐标表示的吉利兰特关系图，由图可看出，当 R 开始稍大于 R_m 时，N 迅速降低；而进一步增大 R 则对 N 的影响较小。

罗宾逊和吉利兰特指出更精确的计算应利用包含表示进料状态的 q 值。q 的影响如图 1-41 所示，它是利用苯—甲苯混合物的精密分离的数据而得。这些数据所涉及的进料状态是从过冷液体到过热蒸气 ($q = -0.7 \sim 1.3$)，它表明增加原料的汽化程度可降低所需要的理论板数。吉利兰特关联式对 q 值低的进料显得保守。也有人认为 q 值的影响只是在两关键组分间的相对挥发度大时，或者是原料的易挥发组分少时才是重要的。

当提馏段的重要性大大高于精馏段时，利用吉利兰特关系图所得的结果误差较大。有人

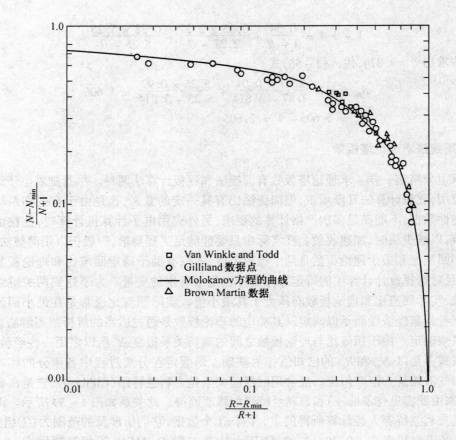

图 1 – 39　吉利兰特图

曾虚拟一二元精馏物系,其原料组成 $Z_F = 0.05$,馏出物组成为 $x_D = 0.40$,塔釜产品为 $x_W = 0.001$,进料状态 $q = 1$,$\alpha = 5$,$R/R_m = 1.2$,塔内为恒摩尔流。通过精确的计算,理论板数 $N = 15.7$。但从芬斯克公式可得 $N_m = 4.04$,由恩特伍德公式求得 $R_m = 1.21$,由(1 – 56)式的吉利兰特关系可得 $N = 10.3$。它比精确值低 34%。

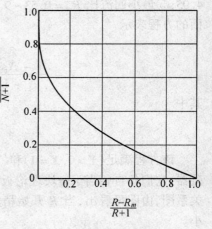

图 1 – 40　吉利兰特图

　　一般认为吉利兰特关联图对理想溶液的误差较小;而系统的非理想性较大时,用该图所得的结果误差较大。除吉利兰特关系图外,还有由耳波和马多克思(Erbar and Madox)提出的关联图如图 1 – 42 所示。它所依据的数据比较多,也是以 N_m 和 R_m 为基础求理论板数 N。所以所谓的简捷法求理论板数,就是以 N_m 和 R_m 这两个极限条件,利用关联图来确定在操作回流比下的理论板数。

　　适宜的进料位置,可用馏出物和进料中组分的摩尔比代入芬斯克方程而求出精馏段的最少板数,即

$$(N_{精})_m = \frac{\lg[\,(x_{LK}/x_{HK})_D(x_{HK}/x_{LK})_F\,]}{\lg(\alpha_{LH})_n} \tag{1 – 57}$$

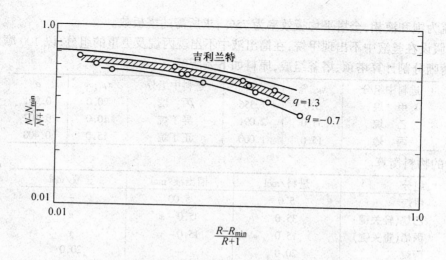

图 1-41 进料状态的影响

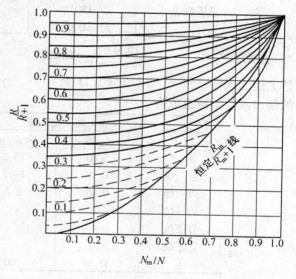

图 1-42 耳波和马多克思图

式中 $(x_{LK}/x_{HK})_D$——馏出物中轻、重关键组分浓度之比;

$(x_{HK}/x_{LK})_F$——进料板上重、轻关键组分浓度之比,当进料不是泡点进料时可取其液相中重、轻关键组分浓度之比;

$(\alpha_{LH})_n$——精馏段轻、重关键组分之间的相对挥发度。

$$(\alpha_{LH})_n = \sqrt{\alpha_顶 \alpha_进}$$

并认为精馏段的理论板数 $N_精$ 与全塔理论板数 N(包括塔釜)之比等于精馏段的最少板数 $(N_精)_m$ 与全塔最少理论板数 N_m 之比。

$$\frac{N_精}{N} = \frac{(N_精)_m}{N_m} \qquad (1-58)$$

该法被认为适合 $(\frac{N_精}{N}) < 0.6$ 及实际回流比 $R > 2R_m$ 的情况,否则有一定的误差。当泡点进料时可采用下式计算进料位置

$$\lg \frac{N_精}{N_提} = 0.206 \lg \left[\left(\frac{W}{D}\right) \left(\frac{x_{HK}}{x_{LK}}\right)_F \left(\frac{x_{LK,W}}{x_{HK,D}}\right)^2 \right] \qquad (1-59)$$

$$N_精 + N_提 = N$$

式中 W, D——分别为塔釜产品和塔顶产品的摩尔流率;

$x_{LK,W}$——轻关键组分在塔釜产品中的摩尔浓度;

$x_{HK,D}$——重关键组分在塔顶产品中的摩尔浓度。

例 1-9 现设计一脱乙烷塔,其原料组成和操作条件下的相对挥发度如下表。馏出液中丙烯浓度为 $2.5x\%$,釜液中乙烷浓度为 $5.0x\%$,塔顶操作压力为 2.76 MPa(绝)。进料为泡点

进料,回流为饱和液相,全塔平均板效率为75%,求所需的塔板数。

解 假设在釜液中不出现甲烷,在馏出液中不出现丙烷及更重的组分,以100摩尔进料为基准,按清晰分割计算塔顶、塔釜组成,原料如下表所示。

进料中组分	$x_{F,i}$%	α	进料中组分	$x_{F,i}$%	α
甲烷	5.0	7.356	丙烷	20.0	0.901
乙烷	35.0	2.091	异丁烷	10.0	0.507
丙烯	15.0	1.000	正丁烷	15.0	0.408

初步的物料衡算。

组分	进料/mol	馏出液/mol	釜液/mol
甲烷	5.0	5.00	—
乙烷(轻关键)	35.0	35.0 − x	x
丙烯(重关键)	15.0	15.0 − y	y
丙烷	20.0	—	20.0
异丁烷	10.0	—	10.0
正丁烷	15.0	—	15.0
Σ	100.0	55 − x − y	45 + x + y

根据要求

$$\frac{15.0-y}{55-x-y}=0.025 \qquad \frac{x}{45+x+y}=0.05$$

解上述二式得 $x = 3.11$ $y = 14.05$

故馏出液及釜液组成为

组分	馏 出 液		釜 液	
	x_{Di}/%	$Dx_{D,i}$/mol	x_{wi}/%	$wx_{w,i}$/mol
甲 烷	5.00	13.2	—	—
乙 烷	31.89	84.3	3.11	5.0
丙 烯	0.95	2.5	14.05	22.6
丙 烷			20.00	32.2
异丁烷			10.00	16.1
正丁烷			15.00	24.1
Σ	37.84	100	62.16	100.0

利用芬斯克方程式求最少理论板数

$$N_m = \frac{\lg\left[\left(\frac{31.89}{0.95}\right)\left(\frac{14.05}{3.11}\right)\right]}{\lg 2.091} = 6.79$$

用恩特伍德方程计算最小回流比

$$\sum \frac{\alpha_i x_{F,i}}{\alpha_i - \theta} = 1 - q$$

$$\frac{7.356 \times 0.05}{7.356 - \theta} + \frac{2.091 \times 0.35}{2.091 - \theta} + \frac{1.00 \times 0.15}{1.00 - \theta} + \frac{0.901 \times 0.20}{0.901 - \theta} +$$

$$\frac{0.507 \times 0.10}{0.507 - \theta} + \frac{0.408 \times 0.15}{0.408 - \theta} = 0$$

求得 θ 在 1.00 与 2.091 之间的根为 $\theta = 1.325$,故

$$R_m + 1 = \frac{7.356 \times 0.132}{7.356 - 1.325} + \frac{2.091 \times 0.843}{2.091 - 1.325} + \frac{1.00 \times 0.025}{1.00 - 1.325}$$

所以 $$R_m = 1.378$$

取操作回流比为最小回流比的 1.25 倍,即

$$R = 1.25 \times 1.378 = 1.722$$

则

$$\frac{(R - R_m)}{(R + 1)} = \frac{(1.722 - 1.378)}{(1.722 + 1)} = 0.126$$

由吉利兰特图查得

$$\frac{(N - N_m)}{(N + 1)} = 0.51; \qquad N = 14.9$$

如果使用的再沸器为部分再沸器,塔顶冷凝器为全凝器,则塔内需 13.9 块理论板,实际板数

$$N' = \frac{13.9}{0.75} = 18.5 \text{ 块}$$

进料位置

$$\lg\left(\frac{N_{精}}{N_{提}}\right) = 0.206\lg\left[\left(\frac{W}{D}\right)\left(\frac{x_{HK}}{x_{LK}}\right)_F\left(\frac{x_{LK,W}}{x_{HK,D}}\right)^2\right] =$$

$$0.206\lg\left[\left(\frac{62.16}{37.84}\right)\left(\frac{0.15}{0.35}\right)\left(\frac{0.05}{0.025}\right)^2\right]$$

$$\frac{N_{精}}{N_{提}} = 1.238$$

又因 $$N_{精} + N_{提} = 18.5$$

可解得 $$N_{提} = 8.3; \qquad N_{精} = 10.2$$

取 $$N_{提} = 9 \text{ 块}; \qquad N_{精} = 11 \text{ 块}$$

第五节 鲁易斯 – 买提逊(Lewis – Matheson)逐板计算法

所谓逐板计算法就是以某一已知条件的塔板为起点,根据物料衡算,热量衡算和相平衡关系,反复逐板计算出各板的条件。双组分精馏的计算(解析法或图解法)就是常用的逐板计算法。对任一精馏装置只要各设计变量的数值一经指定,则其他所有条件(各板的温度、流量、组成等)均被确定。精馏计算中一切严格计算法的目的就是要计算出在指定的设计变量值下,精馏装置其他各个变量的数值。对双组分精馏装置来说,若将可调设计变量($N_a = 4$)选为 $x_{D,A}$、$x_{W,A}$、R 及适宜进料位置,那么塔顶和塔釜的条件就已完全指定,所以应用逐板计算法是很理想的,此时塔顶和塔釜都可选为计算的起点。对多组分精馏来说,因可调设计变量 N_a 也是 4,在指定上述 4 个变量后,塔顶和塔釜的组成仍为未知,尚不能开始计算。所以多组分精馏计算中的逐板法,首先要估算出关键组分以外其他各个组分在塔顶塔底产品中的组成,然后才能开始逐板计算。现有两种估算方法,一种是假定为清晰分割,这只能对各组分间的相对挥发度相差较大时才能适用。另一种是以芬斯克方程为基础的非清晰分割,它算出的是全回流时各组分的分配比,即全回流下馏出液和釜液的组成,而不是在操作回流比下的两产品组成。1968年司徒宾(Stupin)等人根据若干不同多组分系统的精馏计算所得的结果如图 1 – 43 所示。图中表示的是不同回流比时组分的相对挥发度与组分的分配比之间的关系。全回流时为一条直

线,这是芬斯克方程的计算结果。曲线4表示在最小回流比时的情况,此时当相对挥发度稍大于轻关键组分时,该轻组分的分配比就是无限大,即该组分将全部进入馏出液中;与此相类似重组分将全部进入塔釜液。对介于轻、重关键组分之间的组分,在全回流下将比最小回流比下分离得更好些。由图1-43还可看出,把全回流下的分配比当作操作回流比下的分配比是比较接近的,因一般精馏塔的回流比在$(1.1～1.5)R_m$下操作。司徒宾等人的这一计算结果的假定条件为:各组分的相对挥发度与组成关系不大(即系统的非理想性不大)以及对不同组分来说,其塔板效率相同。所以对非理想性不大的系统,可以根据全回流下各组分分配比作为操作回流比下的分配比,求出塔顶、塔釜的组成,然后开始逐板计算。

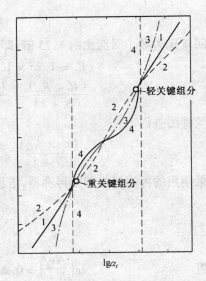

图1-43　不同回流比下的分配比
1—全回流;2—高回流比($\sim 5R_m$);
3—低回流比($\sim 1.1R_m$);4—最小回流比

下面讨论是以塔釜还是以塔顶为计算起点的问题。若有一个由A、B、C、D四个组分所组成的溶液(其相对挥发度按上列次序减小),被送入一个精馏塔进行分馏。如前所述,可以指定两个关键组分的分配比。若A和B为指定的关键组分,为了按逐板法进行计算,就得估算C及D的分配比。若组分B在釜液中的回收率很大,而且C和D的相对挥发度又比B小得多,那么完全有理由假定C和D几乎是全部进入釜液(即按清晰分割考虑)。但如果实际上是进料中C的99%进入了釜液,那么由于上述假定而产生的误差,对塔底($Wx_{W,C}$)来说是近于1%($=\dfrac{|100-99|}{99}\times 100\%$);而对塔顶($Dx_{D,C}$)来说则是100%($=\dfrac{|0-1|}{1}\times 100\%$)。因此,要使$Dx_{D,C}$的估计值有较高的准确度是很困难的事。在前一小节中已经讨论过,全回流下计算组分C的分配比可以得到比较准确的$Dx_{D,C}$值,但其准确度通常尚不足以使逐板计算法得出可靠的结果(指从塔顶开始往下逐板计算)。此时,只能从塔釜开始逐板往上算。如果组分C和D是关键组分,A和B是轻组分,那么馏出液的组成可以估计得比较准确,逐板计算可以从塔顶开始。要是B及C是关键组分,则无论是馏出液还是釜液都不易估计得足够准确,此时,无论从那一端开始计算都不理想,一般就分别从两端开始,往加料板处集中。

如果只从一端开始起算,那么和双组分精馏计算时一样,若算到某一板后,改变操作线方程时比不改变操作线方程时得到更好的精馏效果,则应改变操作线方程式,也就是说该板就是进料板。可以轻、重关键组分的浓度之比作为精馏效果的准则。从下往上计算时,要求x_{LK}/x_{HK}之比值增加得越多越好。因此,以塔釜为计算起点时,若在某板开始改用精馏段操作线能比仍用提馏段操作线时得到较大的(x_{LK}/x_{HK})值,则该板以上即为精馏段;反之,若从塔顶为计算的起点时,则以(y_{LK}/y_{HK})之值是否能减少得较大来确定进料板的位置。

如果从两端分别开始起算,原则上仍可用上述方法来确定进料位置,但此时由塔顶往下算所得进料板的组成与由塔釜往上算所得进料板的组成不可能一样,此时应将原估算的馏出液和釜液的组成作适当修改,重新计算,直到达到较好地吻合为止。

如果假定精馏段和提流段为恒摩尔流,此时只需物料衡算和相平衡方程就可进行逐板计算,称之为简化的逐板计算。它可避免由热平衡计算过程中所带来的大量繁琐计算。下面用一个例题来说明简化逐板计算法的应用。

例 1 - 10 有一四个组分的溶液进行精馏,其组成如下表所示,进料状态为饱和液体。塔压为 1.38 MPa。丙烷的回收率为 98%,丙烷在馏出液中的浓度为 98%,回流量与进料量之比为 2。冷凝器为全凝器。假定塔内精馏段和提馏段均为恒摩尔流,且各组分 的相对挥发度可看做常数,试求所需的板数和适宜的进料位置。

组分	丙烷	丁烷	异戊烷	正戊烷	Σ
z_i	0.40	0.40	0.10	0.10	1.00

解 假定为清晰分割,则产品组成为

组 分	馏 出 液		釜 液	
	$Dx_{D,i}$/mol	$x_{D,i}$/(摩尔分数)	$Wx_{W,i}$/mol	$x_{W,i}$/摩尔分数
C_3	0.392	0.98	0.008	0.013
C_4	0.008	0.02	0.392	0.653
$i - C_5$	—	—	0.100	0.167
$n - C_5$	—	—	0.100	0.167
Σ	0.400	1.00	0.600	1.00

因为非关键组分在馏出液中的浓度不如它们在釜液中的浓度来得准确,因此逐板计算宜从塔釜开始。

以釜温时的相对挥发度和顶温时的相对挥发度之平均值作为计算整个精馏塔之用。为此,要先计算釜温和顶温。

求塔顶的温度,也就是找出馏出液组成的露点温度。设 $t = 43.5\ ℃$,由烃类的 $p - T - K$ 图(图 1 - 26,27)查得 K_i 值。

组 分	y_i/摩尔分数	K_i	$y_i/K_i = x_{D,i}/K_i$
C_3	0.98	1.043	0.940
C_4	0.02	0.372	0.054
Σ	1.00		0.994

故塔顶温度为 43.5 ℃。在此温度下,各组分的 α 值(取 C_4 为参考组分)为

组 分	C_3	C_4	$i - C_5$	$n - C_5$
$K_{i,43.5\ ℃}$	1.043	0.372	0.155	0.128
$\alpha_{i,43.5\ ℃}$	2.80	1.00	0.42	0.34

求釜温就是确定釜液之泡点温度,计算如下

组 分	假定 $t = 104.5\ ℃$		假定 $t = 110\ ℃$		$\alpha_{i,110\ ℃}$
	K_i	$K_i x_{W,i}$	K_i	$K_i x_{W,i}$	
C_3	2.35	0.031	2.42	0.031	2.10
C_4	1.082	0.707	1.154	0.754	1.00
$i - C_5$	0.581	0.097	0.638	0.107	0.55
$n - C_5$	0.499	0.083	0.550	0.092	0.48
Σ		0.918		0.984	

故釜温是 110 ℃。110 ℃时各组分之 α 值见上表。

因塔顶、塔釜温度下的 α_i 值相差不大,故可用算术平均值作为 $\alpha_{i,平均}$,其值如下:

组 分	C_3	C_4	$i-C_5$	$n-C_5$
α_i	2.45	1.00	0.49	0.41

以 $F = 1\text{mol}$ 为基准,计算塔内流率

精馏段液相流率 $L = 2F = 2$

提馏段液相流率 $L' = L + F = 3$

精馏段气相流率 $V = L + D = 2 + 0.4 = 2.4$

提馏段气相流率 $V' = V = 2.4$

因此,提馏段的操作线方程为

$$L'x_{n,i} = V'y_{n-1,i} + Wx_{W,i} \tag{a}$$

上式中塔板序号是从下往上计数的。

平衡关系,用相对挥发度表示的关系式(1-11)

$$y_i = \frac{\alpha_i x_i}{\sum \alpha_i x_i}$$

等式两边各乘 V',等式右边分子分母各乘 L',得出

$$V'y_i = \frac{V'}{\sum \alpha_i L' x_i} \cdot \alpha_i L' x_i \tag{b}$$

由已知釜液浓度,根据式(b)可计算出离开釜而上升的蒸气(即进入第一块理论板的蒸气)浓度。由此,利用式(a)可求得第一块理论板上液体浓度。如此反复利用式(b)和(a),便可求得各板之条件。下面为提馏段计算结果

组 分	$Wx_{W,i}$	$\alpha Wx_{W,i}$	$V'y_{W,i}$[由式(b)计算]	$L'x_{1,i}$[由式(a)计算]
C_3	0.008	$2.45 \times 0.008 = 0.020$	$2.4 \times 0.020/0.502 = 0.096$	$0.096 + 0.008 = 0.104$
C_4	0.392	$1.00 \times 0.392 = 0.392$	$2.4 \times 0.392/0.502 = 1.874$	$1.874 + 0.392 = 2.266$
$i-C_5$	0.100	$0.49 \times 0.100 = 0.049$	$2.4 \times 0.049/0.502 = 0.234$	$0.234 + 0.100 = 0.334$
$n-C_5$	0.100	$0.41 \times 0.100 = 0.041$	$2.4 \times 0.041/0.502 = 0.196$	$0.196 + 0.100 = 0.296$
Σ	0.600	0.502	2.400	3.000

组 分	第 一 板			第 二 板			第 三 板		
	$L'x_i$	$\alpha_i L'x_i$	$V'y_i$	$L'x_i$	$\alpha_i L'x_i$	$V'y_i$	$L'x_i$	$\alpha_i L'x_i$	$V'y_i$
C_3	0.104	0.255	0.218	0.226	0.554	0.431	0.439	1.076	0.750
C_4	2.266	2.266	1.938	2.330	2.330	1.812	2.204	2.204	1.537
$i-C_5$	0.334	0.164	0.140	0.240	0.118	0.0918	0.192	0.0941	0.0656
$n-C_5$	0.296	0.121	0.104	0.204	0.0836	0.065	0.165	0.0677	0.0472
Σ	3.00	2.806	2.400	3.000	3.086	2.400	3.00	3.442	2.400

组 分	第 四 板			第 五 板			第 六 板		
	$L'x_i$	$\alpha_i L'x_i$	$V'y_i$	$L'x_i$	$\alpha_i L'x_i$	$V'y_i$	$L'x_i$	$\alpha_i L'x_i$	$V'y_i$
C_3	0.758	1.857	1.135	1.143	2.800	1.493	1.501	3.68	1.756
C_4	1.929	1.929	1.179	1.571	1.571	0.838	1.230	1.230	0.587
$i-C_5$	0.166	0.0813	0.0497	0.150	0.0735	0.0392	0.139	0.0681	0.0325
$n-C_5$	0.147	0.0603	0.0368	0.137	0.0562	0.0300	0.130	0.0533	0.0254
$\sum$	3.00	3.928	2.401	3.001	4.501	2.400	3.00	5.03	2.401

因为第六板上 x_{C3}/x_{C4} 之比值已接近进料液相中 x_{C3}/x_{C4} 之值(在本题中也就是 z_{C3}/z_{C4} 之值),故应考虑第六板是否是最适宜的进料板。可以这样来试算,即①认为第六板是进料板,第七板之组成按精馏段操作线计算,这样可以求得 $(x_{C3}/x_{C4})_7$ 之值;②认为第六板还不是进料板,第七板之组成仍按提馏段操作线计算,也可求得 $(x_{C3}/x_{C4})_7$。然后看看哪一种情况算得的比值较大,便可确定第六板是否为适宜进料板。

若第六板不是进料板

$$\left(\frac{x_{C3}}{x_{C4}}\right)_7 = \frac{1.756 + 0.008}{0.587 + 0.392} = 1.80$$

若第六板已是进料板,因 $V = V'$,故 $\quad Lx_{7,i} = Vy_{6,i} - Dx_{D,i}$
因此

$$\left(\frac{x_{C3}}{x_{C4}}\right)_7 = \frac{1.756 - 0.392}{0.587 - 0.008} = 2.36 > 1.80$$

可见第六板作为进料板是较好的。当然,也可以看第五板是否合适,同样可用这个办法来试算,但在这里就不必做了,因为第五板上轻、重关键组分的浓度比值离开进料中的比值还较大。应该指出,从实用观点来说,进料板位置离开最适宜位置不太多的话,对理论板总数的影响并不会太大,故稍有偏离,并不是非常重要的事。

下面继续进行计算,但物料衡算改用

$$Lx_{n+1,i} = Vy_{n,i} - Dx_{D,i} \tag{c}$$

组 分	第 七 板				第 八 板		
	$Dx_{D,i}$	Lx_i	$\alpha_i Lx_i$	Vy_i	Lx_i	$\alpha_i Lx_i$	Vy_i
C_3	0.392	1.364	3.34	2.031	1.639	4.02	2.207
C_4	0.008	0.579	0.579	0.352	0.344	0.344	0.189
$i-C_5$	–	0.0325	0.0159	0.0097	0.0097	0.0048	0.0026
$n-C_5$	–	0.00254	0.0104	0.0063	0.0063	0.0026	0.0014
$\sum$	0.400	2.001	3.95	2.399	1.999	4.37	2.40

组 分	第 九 板			第 十 板			
	Lx_i	$\alpha_i Lx_i$	Vy_i	Lx_i	$\alpha_i Lx_i$	Vy_i	y_i
C_3	1.815	4.45	2.305	1.913	4.69	2.354	0.982
C_4	0.181	0.181	0.0938	0.0858	0.0858	0.0431	0.018
$i-C_5$	0.0026	0.0013	0.00067	0.00067	0.00033	0.00017	–
$n-C_5$	0.0014	0.00057	0.00030	0.00030	0.00012	0.00006	–
$\sum$	2.00	4.63	2.40	2.00	4.78	2.398	1.000

故除再沸器外,需要近十块理论板。

在上例题中,假定相对挥发度为常数,且蒸气和液体均为恒摩尔流率。逐板计算法并不一定要求作这些假设。若相对挥发度在全塔不能看成是一个常数,那么就得确定各板温度,以求得适用于该板的 α_i;当计算是以塔釜为起点时,各板温度可由计算中的已知液相组成求其泡点而确定;反之,若计算是从塔顶开始的,各板温度就可由已知气相组成求露点而确定。

若为非恒摩尔流率时需对每一理论板作热量衡算。如计算是从塔釜开始,釜温和离开釜的气相浓度仍可按上例题进行计算。一般在这种情况下,常指定再沸器的蒸发比以代替指定塔顶回流比。然后,根据物料衡算可求得上一块板(第一块理论板)下流的液体流率和组成,并由泡点计算确定第一板的温度。第一板上升蒸气组成可由泡点计算求出,但其流率则为未知,必须用试差法通过热量衡算求得。可先假定 V'_1,然后由物料衡算求得 x_2 及 L'_2,再利用热量衡算式核实所假设的 V'_1 是否正确。其热量衡算式为

$$V'_1 H_1 + W h_W = L'_2 h_2 + Q_釜$$

式中 H——气相摩尔热焓,是气相温度和组成的函数;

  h——液相摩尔热焓,是液相温度和组成的函数;

  $Q_釜$——加入再沸器的热量。

以后各板均可依次计算。若计算从塔顶开始,可仿此进行。

第六节 复杂精馏塔的逐次逼近法

如上节所述,严谨的逐板计算法是很繁琐的,若用来计算复杂精馏塔,用手工计算几乎是不可能的。电子计算机的广泛应用,对多组分精馏的计算产生了显著的影响,它能在较短的时间内进行大量运算,因此只要所需物性数据齐全,就可比较精确地算出各变量的数值。

在应用电子计算机计算过程中,根据计算时所指定变量的情况,可把精馏计算方法分为两大类:一大类是所谓设计入手法,它指定关键组分的回收率(或浓度)及回流比为设计变量,要求计算适宜位置进料时总的理论塔板数、进料板的位置等。上节所述的逐板法就属于这一类。另一大类称为查定入手法,它指定总理论板数、进料位置、回流比(或蒸发率)及馏出液流率为设计变量,计算所得结果是馏出液组成和釜液组成等。用逐次逼近法进行计算时,查定入手法常比设计入手法来得方便。此时如果要解决的问题是确定理论板数,可由对若干种情况的计算结果进行内插而求得所需的理论板数。

本节将介绍在多组分精馏计算中常用的三对角矩阵法求解多股进料和多股侧线采出的复杂精馏塔的计算问题。矩阵法计算原理是在初步假定沿塔高温度 T,气、液相流率 V、L 情况下,将全塔逐板地用物料衡算和气液相平衡关系,列出联立方程组,然后排成矩阵,用矩阵法解出方程组中所有未知数(各板的 x_i);然后用相平衡关系求出各板温度,再用热平衡方程求得各板上新的流率 L、V,如此循环计算,直到稳定为止。

一、数学模型的建立

为了建立描述精馏过程的数学模型,以图 1-44 所示的塔作为一个模型塔。该塔是一个普遍化的复杂塔,有 N 个理论板,其中包括一个冷凝器(全凝器或分凝器)和一个再沸器。塔板序是从塔顶开始,冷凝器为第一板,再沸器为第 N 块板。除冷凝器和再沸器外,各板均有一

个进料 F_j，一个气相侧线采出 G_j，一个液相侧线采出 U_j，和一个换热量为 Q_j 的中间换热器（中间再沸器或中间冷凝器）。这一普遍化的复杂塔便可简化为任何情况的复杂塔或简单塔，只要将不需要的量定为零即可。

若采用查定人手法，即指定下列变量为设计变量。

① 各个进料量、组成和焓；
② 塔压；
③ 各侧线位置及采出量；
④ 各中间换热器位置及换热量；
⑤ 馏出液流率；
⑥ 回流比；
⑦ 总塔板数；
⑧ 适宜进料位置。

在严格的平衡级计算式中，必须满足下列四个基本方程式。

① 物料衡算式（Material Balance）:简称 M 方程。对任一理论板 j（见图 1-45）作组分 i 的物料衡算可得

$$L_{j-1}x_{j-1,i} + V_{j+1}y_{j+1,i} + F_j Z_{j,i} = (V_j + G_j)y_{j,i} + (L_j + U_j)x_{j,i}$$

$$(1-60)$$

② 相平衡方程式（Phase Equilibrium Relation），简称 E 方程。对任一组分为

$$y_{j,i} = K_{j,i} \cdot x_{j,i} \qquad (1-61)$$

③ 浓度总和方程（Mole Fraction Summations,）简称 S 方程。对任一板，气相或液相的摩尔分数总和应等于1，即

$$\sum_{i=1}^{c} y_{j,i} = 1 \qquad (1-62a)$$

$$\sum_{i=1}^{c} x_{j,i} = 1 \qquad (1-62b)$$

④ 热平衡方程（Heat Balance Equation），简称 H 方程。对任一理论板作热量衡算可得

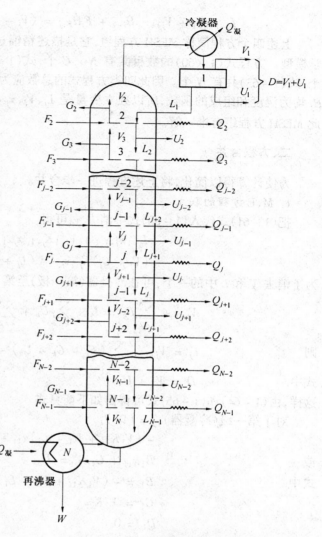

图 1-44　多组分连续精馏模型塔

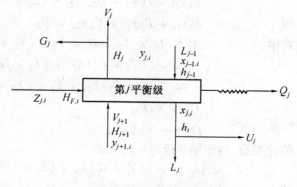

图 1-45　模型塔内第 j 块理论板

$$L_{j-1}h_{j-1} + V_{j+1} \cdot H_{j+1} + F_jH_{F,j} = (V_j + G_j)H_j + (L_j + U_j)h_j + Q_j \qquad (1-63)$$

上述四个方程简称 MESH 方程组,它是描述精馏过程每一个理论板达到气液平衡时的数学模型。方程式(1-60)的数目共有 $N \times C$ 个,式(1-61)共有 $N \times C$ 个,式(1-62)共有 $2N$ 个,式(1-63)共有 N 个。因此四类方程式的总数应为 $N(2C+3)$ 个。在这些方程中 K_{ji}, h_j 及 H_j 均为温度和组成的函数,所以独立变量是 L_j、V_j、x_{ji}、y_{ji} 用 T_j,其总数也是 $N(2C+3)$ 个。因此 MESH 方程组有惟一解。

二、方程合并

为使计算得以简化,将上述方程进一步合并。

1. M、E 方程的联立

把(1-61)式代入(1-60)式中消去 y_{ji} 可得

$$L_{j-1}x_{j-1,i} + V_{j+1}K_{j+1,i}x_{j+1,i} + F_jZ_{ji} - $$
$$(V_j + G_j)K_{j,i}x_{j,i} - (L_j + U_j)x_{j,i} = 0 \qquad (1-64)$$

为了消去 V 和 L 中的一个,可在冷凝器(第一板)至第 j 板之间(见图 1-44)作总物料衡算

$$V_{j+1} + \sum_{k=2}^{j} F_k = L_j + \sum_{k=2}^{j} U_k + \sum_{k=2}^{j} G_k + D$$

则
$$L_j = V_{j+1} + \sum_{k=2}^{j}(F_k - G_k - U_k) - D \quad 2 \leqslant j \leqslant N-1 \qquad (1-65)$$

式中
$$D = V_1 + U_1$$

这样,由(1-64)和(1-65)式可得出如下衡算式

对于第一级(冷凝器),$j=1$ 时为
$$-(V_1K_{1i} + U_1 + L_1)x_{1i} + V_2K_{2i}x_{2i} = 0$$

或
$$B_1x_{1i} + C_1x_{2i} = D_1 \qquad (1-66)$$

式中
$$B_1 = -(V_1K_{1i} + U_1 + L_1)$$
$$C_1 = V_2K_{2i}$$
$$D_1 = 0$$

对于第二级,$j=2$ 时为
$$L_1x_{1i} - [(V_2 + G_2)K_{2i} + (L_2 + U_2)]x_{2i} + V_3K_{3i}x_{3i} = -F_2Z_{2i}$$

或
$$A_2x_{1i} + B_2x_{2i} + C_2x_{3i} = D_2 \qquad (1-67)$$

式中
$$A_2 = L_1 = V_2 - D = V_2 - (V_1 + U_1)$$
$$B_2 = -[(V_2 + G_2)K_{2i} + (L_2 + U_2)] = $$
$$-[(V_2 + G_2)K_{2i} + V_3 + (F_2 - G_2 - U_2) - D + U_2]$$
$$C_2 = V_3K_{3i}$$
$$D_2 = -F_2Z_{2i}$$

依此类推,对于第 j 级,$j=j$ 时为
$$L_{j-1}x_{j-1,i} - [(V_j + G_j)K_{ji} + (L_j + U_j)]x_{j,i} + V_{j+1}K_{j+1,i}x_{j+1,i} = -F_jZ_{j,i}$$

或
$$A_jx_{j-1,i} + B_jx_{j,i} + C_jx_{j+1,i} = D_j \qquad (1-68)$$

式中
$$A_j = L_{j-1} = V_j + \sum_{k=2}^{j-1}(F_k - G_k - U_k) - D \quad (2 \leqslant j \leqslant N-1)$$

$$B_j = -\left[(V_j + G_j)K_{ji} + (L_j + U_j)\right] =$$

$$\left[(V_j + G_j)K_{ji} + V_{j+1} + \sum_{k=2}^{j-1}(F_k - G_k - U_k) - D + U_j\right]$$

$$(2 \leqslant j \leqslant N-1)$$

$$C_j = V_{j+1}K_{j+1,i} \qquad (2 \leqslant j \leqslant N-1)$$

$$D_j = -F_j Z_{ji} \qquad (2 \leqslant j \leqslant N-1)$$

对于第 N 级, $j = N$ 时为

$$L_{N-1}x_{N-1,i} - (V_N K_{N,i} + W)x_{N,i} = 0$$

或

$$A_N x_{N-1,i} + B_N x_{N,i} = D_N$$

式中

$$A_N = L_{N-1} = V_N + W$$

$$B_N = -(V_N K_{Ni} + W)$$

$$D_N = 0$$

$$(1-69)$$

因此,对组分 i,由第一板到第 N 板可写为

第一板 $\qquad B_1 x_{1i} + C_1 x_{2i} = D_1$

第二板 $\qquad A_2 x_{1i} + B_2 x_{2i} + C_2 x_{3i} = D_2$

...

第 j 板 $\qquad A_j x_{j-1,i} + B_j x_{j,i} + C_j x_{j+1,i} = D_j$

...

第 $(N-1)$ 板 $\qquad A_{N-1}x_{N-2,i} + B_{N-1}x_{N-1,i} + C_{N-1}x_{N,i} = D_{N-1}$

第 N 板 $\qquad A_N x_{N-1,i} + B_N x_{N,i} = D_N$

上述方程组可表示成矩阵形式。

$$\begin{bmatrix} B_1 & C_1 & & & & \\ A_2 & B_2 & C_2 & & & \\ \cdots & \cdots & \cdots & \cdots & & \\ & A_j & B_j & C_j & & \\ \cdots & \cdots & \cdots & \cdots & \cdots & \\ & & A_{N-1} & B_{N-1} & C_{N-1} \\ & & & A_N & B_N \end{bmatrix} \begin{bmatrix} x_{1i} \\ x_{2i} \\ \vdots \\ x_{j,i} \\ \vdots \\ x_{N-1,i} \\ x_{N,i} \end{bmatrix} = \begin{bmatrix} D_1 \\ D_2 \\ \vdots \\ D_j \\ \vdots \\ D_{N-1} \\ D_N \end{bmatrix} \qquad (1-70)$$

2. 消去 H 方程中的 L_j

对任一 j 板作总物料衡算可得

$$L_j + U_j = L_{j-1} + V_{j+1} + F_j - (V_j + G_j)$$

将上式代入 $(1-63)$ 式,消去 $(L_j + U_j)$ 可得

$$L_{j-1}h_{j-1} - (V_j + G_j)H_j - \left[L_{j-1} + V_{j+1} + F_j - (V_j + G_j)\right]h_j +$$

$$V_{j+1}H_{j+1} + F_j H_{F,j} - Q_i = 0$$

上式展开并化简得

$$(H_{j+1} - h_j)V_{j+1} - (H_j - h_j)(V_j + G_j) - (h_j - h_{j-1})L_{j-1} + \qquad (1-71a)$$

$$(H_{F,j} - h_j)F_j - Q_j = 0 \qquad 2 \leqslant j \leqslant N-1$$

$$V_{j+1} = \frac{(H_j - h_j)(V_j + G_j) + (h_j - h_{j-1})L_{j-1} - (H_{F,j} - h_j)F_j + Q_j}{H_{j+1} - h_j} \qquad (1-71b)$$

3. S 方程保留一个

式(1-62)保留一个,即

$$\sum_{i=1}^{C} K_{ji} x_{ji} - 1 = 0 \tag{1-72}$$

这样,经合并整理后的方程式(1-70)、(1-71)和(1-72)共计($C+2$)N 个,而其中的独立变量为 N 个 V_j、N 个 T_j 和 $C \times N$ 个 x_{ji},也为($C+2$)N 个,所以该方程组有惟一解。

三、对角矩阵法求解 x_{ji}

方程(1-70)为一矩阵形式,除了主对角线及其相邻对角线上的各元素不为零外,其余元素均为零。故此矩阵称之为三对角矩阵,用以求解多级平衡过程则称三对角矩阵法。

若依次解方程(1-70)、(1-71)和(1-72),至少要指定 $2N$ 个变量。首先可假定 V_j 及 T_j 值,应用三对角矩阵(1-70)式解出 x_{ji}。然后由式(1-71)和(1-72)解出 V_j 和 T_j 值,与假定值进行比较。因为(1-71)式中的 H_j、h_j 均为 x_{ji}、y_{ji} 的函数,而式(1-72)只是 x_{ji} 的函数,因此,可先解(1-72)式然后再解式(1-71)。

当各 V_j 和 T_j 之值假定后,则(1-70)式中的 A、B、C、D 各元素均为常数,(1-70)式成为线性方程组。先把矩阵中一对角线元素 A 变为"零",另一对角线元素 B 变为 1,然后将 C_j 和 D_j 引用两个辅助参数 p_j 和 q_j 代替。

下面讨论用高斯消元法求解的过程。

第一步:将上述矩阵中第一个方程乘以 $1/B_1$,并令 $p_1 = C_1/B_1$ $q_1 = D_1/B_1$
则第一行变成

$$x_{1i} + p_1 x_{2i} = q_1 \tag{1-73}$$

第二步:将矩阵中的第二个方程两边除以 A_2 得

$$x_{1i} + \frac{B_2}{A_2} x_{2i} + \frac{C_2}{A_2} x_{3i} = \frac{D_2}{A_2}$$

用上式减去式(1-73)得 $\left(\dfrac{B_2}{A_2} - p_1 \right) x_{2i} + \dfrac{C_2}{A_2} x_{3i} = \dfrac{D_2}{A_2} - q_1$

再将上式两边除以 $\left(\dfrac{B_2}{A_2} - p_1 \right)$ 可得

$$x_{2i} + p_2 x_{3i} = q_2 \tag{1-74}$$

式中 $$p_2 = \frac{C_2}{B_2 - A_2 p_1} \qquad q_2 = \frac{D_2 - A_2 q_1}{B_2 - A_2 p_1}$$

第三步:这样可以逐次将方程组(1-70)中各式的 x_{j-1} 项消去,得到下面的方程组

$$
\begin{aligned}
x_1 + p_1 x_2 \quad &= q_1 \\
x_2 + p_2 x_3 \quad &= q_2 \\
&\vdots \\
x_j + p_j x_{j+1} &= q_j \\
&\vdots \\
x_{N-1} + p_{N-1} x_N &= q_{N-1} \\
x_N &= q_N
\end{aligned}
$$

式中 $$p_j = \frac{C_j}{B_j - A_j p_{j-1}} \qquad (2 \leqslant j \leqslant N-1) \tag{1-75}$$

$$q_j = \frac{D_j - A_j q_{j-1}}{B_j - A_j p_{j-1}} \qquad (2 \leqslant j \leqslant N) \qquad\qquad (1-76)$$

上述方程组写成矩阵形式为

$$\begin{bmatrix} 1 & p_1 & & & \\ & 1 & p_2 & & \\ \cdots & \cdots & \cdots & \cdots & \cdots \\ & & 1 & p_j & \\ \cdots & \cdots & \cdots & \cdots & \cdots \\ & & & 1 & p_{N-1} \\ & & & & 1 \end{bmatrix} \begin{bmatrix} x_{1i} \\ x_{2i} \\ \vdots \\ x_{j,i} \\ \vdots \\ x_{N-1,i} \\ x_{N,i} \end{bmatrix} = \begin{bmatrix} q_1 \\ q_2 \\ \vdots \\ q_j \\ \vdots \\ q_{N-1} \\ q_N \end{bmatrix} \qquad (1-77)$$

第四步：由式(1-75)和(1-76)可知 p_j 和 q_j 均为 V_j 和 T_j 的函数,因此,当已知 V_j、T_j 后 p_j 和 q_j 均可求出。由(1-77)式的第 N 个方程可得出

$$x_{N,i} = q_N$$

将 $x_{N,i}$ 值回代,可逐次求出各板的 $x_{j,i}$,即

$$x_{N-1,i} + p_{N-1}x_{N,i} = q_{N-1}$$
$$x_{N-1,i} = q_{N-1} - p_{N-1}x_{N,i}$$
$$\vdots$$
$$x_{j,i} = q_j - p_j x_{j+1,i}$$
$$\vdots$$
$$x_{1,i} = q_1 - p_1 x_{2,i}$$

上述求解方法称为追赶法,当解得的 x_{ji} 出现负值时,需令 $x_{ji}=0$。

对 C 个组分同时求解,可列出 C 个矩阵,解得 $N \times C$ 个 x_{ji} 值。

四、利用 S 方程求解各板的 T_j

由上面已求得各块板的液相组成 x_{ji},利用 S 方程(1-72)式来求得各块板的温度 T_j。若解出的 T_j 值与原假设值一致,则可进行下一步去求解 V_j;若不一致,则以计算所得的 T_j,作为新的假设值,重复计算。

五、利用 H 方程求解各板的 V_j 和 L_j

在计算各板温度的同时,各组分的气相浓度 y_{ji} 也可同时求出。这样就可求出各板的气相焓 H_j 和液相焓 h_j。因此,由 H 方程(1-71)式可求出各板的气相流率 V_j。从第一板(冷凝器)开始

$$V_1 = D - U_1$$
$$V_2 = D + L_1 = D(1+R)$$
$$V_3 = \frac{(H_2 - h_2)(V_2 + G_2) + (h_2 - h_1)L_2 - (H_{2F} - h_2)F_2 + Q_2}{H_3 - h_2}$$
$$\cdots$$
$$V_{j+1} = \frac{(H_j - h_j)(V_j + G_j) + (h_j - h_{j-1})L_{j-1} - (H_{jF} - h_j)F_j + Q_j}{H_{j+1} - h_j}$$

若求得的 V_j 与原假设值一致,计算即可结束。若不一致,则以求得的 V_j 值为新的假设值重新计算。各板的液相流率 L_j 可由(1 – 65)式求得。

至于 T_j 及 V_j 之最初假定值(即所谓初值)的确定,一般是以在假定恒摩尔流率的情况下求得 V_j 值为 V_j 之初值;以简捷法求得之塔顶温度和塔釜温度进行线性内插为 T_j 之初值。

上述计算顺序之示意图如图 1 – 46 所示。因为它是以泡点温度来检验假设的温度 T_j 值,故称泡点法(BP 法)。它适用于塔板温度主要决定于组成,而流率主要决定于热平衡的情况,也就是热量衡算中潜热的影响大于显热影响的情况。它对窄沸程烃类物系的精馏计算是相当成功的。

当液相中组分的浓度对泡点值影响过大,或显热的效应在热量衡算中显得十分重要时,用泡点法往往不能收敛,并且此时温度主要决定于热量衡算而不决定于组成。所以常用热量衡算方程来修正迭代变量 T_j。因此,由三对角矩阵算出 x_{ji} 后按下式求出 L_j^{k+1}、V_j^{k+1}(收敛前 $\sum x_{ji} \neq 1$)

$$l_{ji}^{k+1} = L_j^k x_{ji}; \qquad L_{ji}^{k+1} = \sum l_{ji}^{k+1} \qquad (1 – 84a)$$

$$v_{ji}^{k+1} = V_j^k K_{ji} x_{ji}; \qquad V_{ji}^{k+1} = \sum v_{ji}^{k+1} \qquad (1 – 84b)$$

此种方法称为流率总和法(SR 法)。其计算顺序如图 1 – 47 所示。

SR 法可用于组成对气液流率的影响大于焓平衡对流率的影响的情况;温度主要决定于热量衡算而不是决定于组成;以及热平衡中显热的影响较为显著的情况。它主要适用于吸收、解吸过程和沸点差较大的混合物的精馏计算。

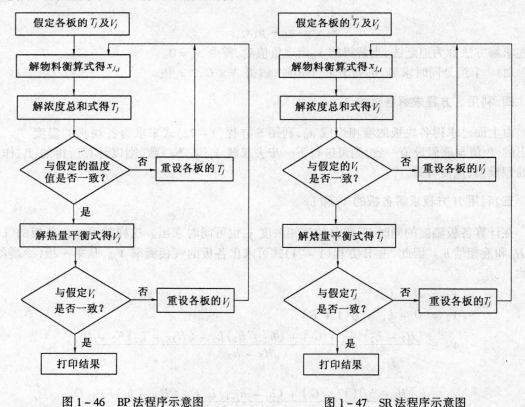

图 1 – 46　BP 法程序示意图　　　　图 1 – 47　SR 法程序示意图

第七节　精馏过程的节能问题

一、分离过程的热力学效率

物质的混合过程是一个不可逆过程,它可以自动进行。但将一个均相混合物在恒温恒压下分离成两个不同组成的产物,则要消耗一定的功。

不管用什么办法去完成分离过程,达到一定分离目的时所需的最小功总可以通过一个假想的可逆过程计算出来。因为由热力学第二定律必然应该得出这样的结论,即完成同一变化的任何可逆过程所需的功均相等。而实际过程所需的功一定大于可逆过程时的值。所需的最小功决定于要分离的混合物的组成、压力和温度以及分离所得产品的浓度、压力和温度。

1. 等温分离气体混合物所需的最小功

可以设想一个如图 1-48 所示的连续可逆过程。由 A 和 B 所组成的气体混合物连续流入一个维持在分离过程的进料条件下的容器(压力为 p_1,温度为 T,组成为 $x_{F,A}$)。气体通过两

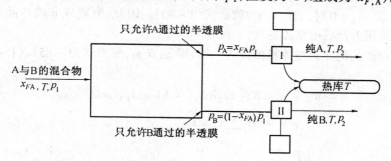

图 1-48　将双组分气体混合物分离成纯组分的可逆过程

个半透膜离开容器,其中一个半透膜对 A 可通过,对 B 不可通过。另一个则相反,可通过的是 B,不可通过的是 A。由于这两个半透膜分别对一定组分有无限大的透过能力。因此,对特定组分来说,只需要无限小的分压差就可以推动它穿过半透膜。由半透膜出来的两股气体分别经过等温可逆压缩(或膨胀)而达到产品的压力 p_2。热量连续可逆地被取走,以维持过程为恒温 T。容器的进料量绝对等于产品的移走量。完成这一分离过程所需的功就是两个压缩机所需的功。而等温连续可逆压缩所需的功为

$$- W_{m,T} = RT\ln\frac{p_0}{p_i}$$

式中　$-W_{m,T}$——每摩尔气体所需的功;

R——气体常数;

T——绝对温度;

p_i、p_0——进、出口压力。

容器内 A 的分压为 $p_A = x_{FA}p_1$,由于通过半透膜时压力不变,故压缩机 I 的进口压力也是 $x_{FA}p_1$。同理,压缩机 II 的进口压力为 $(1 - x_{FA})p_1$,故每摩尔进料气体所需的功总共为

$$- W_{m,T} = RT\left[x_{FA}\ln\frac{p_2}{x_{FA}p_1} + (1 - x_{FA})\ln\frac{p_2}{(1 - x_{FA})p_1} \right] \qquad (1-85)$$

推广到多组分气体混合物,则为

$$- W_{m,T} = RT\sum_j x_{Fj}\ln\frac{p_2}{x_{Fj}p_1} \qquad (1-86)$$

上面所述过程是个可逆过程,因为倒过来进行时(混合过程),按式(1-86)计算的结果便是所能做的功。所以式(1-86)所表示的是等温地将 1 摩尔 p_1 的气体混合物分离成为压力均为 p_2 的各个气态纯组分时所需的最小功。

不难证明,若双组分混合物的分离产品不是两个纯组分,而只是浓度与原料不同的两个双组分混合物时,则所需的等温可逆功为

$$- W_{m,T} = \frac{RT}{x_{1A} - x_{2A}}\left\{ (x_{FA} - x_{2A})\left[x_{1A}\ln\frac{x_{1A}\,p_2}{x_{FA}\,p_1} + (1 - x_{1A})\ln\frac{(1 - x_{1A})\,p_2}{(1 - x_{FA}\,p_1)} \right] + \right.$$

$$\left. (x_{1A} - x_{FA})\left[x_{2A}\ln\frac{x_{2A}p_2}{x_{FA}p_1} + (1 - x_{2A})\ln\frac{(1 - x_{2A})p_2}{(1 - x_{FA}p_1)} \right] \right\} \qquad (1-87)$$

式中 x_{1A}, x_{2A}——分别为两个产品中 A 的浓度(摩尔分数)。

当 $x_{1A} = 1$ 及 $x_{2A} = 0$ 时,式(1-87)就是式(1-85)。因此,分离成非纯产品时所需的功必定小于分离成纯组分产品时所需的功。

若分离所得产品的压力与原料的压力一样,即 $p_1 = p_2$,那末式(1-85)、(1-86)和式(1-87)便分别简化为

$$- W_{m,T} = - RT\left[x_{FA}\ln x_{FA} + (1 - x_{FA})\ln(1 - x_{FA}) \right] \qquad (1-85a)$$

$$- W_{m,T} = - RT\sum_j x_{Fj}\ln x_{Fj} \qquad (1-86a)$$

$$- W_{m,T} = \frac{- RT}{x_{1A} - x_{2A}}\left\{ (x_{FA} - x_{2A})\left[x_{1A}\ln\frac{x_{FA}}{x_{1A}} + (1 - x_{1A})\ln\frac{1 - x_{FA}}{1 - x_{1A}} \right] + \right.$$

$$\left. (x_{1A} - x_{FA})\left[x_{2A}\ln\frac{x_{FA}}{x_{2A}} + (1 - x_{2A})\ln\frac{1 - x_{FA}}{1 - x_{2A}} \right] \right\} \qquad (1-87a)$$

因为摩尔分数 x 总是小于 1 的,故式(1-85)~式(1-87)所得的 $- W_{m,T}$ 必为正值。这也就是说,等压等温地将混合气体分离为纯组分必须化费功。将式(1-87)描绘成曲线,如图 1-49实线所示。由图可以看出,将等分子混合物等压等温地分离成两个纯组分时所需要的功比分离其他浓度的混合物时要来得大。同一图中的虚线则表示产品为 $x_{1A} = 0.95$ 及 $x_{2A} = 0.20$的两个非纯组分时的情况。显然,由同一个 x_{FA} 分离成两个纯组分时与分离成两个非纯组分时所需的功是不同的,前者比后者来得大。

2. 等温分离液体混合物所需的最小功

可通过图 1-50 所示的可逆过程推导出将双组分液体溶液等温分离成两个纯组分时所需的最小功。将由 A 和 B 所组成的原料溶液在温度 T 和压力 p 下连续地进行蒸发。蒸发罐也有两个半透膜,一个对 A 能透过,对 B 不能透过;另一个对 B 能透过,对 A 不能透过。通过半透膜后的压力与该组分在蒸发器中的分压 p_A、p_B 相等。蒸发器的传热过程是可逆的。通过半透膜的各组分又被等温压缩到各自在 T 时的饱和蒸气压 p_A^0 及 p_B^0。两个纯组分的蒸气在等温可逆压缩后被冷凝成液体,此时的传热(导出冷凝热)也是可逆地进行。在图 1-50 中,将液

体产品由其饱和蒸气压 p_A^0、p_B^0 升压到 p，需要液体泵，但因液体摩尔体积甚小，液体泵所需之功可以忽略。这样，将 1 摩尔原料在恒温下分离成纯组分时所需的最小功便是

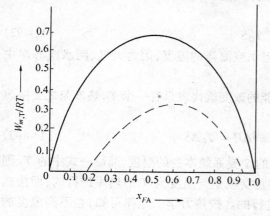

图 1－49　分离双组分气体混合物所需的最小功

实线—分离成纯组分；虚线—分离成

$x_{1A}=0.95$，$x_{2A}=0.20$ 的两个非纯组分

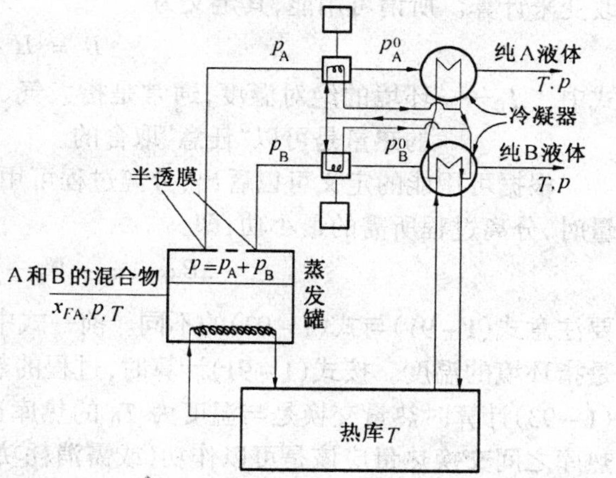

图 1－50　将液体混合物分离成纯组分的可逆过程

$$- W_{m,T} = RT\left[x_{FA}\ln\frac{p_A^0}{p_A} + (1 - x_{FA})\ln\frac{p_B^0}{p_B}\right] \tag{1-88}$$

若溶液符合拉乌尔定律

$$p_A = p_A^0 x_{FA}; \qquad p_A = p_B^0 x_{FB}$$

则上式便成为

$$- W_{m,T} = - RT\left[x_{FA}\ln x_{FA} + (1 - x_{FA})\ln(1 - x_{FA})\right]$$

此式与式(1－85)完全一样。因此，分离液体理想溶液的等温可逆功与分离气体混合物时是一样的。

若溶液为非理想溶液，则必须是

$$p_A = \gamma_A x_{FA} p_A^0; \qquad p_B = \gamma_B x_{FB} p_B^0$$

此时，式(1－88) 成为

$$- W_{m,T} = - RT\left[x_{FA}\ln(\gamma_A x_{FA}) + (1 - x_{FA})\ln(\gamma_B x_{FB})\right] \tag{1-89}$$

溶液为正偏差时，γ_A 及 γ_B 大于 1，等温分离所需的最小功将比相应的理想溶液时的值要小；反之，对负偏差系统，将比理想溶液时要大。这是因为负偏差系统中，不同组分间的分子间力大于同一组分间的分子间力，因此更难于分离。若

$$\gamma_A = \frac{1}{x_{FA}}; \qquad \gamma_B = \frac{1}{1 - x_{FB}}$$

即系统为完全不互溶的 A 及 B 所组成，则分离所需的最小功为零，除此以外，等温分离所需之最小功均为正值。值得注意的是，$- W_{m,T}$ 与要分离组分之间的相对挥发度是无关的。

对多组分液体混合物，等温分离成纯组分所需的最小功是

$$- W_{m,T} = - RT \sum x_{Fj}\ln(x_{Fj} \cdot \gamma_j) \tag{1-90}$$

由式(1－87)及式(1－90)等均可看出，等温分离过程所需的最小功也就是系统在分离过程中的自由能改变值，即

$$- W_{m,T} = \Delta G_T = \Delta H - T\Delta S \tag{1-91}$$

3. 可用能

当分离过程的产物温度与原料温度不相同时,分离过程所需的最小功可按系统可用能的改变来计算。所谓可用能,其定义为

$$B = H - T_0 S \qquad (1-92)$$

式中 T_0——环境的绝对温度,通常是指大气、河水或海洋的温度,因为大气、河水或海洋中的热量是可以"任意"取舍的。

根据可用能的定义可以看出,分离过程可用能的改变就代表只有一个 T_0 热库与之交换热量时,分离过程所需的最小功,即

$$\Delta B_{分离} = -W_{m,T_0} = \Delta H - T_0 \Delta S \qquad (1-93)$$

要注意式(1-91)与式(1-93)的不同。前一式中的 T 是系统本身的温度,而后一式中的 T_0 则是指环境的温度。按式(1-91)计算时,过程的热量交换是与温度为 T 的热库进行的;而按式(1-93)计算时热量交换是与温度为 T_0 的热库进行的。按热力学二定律可知,在不同温度的热库之间交换热量应该是可以作功(或需消耗功)的,式(1-93)与式(1-91)的差值就代表这部分功。

因此,按式(1-85)至式(1-87)计算的最小功,实际上都是指系统的起始温度和最终温度与环境温度一致时的情况。

按式(1-93)计算分离过程(恒温或非恒温)的最小功时,可先分别计算出 ΔH 及 ΔS。例如把理想气体混合物分离为纯组分时,式(1-93)中的 ΔH 及 ΔS 可按下列公式计算

$$\Delta H = \sum_j x_{Fj} \int_{T_F}^{T_j} c_{Pj} \mathrm{d}T$$

$$\Delta S = \sum_j x_{Fj} \left(\int_{T_F}^{T_j} \frac{c_{Pj}}{T} \mathrm{d}T - R\ln\frac{P_j}{x_{Fj}P_F} \right)$$

式中 c_{Pj}——组分 j 的热容;

T_F , p_F——原料混合物的温度和压力;

T_j , p_j——分离后纯组分 j 的温度和压力。

4. 净功

通常,进行分离过程所需的能量多半是以热能的形式,而不是以功的形式提供的。在这种情况下,最好是以过程所消耗的净功来计算消耗的能量。"净功"的意思是:若将进入系统的热量送入一个可逆热机时,可能做的功为 $W_入$;若将离开系统的热量送入一个可逆热机时,可能做的功为 $W_出$,那末 $W_入$ 与 $W_出$ 之差即为系统所消耗的净功。当然,上述可逆热机的低温热库温度都是 T_0。以净功来计算消耗的能量,不仅把消耗能量的多少,而且把消耗能量的品位也考虑在内。

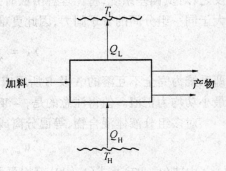

图 1-51 依靠热能进行的分离过程

参照图 1-51,若分离过程只是依靠有热量 Q_H(温度为 T_H)进入系统,和有 Q_L(温度为 T_L)离开系统而进行的。例如,一般的精馏过程,就是依靠从再釜器送入热量 Q_H 和从冷凝器移走热量 Q_L 而进

· 64 ·

行的。那末,将 Q_H 这些热量送入低温热库温度为 T_0 的可逆热机时,按第二定律,应该能做的功为 $Q_H\left(\dfrac{T_H - T_0}{T_H}\right)$;同样,由 Q_L 应该可做的功为 $Q_L\left(\dfrac{T_L - T_0}{T_L}\right)$。则该分离过程所消耗的净功是

$$W_净 = Q_H\left(\frac{T_H - T_0}{T_H}\right) - Q_L\left(\frac{T_L - T_0}{T_L}\right) \tag{1-94}$$

显然,对任何分离过程,$W_净$ 总是大于 $\Delta B_{分离}$,只有在可逆过程时,两者才会相等。

若分离过程中除有热量交换外,无机械功的交换,而且产物的焓与原料的焓相差极小,可以忽略,那末必定是 $Q_H = Q_L = Q_0$。此时,净功就是

$$W_净 = QT_0\left(\frac{1}{T_L} - \frac{1}{T_H}\right) \tag{1-95}$$

这必定是个正值,因为 T_H 必定大于 T_L,一般的精馏过程就是这种情况。

5. 热力学效率

把任何分离过程中系统可用能的改变 $\Delta B_{分离}$ 与过程所消耗的净功 $W_净$ 之比,定义为分离过程的热力学效率,即

$$\eta = \Delta B_{分离} / W_净 \tag{1-96}$$

若分离过程是可逆的,则其热力学效率为 1.00。实际的分离过程因为是不可逆的,所以热力学效率必定小于 1.00。不同类型的分离过程,其热力学效率各不相同。一般说来,只靠外加能量的分离过程(如精馏、结晶、部分冷凝等),热力学效率可以高些;除外加能量外尚须外加物质的分离过程(如吸收、萃取、吸附等均须分别加入吸收剂、萃取剂及吸附剂),热力学效率较差;而速率控制的分离过程(如膜分离过程)则更差。但这都是指的理想的情况下,在实际情况下,因为还有很多别的因素,情况较为复杂,必须具体进行分析计算才行。

二、提高精馏过程热力学效率的途径

要降低分离过程的能耗就应提高其热力学效率。一般精馏过程的不可逆性表现为以下几个方面:

① 在流体流动时有压力降;

② 塔内上升蒸气与下流液体直接接触产生热交换时有温差,以及在再沸器和冷凝器中传热介质与物料之间存在温差;

③ 上升蒸气与下流液进行传质过程时,两相浓度与平衡浓度的差别。

要使上述这三个过程(流体流动、传热、传质)有较大的速率,就得有一定的推动力,而推动力越大,则不可逆性就越大。反之,要提高热力学效率就必须减小压差,降低温差和缩小化学位的差别。

当塔板数较多时,一般说来,压力降也要加大,同时塔釜与塔顶的温差也会增加。按式(1-95),$W_净$ 就增大。原则上要降低压力降可增大塔径,降低板面液层厚度。但增大塔径意味着加大设备投资;降低板面液层厚度则使板效率变小。因此,实际上要综合考虑这些因素以确定塔径。

进出每块塔板的气液相在组成与温度上的相互不平衡是使精馏过程热力学效率下降的重要因素。由下一块板上来的蒸气比上一块板下来的液体温度要高些,其易挥发组分的含量小

于与下流液体成平衡时之数值。要降低净功消耗就必须减小各板传热和传质的推动力。这可

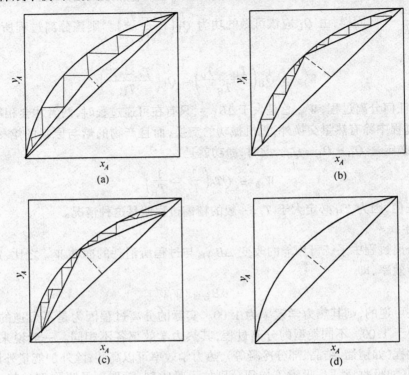

图 1 – 52　提高双组分精馏过程可逆性示意图

以归结为应尽量使操作线与平衡线相接近。可用图 1 – 52 来讨论这个情况,图中(a)代表在大于最小回流比下操作的一般精馏。进入任一块板 N 上的液体与蒸气间的传热过程推动力($T_{N-1} - T_{N+1}$)和传质过程推动力($K_{N+1,i}x_{N+1,i} - y_{N-1,i}$)将因操作线向平衡线靠拢而减少。图中(b)代表最小回流比时的情况。此时精馏段操作线和提馏段操作线都已经和平衡线相交。最小回流比下操作所需的功当然小于较大回流比下的数值。但由(b)可以看出,即使在最小回流比下操作,除了在进料板附近外,其他各板仍有较大的传热和传质推动力。如果将操作线分成不同的几段,就可以减小这些板上的热力学不可逆性。图(c)就是将精馏段操作线和提馏段操作线各分为两段时的情况。此时在精馏段用了两个不同的回流比,上一段的回流比小于下一段的回流比;提馏段也用了两个不同的蒸发比,上一段的蒸发比大于下一段的蒸发比。这相当于在精馏段中间加了一个冷凝器,在提馏段中间加了一个再沸器,即如图 1 – 53 所示的情况。在加料板处的气液流率,对于图 1 – 52 中(c)和(b)的情况是一样的,故(b)所示的塔顶冷凝器负荷必等于(c)所示情况,即等于两个冷凝器负荷之总和。再沸器负荷的情况也类同。所以(c)的情况与(b)相比,其热力学效率得以增大并不是由于总热能消耗减少,而是由于所用热能的品位不同。在中间再沸器所加入的热量其温度低于塔底再沸器所加入的热量;由中间冷凝器引出的热量其温度高于由塔顶冷凝器所引出的热量。(d)的情况则是(c)的进一步延深,操作线与平衡线已完全重合,即所谓的"可逆精馏"。要达到(d)这样的情况。就要有无限多个平衡级,无限多个中间再沸器和中间冷凝器。此时,精馏段的回流量是越往下越大,提馏段的上升蒸气量是越往上越大,塔径应是两头细、中间粗。当然,实际上不可能使用"可逆精馏",它

只是代表一个极限情况。在工业实践中,使用中间再沸器以利用低压蒸气或其他低品位的加热介质,以及采用中间冷凝器以利用温度较高的冷却介质,其吸引力却常常都不很大。但在低温精馏时,例如裂解气分离中的脱甲烷塔等,使用中间再沸器,实际上不是使用低品位加热介质的问题,而是可以借此回收一部分冷量;中间冷凝器的使用则可使冷却介质的冷冻级位不致太低。

前面的讨论均是假定精馏塔的热量加入和引出都是可逆的,而实际上,这方面也存在着不可逆性。这是因为釜液的温度和加热介质的温度有差别,馏出液的冷凝温度和冷却介质的温度也有差别,其结果是式(1-95)中的 T_H 升高,T_L 下降,故 $W_净$ 加大。

采用两效或多效精馏是充分利用能级的一个办法。图 1-54 所示是三种采用两效精馏的方案。采用多效精馏,实际好处显著,可见例 1-11 的计算结果。因此,多效精馏越来越被人们所采用。

对于组分沸点差较小的系统,如图 1-55 所示的热

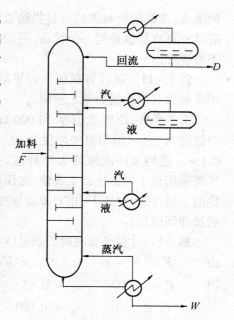

图 1-53 有中间冷凝器和中间再沸器的精馏塔

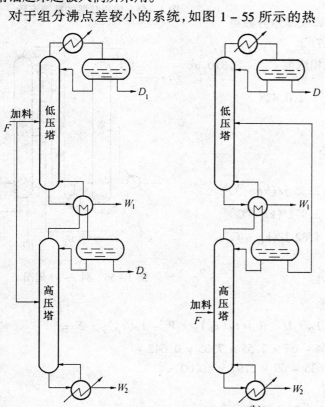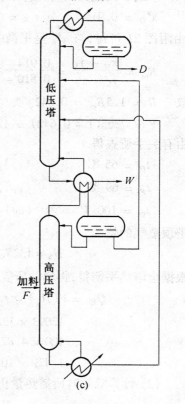

图 1-54 多效精馏

泵流程是另一种有效的提高热力学效率的手段。塔顶蒸气经过压缩,使其冷凝温度高于釜液

的沸点,冷凝时所释放的热量供给釜液蒸发之用。冷凝器和再沸器就是同一个设备,因而减小了传热中的不可逆性。

例 1-11 试计算精馏下列甲醇-水溶液时,采用单效和双效所需热量之差别。

工艺条件:原料液流率 10 000 kg/h,甲醇在原料中浓度为 70%、馏出液中浓度为 95%、釜液中浓度为 0.1%。进料及回流液均为饱和液。操作回流比:常压塔采用最小回流比的 1.5 倍,加压塔采用最小回流比的 2 倍(因为加压下,相对挥发度变小,故采用较大的操作回流比)。

解 (1)计算单效时所需热量(以一小时为基准)

由　　$F = W + D$　　　　$Fx_F = Wx_W + Dx_D$

因　　$F = 10000$　　$x_D = 0.95$

　　$x_F = 0.70$　　$x_W = 0.001$

故得　$D = 7365$　　$W = 2635$

求最小回流比 R_m,先将浓度换算成摩尔分数得

　　$x'_D = 0.914$　　　$x'_F = 0.567$

由附图 2b 可得,与 x'_F 呈平衡的气相浓度 $y'_C = 0.810$,故

$$R_m = \frac{x'_D - y'_C}{y'_C - x'_F} = \frac{0.914 - 0.810}{0.810 - 0.567} = 0.428$$

故　$R = 1.5R_m = 0.642$

　　$V = 7365(1 + 0.642) = 12\ 093$

由有关手册查得

　　$t_D = 65\ ℃$　　　$(c_P)_D = 2.55\ \text{J/(kg·℃)}$

　　$t_F = 69\ ℃$　　　$(c_P)_F = 2.97\text{J/(kg·℃)}$

　　$t_W = 100\ ℃$　　$(c_P)_W = 4.82\ \text{J/(kg·℃)}$

塔顶蒸气的焓

$$H_V = 1325.34\text{J/kg}$$

根据全塔热平衡得,再沸器所需热量

$$Q_单 = V(H_V) - t_D(c_P)_D \cdot D \cdot R + t_W(c_P)_W \cdot W - t_F(c_P)_F \cdot F =$$
$$12093 \times 1325.34 - 65 \times 2.55 \times 7365 \times 0.642 +$$
$$100 \times 4.82 \times 2635 - 69 \times 2.97 \times 10000 =$$
$$1.429 \times 10^7 \text{J/h}$$

(2)计算双效时所需热量仍以 1 小时为基准。已知

$$F_1 = 10000 \qquad x_{D,1} = x_{D2} = 0.95$$
$$x_{F1} = 0.70 \qquad x_{W2} = 0.001$$

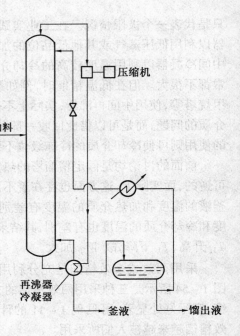

图 1-55　使用热泵的精馏流程

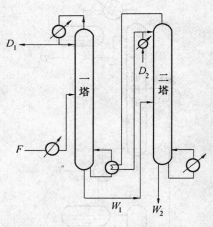

图 1-56　例 1-11 附图 1

由全系统的物料衡算

$$F_1 = D_1 + D_2 + W_2$$

$$F_1 x_{F1} = D_1 x_{D1} + D_2 x_{D2} + W_2 x_{W2}$$

代入数据得

$$10\,000 = D_1 + D_2 + W_2 \tag{a}$$

$$10\,000 \times 0.70 = (D_1 + D_2) \times 0.95 + W_2 \times 0.001 \tag{b}$$

由式(a)及(b)联立解得

$$D_1 + D_2 = 7\,365, \qquad W = 2\,635$$

设第一塔之馏出液比第二塔的多一些,取 $D_1 = 4\,010$ 则

$$D_2 = 7\,365 - 4\,010 = 3\,355$$

由

$$F_1 = W_1 + D_1$$

得

$$10000 = W_1 + 4010$$

故

$$W_1 = 5990$$

由

$$F_1 x_{F1} = W_1 x_{W1} + D_1 x_{D1}$$

得

$$10\,000 \times 0.70 = 5\,990 \times x_{W1} + 4\,010 \times 0.95$$

故

$$x_{W1} = 0.533$$

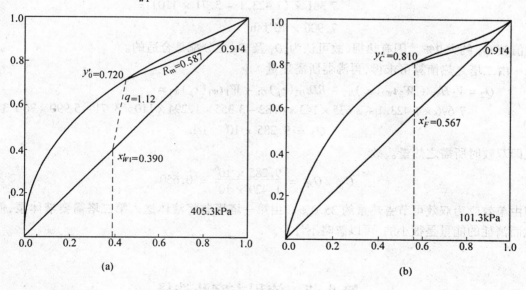

图 1-57 例 1-11 附图 2

若第一塔之操作压力与单塔流程相同为常压,根据 $x_{W1} = 0.533$,由手册可查得其塔底的温度 $t_{W1} = 76\ ℃$。取一塔再沸器温差 $\Delta t = 30\ ℃$,则 $t_{D2} = 76 + 30 = 106\ ℃$。由 $t_{D2} = 106\ ℃$ 及 $x_{D2} = 0.95$,可知第二塔操作压力为 364.8 kPa 大气压,现取二塔操作压力为 405.3 kPa。

一塔之操作回流比应与单效时一样,即

$$R_1 = 0.642$$

故

$$V_1 = 1.642 \times 4\,010 = 6\,584$$

因

$$x_{F2} = x_{W1} = 0.533 \qquad (x'_{F2} = 0.390)$$

$$x_{D2} = 0.95 \qquad (x'_{D2} = 0.914)$$

故由附图 2(a)可得二塔之回流比为

$$R_{m,2} = \frac{0.914 - 0.720}{0.720 - 0.390} = 0.587$$

$$R_2 = 0.587 \times 2 = 1.174 \quad 取 \quad R_2 = 1.2$$

则 $\qquad V_2 = (1.2 + 1) \times 3\,355 = 7\,381$

由于 $\qquad t_{D1} = 65\ ℃; t_{F1} = 69\ ℃; t_{W1} = 76\ ℃; t_{D2} = 110\ ℃; t_{W2} = 143\ ℃$

相应地 $\qquad (c_p)_{D1} = 2.55; (c_p)_{F1} = 2.97; (c_p)_{W1} = 3.76$

$$(c_p)_{D2} = 3.71; (c_p)_{W2} = 4.82$$

$$H_{V1} = 1524.8; \qquad H_{V2} = 1423.1$$

由一塔之热衡算可求得,塔顶蒸气的焓第一塔的再沸器所需的热量

$$Q_1 = V_1 H_{V1} + W_1 t_{W1} (c_p)_{W1} - RDt_{D1} (c_p)_{D1} - F_1 t_{F1} (c_p)_{F1} =$$
$$6\,584 \times 1\,524.8 + 5\,990 \times 76 \times 3.76 - 0.642 \times 4\,010 \times 65 \times 2.55 - 10\,000 \times 69 \times 2.97$$
$$Q_1 = 8.899 \times 10^6 \text{J/h}$$

而二塔蒸气之冷凝热为 $\quad Q_{冷.2} = V_2 [H_{V2} - (c_P)_{D2} t_{D2}] =$
$$7\,381 \times (1\,423.1 - 3.71 \times 110) =$$
$$7.906 \times 10^6 \text{J/h}$$

此值较 Q_1 约大 2%。因有热损,故可认为 D_1 及 D_2 之分配是合适的。

由二塔之热衡算可求得,再沸器所需热量

$$Q_2 = V_2 H_{V2} + W_2 t_{W2} (c_p)_{W2} - RDt_{D2} (c_p)_{D1} - W_1 t_{W1} (c_p)_{W1} =$$
$$7\,696 \times 1\,423.1 + 2\,635 \times 143 \times 4.82 - 3\,355 \times 1.294 \times 110 \times 3.71 - 5\,990 \times 76 \times 3.76$$
$$Q_2 = 9.285 \times 10^6 \quad \text{J/h}$$

此即双效时所需之热量。故

$$Q_双 / Q_单 = \frac{9.285 \times 10^6}{1.429 \times 10^7} = 0.650$$

即由单效改为双效可节省热量约 35.0%。由第一塔塔釜将液体送入第二塔需要液体泵,但由此而消耗的能量是很小的,可以忽略不计。

第八节　流程方案及选择

双组分混合液只要一个塔就可以被分离成二个较纯的组分。但要把多组分的混合液分离成 C 个以一个组分为主的较纯产品,则需要 $C - 1$ 个塔。此时就有一个流程方案及其选择的问题。以一个由 A、B、C 三个组分所组成的溶液为例,欲将其分离成三个较纯的不同产品,需要两个塔,此时可有两个流程方案。一为在第一个塔内将 A 分出,然后在第二个塔内将 B 与 C 分开;另一种方案是在第一个塔内将 C 分出,而在第二个塔内再将 A 与 B 分开。随溶液中组分数目的增加,可组成的流程方案将显著增加。对 C 个组分的物系,欲分离成 C 个以一个组分为主的纯产品,所需的 $C - 1$ 个塔间可组成的流程方案数为

$$S = \frac{[2(n-1)]!}{n!(n-1)!} \qquad (1-97)$$

按(1-97)式计算结果可得下表。

组分数 C	2	3	4	5	6	7	8	9	10
方案数 C	1	2	5	14	42	132	429	1430	4862

在设计时对所有可能的各种流程方案一一加以计算对比,显然是不可能的。在众多的方案中推出一种最优的方案的确是件困难的事。目前尚无理论推导的办法,主要是靠经验。根据一些经验的办法选出两或三种有希望的方案,然后对它进行仔细的方案计算、对比最后确定出流程方案。分离流程组织得好坏,最终体现在产品的技术经济指标上,它包括设备投资费、公用工程(水、电、汽)的能源消耗,操作管理、基建投资费等各方面。这些指标又综合体现在产品的成本上。现有的经验办法,大部分是从能量消耗的角度考虑的。消耗在精馏过程的能量主要是再沸器的热量和冷凝器的冷量。其次也要从设备投资(如塔径、塔高)和工艺要求上考虑。可归纳成以下几方面。

1. 难分离组分后分,易分离组分先分

所谓分离的难易,在多组分精馏中一般是指两关键组分的相对挥发度的大小。相对挥发度越小越难分离,所需的回流比越大。塔内的气、液相流率大致与 $(\alpha_{L,H}-1)^{-1}$ 成比例,因此两关键组分的相对挥发度越接近于1,气、液相流率越大。如果使该塔在不存在关键组分以外的组分条件下分离,不但可以减少塔内的气、液相流率,减少再沸器的负荷,还可使塔釜温度降低,再沸器的加热介质温度降低,从而可以降低能耗和减少塔径。所以要把难分离组分放在流程的最后单独分离,而把易分离组分放在流程前面进行分离。

2. 易挥发组分先分

若将恩特伍德最小回流比公式(1-55a)改写成下列形式

$$V_m = \sum_{i=1}^{c} \frac{\alpha_i \cdot D \cdot x_{iD}}{\alpha_i - \theta}$$

可以看出,在塔顶产品中有非关键组分存在必然会使 V_m 增大,而 V 值直接影响到再沸器的负荷和冷凝器的负荷。若不考虑进料中的汽化率,馏出物中的组分数目应越少越好,因为这样可使 V 值减小。因此,按挥发度递减的顺序,逐个将组分由塔顶分出是有利的。相反如挥发度递增的顺序,逐个从塔底分出,势必增加 V,增加组分在各塔内反复加热的次数,既浪费热量,又浪费冷量是最不理想的。

当混合物中组分的沸点低于常温时,有些塔就必须在加压下进行,或者要使用冷冻液作为冷凝器的冷却介质。若按本条原则组织流程,则任一个塔的馏出液中将均无稀释组分存在,这样也就可以逐次提高塔的冷凝器温度或逐次降低各塔的操作压力。但另一方面,这样的流程将使釜温平均说来是最高的,因而加热介质的温度就要求较高,但一般后者的因素是重要的。

3. 塔顶、釜两产品量尽可能相近

在一定的进料状态和一定的分离要求下,塔顶回流量和塔釜的蒸发量是不能同时独立调整的。回流量一定后,釜的蒸发量也就一定了。若某塔馏出液的摩尔流率较釜液的摩尔流率小得多,则精馏段的 L/V 值就必定比提馏段的 L'/V' 值更接近于1;即精馏段的操作线比提馏段的操作线更接近于对角线。此时,精馏段的热力学不可逆性较大;反之,若釜液的摩尔流率比塔顶产品少得多时,则提馏段的热力学不可逆性较大。若两者相近,则精馏段与提馏段的内回流比较为平衡,操作的可逆性较好,此时分离所需的能量将较少。

4. 分离要求高的组分最后分

所谓分离要求高是指产品的纯度或回收率高。因要求高纯度的产品并不一定需要高回流比,但却需要高理论板数。因此,在进行这一分离时,应尽可能在其他组分已经除去的情况下,放在流程最后分离,以避免增加塔高的同时又增大塔径,增加设备投资费用。

5. 量大的组分应先分

当进料中有一个组分的含量很大时,即使它的挥发度不是各个组分中最大的,一般也宜将它提前分离出去。这有利于减少后面各塔的直径和再沸器的负荷。因最优的流程方案除了应从能耗上考虑外,还应从设备投资上考虑。

6. 有害组分应先分

若进料中含有强腐蚀性、热敏性等有害组分时为降低后继设备的材料要求,或为使操作稳定,保证产品的质量,应尽早将这些有害组分分离出去。

上述各条经验原则,在实际中常常互相冲突。对具体物系往往会出现按这一原则可选择这种方案,而按另一种原则又可选择另一种方案。在实际设计中需要对若干不同方案进行对比,以明确在该具体条件下哪个因素是主要的。上述经验规律的真正作用是在于剔除那些比较明显不合理的方案以有利于设计者对方案的选择。

当精馏的流程及所用的塔设备的型式选定之后,确定塔的操作压力和塔径常常是很重要的。在常压下进行操作,所花费的投资费和操作费用无疑是最节省的。在负压下操作,要求有产生负压的设备,需要较大塔径,容易产生雾沫夹带。所以一般不希望选择负压。但某些特殊情况,如为了使塔釜不至于温度太高,以免物料产生热分解反应,或要在再沸器使用易于得到的加热介质时等等,可考虑选择负压操作。

在高压下进行精馏时,要求塔壁有足够的厚度,投资费用增大。对一般物系来说,压力增大,相对挥发度减小,达到相同分离要求的塔板数和回流比将随压力升高而增大。虽然压力增大可使气体体积流率减小,缩小塔径,但总的来说是不利的因素多于有利因素。只有当加压操作后用水冷冻剂,或降低冷冻级别时才是有利的。普遍的规律是,当塔顶冷凝器的平均温差取 $12 \sim 20$ ℃时,为采用水冷却而加压不超过 15 大气压左右,则可考虑采用加压。若高于此值应进行最优化计算进行比较。有时,压力的改变不仅涉及设备的大小,还与设备所用材质有关(例如裂解气分离装置)。这时作最优化计算是需要的。

通常塔径大小也决定投资费用,塔径多半根据设计经验,在塔径和塔高之间往往有一最佳值。塔径小时,常由于过量雾沫夹带及液泛而使板效率下降,就需用较多的塔板或加大板间距。最优化的计算结果必然是一个雾沫夹带较大或接近泛点操作的塔径,但其操作弹性是较差的。而实际操作中又不可避免会有波动或调整操作方案,这将影响塔的总效率。因此通常选取塔径时总是使设计条件与最大极限能力之间保持一定余度,为此,常用泛点气速或雾沫夹带上限的 50% ~ 80% 来确定塔径。

例 1 – 12 有一烃类混合物送入精馏装置进行分离,各组分的流率为:

组分	丙烷	异丁烷	丁烷	戊烷	己烷	庚烷	Σ
kmol/h	10	10	10	10	10	10	60

要求产品的浓度为:

丙烷馏分	…	含丙烷 94%
异丁烷馏分	…	含异丁烷 94%
丁烷馏分	…	含丁烷 94%
戊烷馏分	…	含碳五以上 94%

试讨论以什么样的流程方案分离较好。

解 根据要求,作一大致的物料衡算。

组 成	丙烷馏分	异丁烷馏分	丁烷馏分	C_5^+ 馏分
	kmol/h			
丙 烷	9.8	0.2	–	–
异丁烷	0.5	8.9	0.2	0.4
丁 烷	0.1	0.3	8.5	1.1
戊 烷	–	–	0.3	9.7
己 烷	–	–	–	10.0
庚 烷	–	–	–	10.0
Σ	10.4	9.4	9.0	31.2

如图 1 – 58 所示,可以有五种不同的方案进行分离。根据沸点差及产品纯度来考虑,异丁烷和丁烷之间分离要求最高,因此应将异丁烷与丁烷之间的分离放在最后。故 A、D、E 三种流程可不考虑。根据产品组成,作流程 B 及 C 中第一塔和第二塔的物料衡算如下表所示,可知流程 B 的馏出液与釜液比较流程 C 更接近于 1,因此可认为流程 B 可能是较好的方案。

	第 一 塔 流 率		第 二 塔 流 率	
	馏 出 液	釜 液	馏 出 液	釜 液
流程 B	28.8	31.2	10.3	18.5
流程 C	10.3	49.7	18.5	31.2

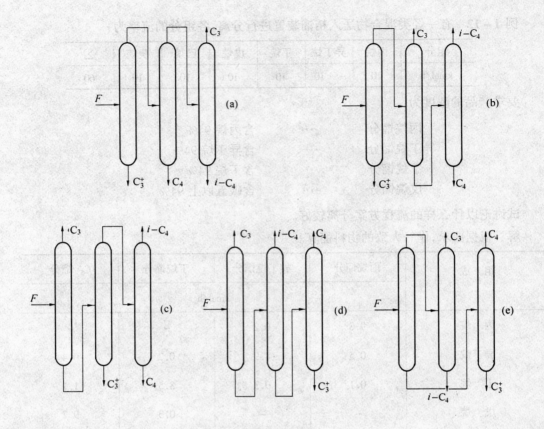

图 1 - 58 不同塔序的方案

习 题

1. 两液体 A, B 能形成理想溶液。如果在 t ℃时 $p_A^0 = 40.532$ kPa, $p_B^0 = 121.6$ kPa。问 (1)将气缸中含 40% A 的 A、B 混合气体恒温 t ℃缓慢压缩,凝出第一滴液滴时物系的总压及该液滴的组成为多少?(2)将 A、B 配成溶液使其在 101.33 kPa 下的泡点为 t ℃,该溶液的组成为多少?

2. 试绘制环己烷(1) - 苯(2)系统在 40 ℃时的 p - x - y 图。若蒸气可考虑成是理想气体,而液相的活度系数可由下列关系式计算

$$\ln\gamma_1 = 0.458x_2^2$$
$$\ln\gamma_2 = 0.458x_1^2$$

40 ℃时, $p_1^0 = 24.62$ kPa, $p_2^0 = 24.42$ kPa。

3. 苯与水可看做互不相溶的二元物系,其蒸气压数据如下表。试画出标准大气压 (101.33 kPa)下,苯 - 水物系的沸点组成图。

温度/℃	50	60	70	75	80	90	100	110
苯/×133.3 Pa	269	389	547	640	754	1016	1344	1748
水/×133.3 Pa	93	149	233	285	355	526	760	1075

4. 已知液体组分 1 及 2 完全不互溶,其组分 1 及 2 的饱和蒸气压数据为:

$t/℃$	85	90	95	100	105
$p_1^0/101.33$ kPa	0.2322	0.3312	0.3906	0.4598	0.5390
$p_2^0/101.33$ kPa	0.5706	0.6921	0.8432	1.000	1.192
$t/℃$	110	115	120	125.6	
$p_1^0/101.33$ kPa	0.6313	0.7334	0.8521	1.000	
$p_2^0/101.33$ kPa	1.414	1.668	1.959	236	

试画出 101.3 kPa 下沸点组成图。

5. 试确定如附图所示的水蒸气直接通入塔内的二元精馏塔的固定设计变量和可调变量的数目,并说明两者可取的变量。已知加料压力与塔压相同,水蒸气压力高于塔压。回流液为过冷液体。

6. 试用郭氏法分析在塔中间有两个液相侧线采出的多组分精馏塔的设计变量。已知塔顶采用全凝器(泡点液相回流),塔底采用部分再沸器,进料压力与塔压相同。

7. 已知某乙烷塔,塔顶操作压力为 1.905 MPa(绝),塔顶采用全凝器。塔顶产品组成如下所示。若塔顶到全凝器的压降为 50.67 kPa。

试求: (1) 塔顶温度是多少?

(2) 全凝器的出口温度是多少?

组分	甲烷	乙烯	乙烷	丙烯	Σ
组成/%	1.48	88	10.16	0.36	100

8. 某精馏塔的操作压力为 101.33 kPa,其进料组成为

组分	$n-C_4^0$	$n-C_5^0$	$n-C_6^0$	$n-C_7^0$	$n-C_8^0$	Σ
组成(摩尔分数)	0.05	0.17	0.65	0.10	0.03	1.00

试求: (1) 露点进料时进料温度;

(2) 泡点进料时进料温度;

(3) 60 ℃下平衡汽化时的汽化率。

9. 一烃类蒸气混合物含有甲烷 5%,乙烷 10%,丙烷 30% 及异丁烷 55%。试求该混合物在 25 ℃时露点压力与泡点压力,并确定 25 ℃,1.013 MPa 时的气相分率。

10. 某精馏塔塔顶上升蒸气的组成(摩尔分数)为:乙烷 0.15,丙烷 0.20,异丁烷 0.60,正丁烷 0.05。要求有 75% 的物料在冷凝器中液化,离开冷凝器的温度为 26.7 ℃。求所需压力。

11. 如图所示,在 0.759 MPa,一饱和液体以 150 kmol/h 的流率从塔釜第一级进入再沸器,其组成为

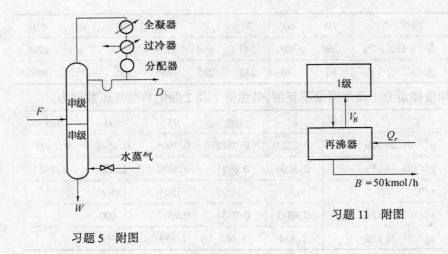

习题 5　附图

习题 11　附图

组分	C_3^0	$n-C_4^0$	$n-C_5^0$	Σ
组成/%	10	40	50	100

求:(1) V_B 的量;(2) B 的组成;(3) 再沸器的负荷 Q_r。

12. 画出典型的绝热闪蒸过程的流程示意图,并求:

(1) 确定独立变量数;

(2) 写出所有变量之间可以列出的独立的方程式;

(3) 确定约束数;

(4) 确定设计变量数,固定设计变量数及可调设计变量数,并举出设计变量的例子。

13. 已知某混合物组成为

组分	C_2^0	C_3^0	$n-C_4^0$	$n-C_5^0$	Σ
组成(摩尔分数)	0.08	0.22	0.53	0.17	1.00

该混合物原处于 2.229 MPa 泡点温度下,经节流阀进行等焓节流,阀后的压力为 1.378 MPa,试求阀后的温度、汽化率及气、液相组成。

14. 已知某混合物组成为

组分	C_2^0	C_3^0	$n-C_4^0$	$n-C_5^0$	$n-C_6^0$	Σ
组成(摩尔分数)	0.03	0.20	0.37	0.35	0.05	1.00

该混合物的压力为 1.72 MPa,温度为 65 ℃,现经恒压加热至 126.7 ℃,再经节流膨胀至 0.659 MPa。计算在节流前后的气液相组成。

15. 已知脱乙烷塔进料组成及相平衡数据如下所示。若进料为饱和液体,泡点温度为 4 ℃,塔的操作压力为 2.939 MPa,规定乙烷在塔顶的回收率为 97%,丙烯在塔釜的回收率为 99%,塔顶馏出物为气相。

(1) 试按清晰分割确定物料平衡数据;

(2) 试按非清晰分割确定物料平衡数据,并说明清晰分割的假设是否可行。

组分	C_1^0	$C_2^=$	$C_2^=$	$C_3^=$	C_3^0	$C_4^{==}$
f_i/kmol·h^{-1}	3.2	186.03	22.12	73.57	2.37	6.39
组成/%	1.05	61.11	7.26	24.15	0.78	2.10
$K_{14\,℃}^{2.939\text{MPa}}$	3.05	1.28	0.95	0.407	0.356	0.151

组分	$C_4^=$	C_4^0	C_5^0	C_6^0	Σ
f_i/(kmol·h^{-1})	7.70	1.35	1.61	0.14	304.48
组成/%	2.53	0.44	0.53	0.05	100
$K_{14\,℃}^{29.39\text{MPa}}$	0.154	0.133	0.050	0.0205	

16. 已知某脱甲烷塔的进料组成如下

组分	CH_4	C_2H_4	C_2H_6	C_3H_6	Σ
组成/%	29.17	27.10	41.40	2.33	100.00
K_i/(3.45MPa, -50 ℃)	1.7	0.34	0.24	0.015	

塔操作压力为 3.45 MPa,塔顶、塔底的平均温度为 -50 ℃(上表中的 K_i 按此条件查得)。要求塔底乙烯回收率为 93.4%,塔顶甲烷回收率为 98.9%。

试求: (1) 塔顶、塔底产品组成;

(2) 如进料为饱和液体,计算最小回流比;

(3) 确定最少理论板数。

17. 某分离乙烷和丙烯的连续精馏塔,其进料组成如下

组 分	C_1^0	C_2^0	$C_3^=$	C_3^0	$i-C_4^0$	$n-C_4^0$	Σ
流量/(kmol·h^{-1})	5	35	15	20	10	15	100
α (平均)	10.95	2.59	1	0.884	0.422	0.296	

要求馏出液中丙烯浓度不大于 2.5%(摩尔分数),釜液中乙烷的浓度不大于 5%(摩尔分数)。并假定在釜液中不出现甲烷,在馏出液中不出现丙烷及更重的组分,实际回流比为最小回流比的 1.5 倍。

试求: (1) 预算馏出液和釜液的流量及组成;

(2) 若按饱和液体进料试用简捷法计算理论板数(塔顶采用全凝器);

(3) 确定进料位置。

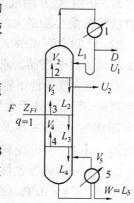

习题 19 附图

18. 现有一分离 A、B、C 三组分的精馏塔,A 的挥发度大于 B,B 的挥发度大于 C。A、B 为塔顶产品,C 为塔底产品。按工艺要求 C 在塔顶的质量浓度不大于 5%,B 在塔底的质量浓度不大于 0.4%。当回流比 $R=20$ 时,如果正常操作该塔可满足要求。现有一操作人员在操作时所得实际数据如下:原料 $F=100$kmol/h,原料组成为 $x_A=0.1, x_B=0.04, x_C=0.86$,回流比 $R=20$,塔顶产品 $D=20$kmol/h,产品分析结果:

	A	B	C
塔顶产品 x_{Di}	0.495	0.185	0.320
塔底产品 x_{Wi}	0.001	0.004	0.995

请分析塔顶产品不合格的原因,并提出改进措施。

19. 某进料为每小时 100kmol,组成为苯 0.35(摩尔分数),甲苯 0.35(摩尔分数)及乙苯 0.3(摩尔分数),进料状态为饱和液体的三元混合物,现采用一带有侧线出料的精馏塔在常压下分离,已知此塔具有 4 块理论板,塔顶为全凝器(由于冷凝器的编号为第一块板,所以 $N=5$),加料加在编号为 3 的塔板上(见图),在编号为 2 的板上有一侧线出料,出料量 $U_2 = 10\text{kmol/h}$,塔顶出料量 $D = 40\text{kmol/h}$,回流比 $R = 1$,操作压力 $p = 0.103\text{kPa}$。求分离后各块板的浓度分布及温度分布(假定为恒分子流)。各组分的饱和蒸气压和温度的关系可以按安托因方程表示

$$\lg p_i^0 = A - \frac{B}{t+C}$$

其常数值如下

	A	B	C
苯	6.91210	1214.645	221.205
甲苯	6.95508	1345.087	219.516
乙苯	6.95904	1425.404	213.345

20. 设在环境温度 T_0 下将双组分理想气体混合物进行分离,计算并用图表示无因次最小功($W_{\min}/RT_0$)与进料组成的函数关系。

(1) 分离成纯产品;

(2) 分离为 98% 和 2% 的两个产物;

(3) 分离为 90% 和 10% 的两个产物。

21. 把由 A、B 组成的双组分混合物,分离成与原料压力相同的纯组分时,进料组成为多少时所需的最小功最大?

22. 已知含有 40% 乙烯的乙烯与乙烷的混合物在大气条件下的分离为含 95% 乙烯和 98% 乙烷的两个产品。求每公斤摩尔原料所需的最小功(设大气环境温度为 $T_0 = 294\text{K}$)。

23. 在大气条件下将含 35% 丙酮的丙酮(1)与水(2)的混合物分离成 99% 丙酮和 98% 水的两个产品,产品也处于大气温度与压力下,计算每公斤原料所需的最小功(设大气环境温度为 $T_0 = 294\text{K}$)。丙酮 – 水系统在大气条件下液相活度系数可根据范拉尔方程计算,已知 $A_{12} = 2.0$, $A_{21} = 1.7$。若丙酮和水形成的是理想溶液,所需最小功为多少?

24. 在一单级吸收器中用烃油分离甲烷和氢的混合气体,然后将离开吸收器的油经节流阀减压至 $1.24 \times 10^5\text{Pa}$ 后,在回收油再生器中减压下回收烃油,其流程成如附图所示。

进料条件:$p = 3.45 \times 10^6\text{Pa}$,$T = 294\text{K}$,含 50% 的甲烷;

产品:压力与温度和进料相等,要求从吸收器顶部回收进料中的 90% 的氢,吸收器顶部产品中氢的含量为 90%。

过程中压缩机将甲烷气压缩成与进料压力相等时($3.45 \times 10^6\text{Pa}$,),其消耗的轴功为 4.59kJ/mol甲烷,烃油循环泵将压力为 $1.24 \times 10^5\text{Pa}$ 的烃油压力增至 $3.45 \times 10^6\text{Pa}$,,其消耗的

轴功为 0.976kJ/mol 烃油,烃油循环量为 62.5mol/mol 进料。甲烷冷却器取走的热量很少,可忽略。

求: (1) 分离此气体混合物所需的最小功;
　　(2) 净功耗;
　　(3) 无用功;
　　(4) 热力学效率。

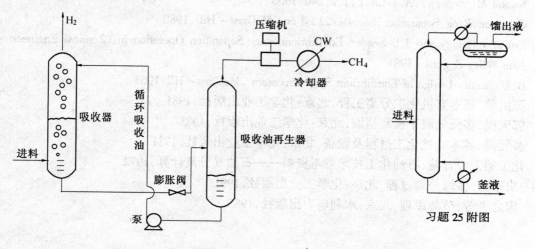

习题 24 附图

习题 25 附图

25. 丙烯－丙烷的装置如附图所示。进料为饱和液体,其操作情况如下

项　目	进　料	馏　出　液	釜　残　液
丙烯 /(kmol·h^{-1})	360	347.49	12.51
丙烷 /(kmol·h^{-1})	240	3.351	236.649
温度 t/ ℃	52.1	46.7	57.7
压力 p/MPa	2026	2067	1930
焓 H /(kJ·kmol^{-1})	1740	12794	3073
熵 S /[kJ·(kmol·K)$^{-1}$]	213.4	242.22	214.4

冷凝器取走的热量为 32410.5kJ/h,冷却介质的平均温度为 32 ℃;再沸器中采用 104 ℃的饱和蒸气加热,设 $T_0 = 32$ ℃,求:

(1) 再沸器的负荷;
(2) 有效能的变化;
(3) 净功耗及热力学效率。

参 考 文 献

1　Walas S M Phase Equilibria in Eenineering，1984
2　Kwauk M（郭慕荪）．A．I．Ch．E．J．2，240．1956
3　C Judson，King．Separation Processes，2 nd ed，McGraw－Hill，1980
4　Ernest J Henley and J D Seader．Equilibrium Stage Separation Operation in Chemical Engineering．John Wiley & Sons，1981
5　B．D．Smith．Design of Equilibrium Stage Processes．McGraw－Hll．1963
6　陈洪航．基本有机化工分离工程．北京：化学工业出版社，1981
7　郭天民．多元气液平衡和精馏．北京：化学工业出版社，1983
8　裘元涛．基本有机化工过程及设备．北京：化学工业出版社，1981
9　化工第五设计院．石油化工技术参考资料——石油气分离计算．1972
10　史季芬．多级分离过程．北京：化学工业出版社，1991
11　宋之平等．节能原理．北京：水利电力出版社，1985

第二章 特殊精馏

精馏过程是基于各组分间的挥发能力的差异而进行的。但在石油化工生产中,常常会遇到被分离混合物组分之间的相对挥发度接近于 1 的系统,或相对挥发度等于 1 的形成恒沸物系统。一般认为对于相对挥发度小于 1.05 的物系,或者沸点差小于 3 ℃的物系,用普通的精馏方法进行分离在经济上是不适宜的。为达到分离这类相对挥发度差异小的混合物的目的,通常向这种物系加入一新组分,由于它与物系中各组分产生的作用不同,从而改变原组分之间的相对挥发度,因而就可以用一般的精馏方法来分离它们,这种精馏方法叫做特殊精馏。如果加入的新组分能和被分离系统中的一个或几个组分形成恒(共)沸物,新组分以恒(共)沸物的形式从塔顶蒸出,这种精馏操作称为恒(共)沸精馏,所加入的新组分称为恒(共)沸剂。如果加入的新组分不与原系统中的任一组分形成恒(共)沸物,且其沸点比原物系中任一组分都高,它将随釜液离开精馏塔,这样的精馏操作称为萃取精馏,所加入的新组分称为萃取剂或溶剂。

恒(共)沸精馏和萃取精馏实质上都是多组分非理想溶液的精馏。计算这类精馏过程所用的基本关系式仍然是物料衡算,热量衡算和相平衡关系。但由于是非理想溶液,在相平衡和热量计算中要比一般的多组分精馏更为复杂。另外在操作中为使全塔的各塔板上都能保持适当的萃取剂(或恒(共)沸剂)浓度,通常至少有部分萃取剂(或恒(共)沸剂)需从原料进口以外的位置加入,因此,这种精馏塔是一个多股进料塔,这也增加了计算的复杂性。

第一节 液相活度系数

本章我们将涉及的是非理想溶液的精馏问题。对于非理想溶液的相平衡问题,必须要解决活度系数的求定问题,这正是相平衡计算中最困难的问题,目前还不能说已经完全解决。通常采用经验的或半经验的办法推导出活度系数与溶液组成的关系,而温度、压力对活度系数的影响,一般应以热力学关系加以关联。在推导经验或半经验的活度系数方程式时,是从混合自由焓开始,再由混合自由焓与活度系数的热力学关系得出表达活度系数的公式。

一、过剩自由焓

设有 x_1 mol 的纯组分 1 和 x_2 mol 的纯组分 2,两者在恒温恒压下混合后恰好生成 1 mol 的理想溶液。混合前的自由焓即为两个未混合的纯组分自由焓之和

$$G_{混前} = x_1 \mu_1^0 + x_2 \mu_2^0$$

混合后的自由焓即为形成 1 mol 溶液的自由焓

$$G_{混后} = G_{溶液} = x_1 \mu_1 + x_2 \mu_2$$

形成溶液过程中自由焓的变化为

$$\Delta G = G_{混后} - G_{混前} =$$

$$(x_1\mu_1 + x_2\mu_2) - (x_1\mu_1^0 + x_2\mu_2^0)$$

当理想溶液时　　$\mu_i = \mu_i^0 + RT\ln x_i$

则

$$\Delta G^{理想} = x_1(\mu_1^0 + RT\ln x_1) + x_2(\mu_2^0 + RT\ln x_2) - (x_1\mu_1^0 + x_2\mu_2^0) =$$
$$RT(x_1\ln x_1 + x_2\ln x_2) =$$
$$RT\sum x_i\ln x_i \tag{2-1}$$

当溶液为实际溶液且溶液上方的蒸气符合理想气体时

$$\mu_i = \mu_i^0 + RT\ln a_i \tag{2-2}$$

式中　　a_i——为 i 组分的活度。

$$a_i = \gamma_i x_i$$

则

$$\Delta G^{实际} = G_{混后} - C_{混前} =$$
$$(x_1\mu_1 + x_2\mu_2) - (x_1\mu_1^0 + x_2\mu_2^0) =$$
$$[x_1(\mu_1^0 + RT\ln a_1) + x_2(\mu_2^0 + RT\ln a_2)] - (x_1\mu_1^0 + x_2\mu_2^0) =$$
$$x_1RT\ln a_1 + x_2RT\ln a_2 \tag{2-3}$$

ΔG 称为混合自由焓,它表示在恒温恒压下由纯组分形成 1 mol 溶液过程中自由焓的变化。由于 $x_i < 1, a_i < 1$,所以 $\ln x_i$、$\ln a_i$ 都小于零,故 $\Delta G < 0$。说明混合过程为一自发过程。

由(2-1)和(2-3)两式不难看出,形成 1 mol 实际溶液与形成 1 mol 的理想溶液的混合自由焓的差值为

$$G_m^E = \Delta G^{实际} - \Delta G^{理想}$$
$$G_m^E = x_1RT\ln a_1 + x_2RT\ln a_2 - RT(x_1\ln x_1 + x_2\ln x_2) =$$
$$x_1RT\ln\gamma_1 x_1 + x_2RT\ln\gamma_2 x_2 - RT(x_1\ln x_1 + x_2\ln x_2) =$$
$$RT(x_1\ln x_1 + x_2\ln x_2) + RT(x_1\ln\gamma_1 + x_2\ln\gamma_2) - RT(x_1\ln x_1 + x_2\ln x_2) =$$
$$RT(x_1\ln\gamma_1 + x_2\ln\gamma_2) =$$
$$RT\sum x_i\ln\gamma_i \tag{2-4}$$

$\Delta G^{实际}$ 与 $\Delta G^{理想}$ 之差 G_m^E 称为过剩摩尔自由焓,简称过剩自由焓。不难看出当活度系数 $\gamma_i = 1$ 时表示溶液为理想溶液,此时 $G_m^E = 0$,当 $\gamma_i > 1$ 时为正偏差,溶液此时 $G_m^E > 0$,当 $\gamma_i < 1$ 时为负偏差,溶液此时 $G_m^E < 0$。可见用过剩自由焓和用活度系数来判别实际溶液与理想溶液的偏差程度是完全一致的。

另外由过剩自由焓的定义

$$G_m^E = \Delta G^{实际} - \Delta G^{理想} =$$
$$(G_{混合} - G_{混前})^{实际} - (G_{混合} - G_{混前})^{理想} =$$
$$[G_{混后}^{实际} - (x_1\mu_1^0 + x_2\mu_2^0)] - [G_{混后}^{理想} - (x_1\mu_1^0 + x_2\mu_2^0)]$$
$$G_m^E = G_{混后}^{实际} - G_{混后}^{理想} \tag{2-5}$$

所以过剩自由焓又表示实际溶液的摩尔自由焓与理想溶液的摩尔自由焓之差。

对于每一组分的偏摩尔过剩自由焓即过剩化学位与其化学位之间的关系为

$$\mu_i^E = \Delta\mu_i^{实际} - \Delta\mu_i^{理想} = \mu_i^{实际} - \mu_i^{理想} \tag{2-6}$$
$$\mu_i^{实际} = \mu_i^0 + RT\ln\gamma_i x_i \tag{2-6a}$$

$$\mu_i^{理想} = \mu_i^0 + RT\ln x_i \qquad (2-6b)$$

将(2-6a)和(2-6b)式代入(2-6)式中得

$$\mu_i^E = RT\ln\gamma_i \qquad (2-7)$$

按化学位的定义可将过剩化学位写成

$$\mu_i^E = \left(\frac{\partial G^E}{\partial n_i}\right)_{T,P,n_{j\neq i}}$$

由于 $\qquad G^E = nG_m^E$

所以 $\qquad \mu_i^E = \left(\frac{\partial G^E}{\partial n_i}\right)_{T,P,n_{j\neq i}} = \left(\frac{\partial nG_m^E}{\partial n_i}\right)_{T,P,n_{j\neq i}}$

故 $\qquad RT\ln\gamma_i = \left(\frac{\partial nG_m^E}{\partial n_i}\right)_{T,P,n_{j\neq i}} \qquad (2-8)$

上式把任意组分 i 的活度系数和整个溶液的过剩自由焓关联在一起,为过剩自由焓和活度系数间的基本关系式。若已知过剩自由焓的数学模型,通过对 n_i 进行偏微分不难导出活度系数 γ_i 的计算公式。由于溶液种类繁多,十分复杂,目前对溶液方面的研究了解还不够,还不能从各纯组分的性质出发求出过剩自由焓,而只能靠半经验半理论的方法来提出过剩自由焓与浓度 x 的函数关系。因各不同公式的结构随其作者的观点不同而异,带有一定的随意性,并且一般都有若干必须由实验来确定的表征该溶液特征的常数。不同公式对于不同的非理想溶液系统的适用性也各不相同。

二、液相活度系数的一些模型

1. 伍耳(Wohl)模型

伍耳于 1946 年提出一适用范围很广的 G_m^E 函数模型,著名的范拉尔(Van Laar)和马格勒斯(Margules)等方程均可由该模型导出。伍耳将摩尔过剩自由焓 G_m^E 表示为有效体积分数的函数,其数学表达式为

$$\frac{G_m^E}{RT\sum_i q_i x_i} = \sum_i\sum_j Z_iZ_j a_{ij} + \sum_i\sum_j\sum_k Z_iZ_jZ_k a_{ijk} +$$

$$\sum_i\sum_j\sum_k\sum_l Z_iZ_jZ_kZ_l a_{ijkl} + \cdots \qquad (2-9)$$

式中 $\quad Z_i$ ——混合物中 i 组分的有效体积分数,其定义为

$$Z_i = \frac{q_i x_i}{\sum_j q_j x_j} \qquad (2-10)$$

x_i —— i 组分的摩尔分数;

q_i —— i 组分的有效摩尔体积;

a_{ij} —— $i-j$ 两分子间的交互作用参数;

a_{ijk} —— $i-j-k$ 三分子间的交互作用参数;

a_{ijkl} —— $i-j-k-l$ 四分子间的交互作用参数。

在各交互作用参数中

$$a_{ij} = a_{ji} \qquad a_{ii} = 0$$

$$a_{ijk} = a_{ikj} = a_{jki} = a_{jik} = a_{kji} = a_{kij}$$

$$a_{iji} \neq 0$$

$$a_{iii} = 0$$

$$\vdots$$

伍耳的 G_m^E 表达式（2-9）虽是一经验式,也无严格的理论基础,但却有很大的灵活性。通过对（2-9）式作出各种简化假定,就可将早期提出的一些著名模型如范拉尔方程、马格勒斯方程等统一于这一模型之内。

对二元溶液式（2-9）可写成

$$\frac{G_m^E}{RT(x_1 q_1 + x_2 q_2)} = 2Z_1 Z_2 a_{12} + 3Z_1^2 Z_2 a_{112} + 3Z_1 Z_2^2 a_{122} +$$

$$4Z_1^3 Z_2 a_{1112} + 4Z_1 Z_2^3 a_{1222} + 4Z_1^2 Z_2^2 a_{1122} + \cdots \qquad (2-11)$$

按定义（2-10）式

$$Z_1 = \frac{x_1 q_1}{x_1 q_1 + x_2 q_2} \qquad (2-12)$$

$$Z_2 = \frac{x_2 q_2}{x_1 q_1 + x_2 q_2} \qquad (2-13)$$

式中的 a_{12} 表示一个组分 1 的分子和一个组分 2 的分子间的交互作用特性, a_{112} 表示由两个组分 1 的分子和一个组分 2 的分子构成的三个分子间的交互作用特性。它们都为经验常数,是表示分子间相互作用大小的。式（2-9）中的第一项 $\sum\limits_i \sum\limits_j Z_i Z_j a_{ij}$ 是表示从 n 个组分中所能选出的所有二元排列 $Z_i Z_j$ 和 a_{ij} 乘积的总和。第二项 $\sum\limits_i \sum\limits_j \sum\limits_k Z_i Z_j Z_k a_{ijk}$ 表示从 n 个组分中所能选出的至少有一个组分不同的所有三元排列 $Z_i Z_j Z_k$ 和 a_{ijk} 乘积的总和,其余项以此类推。

现以二元溶液予以讨论。

（1）二尾标的伍耳型方程

二尾标方程亦称双作用方程,即只考虑两个分子间的交互作用。此时不考虑式（1-11）中二尾标（ a_{12} ）以后的各项,则式（2-11）可简化为

$$\frac{G_m^E}{RT(x_1 q_1 + x_2 q_2)} = 2Z_1 Z_2 a_{12}$$

将式（2-12）和（2-13）代入上式,并整理

$$\frac{G_m^E}{RT} = \frac{2x_1 x_2 q_1 q_2 a_{12}}{x_1 q_1 + x_2 q_2} \qquad (2-14)$$

把上式中的 x_i 用物质的量 n_i 表示,并代入（2-8）式经微分整理后可得

$$\ln \gamma_1 = \frac{A_{12}}{\left(1 + \dfrac{A_{12} x_1}{A_{21} x_2}\right)^2} \qquad (2-15a)$$

$$\ln \gamma_2 = \frac{A_{21}}{\left(1 + \dfrac{A_{21} x_2}{A_{12} x_1}\right)^2} \qquad (2-15b)$$

式中

$$A_{12} = 2q_1 a_{12}$$

$$A_{21} = 2q_2 a_{12}$$

由此可得

$$\frac{A_{12}}{A_{21}} = \frac{q_1}{q_2}$$

(2-15)式即为著名的范拉尔方程,它是一个两参数方程。参数 A_{12}、A_{21} 称范拉尔常数,也称端值常数,其值需由二元气液平衡数据确定。若有无限稀释情况下($x_1 \rightarrow 0$ 和 $x_2 \rightarrow 0$ 时)的活度系数数据,则 A_{12}、A_{21} 分别为

$$\lim_{x_1 \to 0} \ln\gamma_1 = \ln\gamma_1^\infty = A_{12} \qquad (2-16a)$$

$$\lim_{x_2 \to 0} \ln\gamma_2 = \ln\gamma_2^\infty = A_{21} \qquad (2-16b)$$

用以上两式也可以说明 A_{12}、A_{21} 的物理意义。

如果 $q_1 = q_2$,即两组分的有效分子体积相等时,则

$$A_{12} = A_{21} = A$$

$$\ln\gamma_1 = A_{12} x_2^2 = A x_2^2 \qquad (2-17a)$$

$$\ln\gamma_2 = A_{21} x_1^2 = A x_1^2 \qquad (2-17b)$$

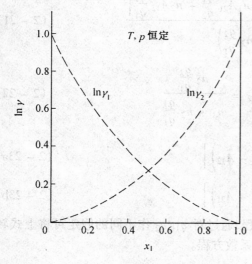

图 2-1　二元对称系统　　　图 2-2　范拉尔方程应用于分子大小相差较多的
混合物

以上两式是对称的,若将 $\ln\gamma_1$ 和 $\ln\gamma_2$ 对 x_1(或 x_2)作图,可得两条完全对称的曲线,如图 2-1 所示。凡符合(2-17)式的二元系统称为对称系统。

由(2-15)式可改写成

$$A_{12} = \left(1 + \frac{x_2 \ln\gamma_2}{x_1 \ln\gamma_1}\right)^2 \ln\gamma_1 \qquad (2-18a)$$

$$A_{21} = \left(1 + \frac{x_1 \ln\gamma_1}{x_2 \ln\gamma_2}\right)^2 \ln\gamma_2 \qquad (2-18b)$$

虽然范拉尔方程的推导中只用了两分子间的交互作用参数,但实际表明它能应用于较复杂的溶液。图 2-2 表示范拉尔方程可以很好地表达分子大小相差较多的苯-异辛烷物系的活度

系数数据。

(2) 三尾标的伍耳型方程

如果略去式(2-11)中 a_{ijk} 以后各项,仅考虑两分子和三分子间的交互作用,则式(2-11)可写成

$$\frac{G_m^E}{RT(x_1q_1 + x_2q_2)} = 2Z_1Z_2a_{12} + 3Z_1^2Z_2a_{112} + 3Z_1Z_2^2a_{122} \qquad (2-19)$$

对二元溶液 $Z_1 + Z_2 = 1$,所以对上式中任一项乘以 $(Z_1 + Z_2)$ 其值不变,经简化整理可得

$$\frac{G_m^E}{RT} = \left(x_1 + \frac{q_2}{q_1}x_2\right)Z_1Z_2\left[Z_1q_1(2a_{12} + 3a_{112}) + Z_2q_1(2a_{12} + 3a_{122})\right]$$

现令
$$A_{12} = q_1(2a_{12} + 3a_{122})$$
$$A_{21} = q_2(2a_{12} + 3a_{122})$$

则上式可得
$$\frac{G_m^E}{RT} = \left(x_1 + \frac{q_2}{q_1}x_2\right)Z_1Z_2\left[Z_1A_{21}\frac{q_1}{q_2} + Z_2A_{12}\right] \qquad (2-20)$$

将式(2-20)代入式(2-8),经微分整理后得

$$\ln\gamma_1 = \frac{n_2^2\left(\frac{q_2}{q_1}\right)^2\left[-n_1A_{12} + 2n_1A_{21}\frac{q_1}{q_2} + n_2A_{12}\frac{q_2}{q_1}\right]}{\left(n_1 + n_2\frac{q_2}{q_1}\right)^2} \qquad (2-21)$$

由于
$$Z_1 = \frac{n_1}{n_1 + n_2\frac{q_2}{q_1}}; \qquad Z_2 = \frac{n_2\frac{q_2}{q_1}}{n_1 + n_2\frac{q_2}{q_1}} \qquad (2-22)$$

式(2-21)可表示为

$$\ln\gamma_1 = Z_2^2\left[A_{12} + 2Z_1\left(A_{21}\frac{q_1}{q_2} - A_{12}\right)\right] \qquad (2-23a)$$

同理可得
$$\ln\gamma_2 = Z_1^2\left[A_{21} + 2Z_2\left(A_{12}\frac{q_2}{q_1} - A_{21}\right)\right] \qquad (2-23b)$$

以上两式为具有 A_{12}、A_{21} 和 q_1/q_2 的三参数方程,通过对 q_1/q_2 作不同的假定可将上式转化为两参数方程,并导出一些早期建立的著名活度系数方程。

① 范拉尔方程

如果设 $q_1/q_2 = A_{12}/A_{21}$,则由式(2-23)便可导出

$$\ln\gamma_1 = A_{12}Z_2^2 = \frac{A_{12}x_2^2}{\left[x_1\frac{A_{12}}{A_{21}} + x_2\right]^2} = \frac{A_{12}}{\left[1 + \frac{A_{12}}{A_{21}}\frac{x_1}{x_2}\right]^2}$$

同理可导出
$$\ln\gamma_2 = A_{21}Z_1^2 = \frac{A_{21}x_1^2}{\left[x_1 + x_2\frac{A_{21}}{A_{12}}\right]^2} = \frac{A_{21}}{\left[1 + \frac{A_{21}}{A_{12}}\frac{x_2}{x_1}\right]^2}$$

以上两式即为(2-15)式,可见范拉尔方程同样也可由三尾标的伍耳方程导出,但应注意的是此时 A_{12}、A_{21} 的定义和二尾标方程是不同的。

② 马格勒斯(Margules)方程

如果设 $q_1 = q_2$,则 $q_1/q_2 = 1$,式(2-23)中的 $Z_1 = x_1$,$Z_2 = x_2$,上两式可改写为

$$\ln\gamma_1 = x_2^2[A_{12} + 2(A_{21} - A_{12})x_1] \tag{2-24a}$$

$$\ln\gamma_2 = x_1^2[A_{21} + 2(A_{12} - A_{21})x_2] \tag{2-24b}$$

上两式即为有名的马格勒斯方程。三尾标的马格勒斯方程也是一个具有两个参数的方程,需由实验确定其参数 A_{12}、A_{21},该两参数虽然在写法上与范拉尔方程中的范拉尔常数相同,但从定义上可知,它们并不相等。(2-24)式中的 A_{12}、A_{21} 称马格勒斯常数,也称端值常数。

马格勒斯方程和范拉尔方程有一些相似的特性。当 $A_{12} = A_{21} = A$ 时,此二元系统称对称系统,方程可变为单参数的对称方程

$$\ln\gamma_1 = A_{12}x_2^2 \tag{2-17a}$$

$$\ln\gamma_2 = A_{21}x_1^2 \tag{2-17b}$$

当浓度为无限稀释时亦可导出

$$\lim_{x_1\to 0}\ln\gamma_1 = \ln\gamma_1^\infty = A_{12} \tag{2-16a}$$

$$\lim_{x_2\to 0}\ln\gamma_2 = \ln\gamma_2^\infty = A_{21} \tag{2-16b}$$

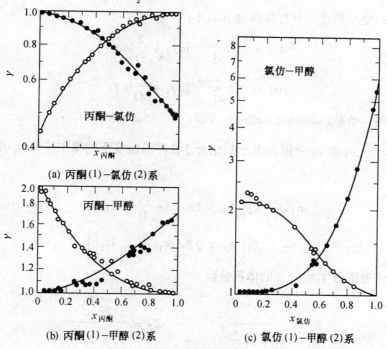

(a) 丙酮(1)—氯仿(2)系

(b) 丙酮(1)—甲醇(2)系

(c) 氯仿(1)—甲醇(2)系

图 2-3　三个二元系于 50 ℃时的活度系数(曲线是按三尾标马格勒斯方程计算而得)

虽然在推导马格勒斯方程时曾做了 $q_1 = q_2$ 的假设,但实际表明不论其分子的相对大小如何,该方程可应用到很多种混合物。图 2-3 为三尾标马格勒斯方程用于拟合三个二元系,丙酮-氯仿、丙酮-甲醇和氯仿-甲醇在 50 ℃下的活度系数数据。这三个二元系的热力学性质具有很大差别,例如丙酮和甲醇系统属于正偏差系统,而丙酮-氯仿则属于负偏差系统。对氯仿-甲醇系统在氯仿高浓度区具有很大的正偏差,而在甲醇高浓度区则表现出一种很少有的情况——活度系数通过一最高点,这也是三尾标马格勒斯方程的优越之处,而范拉尔方程则不

能体现这一点。由上三组二元系可看出,尽管这三个系统有很大差别,但马格勒斯方程对它们的活度系数数据却均能作出较好地吻合。

由以上三个系统于 50 ℃时的实验数据关联得到的马格勒斯常数值为

	A_{12}	A_{21}
丙酮(1)——氯仿(2)	− 0.829	− 0.691
丙酮(1)——甲醇(2)	0.702	0.518
氯仿(1)——甲醇(2)	0.720	1.805

式(2 − 24)移项可得

$$(\ln\gamma_1)/x_2^2 = A_{12} + 2(A_{21} - A_{12})x_1 \qquad (2-25a)$$

$$(\ln\gamma_2)/x_1^2 = A_{21} + 2(A_{12} - A_{21})x_2 \qquad (2-25b)$$

即$(\ln\gamma_1)/x_2^2$ 对 x_1(或 $\ln\gamma_2/x_1^2$ 对 x_2)为一直线,因此可由一系列的实验数据点利用直线关系图解求出 A_{12} 和 A_{21}。

由式(2 − 24)变换形式也可直接解出 A_{12}、A_{21}

$$A_{12} = \frac{(x_2 - x_1)}{x_2^2}\ln\gamma_1 + \frac{2}{x_1}\ln\gamma_2 \qquad (2-26a)$$

$$A_{21} = \frac{(x_1 - x_2)}{x_1^2}\ln\gamma_2 + \frac{2}{x_2}\ln\gamma_1 \qquad (2-26b)$$

③ 斯卡查特 – 哈默(scatchard – Hamer)方程

如果设 $\dfrac{q_1}{q_2} = \dfrac{v_1}{v_2}$($v_1$ 和 v_2 分别为组分 1、组分 2 在溶液温度下的摩尔体积)。则式(2 − 23)可表示为

$$\ln\gamma_1 = Z_2^2\left[A_{12} + 2Z_1\left(A_{21}\frac{v_1}{v_2} - A_{12}\right)\right] \qquad (2-27a)$$

$$\ln\gamma_2 = Z_1^2\left[A_{21} + 2Z_2\left(A_{12}\frac{v_2}{v_1} - A_{21}\right)\right] \qquad (2-27b)$$

此时 Z_1 和 Z_2 代表组分 1、组分 2 的体积分数

$$Z_1 = \frac{x_1}{x_1 + x_2\dfrac{v_2}{v_1}}; \qquad\qquad Z_2 = \frac{x_2\dfrac{v_2}{v_1}}{x_1 + x_2\dfrac{v_2}{v_1}}$$

(2 − 27)式即为斯卡查特 – 哈默方程。对无限稀释溶液由此方程也可导出和范拉尔方程、马格勒斯方程相同的关系式

$$\lim_{x_1\to 0}\ln\gamma_1 = \ln\gamma_1^\infty = A_{12}$$

$$\lim_{x_2\to 0}\ln\gamma_2 = \ln\gamma_2^\infty = A_{21}$$

虽然斯卡查特 – 哈默方程所依据的假设似乎比较合理,但其应用远没有范拉尔方程和马格勒斯方程普遍,其原因可能是由于其方程比较复杂。

以上所讨论的三个方程均为两参数方程,但从推导可看出各方程中参数的定义是不相同

的。其参数值均可由无限稀释情况下的活度系数 γ_1^∞ 和 γ_2^∞ 确定。为了对这三个方程做一比较,我们设 $\gamma_1^\infty = 10$, $\gamma_2^\infty = 2.15$,在斯卡查特－哈默方程中 $v_1/v_2 = 1.5$,画出三个方程的 γ 对 x_1 的曲线,见图 2－4。由图可看出按斯卡查特－哈默方程得到的曲线位于马格勒斯方程和范拉尔方程之间。

从对二元溶液的讨论可看出伍耳模型是一个通用性很广且颇为灵活的方程。由它可以推导出早期提出的著名范拉尔方程(1910 年),马格勒斯方程(1895 年)和斯卡查特－哈默方程(1935 年)。在实际应用中如何选择适当的方程进行计算对此并无明确准则,但用式(2－18)可将范拉尔方程写成

$$\frac{x_1^2 \ln\gamma_1}{x_2^2 \ln\gamma_2} = \frac{A_{21}}{A_{12}} = \text{常数} \tag{2－28}$$

说明若实验数据所作 $\left(\dfrac{x_1^2 \ln\gamma_1}{x_2^2 \ln\gamma_2}\right)$ 对 x_1 接近一个水平线则表明范拉尔方程对该系统适用。由式(2－28)可将马格勒斯方程写成

$$\frac{\ln\gamma_1}{x_2^2} - \frac{\ln\gamma_2}{x_1^2} = A_{21} - A_{12} = \text{常数} \tag{2－29}$$

说明若上式左端对 x_1 作图接近一水平线则适用于马格勒斯方程。而当两参数 A_{12}、A_{21} 的数值相近时,两方程的计算结果相差不大。

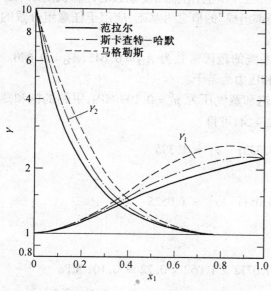

图 2－4　按三种方程计算活度系数的比较
（$\gamma_1^\infty = 10$, $\gamma_2^\infty = 2.15$, $v_1/v_2 = 1.5$）

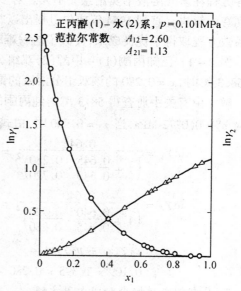

图 2－5 范拉尔方程应用于等压系统
（系统温度由 87.8 ℃ ~ 100 ℃）

应当说明的是,上述三个方程都是从式(2－23)导出的。严格地说,只有在温度和压力一定的情况下才成立。各方程中的参数虽和组成无关,但却为温度、压力的函数。由于压力对液相性质的影响,除非在高压和接近临界区的情况下,一般都是很小,因此压力对参数值的影响一般可忽略。而温度的影响却不能忽略,当系统的沸点范围较窄,摩尔混合热较小时,将活度

系数方程中的参数 A_{12}、A_{21} 当作常数，一般还是允许的。图 $2-5$ 表示范拉尔方程用于表达正丙醇 – 水系统于 101.33 kPa 下测得的活度系数数据，其沸点范围由 87.8 ～ 100 ℃。方程参数取 $A_{12} = 2.60$，$A_{21} = 1.13$。由图可看出二者能很好的吻合。

伍耳模型也可用于三元物系和多元物系。用推导二元系相似的情况，通过对 q_i / q_j 作不同的假设可导出相应的上述三个方程。可想而知，随着组分数目的增加方程会越来越复杂，以三元溶液的三尾标马格勒斯方程为例，其方程如下

$$\ln\gamma_1 = x_2^2[A_{12} + 2x_1(A_{21} - A_{12})] + x_3^2[A_{13} + 2x_1(A_{31} - A_{13})] +$$
$$x_2 x_3[A_{21} + A_{13} - A_{32} + 2x_1(A_{31} - A_{13}) + 2x_3(A_{32} - A_{23}) -$$
$$C(1 - 2x_1)] \tag{2 - 30}$$

上式中 A_{12}、A_{21} 与二元物系相同，是表示由组分 1 和组分 2 所组成的二元系统的常数，A_{23}、A_{32} 和 A_{13}、A_{31} 之意义类同。C 为表征三组分系统性质的一个常数，因此必须由三组分系统的气 – 液平衡数据来确定。由于文献中三元数据远较二元为少，所以在应用三元以上时常会遇到困难。从公式也还可看出马格勒斯方程不能简单的利用两组分系统的数据来推算多组分系统的活度系数。组分 2 和组分 3 的活度系数也可按式 $(2 - 30)$ 所示的形式写出，只需将其下标 1、2、3 按 1、3、2 的方式加以转换即可。

由于对组分越多的系统，公式中所包含的一些参数的确定将十分困难，所以由伍耳推导出的各方程在多元溶液中实用意义不大。对多元(三元以上)溶液活度系数的计算长期以来并未得到有效解决。直到 1964 年威尔逊提出以"局部组成"的概念为基础，应用于任意组分数的活度系数方程取得了优良成果，突破了这一难题。

例 $2-1$ 已知丙酮(1) – 甲醇(2)双组分系统的范氏常数为 $A_{12} = 0.645$，$A_{21} = 0.640$。试求 58.3 ℃时，$x = 0.280$ 的该双组分溶液的饱和压力为若干？

解 由有关手册查得 58.3 ℃时纯丙酮的饱和蒸气压为 $p_1^0 = 0.109$ MPa，甲醇的饱和蒸气压为 $p_2^0 = 0.0772$ MPa，当 $x_1 = 0.280$ 时，由式 $(2 - 24)$ 可得

$$\ln\gamma_1 = \frac{0.645}{\left(1 + \frac{0.645}{0.640} \cdot \frac{0.280}{0.720}\right)^2} = 0.333; \quad \gamma_1 = 1.395$$

$$\ln\gamma_2 = \frac{0.640}{\left(1 + \frac{0.640}{0.645} \cdot \frac{0.720}{0.280}\right)^2} = 0.051; \quad \gamma_2 = 1.0525$$

$$p = p_1^0 \gamma_1 x_1 + p_2^0 \gamma_2 x_2 =$$
$$0.109 \times 1.395 \times 0.280 + 0.0772 \times 1.052 \times 0.72 = 0.101 \text{ MPa}$$

2. 局部组成的概念和威尔逊方程

(1) 局部组成概念

当由组分 1 和组分 2 形成溶液时，若其摩尔数相等，则认为溶液中各部分的组成均为 $x_1 = x_2 = 0.5$。这是溶液组成的宏观量度，从微观上看只有当所有的分子间作用力均相等且组分 1 和组分 2 作无规则的混合时才如此。实际溶液中各组分分子间的作用一般并不相等。以某一分子为中心其周围所包围的空间称为胞腔(cell)，大约为一层分子厚。对二组分溶液存在两种胞腔，一种以分子 1 为中心周围为 1、2 分子所包围，另一种以分子 2 为中心周围为 1、2 分子所包围，如图 $2-6$ 所示。周围分子 1、2 各为多少这一方面取决于各种分子自身的大小，即与组

分的摩尔体积有关,另一方面也取决于溶液的组成,以及中心分子 1 与其周围同类分子的相互作用能 λ_{11} 和它与异分子的相互作用能 λ_{12} 有关。若分子 1-1 和 2-2 间的吸引力大于分子 1-2 间的吸引力,则分子 1 趋于为其他的分子 1 所包围,反之分子 1 将趋于为分子 2 所包围。现用 X 表示局部分子分数,并定义为

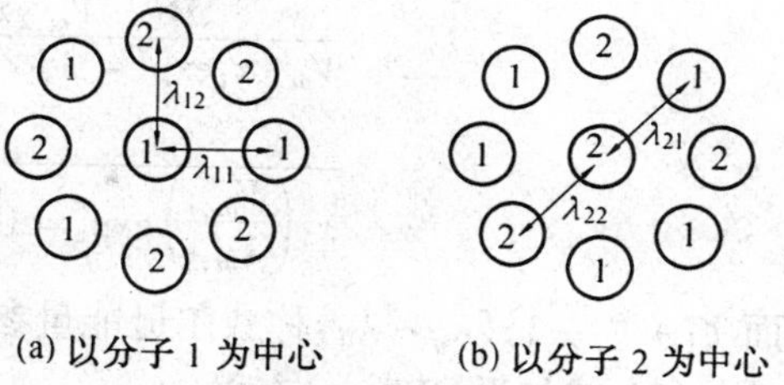

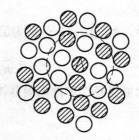

(a) 以分子 1 为中心　　(b) 以分子 2 为中心

图 2-6　两种不同的胞腔和相互作用能示意图

$$X_{12} = \frac{\text{胞腔内中心分子 1 周围分子 2 的分子数}}{\text{胞腔内中心分子 1 周围的总分子数}}$$

$$X_{11} = \frac{\text{胞腔内中心分子 1 周围分子 1 的分子数}}{\text{胞腔内中心分子 1 周围的总分子数}}$$

显然　　　　　　$X_{12} + X_{11} = 1, \quad X_{21} + X_{22} = 1$

图 2-7 为由 15 个分子 1 和 15 个分子 2 组成的溶液,从统计观点来分析在中心分子 1 周围出现分子 1 的几率 X_{11} 约为 3/8,而出现分子 2 的几率 X_{12} 约为 5/8。这是因为分子的相互作用能 $\lambda_{11} < \lambda_{12}$。但就整个溶液总体来说仍是各为 1/2。威尔逊提出局部组成 X_{11}、X_{12} 与溶液组成 x_1、x_2 和分子间相互作用能 λ_{11}、λ_{12} 之间具有下列关系

⬨ 分子 1　　〇 分子 2

⬨ 中心分子 1　虚线为胞腔

图 2-7　局部组成概念示意图

$$\frac{X_{12}}{X_{11}} = \frac{x_2 \exp(-\lambda_{21}/RT)}{x_1 \exp(-\lambda_{11}/RT)} \qquad (2-31a)$$

$$\frac{X_{21}}{X_{22}} = \frac{x_1 \exp(-\lambda_{12}/RT)}{x_2 \exp(-\lambda_{22}/RT)} \qquad (2-31b)$$

其中 $\lambda_{12} = \lambda_{21}$。

威尔逊认为由于分子间相互作用力不同,组分间的混合不是完全无规则的,它会形成局部浓度的不同。利用局部组成概念进一步提出"局部体积分数"的概念。以分子 1 为中心的胞腔内,组分 1 所占的体积分数 ζ_1 定义为组分 1 的局部体积分数

$$\zeta_1 = \frac{V_{m,1} X_{11}}{V_{m,1} X_{11} + V_{m,2} X_{12}} \qquad (2-32a)$$

同理以分子 2 为中心的胞腔内,组分 2 所占的局部体积分数 ζ_2 为

$$\zeta_2 = \frac{V_{m,2} X_{22}}{V_{m,1} X_{21} + V_{m,2} X_{22}} \qquad (2-32b)$$

$V_{m,1}$、$V_{m,2}$ 分别为组分 1、2 的液相摩尔体积,由式(2-32)不难导出。

$$\zeta_1 = \frac{V_{m,1} X_{11}}{V_{m,1} X_{11} + V_{m,2} X_{12}} =$$

$$\frac{V_{m,1} x_1 \exp(-\lambda_{11}/RT)}{V_{m,1} x_1 \exp(-\lambda_{11}/RT) + V_{m,2} x_2 \exp(-\lambda_{12}/RT)} =$$

$$\frac{x_1}{x_1 + x_2\left(\dfrac{V_{m,2}}{V_{m,1}}\right) \exp[-(\lambda_{12} - \lambda_{11})/RT]} \qquad (2-33a)$$

同理可得　　　　$\zeta_2 = \dfrac{V_{m,2} X_{22}}{V_{m,1} X_{21} + V_{m,2} X_{22}} =$

$$\frac{V_{m,2}x_2\exp(-\lambda_{22}/RT)}{V_{m,1}x_1\exp(-\lambda_{21}/RT)+V_{m,2}x_2\exp(-\lambda_{22}/RT)}=$$

$$\frac{x_2}{x_1\left(\dfrac{V_{m,1}}{V_{m,2}}\right)\exp\left[-(\lambda_{21}-\lambda_{22})/RT\right]+x_2} \tag{2-33b}$$

而 $\zeta_1+\zeta_2\neq1$;$(\lambda_{ij}-\lambda_{ii})$称威尔逊能量参数。

(2) 威尔逊(Wilson)方程

在热力学中,对无热溶液(即混合热为零的非理想溶液)的摩尔过剩自由焓可得

$$G_m^E=RT\left(x_1\ln\frac{\Phi_1}{x_1}+x_2\frac{\Phi_2}{x_2}\right) \tag{2-34}$$

式中 Φ_1、Φ_2——分别为组分 1、2 的体积分数。

$$\Phi_1=\frac{n_1V_{m,1}}{n_1V_{m,1}+n_2V_{m,2}};\qquad \Phi_2=\frac{n_2V_{m,2}}{n_1V_{m,1}+n_2V_{m,2}}$$

威尔逊只是简单地用局部体积分数 ζ 代替式(2-34)中的整体平均体积分数 Φ 得出

$$\frac{G_m^E}{RT}=x_1\ln\frac{\zeta_1}{x_1}+x_2\ln\frac{\zeta_2}{x_2}$$

将式(2-33)代入上式经整理可得

$$\frac{G_m^E}{RT}=-x_1\ln(x_1+\Lambda_{12}x_2)-x_2\ln(x_2+\Lambda_{21}x_1) \tag{2-35}$$

式中 Λ_{12} 和 Λ_{21} 叫做威尔逊参数,其定义为

$$\Lambda_{12}=\frac{V_{m,2}}{V_{m,1}}\exp\left(-\frac{\lambda_{12}-\lambda_{11}}{RT}\right) \tag{2-36a}$$

$$\Lambda_{21}=\frac{V_{m,1}}{V_{m,2}}\exp\left(-\frac{\lambda_{21}-\lambda_{22}}{RT}\right) \tag{2-36b}$$

注意 $\lambda_{12}=\lambda_{21}$,但 $\Lambda_{12}\neq\Lambda_{21}$。由上式可知

$$\Lambda_{ij}>0;\qquad \Lambda_{ii}=\Lambda_{jj}=1$$

威尔逊参数为无因次量,当分子间相互作用能 $\lambda_{12}=\lambda_{11}=\lambda_{22}$,$V_{m,1}=V_{m,2}$时,$\Lambda_{12}=1$,$\Lambda_{21}=1$,由式(2-35)可知此时$\frac{G_m^E}{RT}=0$,为理想溶液。

式(2-35)可写作

$$\frac{nG_m^E}{RT}=-n_1\ln\left(\frac{n_1}{n}+\frac{\Lambda_{12}n_2}{n}\right)-n_2\ln\left(\frac{\Lambda_{21}n_1}{n}+\frac{n_2}{n}\right)$$

式中

$$n_1+n_2=n$$

将上式代入式(2-8)并对 n_1 求偏导数可得

$$\ln\gamma_1=-\ln(x_1+\Lambda_{12}x_2)+x_2\left(\frac{\Lambda_{12}}{x_1+\Lambda_{12}x_2}-\frac{\Lambda_{21}}{\Lambda_{21}x_1+x_2}\right) \tag{2-37a}$$

同理可得

$$\ln\gamma_2=-\ln(x_2+\Lambda_{21}x_1)+x_1\left(\frac{\Lambda_{21}}{x_2+\Lambda_{21}x_1}-\frac{\Lambda_{12}}{\Lambda_{12}x_2+x_1}\right) \tag{2-37b}$$

上二式称为威尔逊活度系数公式。对二元溶液是一个两参数方程($\Lambda_{12},\Lambda_{21}$),上二式也可写成

$$\ln\gamma_1 = 1 - \ln(x_1 + \Lambda_{12}x_2) - \frac{x_1}{x_1 + \Lambda_{12}x_2} - \frac{\Lambda_{21}x_2}{x_2 + \Lambda_{21}x_1} \tag{2-38a}$$

$$\ln\gamma_2 = 1 - \ln(\Lambda_{21}x_1 + x_2) - \frac{x_2}{x_2 + \Lambda_{21}x_1} - \frac{\Lambda_{12}x_1}{x_1 + \Lambda_{12}x_2} \tag{2-38b}$$

当 $x_1 \to 0$ 时 $\qquad\qquad\qquad \ln\gamma_1^\infty = 1 - \ln\Lambda_{12} - \Lambda_{21}$

$\quad x_2 \to 0$ 时 $\qquad\qquad\qquad \ln\gamma_2^\infty = 1 - \ln\Lambda_{21} - \Lambda_{12}$

对多组分溶液中组分 i 的活度系数

$$\ln\gamma_i = 1 - \ln\left[\sum_{j=1}^{N} x_j\Lambda_{ij}\right] - \sum_{k=1}^{N}\left[\frac{x_k\Lambda_{ki}}{\left(\sum_{j=1}^{N} x_j\Lambda_{kj}\right)}\right] \tag{2-39}$$

式中 $\qquad\qquad \Lambda_{ij} = \frac{V_{mj}}{V_{mi}}\exp\left[-\frac{\lambda_{ij} - \lambda_{ii}}{RT}\right]; \qquad\qquad \lambda_{ij} = \lambda_{ji}$

$$\Lambda_{ii} = \Lambda_{jj} = \Lambda_{kk} = 1$$

对由 N 个组分构成的多元溶液系统,可组成 $\frac{(N^2 - N)}{2}$ 个双组分系统,所以威尔逊参数 Λ_{ij}($i \neq j$)应有 ($N^2 - N$) 个。这个参数值均可由相应各对二元系数确定,而不需任何多元系数,这是威尔逊方程优点之一。另外 Λ_{ij} 为温度的函数,因此威尔逊方程包含了温度对活度系数的影响,这与以前的活度系数的计算公式相比,又是一个优点。在一些文献和手册中也有采用从实验数据直接关联 Λ_{ij} 和 Λ_{ji} 的值,此时 Λ_{ij} 和 Λ_{ji} 被看做是常数。

威尔逊方程的适用范围很广,对含烃、醇、酮、醚、腈、酯类以及含水、硫、卤类的互溶溶液均能获得较好的结果。其不足之处是不能用于部分互溶系统。

例 2 - 2 已知双组分系正戊醇(1)正己烷(2)的威尔逊能量参数为 $\lambda_{12} - \lambda_{11} =$ 7.194 kJ/mol,$\lambda_{21} - \lambda_{22} = 0.697$ kJ/mol,试应用威尔逊公式确定在 30 ℃ 及 $x_1 = 0.2$ 时液相各组分的活度系数和溶液的平衡总压以及平衡时的气相组成。假设气相为理想气体混合物。在 30 ℃ 时各组分的体积和饱和蒸气压分别为 $V_{m,1} = 1.092 \times 10^{-4}$ 和 $V_{m,2} = 1.325 \times 10^{-4}$ m^{3}mol^{-1};$p_1^0 = 0.430$ kPa;$p_2^0 = 24.9$ kPa。

解

$$\Lambda_{12} = \frac{V_{m2}}{V_{m1}}\exp\left[-\frac{\lambda_{12} - \lambda_{11}}{RT}\right] = \frac{1.325 \times 10^{-4}}{1.092 \times 10^{-4}}\exp\left[-\frac{7.194 \times 10^3}{8.314 \times 303.2}\right] = 0.07$$

$$\Lambda_{21} = \frac{V_{m1}}{V_{m2}}\exp\left[-\frac{\lambda_{21} - \lambda_{22}}{RT}\right] = \frac{1.092 \times 10^{-4}}{1.325 \times 10^{-4}}\exp\left[-\frac{0.697 \times 10^3}{8.314 \times 303.2}\right] = 0.625$$

故 $\qquad \ln\gamma_1 = 1 - \ln[0.2 + (0.070)(0.8)] - \dfrac{0.2}{0.2 + 0.070 \times 0.8} -$

$$\frac{0.625 \times 0.8}{0.8 + 0.625 \times 0.2} = 1.0408; \qquad \gamma_1 = 2.831$$

$\qquad\quad \ln\gamma_2 = 1 - \ln[0.8 + (0.625)(0.2)] - \dfrac{0.8}{0.8 + 0.625 \times 0.2} -$

$$\frac{0.070 \times 0.2}{0.2 + 0.070 \times 0.8} = 0.1619; \qquad \gamma_2 = 1.176$$

$$P = 0.2 \times 2.831 \times 0.430 + 0.8 \times 1.1716 \times 24.9 = 23.6 \text{ kPa}$$

$$y_1 = \frac{x_1\gamma_1 P_1^0}{P} = \frac{0.2 \times 2.831 \times 0.430}{23.6} = 0.0103$$

$$y_2 = 1 - y_1 = 0.9897$$

3. NRTL 方程(Non – Random Two Liquid)

该方程是里南(Renon)于 1968 年提出,他首先将威尔逊方程的局部组成的表达式(2-31)修改为

$$\frac{X_{12}}{X_{11}} = \frac{x_2 \exp(-\alpha_{12}g_{21}/RT)}{x_1 \exp(-\alpha_{12}g_{11}/RT)} \tag{2-40a}$$

$$\frac{X_{21}}{X_{22}} = \frac{x_1 \exp(-\alpha_{12}g_{12}/RT)}{x_2 \exp(-\alpha_{12}g_{22}/RT)} \tag{2-40b}$$

式中 $g_{12}(g_{12}=g_{21})$、g_{11} 和 g_{22} 分别表示分子 1-2、1-1、2-2 间的相互作用能,并引入了表示组分 1-2 分子混合的有规特性参数 $\alpha_{12}(\alpha_{12}=\alpha_{21})$。$\alpha_{12}$ 的值可根据系统之类别有不同的值,即 0.20、0.30、0.40 或 0.47,最后里南提出二元溶液的过剩自由焓为

$$\frac{G_m^E}{RT} = x_1 x_2 \left[\frac{\tau_{21}G_{21}}{x_1 + x_2 G_{21}} + \frac{\tau_{12}G_{12}}{x_1 G_{12} + x_2} \right] \tag{2-41}$$

式中

$$\tau_{12} = \frac{g_{12} - g_{22}}{RT}$$

$$\tau_{21} = \frac{g_{21} - g_{11}}{RT}$$

$$G_{12} = \exp(-\alpha_{12}\tau_{12})$$

$$G_{21} = \exp(-\alpha_{12}\tau_{21})$$

将(2-41)式代入(2-8)式可导出

$$\ln\gamma_1 = x_2^2 \left[\tau_{21}\left(\frac{G_{21}}{x_1 + x_2 G_{21}}\right)^2 + \frac{\tau_{12}G_{12}}{(x_2 + G_{12}x_1)^2} \right] \tag{2-42a}$$

$$\ln\gamma_2 = x_1^2 \left[\tau_{12}\left(\frac{G_{12}}{x_1 G_{12} + x_2}\right)^2 + \frac{\tau_{21}G_{21}}{(x_2 G_{21} + x_1)^2} \right] \tag{2-42b}$$

上述的 NRTL 方程为一三参数方程。对每一对二元系都有三个可调参数,$(g_{12}-g_{22})$、$(g_{12}-g_{11})$ 和 α_{12},其数值需由二元溶液平衡数据确定。$(g_{12}-g_{22})$ 和 $(g_{12}-g_{11})$ 叫做 NRTL 参数,在较窄的温度范围内可看成与温度无关。由(2-42)式也可得出。当

$x_1 \to 0$ 时 $\quad\quad (\ln\gamma_1)_{x_1=0} = \tau_{21} + \tau_{12}\exp(-\alpha_{12}\tau_{12})$

$x_2 \to 0$ 时 $\quad\quad (\ln\gamma_2)_{x_2=0} = \tau_{12} + \tau_{21}\exp(-\alpha_{12}\tau_{21})$

对多元系溶液 NRTL 方程可表示为

$$\ln\gamma_1 = \frac{\sum\limits_{j=1}^{N}\tau_{ji}G_{ji}x_j}{\sum\limits_{l=1}^{N}G_{li}x_l} + \sum\limits_{j=1}^{N}\left[\frac{x_j G_{ij}}{\sum\limits_{l=1}^{N}G_{lj}x_l}\left(\tau_{ij} - \frac{\sum\limits_{r=1}^{N}x_r\tau_{rj}G_{rj}}{\sum\limits_{l=1}^{N}G_{lj}x_l} \right) \right] \tag{2-43}$$

式中

$$\tau_{ji} \equiv \frac{(g_{ji}-g_{ii})}{RT}; \quad\quad\quad g_{ij} = g_{ji}$$

$$G_{ji} \equiv \exp(-\alpha_{ji}\tau_{ji}); \quad\quad\quad \alpha_{ji} = \alpha_{ij}$$

$$G_{ii} = G_{jj} = G_{kk} = G_{ll} = 1$$

所有这些参数均可由二元系的数据就可求出,而不需任何多元系数据。NRTL 方程不仅适用于气液平衡计算,而且也适用于液液平衡的二组分活度系数的计算,所以它可适用于部分互溶的物系。

例 2-3 乙醇(1)-正己烷(2)物系在 0.101 MPa 下的无限稀释活度系数 $\gamma_1 = 21.72$,$\gamma_2 = 9.104$。在该二元恒沸组成浓度 $x_1 = 0.332$ 时的活度系数分别为 $\gamma_1 = 2.348$,$\gamma_2 = 1.430$。现应用 NRTL 方程求在此恒沸组成下的活度系数,并与实验值作比较,已知该二元系的有规特性参数 $\alpha_{12} = 0.47$。

解 按 NRTL 方程的无限稀释活度系数公式

$$\ln\gamma_1^\infty = \tau_{21} + \tau_{12}\exp(-\alpha_{12}\tau_{12})$$

$$\ln\gamma_2^\infty = \tau_{12} + \tau_{21}\exp(-\alpha_{12}\tau_{21})$$

可得

$$\ln 21.72 = \tau_{21} + \tau_{12}\exp(-0.47\tau_{12})$$

$$\ln 9.104 = \tau_{12} + \tau_{21}\exp(-0.47\tau_{21})$$

上二式通过迭代法可解得

$$\tau_{12} = 2.348; \qquad \tau_{21} = 1.430$$

$$G_{12} = \exp(-\alpha_{12}\tau_{12}) = \exp(-0.47 \times 2.348) = 0.3317$$

$$G_{21} = \exp(-\alpha_{12}\tau_{21}) = \exp(-0.47 \times 1.430) = 0.5106$$

将上式各值代入(2-44)式得

$$\gamma_1 = \exp\left\{(0.668)^2\left[\frac{1.430(0.5106)^2}{[0.332 + 0.668(0.5106)]^2} + \frac{2.348(0.3317)}{[0.668 + 0.332(0.3317)]^2}\right]\right\} = 2.563$$

$$\gamma_2 = 1.252$$

用 NRTL 方程所求得的 γ_1 比实验测得的值高 9.2%,而 γ_2 比测得值低 12.4%。

4. UNIQUAC 方程

该模型是应用威尔逊方程的局部组成概念和统计力学方法建立的一个所谓"通用似化学模型"(Universal Quasi-chemical Model)简称 UNIQUAC 模型。是由阿布拉姆斯(Abrams)和普劳斯奈茨(Prausnitz)于 1975 年提出,可应用于非极性和各类极性组分的多元混合物,预测气液平衡和液液平衡。模型的提出者把过剩自由焓看成由两部分组成,一部分是溶液中分子的大小和形状的差异所产生,称为组合部分(combinatorial part)G_m^E(组合);另一部分是因分子相互作用所产生称为剩余部分(Residual part)G_m^E(剩余),即

$$G_m^E = G_m^E(\text{组合}) + G_m^E(\text{剩余}) \tag{2-44}$$

$$\frac{G_m^E(\text{组合})}{RT} = x_1\ln\frac{\Phi_1}{x_1} + x_2\ln\frac{\Phi_2}{x_2} + \frac{Z}{2}\left(q_1 x_1\ln\frac{\theta_1}{\Phi_1} + q_2 x_2\ln\frac{\theta_2}{\Phi_2}\right) \tag{2-45a}$$

$$\frac{G_m^E(\text{剩余})}{RT} = -q_1 x_1\ln(\theta_1 + \theta_2\tau_{21}) - q_2 x_2\ln(\theta_2 + \theta_1\tau_{12}) \tag{2-45b}$$

通式为

$$\frac{G_m^E(\text{组合})}{RT} = \sum_{i=1}^{c} x_i\ln\left(\frac{\Phi_i}{x_i}\right) + \frac{Z}{2}\sum_{i=1}^{c} q_i x_i\ln\left(\frac{\theta_i}{\Phi_i}\right) \tag{2-46a}$$

$$\frac{G_m^E(\text{剩余})}{RT} = -\sum_{i=1}^{c} q_i x_i\ln\left(\sum_{i=1}^{c} \theta_i\tau_{ji}\right) \tag{2-46b}$$

式中　x_i——溶液中 i 组分的摩尔分数；

q_i——i 组分的表面积参数（无因次）；

θ_i——i 组分的表面积分数；

$$\theta_i = \frac{x_i q_i}{\sum\limits_{j=1}^{C} x_j q_j} \qquad (2-47a)$$

Φ_i——i 组分的体积分数；

$$\Phi_i = \frac{x_i r_i}{\sum\limits_{j=1}^{C} x_j r_j} \qquad (2-47b)$$

r_i——i 组分的体积参数（无因次）；

$$\tau_{ji} = \exp\left(-\frac{u_{ji} - u_{ii}}{RT}\right)$$

$u_{ji} - u_{ii}$——二元交互作用能量参数；

Z——配位数，可取为 10。

纯组分的体积参数 r_i 和表面积参数 q_i 可由下式计算

$$r_i = \sum_K v_K^i R_K; \qquad q_i = \sum_K v_K^i Q_K$$

式中　v_K^i——为在分子 i 中 K 类基团的数目。

R_K、Q_K 分别代表基团大小和表面积的常数，是由原子和分子结构数据，范德华基团体积 V_{WK} 和范德华基团表面积 A_{WK} 所决定，可由下式计算

$$R_K = \frac{V_{W \cdot K}}{15.17}; \qquad Q_K = \frac{A_{W \cdot K}}{2.5 \times 10^9}$$

对每一二元物系来说，$u_{ji} = u_{ij}$，$\tau_{ii} = \tau_{jj} = 1$，一般 $(u_{ji} - u_{ii})$ 是温度的线性函数。

根据 (2-44) 式，活度系数也可表示为由两部分组成

$$\ln\gamma_K = \underset{\text{组合项}}{\ln \gamma_K^C} + \underset{\text{剩余项}}{\ln \gamma_K^R} \qquad (2-48)$$

其中 γ_K^C 为活度系数的组合部分称为组合活度系数，γ_K^R 为活度系数的剩余部分称为剩余活度系数。通过将 (2-45) 式代入 (2-8) 式可分别导出

$$\ln\gamma_K^C = \ln\frac{\Phi_K}{x_K} + \frac{Z}{2} q_K \ln\frac{\theta_K}{\Phi_K} + l_K - \frac{\Phi_K}{x_K}\sum_j x_j l_j \qquad (2-49a)$$

式中

$$l_K = \frac{Z}{2}(r_K - q_K) - (r_K - 1); \qquad Z = 10$$

$$\ln\gamma_K^R = q_K\left[1 - \ln\left(\sum_j \theta_j \tau_{jK}\right) - \sum_j\left(\frac{\theta_j \tau_{Kj}}{\sum\limits_i \theta_i \tau_{ij}}\right)\right] \qquad (2-49b)$$

对二元混合物组分 1 的活度系数 γ_1 则可由下式计算

$$\ln\gamma_1 = \ln\frac{\Phi_1}{x_1} + \frac{(Z)}{2} q_1 \ln\frac{\theta_1}{\Phi_1} + \Phi_2\left(l_2 - \frac{r_1}{r_2} l_2\right) -$$

$$q_1 \ln(\theta_1 + \theta_2 \tau_{21}) + \theta_2 q_1\left(\frac{\tau_{21}}{\theta_1 + \theta_2 \tau_{21}} - \frac{\tau_{12}}{\theta_1 + \theta_2 \tau_{12}}\right) \qquad (2-50)$$

如果 $q_i = 1$，$r_i = 1$，则上式为威尔逊方程

$$\ln\gamma_1 = -\ln(x_1 + \Lambda_{12}x_2) + \left(\frac{\Lambda_{12}}{x_1 + \Lambda_{12}x_2} - \frac{\Lambda_{21}}{\Lambda_{21}x_1 + x_2}\right)x_2$$

此时

$$\tau_{12} = \Lambda_{21}; \tau_{21} = \Lambda_{12}$$

由此可见,威尔逊方程可看做 UNIQUAC 方程的一种特定形式,它还可简化成 NRTL 方程等,它是一个比较普遍化的方程。UNIQUAC 方程的主要优点是可以仅用双组分系统的两个可调参数$(u_{12} - u_{11})$和$(u_{12} - u_{22})$就可进行气液平衡和液液平衡的计算。

例 2-4 用 UNIQUAC 方程求解例 2-3 中的乙醇(1) - 正己烷(2)物系的活度系数。已知二元交互作用能量参数$(u_{12} - u_{22}) = -1.403 \text{ kJ/g.mol}$,$(u_{21} - u_{11}) = 3.939 \text{ kJ/g.mol}$,$r_1 = 2.17$,$r_2 = 4.50$,$q_1 = 2.70$,$q_2 = 3.86$,一大气压下此二元恒沸组成温度为 331.15K。

解 各组分的体积分数

$$\Phi_1 = \frac{0.332 \times 2.17}{0.332 \times 2.17 + 0.668 \times 4.50} = 0.1933$$

$$\Phi_2 = 1 - \Phi_1 = 1 - 0.1933 = 0.8067$$

各组分的表面积分数

$$\theta_1 = \frac{0.332 \times 2.70}{0.332 \times 2.70 + 0.668 \times 3.86} = 0.2580$$

$$\theta_2 = 1 - \theta_1 = 1 - 0.2580 = 0.7420$$

$$\tau_{12} = \exp\left[\frac{-1.403 \times 10^3}{8.314 \times 331.15}\right] = 1.664$$

$$\tau_{21} = \exp\left[-\frac{3.939 \times 10^3}{8.314 \times 331.15}\right] = 0.2393$$

$$l_1 = \frac{10}{2} \times (2.17 - 2.70) - (2.17 - 1) = -3.820$$

$$l_2 = \frac{10}{2} \times (4.50 - 3.86) - (4.50 - 1) = -0.300$$

由(2-50)式可得

$$\ln\gamma_1 = \ln\frac{0.1933}{0.332} + \frac{10}{2} \times (2.70)\ln\frac{0.2580}{0.1933} +$$

$$0.8067\left[-3.820 - \frac{2.17}{4.50}(-0.300)\right] - 2.70\ln \times$$

$$[0.2580 + 0.7420 \times 0.2393] + 0.7420 \times 2.70 \times$$

$$\left[\frac{0.2393}{0.2580 + 0.7420 \times 0.2393} - \frac{1.664}{0.7420 + 0.2580 \times 1.664}\right] = 0.8904$$

$$\gamma_1 = 2.436$$

同理可解得 $\gamma_2 = 1.358$。与实验值 $\gamma_1 = 2.348$、$\gamma_2 = 1.430$ 相比,γ_1 值高 3.8% ,γ_2 低 5%。

5. UNIFAC 模型

威尔逊方程、NRTL 和 UNIQUAC 等方程都是以局部组成概念为基础建立起的活度系数模型,其优点是对多元溶液仅需各对二元系数据而不需要多元系的数据即可求出活度系数。尽管如此,但在化工生产中可接触到的化合物有成千上万种,由它们构成的二元溶液更是无法统计,在实际应用中常会发现关联各方程参数所需的各对二元气液平衡数据很难从文献手册中查到,在这种情况下将需进行专门的测定而带来很多麻烦。

丹麦人弗雷登斯隆德(Fredenslund)等于1975年提出了 UNIFAC(Universal Quasi – Chemical Functional Group Activity Coefficient)官能团模型。UNIFAC 法的基本思想是尽管化合物有成千上万种,但组成这些化合物的官能团数目一般只有数十种,在化工中经常遇到的大约有50种。如果假定流体的物理性质是由组成该流体的各分子官能团所起作用的总和,这样就可用表征每个官能团作用的很少量特性参数来关联许多流体的性质,推算某些还没有实验数据体系的相平衡数据。该法假定各组分的性质可通过其结构官能团的有关性质采用迭加法来确定,即具有加和性。还假定每个官能团所起的作用与另外的官能团的作用无关。

如何划分官能团是很重要的,丙酮中的 $C = O$ 基的作用与乙酸中 $C = O$ 基的作用是不同的,但与丁酮中的 $C = O$ 基作用却是相近的。官能团划分越细,关联式的精确度越高,例如脂肪醇类,作为粗略的近似时,可假定羟基官能团的位置(是伯醇还是仲醇)与其特性无关,但在稍精确的近似中则区分其位置就是必要的。在极限的情况下,当其特性划分越来越细时就回到分子本身,此时官能团法的优越性也就不存在了。因此必须采用一个折衷的办法,对不同官能团的数目必须尽可能保留少一些,但又不能少到使分子结构对物理性质的显著影响被忽略的程度。在应用中常用"基团"这一概念,"基团"就是任意的适宜的结构单元。

就目前发展来看,UNIFAC 法可用于推算非电解质混合液的相平衡。其应用范围是温度在300～425K,压力为几个大气压力,所有的组分必须是可凝缩的。液－液平衡的精确度不如预测气－液平衡精确可靠。

弗雷登斯隆德引用 UNIQUAC 模型的基本形式,将活度系数 γ_i 看成由组合活度系数 γ_i^C 和剩余活度系数 γ_i^R 加合而成,即

$$\ln\gamma_i = \ln\gamma_i^C + \ln\gamma_i^R$$

组合活度系数主要是由混合物中各分子的形状和大小所决定,剩余活度系数主要由分子的基团间能量相互作用引起的。

(1) 组合活度系数 γ_i^C

直接采用 UNIQUAC 模型中的(2－49a)式,但组分的体积参数 r_i 和表面积参数 q_i,则是由构成该组分各基团的相应参数迭加而成,即

$$r_i = \sum_k^m v_k^{(i)} R_k \tag{2－51}$$

$$q_i = \sum_k^m v_k^{(i)} Q_k \tag{2－52}$$

式中　　m——i 组分中所含基团的种类数;

　　　　$v_k^{(i)}$——i 组分中所含基团 k 的个数;

　　　　R_k——基团 k 的体积参数;

　　　　Q_k——基团 k 的表面积参数。

R_k 和 Q_k 可按各基的范德华体积 V_k 和 A_k 数据来计算

$$R_k = \frac{V_k}{15.17}$$

$$Q_k = \frac{A_k}{(2.5 \times 10^9)}$$

弗雷登斯隆德给出了 56 种基团的 R_k 和 Q_k 值。由(2-53)、(2-54)式可看出 r_i、q_i 是相应基团性质的总和,值得注意的是 γ_i^C 与温度无关。

(2) 剩余活度系数 γ_i^R

该项是由基团交互作用影响的结果,弗雷登斯隆德假定它是溶液中每个溶质基团作用的总和,并提出如下公式

$$\ln\gamma_i^R = \sum_k^m v_k^{(i)}(\ln\Gamma_k - \ln\Gamma_k^{(i)}) \qquad (2-53)$$

式中　Γ_k——溶液中基团 k 的剩余活度系数;

　　　$\Gamma_k^{(i)}$——在只包含 i 组分分子的参考溶液中基团 k 的剩余活度系数;

　　　$v_k^{(i)}$——i 分子中基团 k 的数目;

　　　m——溶液中所含不同基团的种类数。

基团 k 的剩余活度系数 Γ_k 的计算公式,其形式与 UNIQUAC 模型中计算 γ_i^R 的(2-49b)式形式相同,只是其中各项改为相应的基团参数,即

$$\ln\Gamma_k = Q_k\left\{1 - \ln\left(\sum_j^m\theta_j\psi_{jk}\right) - \sum_j^m\left(\frac{\theta_j\psi_{kj}}{\sum_n^m\theta_n\psi_{nj}}\right)\right\} \qquad (2-54)$$

式中　m——溶液中所含不同基团的种类数;

　　　θ_j——基团 j 的表面积分数;

$$\theta_j = \frac{Q_jX_j}{\sum_n^m Q_nX_n} \qquad (2-55)$$

　　　Q_j——基团 j 的表面积参数;

　　　X_j——基团 j 在溶液中的基团浓度分数;

$$X_j = \frac{\sum_j^c v_j^{(i)}x_i}{\sum_i^c\sum_n^m(v_n^{(i)}x_i)} \qquad (2-56)$$

　　　$v_j^{(i)}$——i 组分中基团 j 的个数;

　　　x_i——溶液中 i 组分的摩尔分数;

　　　c——溶液中的组分数;

　　　m——溶液中所含不同基团的种类数。

参数 ψ_{jk} 定义如下

$$\psi_{jk} = \exp\left(-\frac{a_{jk}}{T}\right) \qquad (2-57a)$$

$$a_{jk} = \frac{(u_{jk} - u_{kk})}{R} \qquad (2-57b)$$

a_{jk} 是基团相互作用参数,它是基团 j 和基团 k 之间相互作用能与两个 k 基团间相互作用能差异的量度,其单位为 K,其值必须根据气液平衡实验数据确定,而 $a_{jk} \neq a_{kj}$。弗雷登斯隆德将 56 种基团合并为 25 种,并给出各基团间的相互作用参数。

(2-53)式中的 $\Gamma_k^{(i)}$ 是表示基团 k 在仅含 i 组分分子的参考溶液中的剩余活度系数，$\Gamma_k^{(i)}$ 仍按(2-54)式计算。但应注意的是此时组分数仅有一个 i 组分。在许多情况下剩余活度系数 γ_i^R 要比组合活度系数 γ_i^C 大得多，但也有例外。UNIFAC 模型对包括各种非电解质，如烃、酮、酯、胺、醇、腈、水等二元和多元混合物都能很好地模拟气液平衡和液液平衡。

本节介绍了计算液相活度系数的各种模型，郭天民曾应用威尔逊、NRTL 和 UNIFAC 方程对一些物系进行计算并与实验数据进行了比较，对 16 组二元系比较结果表明，威尔逊方程、NRTL 方程一般均能对二元气液平衡数据作较好的拟合，对少数系统(如丙酮-水和异丙醇-水)在局部浓度范围内有较显著的出入。UNIFAC 模型对大多数系统均能做出较好的、有时是极佳的预测，但对某些系统(如乙醇-苯等)则有相当可观的偏差。对 8 组三元和四元系统考察的结果看，威尔逊、NRTL 模型预测的气相组成一般相当接近，但预测泡点温度有时偏离 2~3 ℃。UNIFAC 模型的预测结果和二元系情况类似，与实验数据比较接近，但对某些系统(如丙酮-甲醇-水系等)则有较大的偏差。对正丁醇(1)-水(2)和甲醇(1)-正己烷(2)两个部分互溶系统考察结果来看，UNIFAC 模型对该二个部分互溶物系预测的结果的准确性不如 NRTL 模型

例 2-5 应用 UNIFAC 模型求解例 2-3 中的乙醇(1)-正己烷(2)物系的活度系数。

已知根据弗雷登斯隆德提供的数据把乙醇作为简单基团处理，为基团(17)。正己烷可看做由两个 CH_3(基团 1)和四个 CH_2(基团 2)构成，它们含在同一个主基团内。乙醇(基团 17)的基团体积和表面积参数为：$R_{17} = 2.1055$，$Q_{17} = 1.972$，CH_3(基团 1)和 CH_2(基团 2)的基团体积参数和表面积参数为：$R_1 = 0.9011$，$Q_1 = 0.848$；$R_2 = 0.6744$，$Q_2 = 0.540$，基团交互作用参数 $a_{17,1} = a_{17,2} = -87.93$K，$a_{1,17} = a_{2,17} = 737.5$K。由于基团 1 和基团 2 在同一主基团内，故 $a_{1,2} = a_{2,1} = 0$K。由前面例题已知，$x_1 = 0.332$，$x_2 = 0.688$，$T = 331.15$K。

解 (1)组合活度系数 γ_i^C

由(2-51)式
$$r_1 = 1 \times 2.1055 = 2.1055$$
$$r_2 = 2 \times 0.9011 + 4 \times 0.6744 = 4.4998$$

由(2-52)式
$$q_1 = 1 \times 1.972 = 1.972$$
$$q_2 = 2 \times 0.848 + 4 \times 0.540 = 3.856$$

由(2-53a)式
$$\theta_1 = \frac{0.332 \times 1.972}{0.332 \times 1.972 + 0.668 \times 3.856} = 0.2027$$
$$\theta_2 = 1 - 0.2027 = 0.7973$$

由(2-53b)式
$$\Phi_1 = \frac{0.332 \times 2.1055}{0.332 \times 2.1055 + 0.668 \times 4.4998} = 0.1887$$
$$\Phi_2 = 1 - 0.1887 = 0.8113$$

由(2-54a)式中的
$$l_1 = \frac{10}{2}(2.1055 - 1.972) - (2.1055 - 1) = -0.4380$$
$$l_2 = \frac{10}{2}(4.4998 - 3.856) - (4.4998 - 1) = -0.280$$

由(2-54a)式

$$\ln\gamma_1^C = \ln\frac{0.1887}{0.332} + \frac{10}{2} \times 1.927\ln\frac{0.2027}{0.1887} + (-0.4380) -$$

$$\frac{0.1887}{0.332} \times [0.332 \times (-0.4380) + 0.688 \times (-0.280)] = -0.1083$$

同理可得　　　$\ln\gamma_2^C = -0.0175$

（2）剩余活度系数 γ_i^R

对乙醇由于它可作为简单基团（17）表示，所以 $\ln\Gamma_{17}^{(1)} = 0$。对正己烷，由于 $a_{1.2} = a_{2.1} = 0$ K，所以 $\ln\Gamma_{17}^{(2)} = \ln\Gamma_2^{(2)} = 0$。

各基团在溶液中的基团分数由（2－56）式可得

$$X_{17} = \frac{1 \times 0.332}{1 \times 0.332 + 2 \times 0.668 + 4 \times 0.668} = 0.0765$$

同理可得　　　$X_1 = 0.3070;$　　　$X_2 = 0.6157$

各基团的表面积分数由（2－55）式可得

$$\theta_{17} = \frac{0.0765 \times 1.972}{0.0765 \times 1.972 + 0.3078 \times 0.848 + 0.6157 \times 0.540} = 0.2027$$

同理可得　　　$\theta_1 = 0.3506;$　　　$\theta_2 = 0.4467$

由（2－57a）式可得

$$\psi_{17.1} = \psi_{17.2} = \exp\left[-\frac{(-87.93)}{331.15}\right] = 1.3041$$

$$\psi_{1.17} = \psi_{2.17} = \exp\left[-\frac{737.5}{331.15}\right] = 0.1078$$

$$\psi_{1.2} = \psi_{2.1} = 1.0$$

由（2－54）式可得

$$\ln\Gamma_{17} = 1.927\left\{1 - \ln[0.2027 \times 1 + 0.3506 \times 0.1078 + 0.4467 \times 0.1078] - \right.$$

$$\left[\frac{0.2027 \times 1}{0.2027 \times 1 + 0.3506 \times 0.1078 + 0.4467 \times 0.1078} + \right.$$

$$\frac{0.3506 \times 1.3041}{0.2027 \times 1.3041 + 0.3506 \times 1 + 0.4467 \times 1} +$$

$$\left.\left.\frac{0.4467 \times 1.3041}{0.2027 \times 1.3041 + 0.3506 \times 1 + 0.4467 \times 1}\right]\right\} = 1.1061$$

同理可得

$$\ln\Gamma_1 = 0.0962;　　　\ln\Gamma_2 = 0.0612$$

由（2－53）式可得组分 1、2 的剩余活度系数 γ_i^R

$$\ln\gamma_1^R = 1 \times (1.1061 - 0.0) = 1.1061$$

$$\ln\gamma_2^R = 2 \times (0.0962 - 0.0) + 4 \times (0.0612 - 0.0) = 0.4372$$

各组分的活度系数，乙醇为

$$\ln\gamma_1 = \ln\gamma_1^C + \ln\gamma_1^R = -0.1083 + 1.1061 = 0.9978$$

$$\gamma_1 = 2.17$$

同理，正己烷为

$$\ln\gamma_2 = 0.4372 + (-0.0175) = 0.4197$$

$$\gamma_2 = 1.52$$

与实验值 $\gamma_1 = 2.348$，$\gamma_2 = 1.430$ 相比，γ_1 值高 15.4%，γ_2 值高 6.3%。

三、端值常数的确定

在双组分系统二参数方程式中的参数值可由无限稀释活度系数 γ_i^∞ 来求得,常称 $\ln\gamma_i^\infty$ (或 $\log\gamma_i^\infty$)为端值常数。它不仅对于推算全组成范围内活度系数值十分有用,而且也可由它来推算多组分的活度系数。此外在萃取精馏中为了选择溶剂,确定恒沸条件等,γ_i^∞ 都是不可缺少的数据。近年来,基本有机化工产品质量日渐要求高纯度,关键性杂质的允许量往往为 ppm 级,因此 γ_i^∞ 的确定 对工程设计也是十分重要的。

端值常数或无限稀释时的活度系数确定方法可分两大类:一类是利用实测数据求取,另一类则是靠经验或半经验规律估算。γ_i^∞ 的估算方法可参阅有关文献。这里介绍利用实测数据求取端值常数的几个方法。

1. 由气液平衡数据确定

由范拉尔方程和马格勒斯方程可知,对二元系统的两参数方程,只要有一个平衡点的数据(在一定的压力下,与一定的液相组成呈平衡的气相组成和温度)即可求出端值常数。但只用一个实验点很可能由于该实验点的偶然误差而导致计算结果的很大偏差,所以最好是以较多的实验点作为依据来确定端值常数,然后求其平均值,或用作图法把由实验误差造成的不合理点剔除。对威尔逊方程等比较复杂的关联式因不宜采用作图法,可用最小二乘法进行回归。对常用的二组分系统各方程的参数可查阅一些专著。

例 2 - 6 在 0.101 MPa 下,实测了丙酮(1) - 甲醇(2)的四个平衡数据点(见下表),试求范拉尔常数值。

解 因压力为常压,气体可看做理想气体,故

$$Py_i = \gamma_i p_i^0 x_i \tag{2 - 58}$$

$$\gamma_i = \frac{y_i}{x_i}\frac{p}{p_i^0}$$

以第一点为例

$$\gamma_1 = \frac{0.101 \times 0.420}{0.109 \times 0.280} = 1.392$$

$$\gamma_2 = \frac{0.101 \times 0.580}{0.0772 \times 0.720} = 1.057$$

平衡组成		温度	纯组分的饱和蒸气压 /MPa		平衡组成		温度	纯组分的饱和蒸气压 /MPa	
x_1	y_1	℃	p_1^0	p_2^0	x_1	y_1	℃	p_1^0	p_2^0
0.280	0.420	58.3	0.109	0.0772	0.600	0.656	56.1	0.101	0.0700
0.400	0.516	57.2	0.105	0.0735	0.676	0.710	55.1	0.0977	0.0671

将各点计算结果列表如下

x_1	x_2	γ_1	γ_2	$\ln\gamma_1$	$\ln\gamma_2$
0.280	0.720	1.392	1.057	0.3307	0.0553
0.400	0.600	1.248	1.113	0.2211	0.1071
0.600	0.400	1.095	1.246	0.0907	0.2199
0.676	0.324	1.089	1.352	0.0852	0.3017

第一点为例代入(2 - 18)式可得

$$A_{12} = \left(1 + \frac{x_2}{x_1} \cdot \frac{\ln\gamma_2}{\ln\gamma_1}\right)^2 \ln\gamma_1 = \left(1 + \frac{0.720}{0.280} \times \frac{0.0553}{0.3307}\right)^2 \times (0.3307) = 0.6763$$

$$A_{21} = \left(1 + \frac{x_1}{x_2} \cdot \frac{\ln\gamma_1}{\ln\gamma_2}\right)^2 \ln\gamma_2 = \left(1 + \frac{0.280}{0.720} \times \frac{0.3307}{0.0553}\right)^2 \times (0.0553) = 0.6116$$

计算结果为

x_1	A_{12}	A_{21}	x_1	A_{12}	A_{21}
0.280	0.6763	0.6116	0.600	0.6209	0.5762
0.400	0.6591	0.6048	0.676	0.6198	0.7620

平均值为

$$(A_{12})_{平均} = \frac{0.6763 + 0.6591 + 0.6209 + 0.6198}{4} = 0.6440$$

$$(A_{21})_{平均} = \frac{0.6116 + 0.6048 + 0.5762 + 0.7620}{4} = 0.6387$$

例 2-7 已知异戊二烯(1)–乙腈(2)双组分系统在 0.101 MPa 下的气液平衡实验数据如下。

温度	x_1	y_1	γ_1	γ_2	温度	x_1	y_1	γ_1	γ_2
81.8	0.00	0.00	–	1.00	36.0	0.60	0.866	1.356	1.745
52.8	0.10	0.659	3.6	1.020	34.9	0.70	0.879	1.230	2.090
44.3	0.20	0.770	2.76	1.070	34.2	0.80	0.903	1.128	2.720
40.6	0.30	0.808	2.18	1.184	33.9	0.90	0.930	1.045	3.970
38.5	0.40	0.832	1.80	1.315	34.1	1.00	1.00	1.00	–
37.1	0.50	0.850	1.541	1.491					

试用作图法求出范拉尔方程式的常数 A_{12} 及 A_{21}。

解 因范拉尔方程式为

$$\ln\gamma_1 = \frac{A_{12}}{\left(1 + \dfrac{A_{12}}{A_{21}} \cdot \dfrac{x_1}{x_2}\right)^2} \tag{a}$$

$$\ln\gamma_2 = \frac{A_{21}}{\left(1 + \dfrac{A_{21}}{A_{12}} \cdot \dfrac{x_2}{x_1}\right)^2} \tag{b}$$

x_1 乘(a)式，x_2 乘(b)式，然后两式相加可得

$$x_1\ln\gamma_1 + x_2\ln\gamma_2 = \frac{A_{12}x_1}{\left(1 + \dfrac{A_{12}}{A_{21}} \cdot \dfrac{x_1}{x_2}\right)^2} + \frac{A_{21}x_2}{\left(1 + \dfrac{A_{21}}{A_{12}} \cdot \dfrac{x_2}{x_1}\right)^2} = \frac{A_{12}A_{21}x_1x_2}{A_{12}x_1 + A_{21}x_2}$$

$$\frac{1}{x_1\ln\gamma_1 + x_2\ln\gamma_2} = \frac{A_{12}x_1 + A_{21}x_2}{A_{12}A_{21}x_1x_2} = \frac{1}{A_{12}x_1} + \frac{1}{A_{21}x_2}$$

两端乘 x_1 可得

$$\frac{x_1}{x_1\ln\gamma_1 + x_2\ln\gamma_2} = \frac{1}{A_{21}} \cdot \frac{x_1}{x_2} + \frac{1}{A_{12}} \tag{c}$$

两端乘 x_2 可得

$$\frac{x_2}{x_2\ln\gamma_2 + x_1\ln\gamma_1} = \frac{1}{A_{12}} \cdot \frac{x_2}{x_1} + \frac{1}{A_{21}} \tag{d}$$

对(c)式和(d)式均为直线方程,斜率分别为$\dfrac{1}{A_{21}}$和$\dfrac{1}{A_{12}}$,截距分别为$\dfrac{1}{A_{12}}$和$\dfrac{1}{A_{21}}$。故根据两条直线所得端值常数可互相校核,获得较可靠的结果。根据实验进行计算,所得有关结果如下。

x_1	0.1	0.2	0.3	0.4	0.5	0.6	0.7	0.8	0.9
$\dfrac{x_1}{x_1\ln\gamma_1 + x_2\ln\gamma_2}$	0.6852	0.7777	0.8519	1.0013	1.2015	1.4387	1.9123	2.6995	5.0703
$\dfrac{x_1}{x_2}$	0.111	0.250	0.429	0.667	1.00	1.500	2.333	4.00	9.00
$\dfrac{x_2}{x_2\ln\gamma + x_1\ln\gamma_1}$	6.1667	3.1099	1.9874	1.5020	1.2015	0.9891	0.8194	0.6704	0.5636
$\dfrac{x_2}{x_1}$	9.00	4.00	2.333	1.500	1.00	0.667	0.429	0.250	0.111

将以下计算结果作图,如图2-8所示。由直线(a)得斜率为0.5612($A_{21} = 1.7819$),截距为0.6290($A_{12} = 1.5898$);由直线(b)得斜率为0.6301($A_{12} = 1.5870$),截距为0.5500($A_{21} = 1.8182$),可得其平均值为

$$A_{12} = \frac{1.5998 + 1.5870}{2} = 1.5884$$

$$A_{21} = \frac{1.7819 + 1.8182}{2} = 1.800$$

2. 用恒沸物数据确定

若双组分系统有恒沸物存在,可根据此恒沸物存在的压力、温度条件求取在恒沸组成下的活度系数γ_1和γ_2。因形成恒沸物时$x_i = y_i$,则(2-58)式为

$$p = \gamma_i p_i^0$$

所以

$$\gamma_1 = \frac{p}{p_1^0}; \qquad \gamma_2 = \frac{p}{p_2^0} \qquad (2-59)$$

饱和蒸气压p_1^0、p_2^0可由恒沸温度查有关手册得到。然后将γ_1、γ_2代入有关方程中就可求出该方程中相应的参数。由于恒沸点是可以精确测得的实验点,且恒沸数据常可以从手册中查到,因此此法不但精度高而且简便。

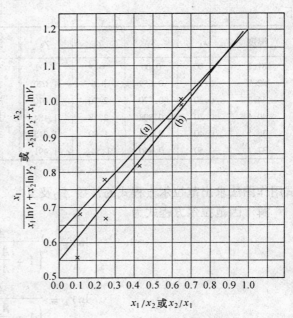

图2-8 范拉尔方程端值常数的求取

用端值常数所求的无限稀释活度系数γ_i^∞值,即使用同一组实验数据而选用不同方程式关联时,所求得的γ_i^∞是不一样的。图2-9为利用不同方程式表达的2-甲基-2-丁烯与N-甲基吡咯烷酮系统的$\gamma_i - x_i$关系。由图可看出在低浓度时,特别是对γ_i^∞来说,计算值与实测值相差较大,而在$x_i > 0.1$时各方程的计算值与实测值相差都不大。因此在要求计算稀溶液的气液平衡关系时,一般不宜使用上述的端值常数和所求的γ_i^∞值。

3. 用液-液互溶数据确定

双组分系统两个液相(Ⅰ相和相Ⅱ)互成平衡时

$$\gamma_1^I x_1^I = \gamma_1^{II} x_1^{II}; \qquad\qquad \gamma_2^I x_2^I = \gamma_2^{II} x_2^{II}$$

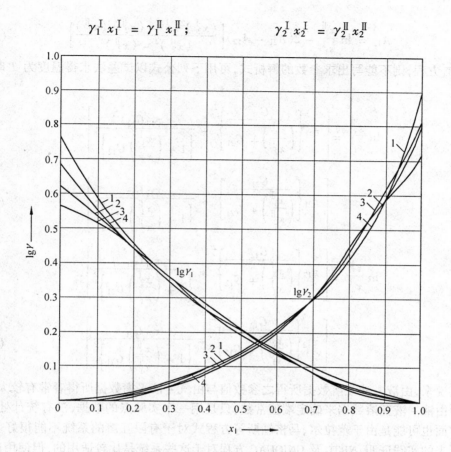

图 2-9 用不同方程式表达 2-甲基-2-丁烯-NMP 系统

1-实测值;2-范拉尔方程式;3-马格靳斯方程式;4-威尔逊方程式

因此可以写出四个活度系数(γ_1^I、γ_1^{II}、γ_2^I、γ_2^{II})与组成 x_i^I、x_i^{II} 的关系式。再加上 $x_1^I + x_2^I = 1$，$x_1^{II} + x_2^{II} = 1$ 共可列出八个方程式，现共有十个未知数(γ_1^I、γ_1^{II}、γ_2^I、γ_2^{II}、x_1^I、x_1^{II}、x_2^I、x_2^{II} 和各方程中的两个参数)，只要测得 x_1^I、x_1^{II} 后，便可求得各方程中的两个参数。对范拉尔方程经处理后可得

$$\frac{A_{12}}{A_{21}} = \frac{\left(\dfrac{x_1^I}{x_2^I} + \dfrac{x_1^{II}}{x_2^{II}}\right)\left[\dfrac{\ln(x_1^{II}/x_1^I)}{\ln(x_2^I/x_2^{II})}\right] - 2}{\left(\dfrac{x_1^I}{x_2^I} + \dfrac{x_1^{II}}{x_2^{II}}\right) - \dfrac{2 x_1^I x_1^{II}}{x_2^I x_2^{II}}\left[\dfrac{\ln(x_1^{II}/x_1^I)}{\ln(x_2^I/x_2^{II})}\right]} \tag{2-60a}$$

$$A_{12} = \frac{\ln(x_1^{II}/x_1^I)}{\left[1 + (A_{12}/A_{21})(x_1^I/x_2^I)\right]^{-2} - \left[1 + (A_{12}/A_{21})(x_1^{II}/x_2^{II})\right]^{-2}} \tag{2-60b}$$

同样,若选用马格勒斯方程,则其端值常数可由下式确定

$$A_{21} - A_{12} = \frac{\ln\left(\dfrac{x_2^{II} x_1^I}{x_1^{II} x_2^I}\right)}{1 + \dfrac{2\left[x_1^I x_2^I(x_1^{II} - x_2^{II}) + x_1^{II} x_2^{II}(x_1^I - x_2^I)\right]}{(x_1^I + x_1^{II})(x_2^I + x_2^{II})}} \tag{2-61a}$$

$$A_{12} = \ln \frac{x_1^{II}}{x_1^{I}} - 2(A_{21} - A_{12}) \left[\frac{(x_2^{I})^2 x_1^{I} - (x_2^{II})^2 (x_1^{II})}{(x_2^{I})^2 - (x_2^{II})^2} \right] \tag{2-61b}$$

若用 NRTL 方程,则不能写出求参数的解析式,可用下列公式以试差法求得温度为 T 时的常数 τ_{12}、τ_{21} 值。

$$\ln \frac{x_1^{II}}{x_1^{I}} = \left[\tau_{21} \left\{ \frac{G_{21}}{\left(\frac{x_1^{I}}{x_2^{I}} \right) + G_{21}} \right\}^2 + \frac{\tau_{12} G_{12}}{\left\{ 1 + \left(\frac{x_1^{I}}{x_2^{I}} \right) G_{12} \right\}^2} \right] -$$

$$\left[\tau_{21} \left\{ \frac{G_{21}}{\left(\frac{x_1^{II}}{x_2^{II}} \right) + G_{21}} \right\}^2 + \frac{\tau_{12} G_{12}}{\left\{ 1 + \left(\frac{x_1^{II}}{x_2^{II}} \right) G_{12} \right\}^2} \right] \tag{2-62a}$$

$$\ln \frac{x_2^{II}}{x_2^{I}} = \left[\tau_{12} \left\{ \frac{G_{12}}{\left(\frac{x_2^{I}}{x_1^{I}} \right) + G_{12}} \right\}^2 + \frac{\tau_{21} G_{21}}{\left\{ 1 + \left(\frac{x_2^{I}}{x_1^{I}} \right) G_{21} \right\}^2} \right] -$$

$$\left[\tau_{12} \left\{ \frac{G_{12}}{\left(\frac{x_2^{II}}{x_1^{II}} \right) + G_{12}} \right\}^2 + \frac{\tau_{21} G_{21}}{\left\{ 1 + \left(\frac{x_2^{II}}{x_1^{II}} \right) G_{21} \right\}^2} \right] \tag{2-62b}$$

一般说来,由液 – 液互溶数据所得之参数值与由气 – 液平衡数据所得者常有较大的差异。这是因为由液 – 液互溶数据来确定端值常数,只是用一个实验点的数据,没有统计处理问题。但另一方面也可能是由于范拉尔、马格勒斯等方程式对于有限互溶的系统不能很好表达的缘故。近年来的实践证明,NRTL 及 UNIQUAC 方程对于这些系统是比较适用的,但使用这些方程时,由互溶度数据确定端值常数都要用试差法。

例 2 – 8 双组分系统乙酸乙酯(1) – 水(2)在 70 ℃时的互溶度为 $x_1^{I} = 0.0109$,$x_1^{II} = 0.7756$,试利用此数据求取 NRTL 方程的参数 τ_{12}、τ_{21},有规特性参数 α_{12} 为 0.2。

解

因为 $\qquad x_1^{I} = 0.0109; \quad x_1^{II} = 0.7756$

所以 $\qquad x_2^{I} = 1 - 0.0109 = 0.9891$

$\qquad\qquad x_2^{II} = 1 - 0.7756 = 0.2244$

$$\frac{x_1^{II}}{x_1^{I}} = \frac{0.7756}{0.0109} = 71.15$$

$$\frac{x_2^{II}}{x_2^{I}} = \frac{0.2244}{0.9891} = 0.2269$$

$$\frac{x_1^{I}}{x_2^{I}} = \frac{0.0109}{0.9891} = 0.01102$$

$$\frac{x_1^{II}}{x_2^{II}} = \frac{0.7756}{0.2244} = 3.456$$

$$\frac{x_2^{\text{I}}}{x_1^{\text{I}}} = \frac{1}{0.01102} = 90.74$$

$$\frac{x_2^{\text{II}}}{x_1^{\text{II}}} = \frac{1}{3.456} = 0.2894$$

代入式(2－63a)和式(2－63b)可得

$$\ln 71.15 = \left[\tau_{21}\left(\frac{\exp(-0.2 \times \tau_{21})}{0.01102 + \exp(-0.2 \times \tau_{21})} \right)^2 + \frac{\tau_{12}\exp(-0.2 \times \tau_{12})}{(1 + 0.01102\exp(-0.2 \times \tau_{12}))^2} \right] -$$

$$\left[\tau_{21}\left(\frac{\exp(-0.2 \times \tau_{21})}{3.456 + \exp(-0.2 \times \tau_{21})} \right)^2 + \frac{\tau_{12}\exp(-0.2 \times \tau_{12})}{(1 + 3.456\exp(-0.2 \times \tau_{12}))^2} \right]$$

$$\ln 0.2269 = \left[\tau_{12}\left(\frac{\exp(-0.2 \times \tau_{12})}{90.74 + \exp(-0.2 \times \tau_{12})} \right)^2 + \frac{\tau_{21}\exp(-0.2 \times \tau_{21})}{(1 + 90.74\exp(-0.2 \times \tau_{21}))^2} \right] -$$

$$\left[\tau_{12}\left(\frac{\exp(-0.2 \times \tau_{12})}{0.2894 + \exp(-0.2 \times \tau_{12})} \right)^2 + \frac{\tau_{21}\exp(-0.2 \times \tau_{21})}{(1 + 0.2894\exp(-0.2 \times \tau_{21}))^2} \right]$$

应用试差法,由上述两式可求得

$$\tau_{12} = 0.030; \qquad \tau_{21} = 4.52$$

四、活度系数与压力、温度的关系

由(2－2)式可得

$$\ln a_i = \frac{1}{RT}(\mu_i - \mu_i^0)$$

在恒温及恒组成下将上式对压力求导

$$\left(\frac{\partial \ln a_i}{\partial p} \right)_{T,x} = \frac{1}{RT}\left[\left(\frac{\partial \mu_i}{\partial p} \right)_{T,x} - \left(\frac{\partial \mu_i^0}{\partial p} \right)_{T,x} \right]$$

由热力学可知

$$\left(\frac{\partial \mu_i}{\partial p} \right)_{T,x} = \overline{V}_i; \qquad \left(\frac{\partial \mu_i^0}{\partial p} \right)_{T,x} = V_i$$

式中 $\overline{V}_i$、V_i——分别为 i 组分的偏摩尔体积和摩尔体积。

又因 $a_i = \gamma_i x_i$,所以可得

$$\left(\frac{\partial \ln a_i}{\partial p} \right)_{T,x} = \left(\frac{\partial \ln \gamma_i}{\partial p} \right)_{T,x} = \frac{1}{RT}(\overline{V}_i - V_i)$$

若知道 $\overline{V}_i - V_i$ 与 p 的函数关系,即可由上式计算活度系数随压力的改变值。对液体来说,在一定压力变动范围内,可认为 $\overline{V}_i - V_i$ 为常数,故得

$$\left(\ln \frac{\gamma_2}{\gamma_1} \right)_{T,x} = \frac{1}{RT}\int_{p_1}^{p_2}(\overline{V}_i - V_i)\mathrm{d}p = \frac{\overline{V}_i - V_i}{RT}(p_2 - p_1) \qquad (2-63)$$

对液相($\overline{V}_i - V_i$)远小于 RT 值,故一般计算中常可合理的假定液体的活度系数不随压力而变化。

温度对活度系数的影响,在威尔逊方程、NRTL、UNIQUAC 和 UNIFAC 模型中都有所体现,所以应用这些模型时不需要计算温度对 γ_i 的影响。但对伍耳型各方程式,严格来说只能表达恒温下的 γ_i 与 x_i 的关系。当两个组分的沸点相差不大时,由实测气液平衡数据回归所得的方

程式参数实为在一定温度范围内的一个平均值。使用时只要在此温度范围内就可以不再考虑温度的影响。但若给定的温度在实测温度范围以外时就应考虑温度的影响。

根据(2-2)式
$$\ln a_i = \frac{1}{RT}(\mu_i - \mu_i^0)$$

当压力和液相组成恒定时,活度系数 γ_i 随温度 T 的变化可导出

$$\left(\frac{\partial \ln \gamma_i}{\partial T}\right)_{p,x} = \left(\frac{\partial \ln a_i}{\partial T}\right)_{p,x} = \frac{1}{R}\left[\frac{\partial}{\partial T}\left(\frac{\mu_i}{T} - \frac{\mu_i^0}{T}\right)\right]_{p,x}$$

由热力学可知
$$\frac{\partial}{\partial T}\left(\frac{\mu_i}{T}\right)_{p,x} = \frac{-\overline{H}_i}{T^2}; \qquad \frac{\partial}{\partial T}\left(\frac{\mu_i^0}{T}\right)_{p,x} = \frac{-H_i}{T^2}$$

所以
$$\left(\frac{\partial \ln \gamma_i}{\partial T}\right)_{p,x} = \left(\frac{\partial \ln a_i}{\partial T}\right)_{p,x} = -\frac{(\overline{H}_i - H_i)}{RT^2} \tag{2-64}$$

式中　$\overline{H}_i$——溶液中组分 i 的偏摩尔焓;

H_i——纯组分 i 的摩尔焓。

由于目前 $(\overline{H}_i - H_i)$ 的数据积累的还不多,按(2-64)式计算温度对 γ_i 的影响实际困难还不少。若溶液可看做正规溶液(当各组分相混合形成溶液时,组分间完全无规则地混合且总体积不变的溶液),可根据热力学推导得出下列关系

$$RT\ln\gamma_i = 常数 \tag{2-65}$$

此时,$\ln\gamma_i$ 与 $1/T$ 成正比,所以在无 $(\overline{H}_i - H_i)$ 数据时,常假设溶液为正规溶液按式(2-65)估算温度对活度系数的影响。

第二节　三元系气液平衡相图

在第一章中对二元气液平衡相图的各种类型作了介绍,本节着重讨论三元气液平衡相图的特点。对于三元系,根据相律知,在单相时的最大自由度为

$$F = C - \pi + 2 = 3 - 1 + 2 = 4$$

当处理恒压或恒温下的物系时,其最大自由度为 $4-1=3$。显然,用二元系的平面坐标已经不能完全描述,而必须应用三维空间坐标。通常使用三棱柱体,柱高表示温度(恒压图)或压力(恒温图),底面正三角形表示组成。底面除用正三角形外,也可用直角三角形。

图 2-10(a)是水-甲酸-醋酸三元系在 0.101 MPa 下的恒压图。三棱柱体的三个面是相应的二元系相图,实线为液相线,虚线为气相线。可看出在水-甲酸系统有一最高恒沸点存在。对三元系统,当气液两相共存时,在恒压(或恒温)时,自由度为2,即有两个独立变量,所以在相图中就表现为气相面与液相面(二元系气液平衡自由度为1,表现为气相线与液相线)。图 2-10(b)画出这些面的立体图像,有些像一座山的山脊。在液相面上的任一点,它的组成可由在底面三角形的投影读出,高度即温度,也就是该组成的液体沸点(泡点)。在气相面上的任一点,它的高度则为相应组成的气相的露点。在液相面与气相面的中间,是一个两相共存区,处于其中的任一点都将分为相互平衡的气液两相。

图 2－10 所表达的立体相图使用不便,实际多用下列两种平面图。

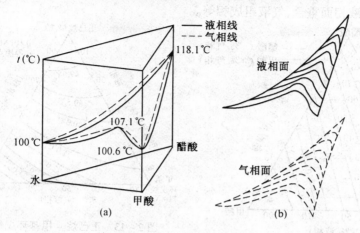

图 2－10 水－甲酸－醋酸三元系在 0.101 MPa 下的恒压相图

1. 沸点－液相组成图

见图 2－11(a),正三角形坐标上表达的是液相组成,图中的线为等沸点线。它实际上是图 2－11(b)中液相面上的等温线在底面上的投影。利用此图可方便地读得不同组成液体的沸点或泡点。由图还可明显看出水－甲酸二元系有最高恒沸点,以及三元系中有一条脊线。

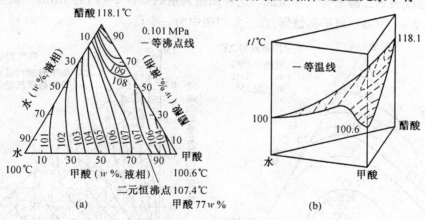

图 2－11 水－甲酸－醋酸三元系的沸点－液相组成图

2. 气液组成图

见图 2－12,正三角形坐标同样表达液相组成,图中的各线则为等气相组成线,实线代表甲酸组成,虚线代表醋酸组成。例如 L 点,液相组成可从坐标读出水为 50%、甲酸 15%、醋酸 35%,相应的气相组成从实线上读出为甲酸 10%,从虚线上读出为醋酸 30%,水不言而喻是 60%,均为质量分数。

由于构成三元物系各组分的性质不同,所构成的相图类型也不同。图 2－13 是正己烷－甲基环戊烷－苯三元系的沸点－液相组成图,由图可见,三个二元系都没有恒沸点。图 2－14 是醋酸－苯－环己烷三元系的沸点－液相组成图,其中醋酸－苯、醋酸－环己烷两个二元系没有恒沸点,而苯－环己烷则有一最低恒沸点。此外,在图上还标明有一个三元最低恒沸点,在此点上,气相面与液相面重合,气液组成相等。

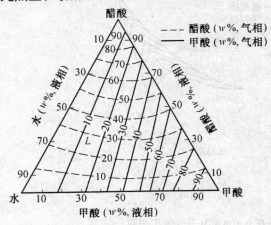

图 2 - 12　水 - 甲酸 - 醋酸三元系的气液组
成图

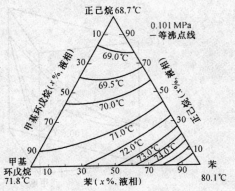

图 2 - 13　正己烷 - 甲基环戊烷 - 苯三元系的
沸点 - 液相组成图

图 2 - 15 为 0.101 MPa 下甲醇(A) - 乙醇(B) - 水(C)的气液组成图,图中的实线表示甲醇的等气相组成,虚线表示乙醇的等气相组成。这种图需大量的如表 2 - 1 所列出的平衡实验数据才能绘制。表 2 - 1 中每一组平衡数据,在三角相图中为一个点。

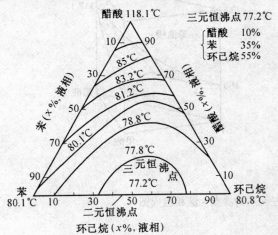

图 2 - 14　醋酸 - 苯 - 环己烷三元系的沸点 -
液相组成图

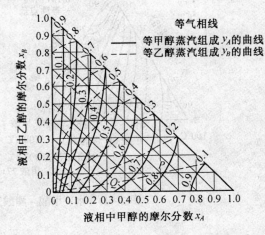

图 2 - 15　甲醇 - 乙醇 - 水系平衡图

根据图 2 - 15 固定甲醇的液相组成 x_A,可读得乙醇的液相组成 x_B 和与之对应的乙醇气相组成 y_B,将此 x_B 与 y_B 在直角坐标系作图可得图 2 - 16 所示的甲醇(A) - 乙醇(B) - 水(C)物系在 0.101 MPa、不同甲醇浓度下,乙醇的气液平衡曲线($x_B \sim y_B$)。同理,固定乙醇的液相组成 x_B,可绘得不同乙醇浓度下,甲醇的气液平衡曲线($x_A \sim y_A$ 曲线),如图 2 - 17 所示。利用此两张图可读得 R 点的坐标为 $x_A = 0.15$,$x_B = 0.2$,$y_A = 0.335$,$y_B = 0.365$。

表 2 – 1　甲醇 – 乙醇 – 水的气液平衡数据 0.101 kPa

序号	液相组成 /x%			气相组成 /x%		
	甲醇（x_A）	乙醇（x_B）	水（x_C）	甲醇（x_A）	乙醇（x_B）	水（x_C）
1	10.6	51.7	37.7	18.3	57.3	24.4
5	60.8	12.2	27.0	77.9	11.9	10.2
8	12.1	24.2	63.7	31.3	40.8	27.9
12	4.4	48.2	47.4	7.4	63.0	29.6
27	29.4	3.6	67.0	64.7	9.0	26.3
31	3.0	9.6	87.4	17.2	39.8	43.0
35	6.1	3.3	90.6	39.0	15.1	45.9
40	88.5	10.0	1.5	93.8	5.7	0.5

　　对三元部分互溶系统的气液平衡相图,通常也是采用上述两种平面图来表示。图 2 – 18 是醋酸(A) – 水(B) – 醋酸乙烯酯(C)三元物系的沸点液相组成图。由图可见水(B)与醋酸乙烯酯(C)是一个部分互溶的二元系,虚线表示在给定压力下该系统处于沸点时的溶解度曲线,虚线以内是三元部分互溶区,为两个液相与一个气相共存。在虚线外的物系,其液相为均相。图中各线表示在给定压力下的等沸点线。图 2 – 19 是相应的气液组成图,图中各线为等气相组成线。

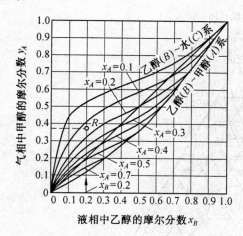

图 2 – 16　甲醇 – 乙醇 – 水系(0.101 MPa) 的 y_B – x_B 曲线

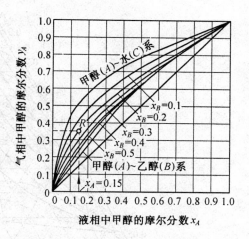

图 2 – 17　甲醇 – 乙醇 – 水系(0.101 MPa)的 y_A – x_A 曲线

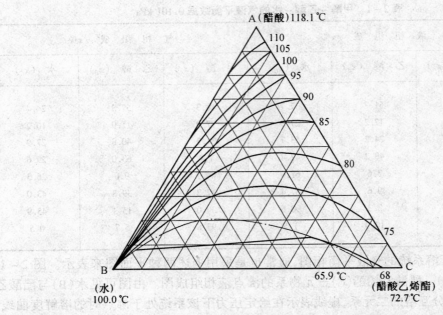

图 2 – 18　醋酸(A) – 水(B) – 醋酸乙烯酯(C)三元系的沸点组成图
（0.101 MPa）

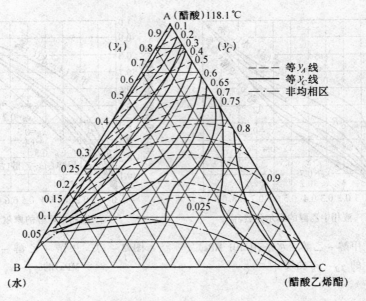

图 2 – 19　醋酸(A) – 水(B) – 醋酸乙烯酯(C)三元系的气液组
成图

第三节　萃取精馏及其计算

萃取精馏过程需选择一萃取剂加入到欲分离的混合液中,由于它与各组分的作用不同,而改变了原组分间的相对挥发度,致使采用普通的精馏方法在技术上可行,经济上合理。加入萃取剂后所形成的溶液为非理想溶液,所以萃取精馏是多组分非理想溶液的精馏。它将比一般的多组分精馏的设计计算更为复杂。

在丁烯与丁二烯分离过程中,丁烯在常压下的沸点为 $-6.5\ ℃$,丁二烯在常压下的沸点为 $-4.5\ ℃$,丁烯对丁二烯的相对挥发度为 1.029,当进料中 $x = 0.5$,欲使丁烯和丁二烯二产品的浓度均能等于99%时,采用普通的精馏方法,需要的最小回流比为65.3,最少理论板数为318块。若采用乙腈为萃取剂,当乙腈在溶液中的浓度为 0.8 时,丁烯对丁二烯的相对挥发度为1.79,按上述分离要求,最小回流比为 2.46,最少理论板数只需 14.7 块。由此可看出,采用萃取精馏时使分离变得很容易进行。

一、萃取精馏的基本原理

为使问题得以简化,下面以组分 1、组分 2 和溶剂 P 所组成的三组分溶液为例进行讨论。由三组分系统的马格勒斯方程式(2-30)可以得出

$$\ln\left(\frac{\gamma_1}{\gamma_2}\right)_P = A_{21}(x_2 - x_1) + x_2(x_2 - 2x_1)(A_{12} - A_{21}) +$$

$$x_P[A_{1P} - A_{P2} + 2x_1(A_{P1} - A_{1P}) -$$

$$x_P(A_{2P} - A_{P2}) - C(x_2 - x_1)] \qquad (2-66)$$

若三个双组分溶液均属非对称性不大的系统,各组分之间的相互作用可以忽略 $C = 0$,并以 $A'_{12} = \frac{1}{2}(A_{12} + A_{21})$ 代替 A_{12} 及 A_{21};$A'_{1P} = \frac{1}{2}(A_{1P} + A_{P1})$ 代替 A_{1P} 及 A_{P1};$A'_{2P} = \frac{1}{2}(A_{2P} + A_{P2})$ 代替 A_{2P} 及 A_{P2},则式(2-66)成为

$$\ln\left(\frac{\gamma_1}{\gamma_2}\right)_P = A'_{12}(x_2 - x_1) + x_P(A'_{1P} - A'_{2P}) =$$

$$A'_{12}(1 - x_P)(1 - 2x'_1) + x_P(A'_{1P} - A'_{2P}) \qquad (2-67)$$

式中　$\lg\left(\dfrac{\gamma_1}{\gamma_2}\right)_P$——表示在溶剂 P 的存在下,组分 1 和 2 的活度系数之比;

$x'_1 = \dfrac{x_1}{x_1 + x_2}$——称为组分 1 的脱溶剂基浓度,或称相对浓度。

因为当系统在常压时,组分 1 对组分 2 的相对挥发度可表示为

$$\alpha_{12} = \frac{K_1}{K_2} = \frac{P_1^0 \gamma_1}{P_2^0 \gamma_2}$$

故由上式和式(2-67)可得

$$\ln\alpha_P = \lg\left(\frac{P_1^0}{P_2^0}\right)_{T_3} + A'_{12}(1 - x_P)(1 - 2x'_1) + x_P(A'_{1P} - A'_{2P}) \qquad (2-68)$$

式中 α_P——表示在 P 的存在下,组分 1 对组分 2 的相对挥发度;

T_3——三元系的沸点。

当 $x_P = 0$ 时,即在未加入溶剂时原双组分溶液为

$$\ln\left(\frac{\gamma_1}{\gamma_2}\right) = A'_{12}(1 - 2x_1) \tag{2-69}$$

故

$$\ln\alpha = \ln\left(\frac{P_1^0}{P_2^0}\right)_{T_2} + A'_{12}(1 - 2x_1) \tag{2-70}$$

式中 α——表示无溶剂时组分 1 对组分 2 的相对挥发度;

T_2——双组分物系的沸点。

若 $\left(\dfrac{P_1^0}{P_2^0}\right)$ 与温度变化的关系不大,则由式(2-68)与(2-70)可知,此时因 $x_1 = x'_1$,可得出

$$\ln\left(\frac{\alpha_P}{\alpha}\right) = (1 - x_P - 1)A'_{12}(1 - 2x'_1) + x_P(A'_{1P} - A'_{2P}) =$$

$$x_P[A'_{1P} - A'_{2P} - A'_{12}(1 - 2x'_1)] =$$

$$x_P\left[A'_{1P} - A'_{2P} - A'_{12}\left(\frac{x_2 - x_1}{x_2 + x_1}\right)\right] \tag{2-71}$$

通常把 $\dfrac{\alpha_P}{\alpha}$ 称为溶剂 P 的选择性。它是衡量溶剂效果的一个重要标志。

当二元组分所构成的溶液为理想溶液时,由于 $\ln\alpha = \ln\left(\dfrac{P_1^0}{P_2^0}\right)$,所以从(2-70)式不难看出,其中的 $A'_{12}(1 - 2x_1)$ 项,表达了该二元组分所构成的溶液与理想溶液的偏离程度。它既与组分 1 和 2 的物性有关(用 A'_{12} 表示),也与组分的浓度有关(用 x_1 表示)。

由(2-71)式可以看出,原溶液加入溶剂后,溶剂的选择性不仅决定于溶剂的性质和浓度,而且也和原溶液的性质及浓度有关。要使溶剂在任何 x'_1 值时均能有增大原溶液组分的相对挥发度的能力,就必须是使

$$A'_{1P} - A'_{2P} - |A'_{12}| > 0 \tag{2-72}$$

要满足(2-72)式,必须 $A'_{1P} - A'_{2P} > 0$,也就是说,所选的溶剂 P 应与塔顶组分(组分 1)形成具有正偏差的非理想溶液($A'_{1P} > 0$),且正偏差越大越好;而溶剂 P 与塔釜组分(组分 2)应形成负偏差溶液($A'_{2P} < 0$),且负偏差越大越好,或形成理想溶液($A'_{2P} = 0$)也可,但不希望形成正偏差溶液。

$A'_{1P} - A'_{2P} > 0$ 只是(2-72)式成立的必要条件,但并非充分条件。由(2-71)式可看出,加入溶剂后组分 1 和组分 2 相对挥发度的变化,还与组分 1 和组分 2 的性质(A'_{12})和浓度有关,现讨论如下。

(1) 当组分 1 和组分 2 形成正偏差溶液时($A'_{12} > 0$)

由(2-71)式可知,在组分 1 的浓度高区($x_1 > x_2$ 或 $1 - 2x'_1 < 0$)有利,可使选择性增大;而在组分 1 的浓度低区($x_1 < x_2$ 或 $1 - 2x'_1 > 0$),不利于选择性的增大,有时甚至会使选择性降低,使分离变得比无溶剂存在时更加困难,如图 2-20 和图 2-21 所示。

(2) 当组分 1 和组分 2 形成负偏差溶液区($A'_{12} < 0$)

由(2-71)式可知,此时在组分 1 的浓度低区($x_1 < x_2$ 或 $1 - 2x'_1 > 0$)有利,可使选择性增

大，而在组分 1 的浓度高区（$x_1 > x_2$ 或 $1 - 2x'_1 < 0$），则不利于选择性增大，如图 2-22 所示。甚至会使选择性降低，使分离变得比无溶剂存在时更加困难。

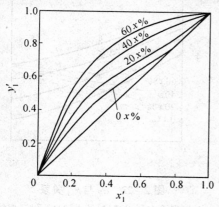

图 2-20　不同水浓度下，丙酮和甲醇
的平衡曲线
x'_1, y'_1—丙酮的相对浓度

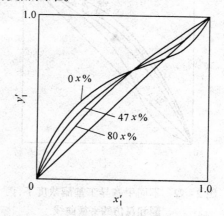

图 2-21　不同甲苯浓度下，甲乙酮及庚
烷的气液平衡关系
x'_1, y'_1—甲乙酮的相对浓度

如果由图 2-20 和图 2-22 把不同溶剂浓度下 α_P 与 x'_1 的关系绘制成图，如图 2-23 所示。由图可看出，当无溶剂存在时，在原二元系的相对挥发度大的浓度范围内，溶剂对其相对挥发度的作用较小，反之，在无溶剂存在时，对相对挥发度小的那个区域，溶剂对其相对挥发度的作用较大。这是因为当无溶剂存在时，温度固定后，α 值的大小由 $A'_{12}(1 - 2x)$ 所决定，加入溶剂后，相对挥发度增大的程度，是由 (2-71) 式中减去 $A'_{12}(1 - 2x'_1)$ 值来决定，所以 (2-70) 式中的 $A'_{12}(1 - 2x_1)$ 值越大（使 α 值越大），则将使 (2-71) 式中的 $\dfrac{\alpha_P}{\alpha}$ 值越小，即溶剂对其相对挥发度的作用也越小。

进一步分析讨论 (2-68) 式，就可看出在溶剂存在下，影响组分 1 对组分 2 的相对挥发度变化的原因为：

1. $x_P(A'_{1P} - A'_{2P})$ 项的作用

$x_P(A'_{1P} - A'_{2P})$ 项是代表由于溶剂与两个组分的相互作用不同，而使组分 1 和组分 2 的相对挥发度有所改变。所以希望 $(A'_{1P} - A'_{2P})$ 值越大越好，且随溶剂浓度 x_P 的增大对 α_P 影响也越大。

对原溶液中两组分的沸点相差不大，且接近于理想溶液（A'_{12} 近于零）的系统，为了加入溶剂后能使 α_P 增加主要应考虑由 $x_P(A'_{1P} - A'_{2P})$ 项作用的结果。

2. $A'_{12}(1 - x_P)(1 - 2x'_1)$ 项的作用

由 (2-70) 式可知，$A'_{12}(1 - 2x_1)$ 项是反映了原溶液偏离理想溶液的程度，即代表原溶液的非理想性的大小。因此，(2-68) 式的 $A'_{12}(1 - x_P)(1 - 2x'_1)$ 项则表示加入溶剂后，原溶液非理想性降低的程度。溶剂的浓度 x_P 越大，原溶液的非理想性降低越多。这可认为，由于溶剂的大量加入，使原溶液中组分 1 和组分 2 间的作用，因溶剂分子大量存在而减弱，使原溶液的非理想性下降。可以认为此时溶剂是起到稀释作用，使原有的两组分的相互作用减弱。当 $x_P \rightarrow 1$ 时，$A'_{12}(1 - x_P)(1 - 2x'_1) \rightarrow 0$。

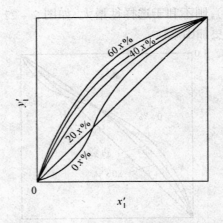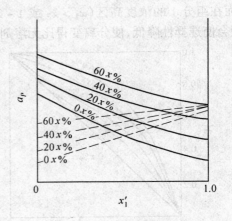

图2-22　不同甲基异丁基酮浓度下,丙
酮和氯仿的平衡曲线
x'_1,y'_1—丙酮的相对浓度

图2-23　α_P 与 x'_1 关系
实线为丙酮(1)、甲醇(2)及水(3)的系统;虚线
为丙酮(1)、氯仿(2)及甲基异丁基酮(3)的系统

对原溶液中两组分的沸点相差较大,而所形成的二元溶液的非理想性很强(如恒沸物)的物系,如果使溶剂的浓度 x_P 足够大,即使 $(A'_{1P} - A'_{2P}) \not> 0$,也有可能使 α_P 增大。此时溶剂所起的有效作用主要是稀释作用。

最后,应当指出的是,以上所讨论的都是基于对称系统的假定。如果不符合所给定的这一假定,只不过是所算得的相对挥发度以及表示各因素相对大小的数值与真值有所差异,而其规律是存在的。

二、萃取剂的选择

萃取精馏能否实现,其经济效益如何,萃取剂的选择是个关键性的问题。一般来说,对萃取剂的要求是:

(1) 能使原有组分的相对挥发度按所希望的方向改变,并有高的选择性。

(2) 易于从被分离的混合物中得到回收,即不与原有组分起化学反应,不形成恒沸物,并应与原有组分有一定的沸点差等。

(3) 具有适宜的物性,例如对被分离组分的溶解度要大,不致在塔板上产生分层现象。粘度、比重、表面张力、比热等影响板效率和热量消耗的各种物性值,对经济指标也有较大的影响。

(4) 使用要安全、无毒,对设备不腐蚀,热稳定性好,价格低廉,来源丰富等。

在上述要求中,(2)~(4)各项均属一般的工艺要求,而首要的是应符合要求(1)。为此,应对原系统的性质加以研究,然后再对可能的溶剂进行筛选。目前,萃取剂主要通过试验来进行选择,下面介绍选择萃取剂的一些方法。

1. 实验方法

通过实验,测定在萃取剂存在下的气液平衡数据是最准确的选择方法,但实验次数多、操作繁琐。常以等克分子的被分离组分混合液中加入等质量的萃取剂(例如混合液和萃取剂各为 100 g)相混合后,通过实验方法测定气液两相的平衡组成,并计算其相对挥发度 α_P。

$$\alpha_P = \frac{\gamma_1 x_2}{\gamma_2 x_1} = \frac{\gamma_1 P_1^0}{\gamma_2 P_2^0}$$

α_P 值越大,说明其选择性越强。如以 C_4 组分的分离为例,不同溶剂的选择性如表 2-2 所示。

表 2-2　C_4 组分在不同溶剂中的相对挥发度 α_P(0.101 MPa,40 ℃)

组　分	沸　点 /℃	无溶剂时各组分对丁二烯的相对挥发度 α	加丙酮的 α ①	加糠醛的 α ②	加乙腈的 α ③	加入 D.M.F 的 α ④
异丁烷	-11.7	1.20	3.00	2.8	2.79	
异丁烯	-6.6	1.08	1.65	1.55	1.67	2.3
丁烯-1	-6.5	1.03	1.55	1.50	1.67	2.34
丁二烯	-4.5	1.00	1.00	1.00	1.00	1.00
正丁烷	-0.5	0.86	2.10	2.00	2.25	2.2
反丁烯-2	-0.3	0.84	1.40	1.21	1.43	1.96
顺丁烯-2	3.7	0.78	1.28	1.13	1.36	1.44

注: ① 97% 丙酮 +3% 水;

② 96% 糠醛 +4% 水;

③ 80% 乙腈 +20% 水;

④ 二甲基亚砜 50% + 二甲基甲酰胺 50%。

2. 应用三组分系统活度系数方程式计算

根据要求 α_P 应大于 1,故在溶剂存在下,应使 $\frac{\gamma_1}{\gamma_2} > \frac{P_2^0}{P_1^0}$。而 $\frac{\gamma_1}{\gamma_2}$ 的关系式可由(2-68)式确定。

$$\ln\left(\frac{\gamma_1}{\gamma_2}\right)_P = A'_{12}(x_2 - x_1) + x_P(A'_{1P} - A'_{2P})$$

由式中可知,两个双组分系统的端值常数差值($A'_{1P} - A'_{2P}$)越大,则 α_P 越大。可把此作为选择溶剂的基准。另外,溶剂浓度越大,$\frac{\gamma_1}{\gamma_2}$ 越大,但 x_P 过大,增加萃取精馏的设备投资和操作费用,一般取 $x_P = 0.6 \sim 0.8$。

3. 按溶剂溶解度的大小

溶剂溶解度的大小,直接影响萃取剂的用量、动力和热量的消耗。仍以 C_4 组分为例,不同溶剂的溶解度见表 2-3。

表 2-3　不同溶剂对 C_4 组分的溶解度

溶　剂	沸点/℃	溶解度常数　/%				选　择　性		
		1*	2*	3*	4*	2/1	4/2	4/3
二甲基甲酰胺	154	16.5	35.5	24.6	83.4	2.2	2.4	3.4
N-甲基吡咯烷酮	208	16	33.9	23.1	83	2.1	2.5	3.6
糠　醛	161.6	12	25.5	21.8	45.8	2.1	1.8	2.1
乙　腈	81.6	13.3	30	27.7	70.2	1.5	1.6	1.9

注: 1-丁烷;2-正丁烯;3-异丁烯;4-丁二烯。

4. 从同系物中选择

按前所述，希望所选的萃取剂应该是与塔釜产品形成具有负偏差的非理想溶液或理想溶液。与塔釜产品形成理想溶液的萃取剂容易选择，一般可由同系物或性质接近的物料中选取。而萃取剂与塔顶产品 1 希望形成具有正偏差的非理想溶液，且正偏差越大越好。例如丙酮（以组分 1 表示）沸点为 56.4 ℃，甲醇（以组分 2 表示）沸点为 64.7 ℃。丙酮与甲醇溶液具有最低恒沸点为 55.7 ℃，$x_1 = 0.8$。如用萃取精馏分离时，萃取剂可有两种类型，见表 2 - 4。一种是从甲醇同系物中选，此时，塔顶蒸出丙酮，塔釜排出甲醇和萃取剂（甲醇同系物）。另一种可从丙酮的同系物中选取，此时，塔顶蒸出甲醇，塔釜排出丙酮及萃取剂（丙酮同系物）。如用丙酮的同系物作萃取剂时，该萃取剂要克服原溶液中沸点差异，使沸点低的丙酮与萃取剂一起由塔釜排出，这不如选用甲醇的同系物有利。

表 2 - 4　两种类型的萃取剂

醇类同系物	沸　点 /℃	酮类同系物	沸　点 /℃
乙　醇	78.3	甲基正丙基丙酮	102.0
丙　醇	97.2	甲基异丁基丙酮	115.9
丁　醇	117.8	甲基正戊基丙酮	150.6
戊　醇	137.8		
乙 二 醇	197.2		

三、萃取精馏的流程

萃取精馏装置的典型流程如图 3 - 24 所示，主要设备是萃取精馏塔。由于溶剂的沸点高于原溶液各组分的沸点，所以它总是从塔釜排出的。为了在塔的绝大部分塔板上均能维持较高的溶剂浓度，溶剂加入口一定要在原料进入口以上。但一般情况下，它又不能从塔顶引入，因为溶剂入口以上必须还有若干块塔板，组成溶剂回收段，以便使馏出物从塔顶引出以前能将其中的溶剂浓度降到可忽略的程度。溶剂与重组分一起自萃取精馏塔底部引出后，送入溶剂回收装置。一般用蒸馏塔将重组分自溶剂中蒸出，并送回萃取精馏塔循环使用。一般，整个流程中溶剂的损失是不大的，只需添加少量新鲜溶剂补偿即可。

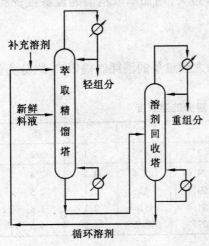

图 2 - 24　萃取精馏装置流程示意图

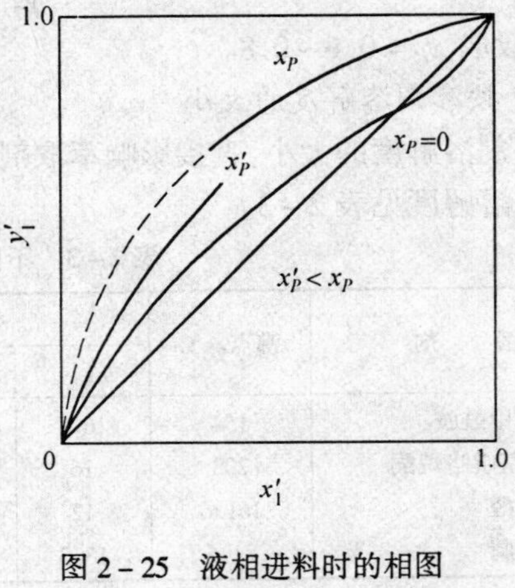

图 2 - 25　液相进料时的相图

通常原料均用气相加料,这样精馏段与提馏段中的溶剂浓度大致相等。若原料以液相加入萃取精馏塔,则提馏段中溶剂浓度将会因料液的加入而变得比精馏段低。在相图上则表现为不连续的平衡曲线,如图2-25所示。所以,当液相进料时,除在溶剂加入板加入溶剂外,常将部分溶剂随料液一起加入,使提馏段的溶剂浓度提到与精馏段相等,如图2-25中的虚线所示,以维持塔内溶剂浓度基本恒定。

如前所述,有些系统在某一区域浓度范围内,加入溶剂可提高其相对挥发度,而在另一区域浓度范围内,加入溶剂反而降低了相对挥发度。此时,可采用在萃取精馏塔的某个中间部位采出物料的办法,其原理流程如图2-26所示。从萃取精馏塔中间引出的物料送入溶剂回收塔,蒸出的馏出液再送回萃取精馏塔的中部。回收塔的釜液为循环的溶剂,这样可使萃取精馏塔的下部在没有溶剂存在下进行分离。

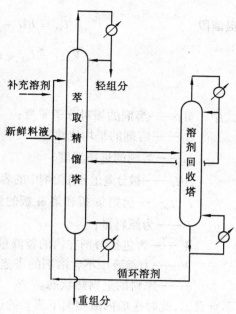

图2-26 中间采出溶剂的萃取精馏流程

四、萃取精馏塔的特点

萃取精馏和一般的精馏不同,进入塔内的物料除原料和回流外尚有溶剂,而且溶剂的流率又往往大大地超过其他物料的流率。因此,萃取精馏塔有许多不同于一般精馏的特点。萃取精馏塔的一些特点可以通过物料衡算和热量衡算来反映。

1. 在溶剂加入板物料流率有突变

由于溶剂总是以液态加入的,故在溶剂加入板液体流率必然有突变。如假定塔内各段为恒摩尔流且溶剂为不挥发性物质,则回收段和精馏段的气、液相量分别为

回收段 $\quad V^{'} = (R+1)D;\qquad L^{'} = RD$

精馏段 $\quad V = (R+1)D;\qquad L = RD + P = L^{'} + P$

可见,当加入的溶剂温度等于塔内温度时,精馏段与回收段的气相量没有变化,而液相量则相应增加相当于溶剂的数量。

当溶剂温度低于塔内温度时,由于溶剂沿塔高向下流动时,温度逐渐升高,这就需要有一定量的蒸气冷凝,以补偿溶剂升温所需要的热量,使内回流增大。此时精馏段上任一塔板的气、液相流率,可参阅图2-27,由物料衡算可得

$$L_n = RD + P + \frac{PM_P C_P (t_n - t_p)}{\Delta H_V}$$

$$V_{n+1} = L_n + D - P =$$

$$RD + D + \frac{PM_P C_P (t_n - t_P)}{\Delta H_V}$$

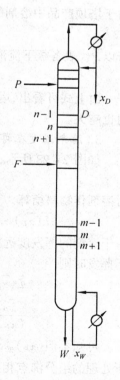

图2-27 萃取精馏塔
塔板序号

提馏段
$$\overline{L}_m = RD + P + qF + \frac{PM_PC_P(t_m - t_P)}{\Delta H_V}$$

$$\overline{V}_{m+1} = \overline{L}_m - W' = \overline{L}_m - (W + P) =$$

$$RD + qF - W + \frac{PM_PC_P(t_m - t_P)}{\Delta H_V}$$

式中　M_P——溶剂的相对分子质量；

$\quad\quad C_P$——溶剂的平均比热容；

$\quad\quad t_P$——溶剂的进塔温度；

$\quad\quad \Delta H_V$——被分离组分在溶剂中的溶解热,当混合热可忽略时,即等于气相组成的蒸发潜热；

$\quad\quad t_n$、t_m——为第 n 板和第 m 板的温度；

$\quad\quad F$——为原料量；

$\quad\quad W'$——为包括溶剂在内的釜液量；

$\quad\quad W$——为釜液中不含溶剂的塔釜产品量；

$\quad\quad q$——原料的进料热状态。

不难看出,此时在塔内液相向下流动的过程中,随温度不断升高而气、液相量将随之增大。

2. 溶剂量在塔内的变化

若对溶剂做物料衡算,可得

$$V_{n+1}(y_P)_{n+1} + P = L_n(x_P)_n + D(x_P)_D$$

由于塔顶产品中溶剂的含量很低,若 $(x_P)_D \approx 0$ 时,则上式成为

$$V_{n+1}(y_P)_{n+1} + P = L_n(x_P)_n$$

若以 $\overline{P}$ 代表各板下流液体中溶剂的流率,则

$$\overline{P}_n = L_n(x_P)_n = P + V_{n+1}(y_P)_{n+1}$$

由上式可看出,塔内各板下流的溶剂量均大于溶剂的加入量,且溶剂的挥发性越大,其差值也越大。

3. 溶剂浓度在再沸器内发生跃升

如图 2 - 28 所示,作再沸器的物料衡算可得

$$\overline{L} = \overline{V} + P + W$$

对溶剂作物料衡算

$$\overline{L}(\overline{x_P}) = \overline{V}(y_P)_W + (P + W)(x_P)_W$$

由于溶剂的挥发度远比所处理的物料挥发度低,当把溶剂看做不挥发时则

$$\overline{L}(\overline{x_P}) = (P + W)(x_P)_W$$

$$\frac{\overline{x_P}}{(x_P)_W} = \frac{P + W}{\overline{L}} = \frac{P + W}{\overline{V} + P + W}$$

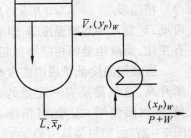

图 2 - 28　再沸器的物料关系图

可知不但 $(x_P)_W > \overline{x_P}$,且相差较大,所以由于溶剂沸点与所处理的组分沸点相差较大,挥发度较小,在再沸器中溶剂浓度将有一跃升,致使再沸器的温度比塔底最下板的温度增加较大。

4. 萃取精馏塔内溶剂的浓度 x_P

在萃取精馏塔内,溶剂的挥发度比所处理物料的挥发度低,用量又大,故在塔板上可看做维持在一固定的浓度值。

现假设塔内为恒摩尔流,对塔内精馏段任一板作物料衡算可得

$$V + P = L + D$$

再假定各板上的溶剂浓度 x_P 为恒定值,且塔顶馏出液中所含溶剂的浓度可以忽略,则对溶剂的物料衡算为

$$Vy_P + P = Lx_P$$

式中　y_P——气相中溶剂的浓度。

由上式可得

$$y_P = \frac{Lx_P - P}{V} = \frac{Lx_P - P}{L + D - P} \tag{2-73}$$

现设溶剂 P 对被分离组分的相对挥发度为 β,即

$$\beta = \frac{K_P}{K_{12}} = \frac{\dfrac{y_P}{y_1 + y_2}}{\dfrac{x_P}{x_1 + x_2}} = \frac{x_1 + x_1}{x_P} \cdot \frac{1}{\dfrac{y_1}{y_P} + \dfrac{y_2}{y_P}} =$$

$$\frac{x_1 + x_2}{x_P} \cdot \frac{1}{\alpha_{1P} \cdot \dfrac{x_1}{x_P} + \alpha_{2P} \cdot \dfrac{x_2}{x_P}} = \frac{x_1 + x_2}{x_1\alpha_{1P} + x_2\alpha_{2P}} \tag{2-74}$$

上式表达了 β 与溶液中原有组分的液相浓度和 α_{1P}、α_{2P} 间的关系。

参照二元系相对挥发度的表达式,又可得

$$\beta = \frac{\dfrac{y_P}{x_P}}{\dfrac{1 - y_P}{1 - x_P}}$$

$$\beta x_P - \beta y_P x_P = y_P - y_P x_P$$

$$y_P = \frac{\beta x_P}{1 + (\beta - 1)x_P} \tag{2-75}$$

由 (2-73) 和 (2-75) 式可得

$$\frac{Lx_P - P}{L + D - P} = \frac{\beta x_P}{1 + (\beta - 1)x_P}$$

经整理得

$$x_P = \frac{P}{(1 - \beta)L - \left(\dfrac{\beta D}{1 - x_P}\right)} \tag{2-76}$$

将 $L = RD + P$ 代入上式,经整理则

$$P = \frac{RDx_P(1 - \beta) - \left[D\beta\dfrac{x_P}{1 - x_P}\right]}{1 - (1 - \beta)x_P} \tag{2-77}$$

同理,可得溶剂在提馏段的浓度为

$$\overline{x}_p = \frac{P}{(1 - \beta)\overline{L} + \left[\beta W/(1 - \overline{x}_P)\right]} \tag{2-78}$$

式中　W——为塔底不含溶剂的产品流率;
　　　$\overline{L}$——提馏段液相流率。

由式(2-76)和(2-78)均可看出,溶剂浓度 x_P、$\overline{x_P}$ 的值与溶剂加入量、溶剂对原溶液的相对发挥度 β 以及塔板间的液相流率有关。显然,在 P 和 L 一定时,β 越大,x_P 也越大。而当 $\beta = 0$ 时,$x_P = \dfrac{P}{L} = \dfrac{P}{P + RD}$。

在萃取精馏的基本原理讨论中已知,x_P 大,有利于原溶液组分的分离。但当 L 一定时,使 x_P 增大,将使塔内气、液相中原溶液量减少,塔顶回流量减少,这对原溶液的分离又产生不利的影响,在一般的工程估算中,若在全塔范围内 β 的变化不大于 $15\% \sim 20\%$,则可认为是定值。由式(2-76)和(2-78)还可看出,当 P 及 β 一定时,加大 L 则 x_P 下降。因此,萃取精馏塔不同于一般精馏塔,增大回流比并不总是能够改善分离度,对于一定的溶剂与原料比,通常有一个最佳回流比,它是由回流比所固有的好处与溶剂浓度对分离度的影响之间的权衡所决定的。

式(2-76)和(2-78)中,$\left(\dfrac{\beta D}{1 - x_P}\right)$ 与 $\left(\dfrac{\beta W}{1 - \overline{x_P}}\right)$ 的数值一般较小,可简化为

$$x_P = \frac{P}{(1 - \beta) L} = \frac{P}{(1 - \beta)(P + RD)}$$

$$\overline{x_P} = \frac{P}{(1 - \beta) \overline{L}} = \frac{P}{(1 - \beta)(P + RD + qF)} \tag{2-79}$$

当原料为饱和蒸气时,$q = 0$,$L = \overline{L}$,所以 $x_P = \overline{x_P}$。若原料是低于露点温度时,$\overline{L} = L + qF$,所以 $x_P > \overline{x_P}$。因此,提馏段的相对挥发度 $\overline{\alpha_P}$ 小于精馏段的 α_P。如果仍需保持提馏段与精馏段同样的恒定溶剂浓度时,可在加料的同时加入相应量的溶剂,其量应为 $qF\left(\dfrac{x_P}{1 - x_P}\right)$。

由式(2-74),在塔顶条件下,由于 $x_2 \to 0$,故 $\beta = \dfrac{1}{\alpha_{1P}}$;而在塔釜条件下,因 $x_1 \to 0$,故 $\beta = \dfrac{1}{\alpha_{2P}}$。对于全塔可取平均值,即

$$\beta \doteq \sqrt{\frac{1}{\alpha_{1P}} \cdot \frac{1}{\alpha_{2P}}} \tag{2-80}$$

5. 萃取精馏塔的热量衡算

对精馏段的任一塔板作热量衡算,可写出

$$V_{n+1} H_{n+1} + L_{n-1} h'_{n-1} = V_n H_n + L_n h'_n \tag{2-81}$$

式中 H、h'——分别为气相及液相(非理想溶液)的摩尔焓。

因为 $\qquad V_n = V_{n+1} + L_{n-1} - L_n$

故式(2-81)可改为

$$V_{n+1}(H_{n+1} - H_n) = L_{n-1}(H_n - h'_{n-1}) - L_n(H_n - h'_n) \tag{2-82}$$

一般气相可假定为理想溶液,故可由纯组分的气态热焓求得

$$H = \sum H_{\mathcal{Y} i} \tag{2-83}$$

但液相为非理想溶液,需按下式计算

$$h' = \sum \overline{h_i} x_i \tag{2-84}$$

式中 $\overline{h_i}$——为 i 组分的偏摩尔焓。

在萃取精馏中,因溶剂量大,其挥发度又小,液相流率比气相流率大得多,因此液相的焓值在热量衡算中起很重要的作用。

非理想溶液的焓值与理想溶液的焓值相差一混合热

$$\Delta h = h' - \sum h_i x_i =$$
$$\sum \overline{h}_i x_i - \sum h_i x_i = \sum x_i (\overline{h}_i - h_i) \qquad (2-85)$$

式中 h_i——i 为组分的摩尔焓。

由于混合热随浓度而变化的实测数据不易从文献中找到,通常,是利用活度系数随温度变化的关系式来求得 $\overline{h}_i$,由式(2-64)可得

$$\left(\frac{\partial \ln \gamma_i}{\partial T} \right)_{P,x} = - \frac{\overline{h}_i - h_i}{RT^2}$$

则

$$\overline{h}_i - h_i = R \left(\frac{\partial \ln \gamma_i}{\partial \left(\frac{1}{T} \right)} \right)_{P,x} \qquad (2-86)$$

所以可由多元系统的威尔逊方程式得出混合热

$$\Delta h = \sum x_i (\overline{h}_i - h_i) =$$
$$\sum_{i=1}^{C} x_i \sum_{k=1}^{C} \frac{x_k \Lambda_{ik}}{\sum_{j=1}^{C} x_i \Lambda_{ij}} (\lambda_{ik} - \lambda_{ii}) \qquad (2-87)$$

萃取精馏过程所需的热量可由全塔热量衡算求得。

$$Q_{釜} + Ph_P + Fh_F = Q_{冷} + Dh_D + (P + W) h_W \qquad (2-88)$$

式中 h_P、h_F、h_D、h_W——分别为溶剂、进料、塔顶产品和塔釜液的摩尔焓;

$Q_{釜}$、$Q_{冷}$——分别为加入再沸器的热量和冷凝器取走的热量。

由于溶剂浓度很大,一般在 60% ~ 80%,原溶液组成在液相中所占百分数较小,故若进料、馏出液及釜液均为饱和液体时,可假定

$$Fh_F = Dh_D + Wh_W$$

则式(2-88)可写为

$$Q_{釜} = Q_{冷} + P(h_W - h_P) \qquad (2-89)$$

由于釜温高于溶剂加入温度,即 $h_W > h_P$。所以由再沸器加入的热量将大于冷凝器取走的热量。由式(2-89)可得出

$$V_{釜} \cdot \Delta H_{釜} = V_{顶} \cdot \Delta H_{顶} + P(h_W - h_P) \qquad (2-90)$$

式中 $\Delta H_{釜}$ 及 $\Delta H_{顶}$——分别为釜液之蒸发潜热与馏出液之蒸发潜热。

对任一板 n 可写出与式(2-90)相类似的关系式

$$V_n \cdot \Delta H_n = V_{顶} \cdot \Delta H_{顶} + P(h_n - h_P) \qquad (2-91)$$

由式(2-90)和(2-91)可见,塔顶、塔釜及任一 n 板上气相流率之差别决定于 $\Delta H_{釜}$、$\Delta H_{顶}$、H_n 及 h_W、h_P、h_n。若 $\Delta H_{釜} = \Delta H_{顶} = \Delta H_n$,即轻重组分的蒸发潜热相接近时,则 $V_{釜} > V_n > V_{顶}$,即在萃取精馏塔内,气相流率由下向上越来越小。

五、萃取精馏过程的计算

在萃取精馏过程中由于加入大量高沸点的溶剂使塔内溶剂的浓度很大,液相流率大大高于气相流率。所以塔内液相的热容量比一般精馏时大得多,液相的热焓值在热衡算中起的作用也较大。一般说来,即使沿塔高的温度变化不大,塔内气液相流率也会有较大的变化,使塔内液气比和溶剂浓度沿塔高而变化。操作线也不再是直线,而气液平衡关系的计算也较复杂。精确的计算可利用电子计算机以精确逐板计算法(逐次逼近法)计算。但往往由于没有足够完整的物性数据,特别是关于混合热的数据而遇到困难。

在很多情况下,特别是被分离组分的化学性质相近的物系,例如分离烃类混合物时,溶剂的浓度和液体的热焓沿塔高的变化则较小。这时,溶剂的影响只是改变欲分离混合物组分之间的相对挥发度。计算时采用适当的相对挥发度数据后,就可以不考虑溶剂的存在。这可以大大简化计算,特别是被分离物系为二组分时更为明显。

由于溶剂的浓度很高,一般在 $0.6 \sim 0.8$(摩尔分数),还可以作另一个重要的简化。前已指出,溶剂的加入减弱了原溶液组分分子之间的相互作用的影响,随着溶剂浓度的增大,原组分间的相对挥发度受其组分浓度的影响就越小,从这个意义上可以认为原组分溶液越加接近理想溶液。因此,当溶剂浓度较大时,就可采用一个只与溶剂浓度有关,而与原溶液组分间的相对含量无关的平均相对挥发度值来进行萃取精馏过程的计算。当然,由这一简化而引起的误差,随原溶液的非理想性程度的增大而增加。而对烃类溶液,由于它接近理想溶液的物系,这一假设所带来的误差是相当小的。

萃取精馏塔的回收段,其作用在于尽可能减少溶剂在塔顶产物中的含量。由于溶剂在回收段中浓度很小,$x_P \to 0$。虽可用公式计算回收段的理论板数,但一般可根据经验,取 $1 \sim 2$ 块理论板即可。

下面用一个例题来说明简化的二元图解法的应用,另一个例题是说明简化逐板法的应用。

例 2-9　在维尼纶生产中有一醋酸甲酯(1)和甲醇(2)的混合物,含醋酸甲酯 $x_1 = 0.649$(摩尔分数)。要求塔顶得到 0.95(摩尔分数)的醋酸甲酯,且要求其回收率为 98%。现以水为溶剂进行萃取精馏,塔内液相中水的浓度保持 $x_P = 0.80$(摩尔分数)。操作回流比为最小回流比的 1.5 倍。进料为饱和气相。试求所需的溶剂量及理论板数。

解　(1)以 100 kmol 进料为基准进行物料衡算。由给定的条件可得出

$$D'x'_{1D} = 64.9 \times 0.98 = 63.6$$

因为

$$\frac{D'x'_{1D}}{(D'x'_{1D} + D'x'_{2D})} = 0.95$$

故

$$D'x'_{2D} = 3.35$$

$$D' = 63.6 + 3.35 = 66.95$$

$$W'x'_{1W} = 64.9 - 63.6 = 1.3$$

$$W'x'_{2W} = 35.1 - 3.35 = 31.75$$

所以

$$W' = 1.3 + 31.75 = 33.05$$

所以

$$x'_{1W} = 1.3/33.05 = 0.0393$$

$$x'_{2W} = 31.75/33.05 = 0.9607$$

（2）计算平均相对挥发度 $(\alpha_{12})_P$。

由文献中查得本系统有关二元系的范拉尔常数值为

$$A_{12} = 0.447; \qquad A_{21} = 0.411$$
$$A_{2P} = 0.36; \qquad A_{P2} = 0.22$$
$$A_{1P} = 1.30; \qquad A_{P1} = 0.82$$

现把各二元系看做非对称性不大的系统，则

$$A'_{12} = \frac{1}{2}(A_{12} + A_{21}) = 0.429$$

同理
$$A'_{1P} = 1.06; \qquad A'_{2P} = 0.29$$

利用(2-67)式计算 $\dfrac{\gamma_1}{\gamma_2}$

（a）当 $x'_1 = 0$ 时，$(x_1 = 0, x_2 = 0.2, x_P = 0.8)$

$$\ln\frac{\gamma_1}{\gamma_2} = 0.429 \times (0.2 - 0) + 0.8 \times (1.06 - 0.29) = 0.70$$

$$\frac{\gamma_1}{\gamma_2} = 5.012$$

$\dfrac{p_1^0}{p_2^0}$ 随温度变化较小可按组分 1、2 的恒沸温度 54 ℃计算。则相对挥发度

$$\alpha_{12} = \frac{\gamma_1}{\gamma_2} \cdot \frac{p_1^0}{p_2^0} = 5.012 \times \frac{677}{495} = 6.85$$

（b）当 $x'_1 = 1$ 时，$(x_1 = 0.2, x_2 = 0, x_P = 0.8)$

$$\ln\frac{\gamma_1}{\gamma_2} = 0.429 \times (0 - 0.2) + 0.8 \times (1.06 - 0.29) = 0.530$$

$$\frac{\gamma_1}{\gamma_2} = 3.39$$

所以相对挥发度

$$\alpha_{12} = \frac{\gamma_1}{\gamma_2} \cdot \frac{P_1^0}{P_2^0} = 3.39 \cdot \frac{677}{495} = 4.64$$

故得
$$\alpha_{平均} = \frac{4.64 + 6.85}{2} = 5.74$$

（3）根据 $\alpha_{平均}$ 作 $y' - x'$ 图可按二元系的平衡关系式

$$y'_1 = \frac{a_{平} \cdot x'_1}{1 + (a_{平} - 1)x'_1}$$

求得不同 x'_1 下的 y'_1，并得图 2-29。

（4）用图解法求理论板数

由图 2-29 可得最小回流比 R_m

$$R_m = \frac{0.95 - 0.649}{0.649 - 0.240} = 0.74$$

所以回流比 $R = 1.5 \times 0.74 = 1.1$

由此可画出操作线得理论板数 $N = 6$(包括釜),进料板为从上往下数第三块。

(5) 确定溶剂用量 P

据式(2 – 74)

$$\beta = \frac{x_1 + x_2}{x_1 \alpha_{1P} + x_2 \alpha_{2P}}$$

按(2)相同的方法,当 $x'_1 = 0.95(x_1 = 0.19)$,$x'_2 = 0.05(x_2 = 0.01)$,$x_p = 0.80$ 时可求得

$$\alpha_{1P} = 25.1 \qquad \alpha_{2P} = 5.4$$

故 $\beta = \dfrac{0.19 + 0.01}{0.19 \times (25.1) + 0.01 \times (5.40)} = 0.0415$

精馏段的液相量

$$L = P + RD' = P + 1.1 \times (66.95) = P + 73.65$$

所以 $\qquad x_p = 0.8 \qquad \beta = 0.0415$

由式(2 – 77)可得溶剂用量为

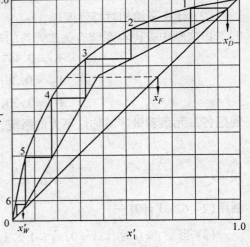

图 2 – 29 例 3 – 1 附图

$$P = \frac{73.65 \times 0.8 \times (1 - 0.0415) - \dfrac{(0.0415) \times (66.95)0.8}{1 - 0.8}}{1 - (1 - 0.0415)0.80} = 195 \ \text{kmol/h}$$

因本题没有提出塔顶产品中溶剂浓度的要求,否则可算出溶剂加入板上升气相量和溶剂的浓度 y_P,然后按二元溶液(溶剂为一个组分,1 和 2 合为一个组分)计算出回收段所需的理论板数。现可根据经验取 1 – 2 块理论板为回收段。

例 2 – 10 欲分离甲苯 – 甲基环已烷混合物,两组分的组成均为 50%。要求甲苯的回收率为 95%,其纯度为 99%(无溶剂基),用苯酚作溶剂。塔顶采用全凝器,在泡点温度下回流及进料,溶剂 P 与进料 F 之比为 3.3,并规定循环溶剂中甲苯含量为 0.009(摩尔分数)。塔顶馏出液中苯酚含量不大于 0.002(摩尔分数)。提馏段的液气比定为 1.8。试计算萃取精馏塔所需的理论塔板数。

解 (1) 物料衡算

以 100 kmol 进料为基准进行物料衡算。因 $\dfrac{P}{F} = 3.30$ 故 $P = 330 \text{kmol}$。根据已知条件可得

在溶剂中

苯酚 $\qquad 330 \times (0.991) = 327.03$

甲苯 $\qquad 330 \times (0.009) = 2.97$

在釜液中 $\qquad$ 甲苯 $= 0.95 \times 100 \times 0.5 + 330 \times 0.009 = 50.47$

$\qquad\qquad$ 甲基环已烷 $= 50.47 \times 1/99 =$

$\qquad\qquad\qquad\qquad 0.51$(因题意要求甲苯纯度为 99%)

$\qquad\qquad$ 苯酚 $= 330 \times 0.991 - 0.002D = 327.03 - 0.002D$

釜液总量 $\qquad W = 50.47 + 0.51 + 327.03 - 0.002D = 378.01 - 0.002D$

馏出液中 $\qquad$ 甲苯 $= 0.05 \times 100 \times 0.5 = 2.5$

$\qquad\qquad$ 甲基环已烷 $= 0.5 \times 100 - 0.51 = 49.49$

$\qquad\qquad$ 苯酚 $= 0.002D$

· 126 ·

馏出液总量　$D = 2.5 + 49.49 + 0.002D$；　$D = 52.09$

则釜液总量　$W = 378.01 - 0.002 \times (52.09) = 377.91$

全塔物料衡算结果列于下表。

	Fx_F	x_F	Px_P	x_P	Dx_D	x_D	Wx_W	x_W
苯酚	0	0	327.03	0.991	0.10	0.002	326.93	0.8651
甲基环己烷	50	0.5	0	0	49.49	0.950	0.51	0.0013
甲苯	50	0.5	2.97	0.009	2.50	0.048	50.47	0.1336
Σ	100	1.00	330	1.00	52.09	1.00	377.91	1.00

（2）操作线方程

假设塔内为恒摩尔流率,根据给定的提馏段液气比 $\dfrac{L''}{V''} = 1.8$,可求得各段的气液流率如下

提馏段　　　$W = 377.91$

$$L'' = W + V'' = 377.91 + \left(\frac{1}{1.8}\right)L'';\qquad L'' = 850.3$$

$$V'' = L'' - W = 850.3 - 377.91 = 472.4$$

精馏段　　　$L' = L'' - F = 850.3 - 100 = 750.3$

$$V' = V'' = 472.4$$

回收段　　　$L = L' - P = 750.3 - 330 = 420.3$

$$V = V' = V'' = 472.4$$

故各段的操作线方程为(塔板序号从下往上数)

回收段　$x_{i,n+1} = \left(\dfrac{V}{L}\right)y_{i,n} - \left(\dfrac{D}{L}\right)x_{i,D} = 1.124y_{i,n} - 0.1239x_{i,D}$ 　　　　(a)

精馏段　$x_{i,n+1} = \left(\dfrac{V'}{L'}\right)y_{i,n} + \left(\dfrac{P}{L'}\right)x_{i,P} - \left(\dfrac{D}{L'}\right)x_{i,D} =$

$\qquad\qquad 0.6296y_{i,n} + 0.4398x_{i,P} - 0.6942x_{i,D}$ 　　　　(b)

提馏段　$x_{i,n+1} = \left(\dfrac{V''}{L''}\right)y_{i,n} + \left(\dfrac{W}{L''}\right)x_{i,W} = 0.5555y_{i,n} + 0.4444x_{i,W}$ 　　(c)

上三个操作线方程式中各常数项值如下:

	(a)式$(0.1239x_{i,D})$	(b)式$(0.4398x_{i,P} - 0.06942x_{i,D})$	(c)式$(0.4444x_{i,W})$
苯酚	0.0002	0.4357	0.3845
甲基环己烷	0.1177	0.0659	0.0006
甲苯	0.0059	0.0007	0.0594

因题中未给出塔板上溶剂的浓度,为检验给定的溶剂/进料比是否可行,在此可用公式 $(2-76)$ 和 $(2-78)$ 进行简化计算 x_P 及 $\bar{x}_P$ 的值。也可根据提馏段操作线方程比较简便地得知溶剂的大致浓度。由于苯酚的挥发度低,且在气相中的浓度很小,因而(c)式中的 $0.5555y_n$ 比起 $0.4444x_n$ 小得多。对苯酚而言 $0.4444x_W = 0.3845$,故塔底第三、第四块理论板以上的液相中苯酚浓度可保持在 0.40 左右。到进料板以上苯酚浓度还将有所提高。在这样浓度范围内,原溶液组分的相对挥发度可提高到 $1.6 \sim 2.1$ 左右(见图 $3-22$),故可认为给定的 $\dfrac{P}{F}$ 值是适宜的。

(3) 相平衡关系式

在简化逐板计算中,不作热量衡算。以相对挥发度表示的平衡关系用起来最为方便,各组分的相对挥发度(α_i)值,可由图 2－30、图 2－31 查得。平衡关系式可表示为

$$y_{i,n} = \frac{(\alpha_i x_i)_n}{\sum (\alpha_i x_i)_n} \tag{d}$$

(4) 逐板计算

由于塔釜组成是题中给定的确切值,故逐板计算宜从塔底开始向上进行,直至达到规定的塔顶产品纯度。进料的适宜位置可通过试算来决定。若改用精馏段操作线后所算得的 $\left(\dfrac{x_M}{x_T}\right)_{n+1}$ 大于仍按提馏段操作线所算得的值,则第 n 块板应为进料板。溶剂的进入位置则应考虑使得馏出液中苯酚的浓度和甲苯的浓度几乎是同时达到规定的要求,而不要使用苯酚的浓度在甲苯尚未达到规定要求之前就已降到规定的要求,这将会使理论板数增加。下面将逐板计算结果列表说明。

组　分	$x_1 = x_{釜}$	α_1	$\alpha_1 x_1$	y_1	$0.5555y_1$	x_2	α_2	$\alpha_2 x_2$	y_2
苯酚	0.8651	0.076	0.0657	0.3239	0.1799	0.5644	0.100	0.0564	0.1118
甲基环已烷	0.0013	2.74	0.00356	0.0175	0.00972	0.0103	2.205	0.0227	0.0450
甲苯	0.1336	1.00	0.1336	0.6586	0.3659	0.4253	1.00	0.4253	0.8432
	1.000		0.20286	1.000		1.000		0.5044	1.000

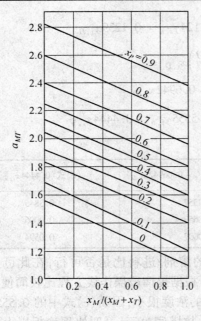

图 2－30　相对挥发度 α_{MT} 与浓度的关系

P—苯酚;M—甲基环已烷;T—甲苯

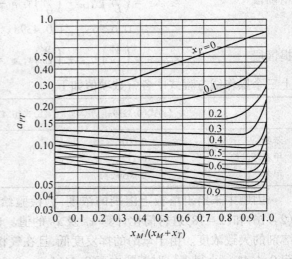

图 2－31　相对挥发度 α_{PT} 与浓度的关系

(符号同图 2－30)

$0.5555y_2$	x_3	α_3	$\alpha_3 x_3$	y_3	$0.5555y_3$	x_4	α_4	$\alpha_4 x_4$	y_4
0.0621	0.4466	0.113	0.0505	0.0800	0.0444	0.4289	0.114	0.0489	0.0730
0.0250	0.0256	2.08	0.0532	0.0842	0.0468	0.0474	2.05	0.0972	0.1451
0.4684	0.5278	1.00	0.5278	0.8358	0.4643	0.5237	1.00	0.5237	0.7819
	1.000		0.6315	1.000		1.000		0.6698	1.000

$0.5555y_4$	x_5	α_5	$\alpha_5 x_5$	y_5	$0.5555y_5$	x_6	α_6	$\alpha_6 x_6$	y_6
0.0406	0.4251	0.111	0.0472	0.0670	0.0372	0.4217	0.109	0.0460	0.0612
0.0806	0.0812	2.01	0.1632	0.2318	0.1288	0.1294	1.98	0.2562	0.3411
0.4343	0.4937	1.00	0.4937	0.7012	0.3895	0.4489	1.00	0.4489	0.5977
	1.000		0.7041	1.000		1.000		0.7511	1.000

$0.5555y_6$	x_7	α_7	$\alpha_7 x_7$	y_7	$0.5555y_7$	x_8	α_8	$\alpha_8 x_8$	y_8
0.0340	0.4185	0.107	0.0448	0.0558	0.0310	0.4156	0.105	0.0436	0.0513
0.1895	0.1901	1.93	0.3669	0.4568	0.2537	0.2543	1.87	0.4755	0.5600
0.3320	0.3914	1.00	0.3914	0.4874	0.2707	0.3301	1.00	0.3301	0.3887
	1.000		0.8031	1.000		1.000		0.8492	1.000

由塔釜开始算到八板时,可试算适宜的进料位置,若由 y_8 仍按提馏段操作线方程计算,可得

$$\left(\frac{x_M}{x_T}\right)_9 = \frac{0.3120}{0.2753} = 1.133$$

而由 y_8 开始按精馏段操作线方程计算,则为

$$\left(\frac{x_M}{x_T}\right)_9' = \frac{0.2867}{0.2454} = 1.168$$

若由 y_7 开始按精馏段计算,

$$\left(\frac{x_M}{x_T}\right)_8' = \frac{0.2217}{0.3075} = 0.72$$

而由 y_T 仍按提馏段操作线方程计算则为

$$\left(\frac{x_M}{x_T}\right)_8 = \frac{0.2543}{0.3301} = 0.770$$

即

$$\left(\frac{x_M}{x_T}\right)_9' > \left(\frac{x_M}{x_T}\right)_9; \qquad \left(\frac{x_M}{x_T}\right)_8 > \left(\frac{x_M}{x_T}\right)_8'$$

故以第八板为进料板是最适宜的进料板,然后按精馏段操作线方程进行逐板计算。

$0.6296y_8$	x_9	α_9	$\alpha_9 x_9$	y_9	$0.6296y_9$	x_{10}	α_{10}
0.0323	0.4679	0.092	0.0430	0.0522	0.0329	0.4684	0.087
0.3526	0.2867	1.87	0.5361	0.6502	0.4094	0.3435	1.83
0.2447	0.2454	1.00	0.2454	0.2976	0.1874	0.1881	1.00
	1.000		0.8245	1.000		1.000	

$\alpha_{10}x_{10}$	y_{10}	$0.6296y_{10}$	x_{11}	α_{11}	$\alpha_{11}x_{11}$	y_{11}	$0.6296y_{11}$
0.0408	0.0477	0.0300	0.4658	0.085	0.0369	0.0451	0.0284
0.6286	0.7330	0.4615	0.3956	1.77	0.7002	0.7972	0.5019
0.1881	0.2193	0.1379	0.1386	1.00	0.1386	0.1578	0.0993
0.8575	1.000		1.000		0.8784	1.000	

x_{12}	α_{12}	$\alpha_{12}x_{12}$	y_{12}	$0.6296y_{12}$	x_{13}	α_{13}	$\alpha_{13}x_{13}$	y_{13}
0.4640	0.084	0.0390	0.0434	0.0273	0.4630	0.082	0.0380	0.0419
0.4366	1.74	0.7586	0.8452	0.5321	0.4662	1.71	0.79712	0.8800
0.100	1.00	0.100	0.1114	0.0701	0.0708	1.00	0.0708	0.0781
1.000			0.8976	1.000		1.000	0.9060	1.000

$1.124y_{13}$	x_{14}	α_{14}	$\alpha_{14}x_{14}$	y_{14}	$1.124y_{14}$	x_{15}	α_{15}	$\alpha_{15}x_{15}$	y_{15}
0.0471	0.0469	0.52	0.0244	0.0213	0.0239	0.0237	0.64	0.0152	0.0135
0.9891	0.8712	1.19	1.0367	0.9070	1.0195	0.9016	1.15	1.0368	0.9202
0.0878	0.0819	1.00	0.0819	0.0717	0.0806	0.0747	1.00	0.0747	0.0663
	1.000		1.1430	1.000		1.000		1.1267	1.000

$1.124y_{15}$	x_{16}	α_{16}	$\alpha_{16}x_{16}$	y_{16}	$1.124y_{16}$	x_{17}	α_{17}	$\alpha_{17}x_{17}$	y_{17}
0.0152	0.0150	0.67	0.0100	0.0090	0.0101	0.0099	0.71	0.0070	0.0063
1.0343	0.9146	1.13	1.0355	0.9214	1.0446	0.9268	1.13	1.0473	0.9371
0.0745	0.0686	1.00	0.0686	0.0616	0.0692	0.0633	1.00	0.0633	0.0566
	1.000		1.1141	1.000		1.000		1.1176	1.000

$1.124y_{17}$	x_{18}	α_{18}	$\alpha_{18}x_{18}$	y_{18}	$1.124y_{18}$	x_{19}	α_{19}	$\alpha_{19}x_{19}$	y_{19}
0.0071	0.0069	0.73	0.0050	0.0045	0.0051	0.0049	0.74	0.0036	0.0033
1.0533	0.9354	1.12	1.0476	0.9435	1.0605	0.9426	1.11	1.0465	0.9491
0.0636	<u>0.0577</u>	1.00	<u>0.0577</u>	<u>0.0520</u>	0.0584	<u>0.0525</u>	1.00	<u>0.0525</u>	<u>0.0476</u>
	1.000		1.1103	1.000				1.1026	1.000

$1.124y_{19}$	x_{20}	α_{20}	$\alpha_{20}x_{20}$	y_{20}	$1.124y_{20}$	x_{21}	α_{21}	$\alpha_{21}x_{21}$	y_{21}
0.0037	0.0035	0.75	0.0026	0.0024	0.0027	0.0025	0.76	0.0019	0.0017
1.0668	0.9490	1.11	1.0534	0.9545	1.0729	0.9550	1.11	1.0600	0.9598
0.0535	<u>0.0476</u>	1.00	<u>0.0476</u>	<u>0.0431</u>	0.0484	<u>0.0425</u>	1.00	<u>0.0425</u>	<u>0.0385</u>
	1.0001		1.1036	1.000		1.000		1.1044	1.000

从逐板计算结果可看出,算到第十三板后,如果再往上算一块板就可使甲苯的浓度低于要求值(0.048),但苯酚的浓度却高于要求值较多(苯酚要求为 0.002)。故应在第十三板引入溶剂苯酚。

从全塔计算结果可看出,以第十三板为溶剂进料板时,馏出液中苯酚浓度达到要求之前,甲苯的浓度已达到要求,但若改为以第十二板为溶剂加入板时,则苯酚将在甲苯达到要求之前很早就已达到要求,这将使所需要的理论板数增加。所以总理论板数以第十三块板为溶剂进入板时为最少。故该板作为溶剂进入板是适宜的。

要精确计算萃取精馏过程,可用电子计算机进行逐次逼近法计算。原则上,在多组分精馏一章中所讨论过的逐次逼近法对萃取精馏都是适用的。一般,三对角矩阵法对烃类的萃取精馏均很有效,但对原溶液的非理想性很强的系统,三对角矩阵法收敛不稳定,可考虑采用松弛法等其他方法计算。

最后,应当指出的是,在萃取精馏过程中由于溶剂用量很大,将会使能量消耗大,增加了操作费用。溶剂用量大还会使在萃取精馏塔内液体负荷高,在塔板上液相停留时间短,液气比大,使气液接触不好,都将影响板效率。一般萃取精馏塔的板效率为 20% ~ 40%,远远低于普通精馏塔的板效率。在塔径和设计塔板结构时,除了按蒸气量计算外,还应注意液相负荷的影响。

第四节 恒沸精馏及其计算

恒沸精馏就是在沸点接近或具有恒沸点的溶液中加入新组分,使新组分与混合液中某一个或几个组分形成恒(共)沸物,用精馏的方法进行分离。所加入的新组分称为恒沸剂。恒沸精馏与萃取精馏的基本原理是一样的,均为多组分非理想溶液的精馏过程。所不同的是,恒沸剂在影响原溶液组分相对挥发度的同时,还与它们中的一个或几个组分形成恒(共)沸物。因此在萃取精馏中所讨论过的溶剂作用原理,原则上也适用于恒沸剂。

本节将讨论对恒(共)沸物的生成条件,相平衡的特性以及恒沸精馏的工艺和计算的特点。

一、恒(共)沸物的形成条件及特性

如在第一章所述,恒(共)沸物的形成是由于组成溶液的各组分间的分子不相似,在混合时引起与理想溶液偏差的结果。由于与理想溶液产生的正、负偏差的不同,可形成最低恒沸物和最高恒沸物,而非均相恒沸物则只能由正偏差溶液产生。恒沸组成和恒沸点又随压力不同而改变,甚至恒沸物消失。现按气液平衡关系的不同类型分别讨论如下。

1. 均相恒沸物的形成条件及特性

(1) 二元系中的恒沸物的形成条件及特性

在恒沸点下气相组成和液相组成相等。当系统的压力不高,气相可看做理想气体时,则

$$\frac{y_1}{x_1} = \frac{\gamma_1 p_1^0}{p}$$

因 $y_1 = x_1$,故

$$\gamma_1 = \frac{p}{p_1^0} \tag{2-92a}$$

同理

$$\frac{y_2}{x_2} = \frac{\gamma_2 p_2^0}{p}$$

因 $y_2 = x_2$,故

$$\gamma_2 = \frac{p}{p_2^0} \tag{2-92b}$$

组分 1 对组分 2 的相对挥发度 α_{12} 为

$$\alpha_{12} = \frac{\gamma_1}{\gamma_2} \cdot \frac{p_1^0}{p_2^0} \tag{2-93}$$

因 $\alpha_{12} = 1$,故

$$\frac{\gamma_1}{\gamma_2} = \frac{p_2^0}{p_1^0} \tag{2-94}$$

式中　p——系统压力;

　　　p_1^0、p_2^0——分别表示组分 1、组分 2 在恒沸温度下的饱和蒸气压;

　　　γ_1、γ_2——组分 1、组分 2 的活度系数。

式(2-92)和(2-94)即为二元恒沸物的形成条件及特性。由此式可看出,如果溶液中两组分的沸点相近,即饱和蒸气压的比值接近于 1 时,只要溶液对理想溶液有较小的偏差时就很容易形成恒沸物,而且其恒沸组成越接近于摩尔分数。随着纯组分蒸气压差的增大,最低恒沸物向含低沸点组分多的浓度方向移动,而最高恒沸物则向含高沸点组分多的浓度方向移动。

实际上混合溶液中产生恒沸物与不产生恒沸物并没有原则性的本质区别。能否产生恒沸物从热力学角度看不过是系统的活度系数大小不同所造成的。形成均相恒沸物点的相对挥发度 α 等于 1,此时浓度由 0 到 1 的变化过程中,相对挥发度 α 值将由大于 1、等于 1 然后小于 1 连续变化,形成正偏差最低温度的恒沸物,如图 2-32(a)所示;或者是 α 值将由小于 1、等于 1 然后大于 1 连续变化,形成负偏差最高温度的恒沸物,如图 2-32(b)所示。

由式(2-93)和(2-16)可知,$x_1 \rightarrow 0$ 时,$\gamma_1^\infty = e^A$,$\gamma_2 = 1$,$\alpha_{12} = \left(\frac{p_1^0}{p_2^0}\right) e^A$;当 $x_2 \rightarrow 0$ 时,$\gamma_1 = 1$,$\gamma_2^\infty = e^A$,$\alpha_{12} = \left(\frac{p_1^0}{p_2^0}\right) e^{-A}$。

对形成最低温度恒沸物系统其相对挥发度随 x_1 的变化为

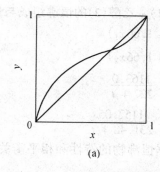 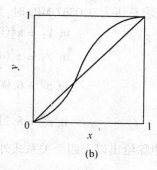

图 2-32 双组分系统均相恒沸物的气液平衡相图

$$\left(\frac{p_1^0}{p_2^0}\right)e^A > 1 > \left(\frac{p_1^0}{p_2^0}\right)e^{-A}$$

对形成最高温度恒沸物系统其相对挥发度随 x_1 的变化为

$$\left(\frac{p_1^0}{p_2^0}\right)e^A < 1 < \left(\frac{p_1^0}{p_2^0}\right)e^{-A}$$

把 $\gamma_i^\infty = e^A$ 的关系代入上二式经整理可得

$$\gamma_1^\infty > \frac{p_2^0}{p_1^0} > \frac{1}{\gamma_2^\infty} \tag{2-95}$$

$$\gamma_1^\infty < \frac{p_2^0}{p_1^0} < \frac{1}{\gamma_2^\infty} \tag{2-96}$$

不难得出结论,双组分系统,符合(2-95)式者此系统将会产生最低温度恒沸物,而符合(2-96)式的系统将会产生最高温度恒沸物。此二式可看做系统能否产生最低或最高温度恒沸物的判断条件。

目前已有专著汇集了已知的恒沸组成和恒沸温度。由(2-92)式可知,当已知系统压力和恒沸温度时,便可求出在恒沸组成下两组分的活度系数。利用液相活度系数的适当计算公式,便可求出公式中的常数,进而可求得各种浓度下的活度系数。现以范拉尔方程为例,在求得恒沸组成下两组分的活度系数后,用(2-18)式可求出二元系的端值常数 A_{12} 和 A_{21}

$$A_{12} = \left(1 + \frac{x_2}{x_1}\frac{\ln\gamma_2}{\ln\gamma_1}\right)^2 \ln\gamma_1 \tag{2-18a}$$

$$A_{21} = \left(1 + \frac{x_1}{x_2}\frac{\ln\gamma_1}{\ln\gamma_2}\right)^2 \ln\gamma_2 \tag{2-18b}$$

然后应用(2-15)式,便可求得任意组成下的活度系数(工程上常用 $\lg\gamma$ 而不用 $\ln\gamma$)。在第一章中已指出,端值常数 A 值与温度是有关的。应用上述方法时,一般当恒沸组成 x 为 $0.2\sim 0.75$的范围内可得到满意的结果。若恒沸组成过于偏向一方,则所求得的端值常数用于整个浓度范围时误差就较大。

若已知活度系数与组成的关系,再利用式(2-94)便可进行恒沸组成的计算,并能了解恒沸组成随压力(或温度)的变化情况。例如,已知 $p_1^0 = f_1(T)$, $p_2^0 = f_2(T)$, $\gamma_1 = \varphi_1(x_1, x_2)$, $\gamma_2 = \varphi_2(x_1, x_2)$,便可由(2-94)式确定在给定条件下是否形成恒沸物以及其恒沸组成的数值。现举例说明。

例 2 – 11 试求总压为 0.0867 MPa 时，氯仿(1) – 乙醇(2)的恒沸组成与恒沸温度。已知

$$\ln \gamma_1 = x_2^2(0.59 + 1.66x_1) \tag{a}$$

$$\ln \gamma_2 = x_1^2(1.42 - 1.66x_2) \tag{b}$$

$$\lg p_1^0 = 6.90328 - \frac{1163.0}{227 + t} \tag{c}$$

$$\lg p_2^0 = 8.21337 - \frac{1152.05}{231.48 + t} \tag{d}$$

解　在本题中除给出以上四个关系式外，根据恒沸物的特性和相平衡关系式还有下列三个关系式

$$\frac{\gamma_1}{\gamma_2} = \frac{p_2^0}{p_1^0} \tag{e}$$

$$p = \gamma_1 p_1^0 x_1 + \gamma_2 p_2^0 x_2 \tag{f}$$

$$x_1 + x_2 = 1.0 \tag{g}$$

现已知 $p = 0.0867$ MPa，共七个方程，七个未知数(p_1^0、p_2^0、γ_1、γ_2、x_1、x_2、t)，故为惟一解。如果用手算联解七个方程比较困难，现用试差法计算。

设 $t = 55$ ℃ 由式(c)、(d)可得

$$\lg p_1^0 = 2.7908; \qquad p_1^0 = 617.84\ \text{mmHg} = 0.0823\ \text{MPa}$$

$$\lg p_2^0 = 2.4469; \qquad p_2^0 = 279.86\ \text{mmHg} = 0.0373\ \text{MPa}$$

由式(a)、(b)可得 $\ln \dfrac{\gamma_1}{\gamma_2} = 0.59x_2^2 - 1.42x_1^2 + 1.66x_1 x_2$

由式(e)可得　　$\ln \dfrac{\gamma_1}{\gamma_2} = \ln \dfrac{p_2^0}{p_1^0}$

故　　　　　$\ln \dfrac{0.0373}{0.0823} = 0.59x_2^2 - 1.42x_1^2 + 1.66x_1 x_2$

由式(g)得　　$x_2 = 1 - x_1$

可得　　　　$x_1 = 0.8475, \quad x_2 = 1 - x_1 = 0.1525$

将 x_1、x_2 代入式(a)、(b)得

$$\gamma_1 = 1.0475; \qquad \gamma_2 = 2.3120$$

应用式(f)　　　$p = p_1^0 \gamma_1 x_1 + p_2^0 \gamma_2 x_2 = 0.0823 \times 1.0475 \times 0.8475 +$

$$0.0373 \times 2.3120 \times 0.1525$$

所以　　　　　　　　　$p = 0.0863$ MPa

与给定值 $p = 0.0867$ MPa 基本一致，故恒沸温度为 55 ℃，恒沸组成 $x_1 = 0.8475$。

应用上述关系式，也可画出 $\dfrac{p_2^0}{p_1^0} - t$ 关系曲线和 $\dfrac{\gamma_1}{\gamma_2} - x_1$ 关系曲线，如图 2 – 33 所示，可用图解法求解。同样，设某一温度 t，在 $\dfrac{p_2^0}{p_1^0} - t$ 曲线上找出 $\dfrac{p_2^0}{p_1^0}$ 值，然后作水平线交于 $\dfrac{\gamma_1}{\gamma_2} - x_1$ 曲线，再作垂线找出 x_1。根据总压 p 的关系式

$$p = p_1^0 \gamma_1 x_1 + p_2^0 \gamma_2 x_2$$

计算出 p，直到满足要求的压力为止。如果求已知温度下的恒沸组成和压力，由上述关系式可

知,此时不需用试差法计算,可很容易求得。

(2) 三元系中的恒沸物特性

本章第二节已表明,如果要明确的表达三元相图需用立体图形表示。图 2 – 10 为系统内具有一个二元最高恒沸物的恒压相图。按照物系性质的不同,等温面(等压面)的几何形状也不同。对理想溶液的物系来说,恒温下的泡点压力面是一个平面,正偏差系统的压力面是位于这一平面以上的曲面,而负偏差系统的曲面则位于这一平面之下。有二元恒沸物时,压力面出现上突或下陷。由于三元系中各组分彼此相互影响,因此三元系的压力面比较复杂。三元恒沸点与压力的极值相对应,几何上可由压力面与底面的平行面之切点

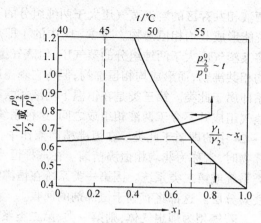

图 2 – 33 温度与恒沸组成的关系

而决定。若用底面的平行面来切割压力面时也可得如图 2 – 11(b)那样的一系列曲线——等温等压线(图 2 – 11(b)的曲线称等压等温线)。对一个物系来说温度面的几何形状恰好与压力面相反,在压力面出现上突,必然在温度面出现下陷。

根据现有的数据得知,在具有三个性质相同的二元恒沸物时(即三个均为最高或最低恒沸物),大多数情况是会有三元恒沸物,只有两个二元恒沸物而形成三元恒沸物,或有三个二元恒沸物而不形成三元恒沸物的情况都比较少。

由于构成三元物系的各组分性质不同,有时会在泡点压力面(或泡点温度面)上出现“谷”或“脊”。在压力面上出现“谷”时,在温度面上则表现为“脊”。当三元系有两个最低恒沸物时,在压力面上联结两个最低恒物之间会出现一条“脊”。而有两个最高恒沸物时,则会出现一条“谷”。当一个最低恒沸物与一个不参加此二元恒沸物的低沸点组分也可使压力面形成“脊”。而一个最高恒沸物与一个不参加此二元恒沸物的高沸点组分也会使压力面形成“谷”。当三元系的压力面上既有“脊”又有“谷”时,就会出现鞍形点。此时,可有一个底面的平行面与压力面相切于鞍点。切点就是三元恒沸组成,此类恒沸物称为鞍形恒沸物。根据其几何特性可知,鞍形恒沸物的压力(或温度)既非最高,也非最低。

对于三元恒沸物,$\alpha_{12} = \alpha_{13} = \alpha_{23} = 1$,由此可得

$$\frac{\gamma_1}{\gamma_2} = \frac{p_2^0}{p_1^0}; \qquad \frac{\gamma_2}{\gamma_3} = \frac{p_3^0}{p_2^0} \qquad\qquad (2 – 95)$$

式(2 – 95)即为三元恒沸物的形成条件。当然其计算要比对二元恒沸物的计算更复杂。一般需要电子计算机求解。

2. 非均相恒沸物的形成条件及特性

(1) 二元系

我们知道,如果系统的非理想程度越大,则蒸气压 – 组成曲线就越偏离直线,极值点也就越明显。当与拉乌尔定律的正偏差很大时,则可能形成两个部分互溶的液相,甚至形成两组分的相互溶解度极微,以致可认为是不互溶的系统。二元系在三相共存时只有一个自由度。因此在等温(或等压)时,系统是无自由度的,也就是说在任何不同的两液相比例下,气相组成和压力(或温度)不变。对部分互溶的物系又可分为三类,如图 2 – 34 所示。第一类是在恒温下,

两液相共存区的溶液蒸气压大于两纯组分的蒸气压,且蒸气组成介于两液相组成之间,这种系统能形成非均相恒沸物。图2-34中的1即属于此类。第二类是在恒温下,两液相共存区的溶液蒸气压大于两纯组分的蒸气压,但蒸气组成并不介于两液相组成之间,这类系统不形成非均相共沸物,而形成均相恒沸物,但将它降温后又可分成两个液相。图2-34中的2所示的物系即属于此类。第三类是在恒温下两液相共存区的溶液蒸气压介于两纯组分蒸气压之间,而蒸气组成并不介于两液相组成之间,这种系统既不形成均相恒沸物也不形成非均相共沸物,图2-24中的即属于此类。在恒沸精馏操作中,若加入的新组分与溶液中的组分形成非均相恒沸物时,常称为非均相恒沸精馏。在选择恒沸剂时,也常希望恒沸剂能与原溶液组分形成第一类系统或第二类系统。因第一类系统在恒沸温度下就能分层,而第二类系统可将凝液降温后使其分层。这都将有利于恒沸剂的回收。

若气相为理想气体,则第一类、第二类系统

$$p = p_1 + p_2 > p_1^0 > p_2^0 \tag{2-96}$$

而第三则为

$$p_2^0 < p < p_1^0 \tag{2-97}$$

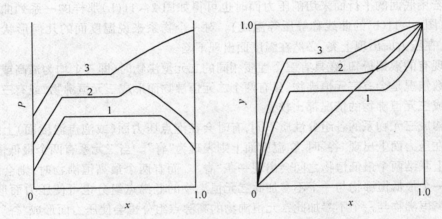

图2-34 液相部分互溶的二元系相图

式中 p——两液相共存区的溶液蒸气压;

         p_1, p_2——共存相区饱和蒸气中组分1和组分2的分压。

由式(2-96)、式(2-97)可分别得出下列不等式

$$p_1^0 - p_1 < p_2 \qquad \text{(第一、二种)} \tag{2-98a}$$

$$p_1^0 - p_1 > p_2 \qquad \text{(第三种)} \tag{2-99a}$$

在两液相共存区 $p_1 = p_1^0 \gamma_1^{\mathrm{I}} x_1^{\mathrm{I}}$; $p_2 = p_2^0 \gamma_2^{\mathrm{II}} x_2^{\mathrm{II}}$

式中   "Ⅰ"表示组分1为主的液相;

         "Ⅱ"表示组分2为主的液相。

将其代入式(2-98a)和式(2-99a),可得出

$$\frac{p_1^0(1 - x_1^{\mathrm{I}} \gamma_1^{\mathrm{I}})}{p_2^0 x_2^{\mathrm{II}} \gamma_2^{\mathrm{II}}} < 1 \tag{2-100b}$$

$$\frac{p_1^0(1 - x_1^{\mathrm{I}} \gamma_1^{\mathrm{I}})}{p_2^0 x_2^{\mathrm{II}} \gamma_2^{\mathrm{II}}} > 1 \tag{2-101b}$$

如果两组分相互溶解度比较小，可看做 $x_1^{\mathrm{I}} \doteq 1$，$x_2^{\mathrm{II}} \doteq 1$，即 $\gamma_1^{\mathrm{I}} = \gamma_2^{\mathrm{II}} = 1$，则上两式可简化为

$$E = \frac{p_1^0}{p_2^0} \cdot \frac{x_2^{\mathrm{I}}}{x_2^{\mathrm{II}}} < 1 \qquad (2-102\mathrm{c})$$

$$E = \frac{p_1^0}{p_2^0} \cdot \frac{x_2^{\mathrm{I}}}{x_2^{\mathrm{II}}} > 1 \qquad (2-103\mathrm{c})$$

以上两式可用来定性判断能否形成非均相恒沸物和形成均相恒沸物但降温后可分成两个液层的物系的条件。由(2-102c)式可看出，组分的蒸气压相差越小，相互溶解度越小，则形成非均相恒沸物的可能性就越大。

（2）三元系

对部分互溶的组分所形成的三组分物系，如果把其蒸气压与液相组成的关系标绘在立体坐标图上（即恒温相图），如图2-35所示。根据相律，在等温（或等压）下，对气液共存区，自由度 $f=2$；而对气-液-液共存区，自由度 $f=1$。因此，从一区转为另一区时，压力面（或温度面）应有改变。在液相为均相的区域，压力与组成的关系和完全互溶系统的情况相同。在液相为非均相区时，为气-液-液平衡，不管两个液相的比例如何，气相组成和压力都不变。若用一个通过连结线 BC 的垂直面来截切压力面，可得 ABCD 线，其中 BC 段因所在面为平面故为直线，而 AB 和 CD 段所在面均为曲面，故均为曲线。在两液相共存区，压力面为向一个方向倾斜的平面。如果这种系统形成非均相恒沸物，其恒沸组成在部分互溶区内，具有最高压力的不只是一个点的组成，而是一条线上的所有组成。这条线就是通过非均相恒沸组成的结线。所以，有非均相恒沸物的三元系，水平面与压力面不是像均相恒沸物那样相切于一点，而是相切于一条线上。

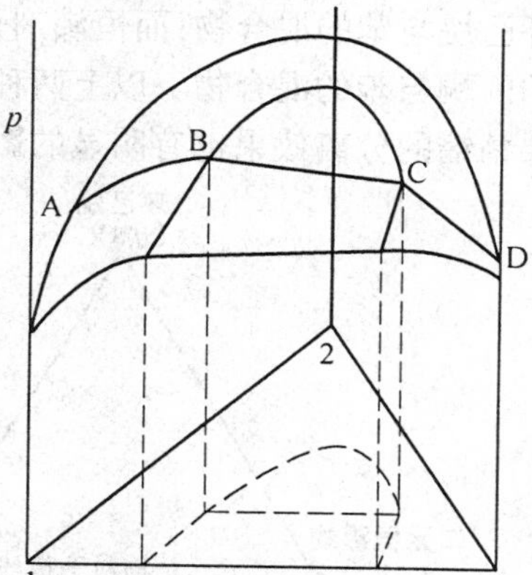

所有目前已知的三元非均相恒沸物均为低恒物。例如，醇（乙醇、异丙醇、丙醇、异丁醇）、水和沸点在 100 ℃ 以下的烃所形成的非均相恒沸物。由部分互溶的组分所形成的三元系也可能出现鞍形恒沸物，例如，丙酮-氯仿-水及甲酸-水-二氯乙烷等。但在所有已知的鞍形恒沸物都在均相区内。

图2-35　有限互溶的三组分系统的蒸气压与液相组成关系

将某一组分加入多元溶液中时，若该组分与原溶液的几个组分都是部分互溶的，那么与加入的组分相互溶解度最小的那个组分的相对挥发度将有所增大。这一规律也能用于三元非均相恒沸物系。若三个组分 A、B、C 能形成三元非均相恒沸物，而 B 与 C 的相互溶解度最小，那么三元恒沸物中 B 对 A 及 C 对 A 的相对量将均大于二元恒沸物 AB 及 AC 中 B 对 A 及 C 对 A 的相对量，即

$$\left(\frac{x_B}{x_A}\right)_{\equiv} > \left(\frac{x_B}{x_A}\right)_{\equiv} \qquad \left(\frac{x_C}{x_A}\right)_{\equiv} > \left(\frac{x_C}{x_A}\right)_{\equiv}$$

这一规律对选择恒沸剂时也是很有用的。

二、恒沸剂的选择和用量

在恒沸精馏过程中恒沸剂（共沸剂、夹带剂）的选择是否适宜，对整个过程的分离效果、经

济效益都有直接的关系。恒沸剂至少应与原溶液的组分之一形成一个恒沸物,这是其必要条件。而且希望该恒沸物的沸点与原溶液组分的沸点或原溶液恒沸物的沸点相差越大越好。一般希望不小于 10 ℃。温差越大分离越易进行。例如,在常压下分离环己烷(沸点 80.8 ℃)和苯(沸点 80.2 ℃)的混合液,环己烷和苯能形成恒沸物,恒沸点为 77.4 ℃,恒沸组成为 0.502(摩尔分数)。从文献中可查出,有若干化合物能与环己烷或苯形成恒沸物,但大多数由于它们形成的恒沸物的沸点与 77.4 ℃相差不大;而不适用于作恒沸剂。丙酮与环己烷形成的恒沸物,其沸点为 53.1 ℃,甲醇与环己烷形成的恒沸物,其沸点为 54.2 ℃,均比 77.4 ℃低 10 ℃以上。因此丙酮或甲醇均可考虑作为分离环己烷与苯的恒沸剂。但从两个物系的三角相图的温度分布来看,丙酮-环己烷二元恒沸物在图 2 – 36 中处在该系统相图温度曲面的最低点。虽然图中未标出任何等温线,但可认为温度面是从图中各部分向丙酮-环己烷恒沸物所在的最低点倾斜的。所以只要有足够的塔板,从塔底分出纯苯,从塔顶分出丙酮-环己烷恒沸物应是可能的。图中两条交叉的直线是相应于这种操作的物料总衡算线。如果要求塔顶为环己烷-丙酮恒沸物,塔底为纯苯,那么原料液和恒沸剂的总和组成应处于苯和环己烷—丙酮恒沸物的联线上。由于总和组成也应处于恒沸剂(丙酮)和原料液的联线上,故总和组成点必然是两条直线的交叉点。因此可根据交叉点左右线段的长度,按杠杆规则算出料液量与所需加入恒沸剂量的比值。

如果恒沸剂量不足时,若要求塔顶为环己烷-丙酮恒沸物,则塔釜产品只能是组成为 N 的环己烷与苯的混合物;而恒沸剂过量时,塔顶产品是环己烷-丙酮恒沸物,塔釜则为组成为 M 的丙酮与苯的混合物。以上两种情况均不能在塔釜得到纯苯。由此可见,恒沸剂的用量对恒沸精馏的分离效果也有明显的影响。

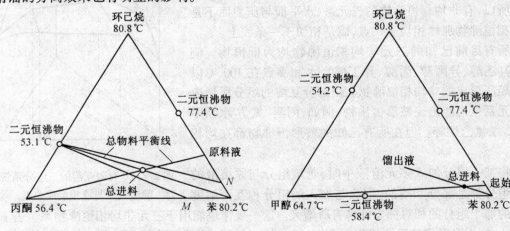

图 2 – 36　丙酮-环己烷-苯系统的
纯组成及恒沸物的沸点

图 2 – 37　甲醇-环己烷-苯系统的
纯组成及恒沸物的沸点

由图 2 – 37 来看,用甲醇作恒沸剂可能不如用丙酮作恒沸剂那样使苯和环己烷得到完全的分离。因甲醇与苯和环己烷都能形成最低恒沸物。由于在甲醇-苯这一边上出现了一个最低温度,故很有可能存在一条从甲醇角伸向对边而比其两侧温度都高的线,即在其温度面上很可能有一条脊线。在精馏过程中,从塔底到塔顶温度应是逐渐降低的。在相图的温度面上出现的脊线,必然成为精馏路线通过的障碍。因此,若从塔底分出的是纯苯,那么馏出液就很可能停留在相图中间的某个位置上,如图 2-37 中物料衡算线所示的情况。

为了达到分离的目的,并不一定要求原来两组分之一作为纯组分流出。有的恒沸剂可能同两个组分都形成最低恒沸物,而且这两个恒沸物有时可能有明显的沸点差。此时两个恒沸物可分别作为馏出液和釜液而分离。例如图 2-37 中,如果甲醇-苯恒沸物作为原料液时,就可通过加入适量的环己烷作为恒沸剂,在塔顶得到甲醇-环己烷恒沸物,而在塔釜得到苯-环己烷恒沸物。

如果在三元物系中有三元恒沸物存在,只要三元恒沸物中原有两个组分之比与原溶液中此两组分之比不同,那么将三元恒沸物分出,就可使原来的两组分得到分离。下面的例 2-12 就是以苯为恒沸剂来分离水和乙醇的恒沸物,得到水-乙醇-苯三元恒沸物和纯乙醇的情况。

在选择恒沸剂时,除应考虑以上所述的分离难易与完全程度外,还要考虑一些工艺问题和经济效益问题。

(1) 恒沸剂用量要少。这不仅可使恒沸剂损耗小,动力消耗降低,而且一般恒沸剂是从塔顶以恒沸物的形式蒸出。用量少气化所需的热量小。还希望恒沸剂的气化潜热也小。这都有利于降低能耗,减少操作费用。

(2) 恒沸剂要容易回收。恒沸剂回收的难易直接关系到恒沸精馏过程的经济性。回收方法可用冷却分层、萃取、不同压力下精馏、二次恒沸精馏以及化学方法等。冷却分层方法是最简单、最经济的方法,但要求恒沸剂与被分离组分在塔顶形成非均相恒沸物。萃取法也是常用的回收方法。二次恒沸精馏和化学方法在工业上一般应用很少。

(3) 应具有好的物理、化学性能。如热稳定性、无腐蚀、无毒,保证工艺和技术上的可行性。

(4) 价格低廉,容易得到,经济性好。

例 2-12 为了得到无水乙醇,以苯为恒沸剂加入到含乙醇 95% 的乙醇-水原料中进行恒沸精馏,今欲得到 2.5m³ 无水乙醇,需加入多少苯。已知各组分的密度分别为:95% 的乙醇为 799kg/m³,100% 乙醇为 785kg/m³,苯为 872kg/m³,三元非均相恒沸物的组成为:乙醇18.5%,水 7.4%,苯 74.1%。

解 现以 W_1、W_2、W_3 分别代表原料中乙醇、水和苯的质量分数;D 为塔顶三元非均相恒沸物的质量(kg),B 为塔底无水乙醇的质量(kg),F 为原料质量(kg),则

$$全塔物料衡算 \qquad F = D + B \qquad\qquad (1)$$
$$乙醇的物料衡算 \qquad W_1 F = 0.185D + B \qquad\qquad (2)$$
$$水的物料衡算 \qquad W_2 F = 0.074 \qquad\qquad (3)$$

根据题意还可列出

$$W_1 + W_2 + W_3 = 1 \qquad\qquad (4)$$
$$B = 2.5 \times 785 = 1963 \text{ kg} \qquad\qquad (5)$$
$$\frac{W_1}{W_2} = \frac{0.95}{0.05}; \quad W_1 = 19 W_2 \qquad\qquad (6)$$

以上共六个方程,有六个未知数,故可解得

$$D = 16.7\text{kg}$$
$$F = 1607 + 1963 = 3570\text{kg}$$
$$W_2 = 0.0333 \quad W_1 = 0.633$$

则苯的浓度为 $W_3 = 1 - 0.633 - 0.0333 = 0.3337$

苯的用量为 $P = 0.3337 \times 3570 = 1191\text{kg} = 1191/872 = 1.366\text{m}^3$

本题也可求解如下：

以塔顶馏出物 100kg 为基准,因原料中的水全部由塔顶出去,故水在原料中的含量应为 7.4kg。

原料中乙醇的量为 $(95/5) \times 7.4 = 140.6\text{kg}$

塔底无水乙醇的量为 $B = 140.6 - 18.5 = 122.1\text{kg}$

因加入的苯全部塔顶出去,所以苯的用量   74.1kg。

欲得到 2.5m^3 无水乙醇时,设所需加入的苯量为 P,则

$$(2.5 \times 785)/122.1 = P/74.1$$

所以 $P = 1191\text{kg} = 1191/872 = 1.366\text{m}^3$

三、恒沸精馏的流程

在恒沸精馏的流程中,一般都有恒沸剂的回收部分,它在全部投资中所占的比例较大。根据塔顶所形成的恒沸物的性质不同,其典型流程有如下几种。

1. 二元非均相共沸物的分离流程

原料本身为具有二元非均相恒沸物的物系,此时不需外加恒沸剂,只需两个精馏塔就可以比较容易地分离成两个纯组分。例如,正丁醇-水系统的分离流程可参见图 2-38 所示。这类物系的气液平衡相图如图 2-39。原料液的组成为 x_F,恒沸组成为 M, $x_{R\text{I}}$、$x_{R\text{II}}$ 分别表示在沸点下两液相的组成。如果分离的物系为正丁醇-水时,把含有 x_F 正丁醇的原料送入丁醇塔,塔底可得到正丁醇 $x_{W\text{I}}$,塔顶蒸气为近于恒沸组成 M 的 $y_{D\text{I}}$。把此蒸气冷凝,则分成 $x_{R\text{I}}$、$x_{R\text{II}}$ 两相,$x_{R\text{I}}$ 为富含丁醇相,$x_{R\text{II}}$ 为富含水相。经过分层器后,丁醇相返回丁醇塔作回流。在丁醇塔中水是易挥发组分,正丁醇为难挥发组分,精馏段的操作线为图中通过 $(x_{R\text{I}}、y_{D\text{I}})$ 的斜线。

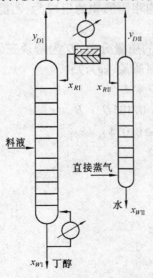

图 2-38   正丁醇-水系统的分
离流程

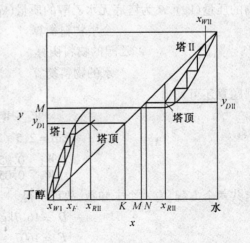

图 2-39   气液平衡关系图

把富含水相的 $x_{R\text{II}}$ 作为水塔的进料从塔顶进入塔内。由图 2 – 39 可以看出,此塔只需提馏段而不需精馏段。在水塔中正丁醇为易挥发组分,而水为难挥发组分。所以高纯度 $x_{W\text{II}}$ 的水为塔釜产品,塔顶蒸气组成为接近恒沸组成 M 的 $y_{D\text{II}}$。把它冷凝可得到总和组成为 N 的混合物,进入分层器后也分成组成为 $x_{R\text{I}}$ 和 $x_{R\text{II}}$ 的两个液相。水塔的塔底产品是水,故可用蒸气直接通入,而不用再沸器。如果原料液的组成在 $x_{R\text{I}}$ 和 $x_{R\text{II}}$ 之间时,可将原料直接加入分层器内。

在实际操作中,为了防止在分层器内蒸发损失,一般都把塔顶蒸气冷凝后再适当过冷,此时,$x_{R\text{I}}$、$x_{R\text{II}}$ 的组成将多少有些变化,塔内的内回流也会有所增加。

2. 塔顶为均相恒沸物的流程

前面所讨论的以丙酮为恒沸剂分离环己烷和苯的情况属于这种类型。丙酮-环己烷二元恒沸物从恒沸精馏塔分出后,经冷凝一部分作回流,一部分送入萃取装置用水回收丙酮,把丙酮和环己烷分开,然后再用一般精馏塔把水与丙酮分开。如图 2 – 40 所示。

有时恒沸剂与原溶液的两组分都能形成均相恒沸物,如用甲醇作恒沸剂从甲苯沸点相近的烷烃中分离甲苯的流程,如图 2 – 41。从塔顶引出甲醇与烷烃恒沸物,冷凝后部分回流,部分引出用水萃取,由萃取塔下部引出甲醇和水,上部为纯烷烃。甲醇和水的混合物再用普通精馏方法分离,塔顶得较纯的甲醇,返回恒沸精馏塔塔顶或与进料液一起混合后进入恒沸精馏塔,水返回萃取塔循环使用。由恒沸精馏塔底引出的甲苯中带有甲醇,进入甲醇回收塔,塔顶得甲醇与甲苯的恒沸物,大部分作为该塔的回流,小部分则加到进入主塔的新鲜料液中。塔釜得纯甲苯。

3. 塔顶为非均相恒沸物的流程

图 2 – 42 是用硝基甲烷为恒沸剂分离甲苯-烷烃的流程。硝基甲烷与烷烃可形成二元非均相恒沸物。由恒沸精馏塔顶蒸出后,经冷凝要分成两个液相。富含烷烃的上层液相,部分返回恒沸精馏塔作回流。其余部分进入烷烃回收塔。烷烃回收塔塔顶得恒沸物,塔釜得纯的烷烃。分层器中富含硝基甲烷的下层液相与从烷烃回收塔塔顶分出的恒沸物一起作为恒沸精馏塔回流的一部分。恒沸精馏塔釜液的处理与上述的用甲醇作恒沸剂的情况相同。

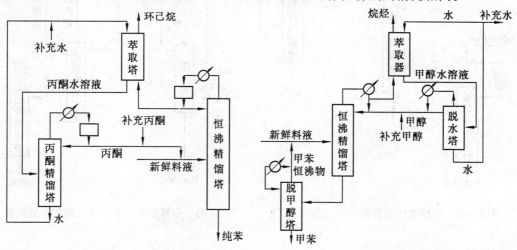

图 2 – 40 有一个恒沸物的恒沸精馏流程   图 2 – 41 用甲醇分离甲苯-烷烃的流程

4. 塔顶为三元非均相恒沸物的流程

若加入的恒沸剂与原溶液能形成三元非均相恒沸物,如前提及的用苯从乙醇-水溶液中制取无水乙醇即属此类。所形成的三元非均相恒沸物,其组成苯为53.9%,水为23.3%,乙醇为22.8%,恒沸点为64.86 ℃。而乙醇-水所形成的二元最低恒沸物组成为乙醇89.43%,恒沸点为78.15 ℃。在此三元系统中所形成的三元非均相恒沸物的恒沸点(64.86 ℃)比乙醇-水物系(78.15 ℃)、苯-水物系(69.25 ℃)、苯-乙醇物系(68.24 ℃)都低,而且恒沸组成中所含水与乙醇之比高于乙醇-水的恒沸组成。图2-43即为从乙醇-水恒沸物生产无水乙醇的流程。补充苯可以随塔顶回流进入恒沸精馏塔,也可以随原料一起加入。在主塔塔顶分出三元恒沸物。自塔底得到的是无水乙醇。塔顶蒸气经冷凝后分成两层,上层富含苯,返回主塔作回流,下层富含水,送到苯回收塔。苯回收塔塔顶产物也是三元非均相恒沸物;塔底出来的水中因尚有一定浓度的乙醇,故送入乙醇回收塔(也可用于使原料液增浓的精馏塔)精馏,其底部产品为近于纯水,顶部产物则是乙醇-水二元恒沸物,可重新返回主塔的进料中。

由以上的各流程可以看出,形成均相恒沸物的流程,由于分离回收恒沸剂比较困难而常使流程比较复杂,故一般希望采用形成非均相恒沸物的流程。

恒沸剂的引入位置,是根据恒沸剂的性质来决定,其原则是保持塔内各板上都能有一定浓度的恒沸剂。如果恒沸剂的相对挥发度小于原溶液的两个组分,则可在靠近塔顶的部位加入,使全塔各板上均保持一定的恒沸剂浓度。如果恒沸剂仅与原溶液中的一个组分形成恒沸物,且恒沸温度比原溶液任一组分的沸点都低得多,则至少应有一部分恒沸剂在进料口以下的地方引入,方能保证进料口以下有足够大的恒沸剂浓度。当然,此时在恒沸剂入口以下还得有一定量的塔板,以防止恒沸剂从塔釜流失。若恒沸剂与原溶液的两个组分都形成恒沸物(即从塔顶和塔釜均出恒沸物),则恒沸剂在塔的任一板上引入均可,这种情况一般较少。

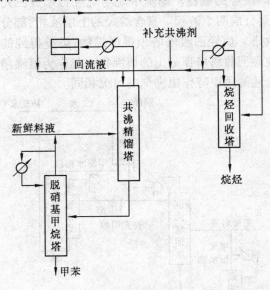

图2-42　用硝基甲烷分离甲苯-烷烃的流程

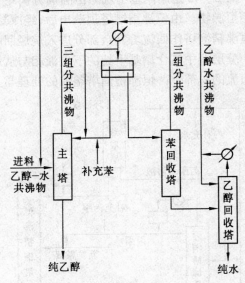

图2-43　用苯为共沸剂分离乙醇和水的流程

四、恒沸精馏的计算

1. 二元非均相恒沸精馏的计算

对二元均相恒沸物系统即使用无穷多块塔板,也越过不去 $x-y$ 坐标图上的气液平衡线与对角线的交点。而二元非均相恒沸系统,虽然气液平衡线与对角线也相交,但它有一段代表两个液相共存的水平线,所以只要气相浓度在 x_A 与 x_B 之间(见图 2–44),则该蒸气冷凝后可分成两个液层,一为组成 x_A,另为组成 x_B。这样利用冷凝分层的办法就越过了平衡线与对角线的交点。所以二元非均相恒物系统可用一般精馏方法进行分离,但需两个塔。这在前面讨论流程时已谈到。对于一些虽然生成二元均相恒沸物,但经冷却后可形成部分互溶的两液相的物系,也可根据上述同一原理进行分离。但此时塔顶蒸气经冷凝后必须过冷。

现讨论这种精馏计算的一些特点:

(1)物料衡算

由于二元非均相恒沸精馏需两个塔同时进行,构成互不可分的整体,在工业上称为"双塔精馏"。所以其物料衡算的特点是把两个塔作为一个整体考虑,如图 2–45 所示。可按最外圈范围作总的物料衡算。

$$F = W_1 + W_2$$

$$Fx_F = W_1 x_{W,1} + W_2 x_{W,2}$$

由给定的 F、x_F、$x_{W,1}$、及 $x_{W,2}$ 便可求出 W_1 及 W_2 之值。

对塔 I 精馏段的操作线,可按中间一圈所示的范围来进行物料衡算,当恒摩尔流时可得出

$$V_1 = L_1 + W_2$$

$$V_1 y_{n+1} = L_1 x_n + W_2 x_{W,2}$$

故塔 I 精馏段的操作线为

$$y_{n+1} = \frac{L_1}{V_1} x_n + \frac{W_2}{V_1} x_{W,2} \qquad (2-98)$$

它是过 $(x_{W,2}, x_{W,2})$ 点,斜率为 $\dfrac{L_1}{V_1}$ 的直线。

若按最内圈范围作物料衡算,可得

$$V_1 y_{顶} = L_1 x_{回} + W_2 x_{W,2}$$

$$y_{顶} = \frac{L_1}{V_1} x_{回} + \frac{W_2}{V_1} x_{W,2} \qquad (2-99)$$

由式(2–99)可看出,塔 I 精馏段操作线的最上一块理论板的坐标为 $(y_{顶}, x_{回})$,即应从此点开

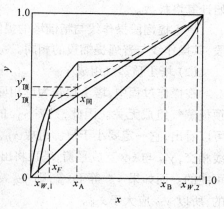

图 2–44　二元非均相共沸系统精馏过程操作线

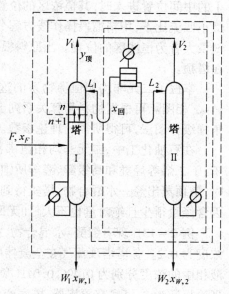

图 2–45　二元非均相共沸精馏过程物料衡算

始计算塔板数。

塔 I 提馏段操作线与精馏塔的提馏段没有差别。由气液平衡关系可看出,塔 II 无需精馏段,其操作线与普通提馏段的相同。

(2) 塔 I 顶蒸气组成 $y_{顶}$

在操作过程中,塔 I 顶若为单相回流时,则 $x_{回}$ 在一定压力和温度下为恒定值,它与塔 II 顶板蒸气组成无关。因此,只需 $y_{顶}$ 的值确定后,操作线也就可确定。$y_{顶}$ 的数值由图 2 – 44 可以看出,它一定要小于恒沸组成 y_H,而大于 $x_{回}$。当 $y_{顶}$ 等于恒沸组成 y_H 时,操作线与平衡线相交,$y_{顶}$ 与 $x_{回}$ 互成平衡,塔顶将出现恒浓区。所需的理论板数为无穷多,这在工程上是不可能的。而如果 $y_{顶}$ 等于 $x_{回}$,则 $y_{顶}$ 冷凝后不会出现两个平衡的液相,这在工程也是不会出现的,所以 $y_{顶}$ 应大于 $x_{回}$。

(3) 塔 I 的恒浓区位置

由于二元非均相恒沸物系的性质不同,其气液平衡的曲线形状也相差很大。当原料由塔 I 的中间位置进入时,其恒浓区的位置可能出现在进料板附近,也可能出现在塔顶。这可由在最小回流比下,用精馏段操作线方程分别求出进料板和塔顶的最小上升蒸气量来判断,其中蒸气量大者为恒浓区的位置。当原料根据工艺要求不进入塔 I 而加入分层器时,其恒浓区只能在塔顶。

掌握了二元非均相恒沸物系的这些特点后,如果已知某物系的气液平衡数据,便可画出 $y - x$ 相图。再根据物料衡算关系列出各塔的操作线方程,并将操作线画在 $y - x$ 图上。按三角梯级作图法,可得所需的理论板数。

在石油化工中,二元非均相恒沸精馏过程也常被作为某些有机液体脱水的方法。例如,苯、丁二烯等烃类和高级醇、醛等所饱和的少量水分,就是常常利用非均相恒沸精馏除去。此时,塔顶蒸出烃—水混合物,塔釜得到脱水的烃类。塔顶蒸气经冷凝分层后,烃层作回流,水层因含烃量很少且绝对量也不大,如无回收价值且无公害,一般也不回收。

例 2 – 13 现有糠醛-水混合物,在其沸点下送入如图 2 – 46 的精馏装置中。原料含糠醛浓度为 0.2。各塔塔顶蒸气在全凝器中冷凝后进入分层器,分成互成平衡的两液相,糠醛在两液相中的浓度分别为 0.496、0.041(摩尔分数)。富含糠醛的重液相做第一塔的回流,第一塔的理论板数为 2,塔底有再沸器,塔底产品中糠醛的浓度为 0.99(摩尔分数)。富含水的轻液相做第二塔的回流,第二塔有 4 块理论板,塔底不设再沸器而通入水蒸气 S。塔底产品中糠醛浓度为 0.001。装置是在压力为 0.101 MPa 下操作,其 $x - y$ 相图如图 2 – 47。试求:

(1) 两塔的塔顶蒸气组成;

(2) 每 1kmol 原料所消耗的蒸气量;

(3) 如果增加两塔的理论板数,两塔塔顶的蒸气组成不变,将会有何效果。

解 (1) 在图 2 – 47 的右侧,通过(0.99、0.99)点与 q 线 $x = 0.496$ 的垂线间,用试差法画出操作线,使其理论板数恰好等于 3。由此操作线与 q 线之交点,可得第一塔塔顶蒸气组成为 0.24(摩尔分数)。由于第二塔塔底产品浓度很低,为绘图清晰图 3 – 47 的左侧放大。因塔底通入水蒸气,故通过(0.001、0.000)点与 q 线 $x = 0.041$ 的垂线间,用试差法画出操作线,使其理论板数恰好等于 4。由此操作线与 q 线之交点,可得第二塔塔顶蒸气组成为 0.089(摩尔分数)。

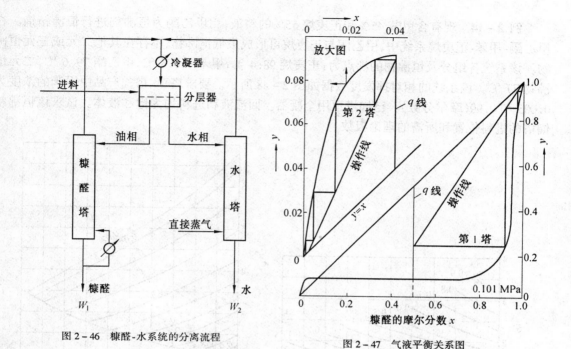

图 2-46 糠醛-水系统的分离流程

图 2-47 气液平衡关系图

（2）第二塔的操作线斜率为 $\dfrac{\overline{L}}{\overline{V}}$，根据图 3-38，可得 $\dfrac{\overline{L}}{\overline{V}} = 2.23$。而 $\dfrac{\overline{L}}{\overline{V}} = \dfrac{W_2}{S}$，所以 $S = \dfrac{W_2}{2.23}$

由全塔物料衡算得

$$F + S = 1 + S = W_1 + W_2$$

糠醛的物料衡算得

$$FZ = W_1 x_{W1} + W_2 x_{W2}$$

其中 $\qquad Z = 0.2;\qquad x_{W1} = 0.99;\qquad x_{W2} = 0.001$

联解以下各方程式可得水蒸气用量 $\qquad S = 0.65 \text{kmol/kmol}$ 原料

（3）如果增加两塔的塔板数，而又保持塔顶蒸气组成不变，图 2-47 中操作线斜率将增大，塔Ⅰ底再沸器的负荷减少，塔Ⅱ底加入的水蒸气量也将减少。

2. 多元系恒沸精馏的计算

对于恒沸精馏计算来说，即使原溶液为双组分溶液，由于加入恒沸剂后也成为三组分溶液，且属于非理想溶液，在相平衡计算中必须考虑活度系数的影响。对多元系恒沸精馏塔，即使恒沸剂全部与进料一起加入塔内，在计算时如想要获得精确可靠的结果，其计算也是相当复杂和繁琐的，只能用计算机按逐次逼近法计算。如果采用第一章中介绍过的简捷法计算时，其误差往往比较大，可靠性差。通常是采用简化逐板计算法，即认为塔内各段为恒摩尔流，而塔内各板的相对挥发度不是恒定值，只根据物料衡算和相平衡关系进行逐板计算。这样既可避免了严谨逐板计算法的繁琐，又可求得近似的结果。

多元恒沸精馏的计算方法，与萃取精馏一节中的例 2-10 有很多相似之处，但也有其本身的一些特点，现用下面的例题加以说明。应指出的是这个例题所用的系统并不一定要用恒沸精馏来分离。举此例的目的在于说明恒沸精馏计算中的特点。

例 2－14 现有含甲苯45%和正庚烷55%的料液,用甲乙酮为恒沸剂进行恒沸精馏。在甲乙酮-甲苯-正庚烷系统中,甲乙酮与正庚烷可形成最低恒沸物,不存在其他二元或三元恒沸物。该系统各组分及恒沸物的沸点为:正庚烷 98.4 ℃,甲苯 110.8 ℃,甲乙酮 79.6 ℃,二元恒沸物 77 ℃。该系统的相对挥发度数据如图 2－48 所示。要求塔顶、塔釜产品中甲苯的浓度为 0.005 和 0.99(摩尔分数)。已知塔顶用全凝器。回流液和进料均为饱和液体。试求该恒沸精馏塔的进料位置和所需的理论板数。

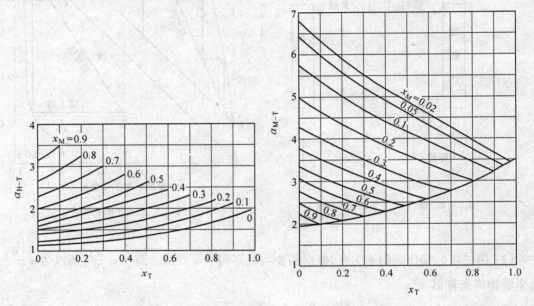

图 2－48 正庚烷-甲苯-甲乙酮的相对挥发度与浓度的关系
H-正庚烷；T-甲苯；M-甲乙酮

解 假定塔顶产品组成稍低于甲乙酮-正庚烷的恒沸组成。以 D 代表馏出液,W 代表釜液。由于甲乙酮的沸点比正庚烷低 18.8 ℃,比甲苯低 31.2 ℃。如果没有恒沸剂从进料板以下加入,则进料板以下的恒沸剂浓度将迅速降低,对分离不利。再将恒沸剂一半随料液加入,另一半则在进料板以下某个位置加入。并以 F_1 代表纯恒沸剂加入口的物料,F_2 代表恒沸剂与原料液加入口的总混合物料,F 为原料液。

1. 物料衡算

在图 2－49 中联 DW 和 FF_1 相交于 A 点,由 AF 与 AF_1 之比可得出恒沸剂与原料液之比为 1.941,现以原料液为 100 计,恒沸剂量应为 194.1,则 $F_1 = 97.05$。组成如下:

组 分	$F_1 x_{F,1}$	$x_{F,1}$	$F_2 x_{F,2}$	$x_{F,2}$
甲乙酮	97.05	1.00	97.05	0.4925
正庚烷	0	0	55.00	0.2791
甲 苯	0	0	45.00	0.2284
	97.05	1.00	197.05	1.000

通过甲苯的物料衡算,可求得馏出液及釜液量为

$$45 = 0.005D + (294.1 - D) \times 0.99$$

所以 $\qquad D = 249.9$

$$W = 100 + 194.1 - 249.9 = 44.2$$

已知塔釜液中含甲苯为 0.99，则釜液中甲乙酮和正庚烷的浓度为 0.01。现取甲乙酮在釜液中的浓度为 $x_{W,M} = 0.007$，正庚烷为 $x_{W,H} = 0.003$，通过对甲乙酮和正庚烷物料衡算可得塔顶产品中甲乙酮浓度为 $x_{D,M} = 0.7754$，正庚烷为 $x_{D,H} = 0.2196$。

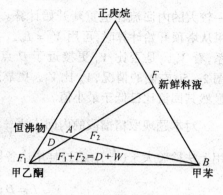

图 2 - 49　物料衡算线

2. 操作线方程

根据假定以恒摩尔流率进行计算。

现因有两个物料加入，故把塔分成三段，提馏段分成两部分。各段操作线方程分别为精馏段

$$y_{n,i} = \frac{L}{V}x_{n+1,i} + \frac{D}{V}x_{D,i}$$

提馏段恒沸剂加入口以上

$$L' = L + F_2; \qquad V' = V$$

故 $\qquad y_{n,i} = \frac{L'}{V'}x_{n+1,i} - \frac{F_2}{V'}x_{F2,i} + \frac{D}{V}x_{D,i}$

提馏段恒沸剂加入口以下

$$L'' = L' + F_1; \qquad V'' = V' = V$$

故 $\qquad y_{n,i} = \frac{L''}{V''}x_{n+1,i} - \frac{W}{V''}x_{W,i}$

由于 L 在本题中没有给定为未知量，所以上述各操作线方程中的 L'、L''、V'、V'' 量均为未知量。因此，首先应确定出回流比或内回流比 $\frac{L}{V}$。而所选用的数值必须大于最小回流比下的 $(\frac{L}{V})_{最小}$ 才行。

所选用的内回流比 $(\frac{L}{V})$ 是否大于最小值 $(\frac{L}{V})_{最小}$，可采用图 2 - 50 所示方法校核。按任意两板的物料组成，可在三角相图中找到各物料的位置。在提馏段任意两板间的气液流率之差为恒定值，即 $L_{n+1} - V_n = W$（板序号由下向上）而精馏段任意两板间的气液流率之差为

$$V_n - L_{n+1} = D$$

根据杠杆规则，上二式中的三个点均在一条直线上，并各相对量均可用相应的线段表示，塔底部的内回流比 (L_{n+1}/V_n) 可用线段比 $(\overline{V_nW}/\overline{L_{n+1}W})$ 表示，塔顶部的内回流比 (L_{n+1}/V_n) 可用线段比 $(\overline{V_nD}/\overline{L_{n+1}D})$ 表示。相互平衡的两物流 V_n 与 L_n，应位于气液系线的两端。因为塔内液体越往下流，其高沸物含量越大，故在塔底部点 L_n 应比点 L_{n+1} 更靠近 W 点，而在精馏段点 L_{n+1} 应比 L_n 点更靠近（或 V_{n+1} 点比 V_n 点更靠近 D 点）。如果从塔底开始计算几块板后，可以画出如图 2 - 50 右侧的关系。当自 $n+1$ 板下流的液体 L_{n+1} 与 L_n 相比远离 W 点，可表示它所代表的顶部内回流比大于最小值是可行的。如果自 $n+1$ 板下流的液体为 $\overline{L}_{n+1}$ 点，因它比 L_n 点更靠近 W 点，违反了正常的精馏关系，则表示此时塔顶内回流比已低于最小值（注意：塔底部内回流比增大等于塔顶部内回流比减小）。此时如果再继续逐板计算下去已无意义，需另选

一较大的内回流比值重新开始计算。同样,如果从塔顶开始计算时,可用 $V_n = L_{n+1} + D$ 的关系,看 V_{n+1} 是否比 V_n 更接近于 D 点来校核。图 2-50 左侧的情况,V_n 比 V_{n+1} 更靠近 D 点,显然其回流比已低于最小值。

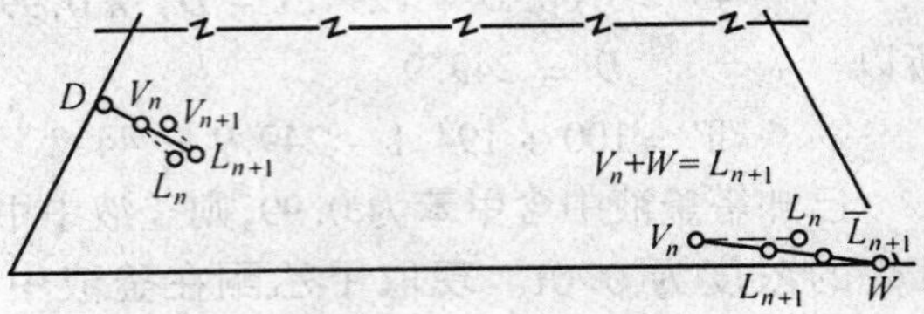

图 2-50 最小回流比之校核

对本题现取精馏段的内回流比 $\dfrac{L}{V} = 0.6$,经

用上法检验大于 $\left(\dfrac{L}{V}\right)_{最小}$,这样塔内各段的流率,精馏段为

$$V - L = D; \qquad \frac{L}{V} = 0.6; \qquad D = 249.9$$

所以
$$V = 624.7; \quad L = 374.8$$

提馏段恒沸剂加入口以上

$$L' = L + F_2 = 374.8 + 197.1 = 571.9; \qquad V' = V = 624.7$$

提馏段恒沸剂加入口以下

$$L'' = L' + F_1 = 571.9 + 97.1 = 669; \qquad V'' = V' = 624.7$$

于是,可列出塔中各段之操作线方程为

顶部　　$x_{n+1,i} = \left(\dfrac{V}{L}\right)y_{n,i} - \left(\dfrac{D}{L}\right)x_{D,i} = 1.6667 y_{n,i} - 0.6667\,x_{D,i}$

中部　　$x_{n+1,i} = \left(\dfrac{V'}{L'}\right)y_{n,i} + \left(\dfrac{F_2}{L'}\right)x_{F2,i} - \left(\dfrac{D}{L'}\right)x_{D,i} =$

$\qquad\qquad 1.0925 y_{n,i} + 0.3446 x_{F2,i} - 0.437 x_{D,i}$

底部　　$x_{n+1,i} = \left(\dfrac{V''}{L''}\right)y_{n,i} + \left(\dfrac{W}{L''}\right)x_{W,i} = 0.9341 y_{n,i} + 0.0661 x_{W,i}$

各式中常数项这值为

	x_D	x_W	$0.0661 x_W$	$0.3446 x_{F,2} - 0.437 x_D$	$0.6667 x_D$
甲乙酮	0.7754	0.007	0.0005	-0.1691	0.5170
正庚烷	0.2196	0.003	0.0002	0.0002	0.1464
甲　苯	0.0050	0.990	0.0654	0.0765	0.0033

3. 相平衡方程

在本题已给出图 2-48 所示的正庚烷-甲苯-甲乙酮的相对挥发度与浓度的关系,所以其相平衡方程可用下式

$$y_{n,i} = \frac{(\alpha_i x_i)_n}{\sum (\alpha_i x_i)_n}$$

列出操作线方程和相平衡方程后,可进行逐板计算。本题宜从塔底开始向上进行,直到蒸气组成与规定的馏出液组成一致或接近为止。两股进料的最优位置,可用不在 n 板引入料液时得到的 y_{n+1} 组成与在 n 板引入料液时得到的 y_{n+1} 组成作比较,何者更接近塔顶产品 D 来确定。

逐板计算过程列于下表(中间略去了一些结果)。

组　分	x_1	α_1	$\alpha_1 x_1$	y_1	$0.9341 y_1$	x_2	α_2	$\alpha_2 x_2$	y_2	……
甲乙酮	0.007	3.48	0.0244	0.0239	0.0223	0.0228	3.42	0.0789	0.0737	……
正庚烷	0.003	1.98	0.0059	0.0058	0.00542	0.00562	1.97	0.0140	00131	
甲　苯	0.990	1.00	0.9900	0.9703	0.9064	0.9718	1.00	0.9781	0.9132	
	1.000		1.0203	1.0000		1.0002		1.0710	1.0000	

组　分	x_7	α_7	$\alpha_7 x_7$	y_7	$0.9341 y_7$	x_8	α_8	$\alpha_8 x_8$	y_8
甲乙酮	0.6849	2.28	1.5616	0.7983	0.7456	0.7460	2.25	1.6785	0.8201
正庚烷	0.0422	2.88	0.1215	0.0621	0.0580	0.0582	2.96	0.1723	00842
甲　苯	0.2730	1.00	0.2730	0.1396	0.1304	0.1958	1.00	0.1958	0.0957
	1.0001		1.9561	1.000		1.0000		2.0466	1.0000

以上求得的 y_8 的组成不如下面按 F_1 在第 7 板上引入时所求得的 y_8 组成那样接近 D。因此,以上的计算将从 y_7 开始改用塔的中部操作线方程。

y_7	$1.0925 y_7$	x_8	α_8	$\alpha_8 x_8$	y_8	…	y_{11}	$1.0925 y_{11}$	x_{12}	α_{12}	$\alpha_{12} x_{12}$	y_{12}
0.7983	0.8721	0.7030	2.30	1.6169	0.7930		0.7285	0.7959	0.6268	2.67	1.6736	0.7129
0.0621	0.0678	0.0680	2.84	0.1931	0.0947		0.2007	0.2193	0.2195	2.37	0.5202	0.2216
0.1396	0.1525	0.2290	1.00	0.2290	0.1123		0.0708	0.0773	0.1538	1.00	0.1538	0.0655
1.0000		1.0000		2.0390	1.0000		1.0000		1.0001		2.3476	1.0000

比较上面求得的 y_{12} 组成与下面按在 11 板引入 F_2 求得的 y_{12} 组成,说明应在第 11 板引入 F_2

y_{11}	$1.6667 y_{11}$	x_{12}	α_{12}	$\alpha_{12} x_{12}$	y_{12}	……………	y_{17}
0.7285	1.2142	0.6972	2.54	1.7709	0.7493		0.7761
0.2007	0.3345	0.1881	2.54	0.4778	0.2022		0.2207
0.0708	0.1180	0.1147	1.00	0.1147	0.0485		0.00320 < 0.005
1.0000		1.0000		2.3634	1.0000		1.0000

由以上计算结果可知, F_1 的最优引入位置在第 7 板, F_2 的最优引入位置在第 11 板。 V_{17} 中的甲苯浓度(0.0032)已低于规定值(0.005),故理论板总数为 17 块。

五、恒沸精馏与萃取精馏的比较

无论恒沸精馏还是萃取精馏其共同点都是加入第三组分形成非理想溶液,改变被分离组分的活度系数,从而增大它们之间的相对挥发度,使得用精馏的方法能够达到分离的目的。但它们又各有其特点,有很多不同之处。从两者精馏过程比较来看:

(1)恒沸剂的选择,一定要符合能生成恒沸物的条件。而其用量也是受所形成的恒沸物组成所控制的,因此可供选择作为恒沸剂的数目不如萃取精馏中的溶剂多,且萃取精馏中溶剂的用量不像恒沸剂的用量受到条件的控制。

(2) 萃取精馏中溶剂的沸点比原溶液中各组分的沸点都高,为系统中的最重组分,它将从塔釜流出。而恒沸精馏中的恒沸剂并不受此限制,它也可能是系统中最轻的组分。在恒沸精馏过程中,很多情况下恒沸剂是从塔顶以恒沸物形式馏出。

(3) 由于一般恒沸精馏中的恒沸剂是从塔顶引出,所以能耗比较大。只有当恒沸物中含恒沸剂组分较少,使恒沸剂用量少时,恒沸精馏的能耗才有可能比萃取精馏小。

(4) 恒沸精馏既可用于连续操作,也可用于间歇操作,而萃取精馏则只能用于连续操作,不宜于间歇操作。

(5) 在热敏性组分存在时,因恒沸精馏可以在比萃取精馏低的温度下进行,故恒沸精馏比萃取精馏有利。

(6) 在萃取精馏中溶剂的回收比较简单,其流程也比较简单。而恒沸精馏中恒沸剂的回收相对要比较复杂,故其流程也比萃取精馏复杂。

习　题

1. 若组成二元系的两个组分,其化学结构比较相近,分子体积也相差不大时,恒压下其过剩自由焓的关系可表示为

$$\frac{G_m^E}{RT} = \beta x_1 x_2$$

式中 β 为与 x 无关的常数。试推导出 $\ln\gamma_1$ 及 $\ln\gamma_2$ 与组成的关系式。

2. 已知甲醇和醋酸甲酯在常压 0.101 MPa 下形成醋酸甲酯 0.65(摩尔分数)的恒沸物,其沸点为 54 ℃,在此温度下醋酸甲酯的饱和蒸气压 $p_1^0 = 0.0903$ MPa,甲醇的饱和蒸气压 $p_2^0 = 0.0660$ MPa,求该物系的活度系数及端值常数。

3. 二元系统乙酸乙酯(1) – 水(2) 在 70 ℃时的 NRTL 方程参数 $r_{12} = 0.03$,$r_{21} = 4.52$,有规特性参数 $a_{12} = 0.2$,求该温度下 $x_1 = 0.4$ 时,r_1 及 r_2 各为多少?

4. 已知组 1 和 2 所构成的二元系统,当处于气 – 液 – 液三相平衡时,两个平衡的液相(α 相和 β 相)组成如下:$x_2^\alpha = 0.05$,$x_1^\beta = 0.05$,两个纯组分的饱和蒸气压此时分别为 $p_1^0 = 0.0659$ MPa,$p_2^0 = 0.0760$ MPa,试计算:

(1) 组分 1 在 β 相和组分 2 在 α 相中的活度系数 γ_1^β 和 γ_2^α;

(2) 平衡压力;

(3) 平衡的气相组成。

5. 在氯仿 – 甲酸系统中,50 ℃时氯仿(1)与甲醇(2)的无限稀释活度系数分别为 2.3 和 7.0。50 ℃时纯组分的蒸气压为 $p_1^0 = 66.7$ kPa,$p_2^0 = 17.4$ kPa,试证明 50 ℃时该系统有最高压力的恒沸物。

6. 求醋酸甲酯(1),甲醇(2)的相对挥发度 $(\alpha_{12})_P$,溶液组成为 $x_1 = 0.1$,$x_2 = 0.1$,$x_P = 0.8$,系统温度 $t = 60$ ℃,饱和蒸气压 $p_1^0 = 113.322$ kPa,$p_2^0 = 83.911$ kPa,其双组分溶液的马格勒斯常数(用 lg 表示)为 $A_{12} = 0.477$,$A_{2P} = 0.360$,$A_{P1} = 0.820$,$A_{21} = 0.411$,$A_{P2} = 0.220$,$A_{1P} = 1.300$。

7. 正丁烷(1)与丁烯 – 1(2)的混合物与糠醛构成三元物系,当糠醛(P)含量 $x_P = 0.85$ 时,求 65 ℃时正丁烷对正丁烯 – 1 的相对挥发度 $(\alpha_{12})_P$。

已知用常用对数表示的双组分溶液的马格勒斯常数分别为：$A_{1P} = 0.998$，$A_{P1} = 1.108$，$A_{2P} = 0.763$，$A_{P2} = 0.951$，饱和蒸气压数据为 $p_1^0 = 0.731$ MPa，$p_2^0 = 0.966$ MPa。

8. 某石油化工厂 C_4 馏分的进料组成及分离要求如下表，拟用含水 15% 的乙腈进行萃取精馏分离丁烯与异丁烷。由于萃取剂的挥发度小，可认为不挥发。设萃取剂浓度为 85%，此时全塔的异丁烷对丁烯的相对挥发度为 1.68，操作压力为 0.8106 MPa，气相露点加料。回流比取最小回流比的 1.8 倍。假定萃取剂的作用仅改变原溶液组分间的相对挥发度，且由于丙烯和丁二烯的含量较小，近似的将丙烯归入异丁烷，将丁二烯归入丁烯。求萃取精馏塔的萃取剂用量和理论板数。

组　　分	进　　料		塔　　顶		塔　　底	
	$f_i/(\text{kmol}\cdot\text{h}^{-1})$	$y_i/\%$	$d_i/(\text{kmol}\cdot\text{h}^{-1})$	$xD_i/\%$	$W_i/(\text{kmol}\cdot\text{h}^{-1})$	$x_{W_i}/\%$
$C_3^=$	0.131	1.02	0.131	2.89	0	0
$i-C_4^0$	4.653	36.22	4.250	93.86	0.403	4.84
$C_4^=$	7.789	60.62	0.147	3.25	7.642	91.85
$C^{==}$	0.275	2.14	0	0	0.275	3.31
Σ	12.848	100.00	4.528	100.00	8.320	100.00

9. 苯(1)与环己烷(2)在总压为 0.101 MPa 时有均相恒沸物存在，其组成为 $x_1 = 0.525$，恒沸温度为 77.6 ℃。在 77.6 ℃时，纯苯的饱和蒸气压为 0.0993 MPa，纯环己烷的饱和蒸气压为 0.0980 MPa。若气相可看做理想气体，活度系数与组成的关系可用范拉尔方程表示，试计算 77.6 ℃时与 $x_1 = 0.80$ 成平衡的气相组成。

10. 已知乙腈(1)－水(2)在 0.101 MPa 下其恒沸温度为 76 ℃，恒沸组成中水 14.2%。76 ℃时饱和蒸气压为 $p_1^0 = 40.2$ kPa，$p_2^0 = 83.5$ kPa。

试求：（1）该系统的端值常数；

（2）$x_1 = 0.99\%$ 的乙腈水溶液的乙腈和水的活度系数。

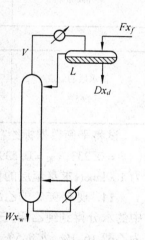

习题 10 附图

11. 乙醇(1)－水(2)系统，在常压下有恒沸物存在，其恒沸温度为 78.15 ℃，恒沸组成为 $x_1 = 0.895$。已知：

60 ℃时　$p_1^0 = 0.0973$ MPa，$p_2^0 = 0.0213$ MPa

78.15 ℃时　$p_1^0 = 0.0973$ MPa，$p_2^0 = 0.0440$ MPa

试判断该系统在 60 ℃时能否生成恒沸物？生成什么样的恒沸物？并求其恒沸组成和恒沸压力。

12. 醋酸甲酯(1)－甲醇(2)系统，已知不同组成对应的活度系数值如附表 1 所示，组分的蒸气压数据见附表 2。求恒沸温度为 45 ℃时的恒沸组成。

x_1	r_1	r_2	r_1/r_2
0.01	2.8	1.0	2.8
0.1	2.27	1.01	2.25
0.5	1.27	1.29	0.98
0.6	1.16	1.43	0.81
0.65	1.12	1.53	0.73
0.770	1.08	1.63	0.66
0.90	1.01	2.18	0.46
1.00	1.00	2.58	0.39

附表2　t 与 P_i 的关系

t	p_1^0/MPa	p_2^0/MPa	$p_1^0/p_2^0\text{MPa}$
40	0.0533	0.0343	0.64
45	0.0659	0.0435	0.65
50	0.0784	0.0535	0.69
54	0.0903	0.0660	0.73

13. 已知乙醇 – 苯 – 水系统在 25 ℃时互成平衡的两液层的组成数据如下。

富水层的组成 mol%	乙　醇	0.300	0.225	0.180	0.080
	苯	0.068	0.025	0.015	0.007
	水	0.632	0.750	0.805	0.913

富水层的组成 mol%	乙　醇	0.315	0.230	0.130	0.040
	苯	0.465	0.665	0.825	0.940
	水	0.220	0.115	0.050	0.020

试将平衡数据标绘在三角组成图上,画出连结线,再根据做得的相图,求具有三元共沸物 ($x_水 = 0.233, x_苯 = 0.539$)的蒸气全凝后在 25 ℃时生成的两个液层的组成。若形成的富水层为 100kmol,求富苯层的量。

14. 现有 95% 的乙醇和水组成的二元溶液,拟用三氯乙烯做恒沸剂用恒沸精馏脱除乙醇中的水分得到纯乙醇,三氯乙烯与乙醇和水能形成三元最低恒沸物。三元最低恒沸物的组成为乙醇 16.1% ,水 5.5% ,三氯乙烯 78.4% 。试求恒沸剂的用量。

15. 苯干燥塔如图所示。进料中含水 0.342% ,分层器中,苯层含水 0.342% 水层可认为不含苯。苯层做回流,水层做塔顶产品,要求釜液(干燥后的苯)含水 0.0086% 。若规定塔釜蒸发率为 0.1,试确定所需要的理论板数。平衡关系可用 $y = 29.1x$ 表示。

16. 有一粗 γ – 丁内酯混合液,由于该组分是热敏感性物质,拟用丙酸(3)作恒沸剂脱除 γ – 丁内酯中的水分。在 $p = 0.2\text{MPa}$ 下丙酸和水二元系形成均相恒沸物,恒沸组成为 $x_3 = 4\%$ 。加料组成为 γ – 丁内酯(1)90% ,水(2)10% 。要求 γ – 丁内酯的回收率为 98% ,恒沸剂丙酸在塔顶的回收率为 98.2% ,水在塔顶的含量很小可忽略。试确定恒沸剂的用量,并按简捷法估算分离所需的理论板数。在操作条件下全塔平均相对挥发度分别为 $\alpha_{21} = 27.82$,

$\alpha_{31} = 2.74$。

参 考 文 献

1 Buford D Smith. Design of Equilibrium Stage Proeesses. McGraw – Hill. 1963
2 Perry J H and Chilton C H Chemical Engineer's Handbook, 5th ed. McGraw – Hill. 1973
3 Phillip C Wankat. Equilibrium Staged Separations. Elsevier Science Publishing Co. Inc. 1988
4 陈洪钫著. 基本有机华东分离工程. 北京:化学工业出版社,1981
5 裘元涛著. 基本有机化工过程及设备. 北京:化学工业出版社,1981
6 胡英等著. 物理化学. 北京:人民教育出版社,1979
7 段占庭. 石油化工. 1980(6):350～357
8 段占庭. 石油化工. 1978(2):177～186
9 雷良恒. 石油化工. 1982(6):404～409

第三章　吸　收　过　程

吸收是化工生产中分离气体混合物的重要方法之一,它是根据气体混合物中各组分在液体中溶解度的不同,而达到分离目的的传质过程。

吸收时所用的液体溶剂称为吸收剂。若气体吸收过程中只有一个组分在吸收剂中具有显著的溶解度,其他组分的溶解度均很小,这种吸收称为单组分吸收。例如制氧工业中,将空气进行深冷分离之前,用碱液脱除其中的二氧化碳,以防止二氧化碳在低温下会结成干冰,堵塞设备和管道使深冷分离操作无法正常进行。当气体混合物中具有显著溶解度的组分不止一个,例如用油吸收法分离石油裂解气,除氢以外,其他组分都程度不同地从气相溶解到吸收剂中,这类吸收称为多组分吸收。

根据讨论问题的方法和着眼点不同,吸收过程可以有多种分类方法。例如按照过程进行中有无伴随化学反应产生,可分为物理吸收和化学吸收;按照过程进行中有无显著的温度变化,可分为等温吸收和非等温吸收等等。

被吸收的气体从吸收液中释放出来的过程称为解吸或蒸出,它是吸收的逆过程。在工业中进行的吸收过程是根据吸收剂与吸收质的价值而决定是否需进行解吸。有解吸的吸收过程,吸收剂能多次循环使用并可将被吸收的组分分离成纯组分。在伴有不可逆化学反应的吸收中,吸收剂不能用解吸方法再生,而须用化学方法再生。

在化工生产中,吸收过程应用十分广泛。就其目的来说可分为以下几个方面。

(1) 用液体吸收气体获得半成品。例如:用水吸收氯化氢制取盐酸;用水吸收甲醛蒸气制甲醛溶液;用水吸收丙烯氨氧化反应气中的丙烯腈作为中间产品等。

(2) 气体混合物的分离。此时所用的吸收剂应有较好的选择性,且常与解吸过程相结合,用以得到目的产物或回收其中一些组分。例如:石油裂解气的油吸收过程,可把碳二以上的组分与甲烷、氢分开;焦炉气的油吸收以回收苯以及用 N – 甲基吡咯烷酮作溶剂,将天然气部分氧化所得裂解气中的乙炔分离出来等。

(3) 气体的净化和精制。可分为两种情况,一种是除去在气体继续加工时所不允许有的杂质,即原料的预处理过程。例如用乙醇胺脱除石油裂解气或天然气中的硫化氢;用于合成氨生产的氮氢混合气中的 CO_2 和 CO 的净化以及在接触法生产硫酸中二氧化硫的干燥等。另一种是为了排放于大气中的废气的净化过程。例如:烟道气除去 SO_2 的净化;液氯冷凝后的废气除去氯气的净化以及工业放空尾气中的氯化氢等各种有害气体如不脱除而直接排空,就会污染大气,威胁人民身体健康、腐蚀设备和建筑物,造成难以估量的损失。

(4) 从气体混合物中回收有价值的组分。为了防止有价值组分的损失并污染环境,例如对气体中所含的易挥发性溶剂,如醇、酮、醚等进行回收。

应当指出,对于气体混合物的分离、净化和有价值组分的回收,除用吸收方法外,还可采用其他方法如深度冷冻、精馏、吸附等方法,选择哪一种方法为宜,要从技术经济观点来权衡。通常当气体处理量较大,提取的组分不要求很完全时,吸收是最好的方法。

在石油化工中所处理的气体几乎都是多组分混合物。其中除了目的产物之外，还会有一些有价值的副产品或一些有害的杂质。所以用吸收法分离这种气体混合物通常为多组分吸收。就是说，在吸收剂吸收目的产物的同时也不同程度地吸收了其他一些组分。

参与吸收或解吸过程均有两相，即液相和气相，并进行从气相到液相（吸收过程）或从液相到气相（解吸过程）的物质传递。因此，和精馏过程一样也是气液传质过程的一种形式。但与精馏过程又有所不同，有它自己的一些特点。以简单的吸收塔和精馏塔相对比可以看出。

（1）吸收塔的原料气和吸收剂分别从塔的两端进入塔内，这种情况就相当于精馏中的复杂塔的操作。所以吸收塔的端点条件，即吸收液和尾气的组成和温度，比常规的多组分精馏更难预分配。

（2）在多组分吸收中，各组分的沸点范围很宽，有的在操作条件下已接近或超过其临界状态，因此不能当作理想系统来处理。

（3）在精馏操作中，气相中较重组分部分冷凝转移到液相中，它所释放的潜热使液相中较轻的组分汽化而转入气相，是气液间双向传质过程。在假定各组分的分子汽化潜热相同的前提下，可假定塔内的气液两相均为恒摩尔流，这样可简化计算。但吸收过程是气相中的吸收质溶解到不挥发的吸收剂中去的单向传质过程，沿塔高自上而下气、液两相的流率都不断增加，所以，气、液两相均不能看做恒摩尔流。这就增加了计算的复杂性。

（4）气体中的吸收质溶解到吸收剂中时，有溶解热效应。由于各组分沿塔高的溶解量分布并不均衡，这就导致溶解热的大小以致吸收温度的变化是不规则的，加上溶解热数据不全，以及多组分吸收系统的平衡数据和有关的动力学数据还研究的很不充分，这就增加了热量衡算的困难。

（5）在精馏过程中，每块塔板上由于组成改变而引起的温度变化，可由泡点方程或露点方程来确定。但用泡点方程或露点方程来确定吸收塔中各点的温度有时是不可靠的，通常要采用热量衡算来确定温度的分布。

在单组分吸收计算中，当吸收量不太大时，一般可以假定为等温过程，塔内气、液相流率也可假定为固定不变，这可使计算大为简化，且能保证一定的准确度。而多组分吸收过程由于吸收量往往较大，由气体溶解热所引起的温度变化已不能忽略，塔内气、液两相流率也不能看做不变，如仍应用上述之假设，就可能会产生很大的误差。因此，要获得精确的结果，必须采用逐板计算法。

本章的内容主要是在先修课程已经讨论了有关原理的基础上，着重分析多组分吸收过程的计算及其特点，而对解吸和非等温吸收过程的原理和计算特点作简单的介绍。

第一节　多组分吸收过程的计算

物理吸收一般是用水，有机溶剂——不与溶解的气体反应的非电解质、以及有机溶剂的水溶液为吸收剂所进行的吸收过程。物理吸收过程多属于扩散控制，吸收作用发生在相接触面之间，因此要提高吸收效果，必须从增加吸收过程的推动力和相接触表面积两方面入手。增大相间接触表面，就是使气、液两相能进行良好接触，应尽可能地将气、液两相分散。它涉及设备的结构等问题，各种不同类型塔器的特点以及塔设备的设计计算等，在化工原理课中已做了系统的介绍,这里不再重复。

当组分在气相中的浓度大于与液相成平衡的气相浓度 y^* 时,则该组分便可由气相转入液相,达到吸收的目的。这时 $y - y^*$ 即是吸收过程的推动力。很明显,y 是由原料气所决定的,要增大推动力,只有使 y^* 变小。

在吸收过程中,溶液中溶质的浓度不大、压力不高的条件下,其平衡关系可由享利定律描述

$$p_i = H_i x_i$$

式中　p_i——i 组分在气相中的平衡分压;

　　　H_i——i 组分的享利系数;

　　　x_i——i 组分在溶液中的摩尔分数。

当溶质和溶剂所形成的整个溶液都可看做理想溶液时,享利常数与该组分的饱和蒸气压相等,$H_i = p_i^0$,享利定律便和拉乌尔定律一致。则

$$p_i = p_i^0 x_i = p y_i^*$$

$$y_i^* = \frac{p_i^0}{p} x_i = m_i x_i \tag{3-1}$$

式中　p——总压;

　　　m_i——相平衡常数。

从上式可以看出增加操作总压力和降低操作温度均可使 y^* 变小,而使推动力 $y - y^*$ 增大。因此在吸收操作过程中增加操作压力、降低操作温度必然都有利于吸收过程的进行。

应用第二章所讨论的设计变量的概念分析吸收塔时,其可调设计变量为 $N_a = 1$。即如果当原料气和吸收剂的流率、温度和压力一定,且塔的操作压力也一定时,只能选择一个变量,而其他变量则不能再任意选择,已被相应地确定了。在多组分吸收过程的计算中,通常是确定一个关键组分的吸收率(或确定吸收塔的理论板数)来计算所需的理论板数(或关键组分的吸收率)以及吸收液和尾气的数量和组成、沿塔高的温度和气、液相流率的分布等。

在多组分吸收计算中,为了确定吸收率、理论板数或传质单元数和操作条件之间的关系,已经提出的方法有近似计算法、逐板法和传质单元法。前两种方法是根据理论板数的概念,以联解物料衡算、相平衡和热量衡算为基础。后一种方法则是以求解物料衡算和传质速率方程式而建立的微分方程为基础的。本章着重讨论前两种方法。

一、吸收因子

对于多组分混合物的吸收,虽然采用了选择性较好的吸收剂,但在吸收目的组分的同时,总是程度不同地吸收了一些其他的组分。因此,宜于针对各个组分通过物料衡算式和相平衡式的逐板关联来确定吸收塔的端点条件和流率分布。

根据理论板的概念,任一组分离开塔板 n 的气液两相组成达到平衡,即

$$y = mx$$

式中　x、y——溶质在液相和气相中的摩尔分数;

　　　m——相平衡常数。

如果令 v、l 分别表示任一组分的气相和液相的流率;而 V、L 分别为离开同一板的气相和液相

的流率。则上式可写为

$$\frac{v}{V} = m\frac{l}{L}$$

令吸收因子

$$A = \frac{L}{mV} \tag{3-2}$$

故

$$l = Av \tag{3-3}$$

A 称为吸收因子或吸收因数。由$(3-2)$式可知，它是综合考虑了塔内气液两相流率和组分的相平衡常数关系的一个数群。我们知道，增大$\frac{L}{V}$值，和减小相平衡常数 m 值，都有利于组分从气相转入液相，因此，A 值越大越易被吸收，达到同样目的所需的理论板数就越少；如果板数一定，则被吸收的量就越多。

对于一个具有 N 块理论板的吸收塔，如图 $3-1$ 所示，对任意板 n 作任一组分的物料衡算可得

$$v_n + l_n = v_{n+1} + l_{n-1}$$

将式$(3-3)$代入上式得

$$v_n + A_n v_n = v_{n+1} + A_{n-1} v_{n-1}$$

$$v_n = \frac{v_{n+1} + A_{n-1} v_{n-1}}{A_n + 1} \tag{3-4}$$

由 $n = 1$ 时，由,$(3-4)$式可得

$$v_1 = \frac{v_2 + A_0 v_0}{A_1 + 1} = \frac{v_2 + l_0}{A_1 + 1} \tag{3-5}$$

当 $n = 2$ 时，由$(3-4)$式可得

$$v_2 = \frac{v_3 + A_1 v_1}{A_2 + 1}$$

将式$(3-5)$中的 v_1 代入上式

$$v_2 = \frac{(A_1 + 1)v_3 + A_1 l_0}{A_1 A_2 + A_2 + 1} \tag{3-6}$$

当 $n = 3$ 时，同理可得

$$v_3 = \frac{(A_1 A_2 + A_2 + 1)v_4 + A_1 A_2 l_0}{A_1 A_2 A_3 + A_2 A_3 + A_3 + 1} \tag{3-7}$$

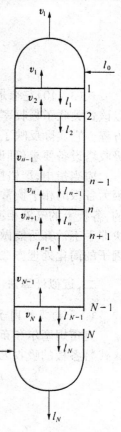

图 $3-1$　板式吸收塔计算示意图

同理，对第 N 板可以写出

$$v_N = \frac{(A_1 A_2 A_3 \cdots A_{N-1} + A_2 A_3 \cdots A_{N-1} + \cdots\cdots + A_{N-1} + 1)v_{N+1} + A_1 A_2 \cdots A_{N-1} l_0}{A_1 A_2 A_3 \cdots A_N + A_2 A_3 \cdots A_N + \cdots\cdots + A_N + 1} \tag{3-8}$$

为了消去 v_N，作全塔范围的组分物料衡算

$$v_{N+1} + l_0 = v_1 + l_N = v_1 + A_N v_N$$

$$v_N = \frac{v_{N+1} - v_1 + l_0}{A_N} \tag{3-9}$$

由式$(3-8)$和式$(3-9)$可得

$$\frac{v_{N+1} - v_1}{v_{N+1}} = \frac{A_1 A_2 A_3 \cdots A_N + A_2 A_3 \cdots A_N + \cdots\cdots + A_N}{A_1 A_2 A_3 \cdots A_N + A_2 A_3 \cdots A_N + \cdots\cdots + A_N + 1} -$$

$$\frac{l_0}{v_{N+1}} \left(\frac{A_2 A_3 \cdots A_N + A_3 A_4 \cdots A_N + \cdots\cdots + A_N + 1}{A_1 A_2 A_3 \cdots A_N + A_2 A_3 \cdots A_N + \cdots\cdots + A_N + 1} \right) \qquad (3-10)$$

令
$$\omega = A_1 A_2 A_3 \cdots A_{N-1} A_N$$

$$\Omega = 1 + A_N + A_N A_{N-1} + \cdots\cdots + A_N A_{N-1} \cdots A_3 A_2$$

则式(3-10)为
$$\frac{v_{N+1} - v_1}{v_{N+1}} = \frac{\omega + \Omega - 1}{\omega + \Omega} - \left(\frac{l_0}{v_{N+1}} \right) \left(\frac{\Omega}{\omega + \Omega} \right)$$

$$v_{N+1} - v_1 = \frac{(\omega + \Omega - 1) v_{N+1} - \Omega l_0}{\omega + \Omega}$$

$$v_1 = \frac{v_{N+1} + \Omega l_0}{\omega + \Omega} \qquad (3-11)$$

式(3-10)左端是任一组分的吸收率,而右端则包括了各塔板的吸收因子和理论板数。所以该式关联了吸收率、吸收因子和理论板数三者的关系,称哈顿-富兰克林(Horton – Franklin)方程。它实际反映了在吸收操作过程中工艺要求(吸收率)、操作条件(温度、压力和液气比)和吸收塔设备要求(理论板数)三者之间的关系。

应当指出,严格按照上式来求解吸收率、吸收因子和理论板数之间的关系还是很困难的,因为各板的相平衡常数是该板的温度、压力和组成的函数,而这些条件在计算之前却是未知的,各板上的气液相流率也是未知的。如果采用试差法求解,显然这样的计算是非常复杂的,决非手工计算所能做到。现有的一些多组分吸收的近似计算方法,其区别就在于对各板吸收因子的简化处理方法不同。

二、近似计算法

1. 平均吸收因子法

克雷姆塞尔和布朗等假定全塔各板的吸收因子 A 是相同的,即采用全塔平均的吸收因子来代替各板的吸收因子,此时式(3-10)可进一步简化。

$$\frac{v_{N+1} - v_1}{v_{N+1}} = \frac{A^N + A^{N-1} + \cdots\cdots + A}{A^N + A^{N-1} + \cdots\cdots + A + 1} -$$

$$\frac{l_0}{A v_{N+1}} \left(\frac{A^N + A^{N-1} + \cdots\cdots + A}{A^N + A^{N-1} + \cdots\cdots + A + 1} \right) =$$

$$\left(1 - \frac{l_0}{A v_{N+1}} \right) \left(\frac{A^N + A^{N-1} + \cdots\cdots + A}{A^N + A^{N-1} + \cdots\cdots + A + 1} \right) \qquad (3-12)$$

因 $l_0 = A v_0$,上式可写为

$$\frac{v_{N+1} - v_1}{v_{N+1}} = \left(1 - \frac{v_0}{v_{N+1}} \right) \left(\frac{A^{N+1} - A}{A^{N+1} - 1} \right)$$

即
$$\frac{v_{N+1} - v_1}{v_{N+1} - v_0} = \frac{A^{N+1} - A}{A^{N+1} - 1} = \varphi \qquad (3-13)$$

上式左端的分子表示气体中某组分通过吸收塔后实际被吸收的量,分母表示根据平衡关系计算的该组分最大可能吸收量,所以等式左端表明的是该组分通过吸收塔后的相对吸收率 φ。当吸收剂内不含有该组分时,即 $l_0 = 0$ 时,$v_0 = 0$,此时式(3-13)的左端项即为

$$\frac{v_{N+1} - v_1}{v_{N+1}} = \varphi$$

式(3-13)所表达的是相对吸收率 φ、平均吸收因子 A 和理论板数 N 之间的关系。为了便于计算,把上式绘制成为图3-2所示的吸收因子图。利用此图可已知 φ、A、N 三个参数中任意两个,便可很容易地求出第三个参数。

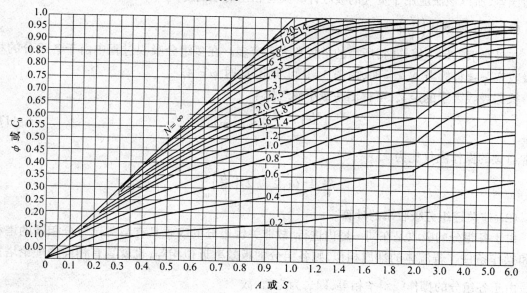

图3-2 吸收因子(或解吸因子)图

A—吸收因子;S—解吸因子;φ—吸收率;C_0—蒸出率;N—理论板数

直接解式(3-13),得

$$N = \frac{\lg \dfrac{A - \varphi}{1 - \varphi}}{\lg A} - 1 \tag{3-14}$$

由上式可从关键组分的相对吸收率和吸收因子求得所需的理论板数。

前已说明,该法是采用全塔平均吸收因子来代替各板的吸收因子推导而得。但如何确定这一平均值也有不同的方法。一般根据塔的平均温度作为计算相平衡常数的温度,而吸收因子中的气、液相流量则有不同的计算方法。通常是用塔顶和塔底条件下的气、液相流量各自的平均值来计算,即

$$L_{均} = 吸收剂量 + \frac{吸收量}{2}$$

$$V_{均} = 进气量 - \frac{吸收量}{2}$$

$$A_{均} = \frac{L_{均}}{m_{均} V_{均}} \tag{3-15}$$

也有采用塔顶和塔底各自的液气比,然后取其平均值;还有把塔顶吸收剂量作为液相量,把进料气量作为气相量来求吸收因子,即

$$A_{均} = \frac{L_0}{m_{均} V_{N+1}} \tag{3-16}$$

显然在确定平均吸收因子时,计算气、液相量的方法不同,吸收过程的计算结果也不同。应用式(3－16)所计算的吸收因子要比用式(3－15)计算的值小,在达到相同吸收率的情况下,所计算出的理论塔板数要多。

平均吸收因子法,只有在塔内液气比变化不大,也就是吸收量较小的情况下才不致带来太大的误差,所以该法应用于贫气的吸收计算具有相当的准确度。

(1) 最小液气比 $\left(\dfrac{L}{V}\right)_m$

在最小液气比下操作时,所需的塔板数为无穷多。在多组分吸收过程中由于各组分的相对吸收率 $\varphi \leqslant 1$,故当 $N = \infty$ 时,由图 3－2 可看出,此时 $\varphi = A$。

根据吸收因子的定义,可得出在最小液气比下

$$\left(\frac{L}{V}\right)_m = mA = m\varphi \tag{3－17}$$

通常适宜的操作液气比为

$$\frac{L}{V} = (1.2 \sim 2)\left(\frac{L}{V}\right)_m$$

(2) 非关键组分吸收率的计算

由于各组分的吸收是在同一塔内进行,故非关键组分的吸收具有与关键组分相同的塔板数和操作条件。若流体的性质相似,则各组分的板效率近似相等,也就具有相同的理论塔板数。由于各组分的操作线斜率相等,即 $\dfrac{L}{V}$ 为定值,故

$$\frac{L}{V} = m_{关} A_{关} = m_i A_i$$

$$A_i = \frac{m_{关} A_{关}}{m_i} \tag{3－18}$$

式中　A_i, m_i——为任一组分的吸收因子和相平衡常数。

由上式可知,在吸收过程中各组分的吸收因子与其相平衡常数成反比。

根据已经确定的理论板数 N 和由式(3－18)求出的非关键组分的吸收因子 A,用吸收因子图或式(3－13)便可求出各非关键组分的吸收率,由此进一步求出各非关键组分在塔顶和塔底的数量和组成。

在设计一多组分吸收塔时,下列条件通常是已知的

1) 入塔原料气的流率 V_{N+1} 和组成 y_{N+1};

2) 操作温度和压力;

3) 吸收剂的种类和组成;

4) 对原料气中某一组分的分离要求。

设计计算的任务是要确定在上述条件下完成该吸收操作时

1) 所需的理论板数 N;

2) 塔顶加入的吸收剂的量 L_0;

3) 塔顶尾气的量和组成 V_1、y_1;

4) 塔底吸收液的量和组成 L_N、x_N。

设计计算步骤简述如下。

1) 确定关键组分,并求出各组分的相平等常数 m_i;

2) 求出最小液气比 $\left(\dfrac{L}{V}\right)_m$,然后根据操作液气比 $\dfrac{L}{V} = (1.2 \sim 2)\left(\dfrac{L}{V}\right)_m$ 范围内确定一适宜的 $\dfrac{L}{V}$ 值;

3) 求出满足关键组分吸收要求所需的理论板数;

4) 求出各非关键组分的吸收率;

5) 通过物料衡算求出塔顶尾气的量 V_1 和组成 y_1,吸收剂用量 L_0 以及塔底吸收液的量 L_N 和组成 x_N。

具体计算过程见例题 3 – 1。

例 3 – 1 某厂裂解气的组成如下,13.2% 氢、37.18% 甲烷、30.2% 乙烯、9.7% 乙烷、8.4% 丙烯和1.32% 异丁烷。拟用 C_4 馏分作吸收剂,从裂解气中回收 99% 的乙烯。该吸收塔处理的气体量为 100kmol/h,操作压力为 4.053MPa,平均操作温度为 – 14 ℃。试计算:

(1) 最小液气比;

(2) 操作液气比为最小液气比的 1.5 倍时所需的理论板数;

(3) 各组分的吸收率和塔顶尾气的数量和组成;

(4) 塔顶应加入的吸收剂的量。

解 在 4.053MPa 和 – 14 ℃下各组分的相平衡常数如下。

组分	氢	甲烷	乙烯	乙烷	丙烯	异丁烷
m	∞	3.1	0.72	0.52	0.15	0.058

(1) 最小液气比的计算

在最小液气比下操作时,理论板数为无穷多。这时关键组分乙烯的吸收因子为

$$A = \varphi = 0.99$$

所以

$$\left(\frac{L}{V}\right)_m = mA = 0.72 \times 0.99 = 0.7128$$

(2) 理论板数的计算

已知操作液气比为最小液气比的 1.5 倍。

$$\frac{L}{V} = 1.5\left(\frac{L}{V}\right)_m = 1.5 \times 0.7128 = 1.0692$$

在操作液气比下,乙烯的吸收因子为

$$A = \frac{L}{mV} = \frac{1.0692}{0.72} = 1.485$$

按式(3 – 14),理论板数为

$$N = \frac{\lg \dfrac{1.485 - 0.99}{1 - 0.99}}{\lg 1.485} - 1 = 9.86 - 1 = 8.86$$

(3) 尾气数量和组成的计算

组 分	进料中各组分的量 v_{N+1}/kmol·h^{-1}	吸收因子 A	吸收率 φ	被吸收量 $v_{N+1}\varphi$/kmol·h^{-1}	塔顶尾气 数量 $v_{N+1}(1-\varphi)$/ kmol·h^{-1}	塔顶尾气 组成 $x\%$
氢	13.2	0	0	0	13.2	34.68
甲烷	37.18	0.3449	0.34	12.64	24.54	64.48
乙烯	30.2	1.485	0.99	29.9	0.3	0.79
乙烷	9.7	2.058	0.9982	9.68	0.02	0.05
丙烯	8.4	7.128	1	8.4	0	0
异丁烷	1.32	18.43	1	1.32	0	0
Σ	100.00			61.94	38.06	100.00

（4）塔顶加入的吸收剂的量

塔内气体的平均流率为

$$V = \frac{100 + 38.06}{2} = 69.03 \text{kmol/h}$$

塔内液体的平均流率为

$$L = \frac{L_0 + (L_0 + 61.94)}{2} = L_0 + 30.97 \text{kmol/h}$$

因为　　　　　　　　　　　$\dfrac{L}{V} = 1.0692$

所以　　　　　　　$L_0 + 30.97 = 1.0692 \times 69.03$

塔顶加入的吸收剂的量为

$$L_0 = 42.84 \text{ kmol/h}$$

2. 有效吸收因子法

该法是由埃德蜜斯特（edmister）提出，所谓有效吸收因子，就是以某不变的 A_e 和 A_e' 值代替式（3-10）中各板的吸收因子 A_1、A_2…A_N，并且保持式（3-10）左端的吸收率不变。这种方法所得结果颇为满意，因此得到了广泛的应用。

如以有效吸收因子 A_e 取代式（3-10）等式右端第一项中的 A_1、A_2…A_N，则

$$\frac{A_1 A_2 A_3 \cdots A_N + A_2 A_3 \cdots A_N + \cdots + A_N}{A_1 A_2 A_3 \cdots A_N + A_2 A_3 \cdots A_N + \cdots + A_N + 1} = \frac{A_e^N + A_e^{N-1} + \cdots + A_e}{A_e^N + A_e^{N-1} + \cdots + A_e + 1} =$$

$$\frac{A_e^{N+1} - A_e}{A_e^{N+1} - 1}$$

如把式（3-10）等式右侧第二项分子中各项分别乘以 A_1、A_2…A_N，并在分母乘以有效吸收因子 A_e'，再用有效吸收因子 A_e 取代 A_1、A_2…A_N，则

$$\left(\frac{l_0}{v_{N+1}}\right) \frac{A_2 A_3 \cdots A_N + A_3 A_4 \cdots A_N + \cdots + A_N + 1}{A_1 A_2 A_3 \cdots A_N + A_2 A_3 \cdots A_N + \cdots + A_N + 1} =$$

$$\frac{l_0}{v_{N+1} A_e'}\left(\frac{A_e^N + A_e^{N-1} + \cdots + A_e}{A_e^N + A_e^{N-1} + \cdots + A_e + 1}\right) = \frac{l_0}{v_{N+1} A_e'}\left(\frac{A_e^{N+1} - A_e}{A_e^{N+1} - 1}\right)$$

因此，式（3-10）可改写为

$$\frac{v_{N+1} - v_1}{v_{N+1}} = \left(1 - \frac{l_0}{A_e' v_{N+1}}\right)\left(\frac{A_e^{N+1} - A_e}{A_e^{N+1} - 1}\right) \tag{3-19}$$

埃德密斯特指出,对具有 N 块板的吸收塔,吸收过程主要是由塔顶和塔底两块板来完成的。这一假想和马多克斯(Maddox)等人的提法基本吻合。马多克斯通过对一些多组分轻烃吸收过程的逐板计算结果的研究,得出吸收过程主要是在吸收塔的顶、底两块板完成的结论。他指出对一个只有两块理论板的吸收塔而言,总吸收量的 100% 在顶、底这两块板完成;而对具有三块理论板的吸收塔,顶、底两块板约完成总吸收量的 88%;当具有四块理论板时,顶、底两块板约完成总吸收量的 80%。正由于这一原因,通常吸收塔的理论板数是不需要很多的。因为增加板数不能显著改善吸收效果,相反,却使设备费用和操作费用大幅度上升。要提高吸收率,比较有效的方法是增加操作压力和降低操作温度。

当吸收塔只有两块理论板时,用有效吸收因子表示式(3-10)等式右侧的第二项,可得

$$\frac{A_2 + 1}{A_1 A_2 + A_2 + 1} = \frac{A_1 A_2 + A_2}{A_e'(A_1 A_2 + A_2 + 1)}$$

$$A_e' = \frac{A_1 A_2 + A_2}{A_2 + 1} = \frac{A_2(A_1 + 1)}{A_2 + 1} \tag{3-20}$$

用有效吸收因子表示式(3-10)等式右侧的第一项时,可得

$$\frac{A_1 A_2 + A_2}{A_1 A_2 + A_2 + 1} = \frac{A_e^2 + A_e}{A_e^2 + A_e + 1}$$

经整理可得

$$A_e = \sqrt{A_2(A_1 + 1) + 0.25} - 0.5 \tag{3-21}$$

当吸收塔具有 N 块理论板时,由于吸收过程主要是由塔顶和塔底两板来完成。所以埃德密斯特提出,以 A_N 代替式(3-20)和式(3-21)中的 A_2,则可得出计算有效吸收因子 A_e 和 A_e' 的计算式。

$$A_e' = \frac{A_N(A_1 + 1)}{A_N + 1} \tag{3-22}$$

$$A_e = \sqrt{A_N(A_1 + 1) + 0.25} - 0.5 \tag{3-23}$$

所以只要知道了底板的吸收因子 A_N 和顶板吸收因子 A_1,就可依据以上两式求得有效吸收因子 A_e 和 A_e'。

由式(3-19),如令

$$R = \left(\frac{A_e^{N+1} - A_e}{A_e^{N+1} - 1}\right) = \frac{v_{N+1} - v_1}{v_{N+1}} \Big/ \left(1 - \frac{l_0}{A_e' v_{N+1}}\right)$$

可解得

$$N = \frac{\lg \dfrac{A_e - R}{1 - R}}{\ln A_e} - 1 \tag{3-24}$$

式(3-24)与式(3-14)形式相同,只不过是用 A_e 和 R 分别代替了式(3-14)中的 A 和 φ。

为了计算有效吸收因子,就必须知道离开塔的顶板和底板的气、液相流率(即 V_1、L_1、V_N、L_N)和温度,这就需要预先估计整个吸收过程的总吸收量,为此,采用以下两个假定来估计各板的流率和温度。

(1) 各板的吸收率相同,即塔内任意相邻两板的气相流率的比值相等。

$$\frac{V_1}{V_2} = \frac{V_2}{V_3} = \cdots = \frac{V_n}{V_{n+1}} = \cdots = \frac{V_N}{V_{N+1}}$$

可得
$$\frac{V_1}{V_{N+1}} = \left(\frac{V_n}{V_{n+1}}\right)^N$$

所以
$$\frac{V_n}{V_{n+1}} = \left(\frac{V_1}{V_{N+1}}\right)^{\frac{1}{N}} \tag{3-25}$$

$$\frac{V_{n+1}}{V_{N+1}} = \left(\frac{V_1}{V_{N+1}}\right)^{\frac{N-n}{N}} \tag{3-26}$$

由式(3-25)和式(3-26)可得

$$V_n = V_{N+1}\left(\frac{V_1}{V_{N+1}}\right)^{\frac{N+1-n}{N}} \tag{3-27}$$

由塔顶至 n 板间作总量和组分的物料衡算,分别得

$$L_n = L_0 + V_{n+1} - V_1$$
$$l_n = l_0 + v_{n+1} - v_1 \tag{3-28}$$

(2) 塔内的温度变化与吸收量成正比

即

$$\frac{t_N - t_n}{t_N - t_0} = \frac{V_{N+1} - V_{n+1}}{V_{N+1} - V_1} \tag{3-29}$$

　　根据以上两点假定,当已知进料气的流率、组成和温度,进塔吸收剂的流率、组成和温度,关键组分的吸收率和塔的操作压力时,可应用有效吸收因子法来计算塔顶尾气、吸收液数量和组成,其步骤如下:

　　(1) 应用平均吸收因子法,初算 v_1 和 l_N。

　　首先估计总吸收量和平均温度,并根据此计算塔顶和塔底的 L/V 值及其平均值和各组分的吸收因子。根据关键组分的吸收率和平均吸收因子确定所需要的理论板数。按式(3-13)计算其他组分的 v_1 值,然后计算总吸收量,并与估计的总吸收量比较是否一致。否则应重新设定总吸收量。最后由全塔范围内的组分物料衡算,按式(3-28)确定各组分离开 N 板的液相量。

　　(2) 用热量衡算确定塔底吸收液的温度 t_N

　　设定塔顶板的温度 t_1,按全塔热量衡算确定 t_N

$$L_0 h_{L_0} + V_{N+1} \cdot H_{V,N+1} = L_N h_{L_N} + V_1 H_{V_1} + Q$$

式中　H、h——分别为气相和液相的焓,取基准温度下液态纯物质的焓为零;

　　　　A——引出吸收塔的热量。

　　(3) 用有效吸收因子法核算 v_1、l_N 和 t_N

　　按式(3-27)算出 V_2,再由式(3-28)算出 L_1,从而求出 A_1。再按式(3-27)算出 V_N,结合前面算出的 L_N、t_N 计算 A_N。然后由式(3-22)和式(3-23)求出 A_e'、A_e。由式(3-19)算出 v_1,并用热量衡算核算 t_N。如果与前一步的结果不符,则应改设 t_1,重复第二、三步骤。

　　在设计新塔时,也可以先取定理论板数进行计算。如果关键组分的吸收率达不到要求,则可改变理论塔板数、液气比、塔的操作温度等条件,直到符合要求为止。

例 3-2 某吸收塔有 20 块实际塔板,板效率为 20%,在 0.507 MPa 下操作,进塔原料气温度 32 ℃,其组成为甲烷占 28.5%、乙烷占 15.8%、丙烷占 24.0%、正丁烷占16.9%、正戊烷占 14.8%。吸收剂可设为 nC_8,其中含有在循环中未脱完的正丁烷和正戊烷分别为 2% 和 5%,流率为原料气的 1.104 倍,温度为 32 ℃。试计算产物的流率和组成。

解: 取每小时处理 100kmol 原料气为基准,则吸收剂的量应为 110.4kmol/h。假设吸收过程中由于溶解热效应而使平均吸收温度为 37 ℃。由于现不知总吸收量,无法计算平均的液气比,故暂按式(3 - 16)求吸收因子进行估算。其计算结果如表 3 - 1 所示。

计算以 $n - C_4$ 为例

$$\frac{v_{N+1} - v_1}{v_{N+1} - v_0} = 0.90$$

则

$$\frac{16.9 - v_1}{16.9 - 1.75} = 0.90$$

表 3-1 初步估算结果

(1)	(2)	(3)	(4)	(5)	(6)	(7)	(8)	(9)
组分	v_{N+1}	l_0	$m\binom{37\,℃}{0.507\,MPa}$ 查列线图	A $\dfrac{L_0}{v_{N+1}m}$	$\dfrac{v_{N+1} - v_1}{v_{N+1} - v_0}$	v_0 (3)/(5)	v_1	l_N (2) - (8)
C_1	28.5	0	38.5	0.0287	0.0287	0	27.68	0.82
C_2	15.8	0	8.05	0.138	0.138	0	13.62	2.18
C_3	24.0	0	2.81	0.394	0.394	0	14.55	9.45
n-C_4	16.9	2.21	0.865	1.26	0.90	1.75	3.3	15.81
n-C_5	14.8	5.52	0.29	3.82	1.00	1.44	1.44	18.88
n-C_8	0	102.67	0.0155	71.5	1.00	1.44	1.44	101.23
Σ	100.0	110.4					62.03	148.37

所以 $\qquad v_1 = 16.9 - 0.90(16.9 - 1.75) = 3.3$ kmol/h

故 $\qquad l_N = v_{N+1} + l_0 - v_1 = 16.9 + 2.21 - 3.3 = 15.81 kmol/h$

从初步估算得到的 L_N 和 V_1 值,可知吸收量还是相当大的,所以,应在此基础上再算一次平均吸收因子

$$L_{均} = 110.4 + \frac{100 - 62.03}{2} = 129.4 \quad kmol/h$$

$$V_{均} = 110 - \frac{100 - 62.03}{2} = 81 \quad kmol/h$$

则

$$\left(\frac{L}{V}\right)_{均} = \frac{129.4}{81} = 1.60$$

采用平均液气比 $(L/V)_{均}$ 对吸收液和尾气再进行一次计算,其结果列于表 3 - 2。

表 3 - 2 用平均液气比计算结果

(1)	(2)	(3)	(4)	(5)	(6)	(7)	(8)	(9)
组分	v_{N+1}	l_0	m	$\left(\dfrac{L}{V}\right)_{均} \cdot \dfrac{1}{m}$	$\dfrac{v_{N+1}-v_1}{v_{N+1}-v_0}$	v_0	v_1	l_N
C_1	28.5	0	38.5	0.042	0.042	0	27.3	1.20
C_2	15.8	0	8.05	0.20	0.20	0	12.64	3.16
C_3	24.0	0	2.81	0.57	0.55	0	10.8	13.2
$n\text{-}C_4$	16.9	2.21	0.865	1.85	0.95	1.19	2.0	17.11
$n\text{-}C_5$	14.8	5.52	0.29	5.54	1.0	1.0	1.0	19.32
$n\text{-}C_8$	0	102.67	0.0155	103	1.0	1.0	1.0	101.67
Σ	100.0	110.4					54.74	155.66

　　虽然第二次计算的吸收量与第一次有相当大的距离,但原设定的平均温度尚未进行校核。温度校核可以采用热量衡算方法进行。一般塔顶尾气的温度可取为比吸收剂进塔温度高 2 ~ 8 ℃,考虑到本题中规定的吸收温度较高,吸收剂用量也较大,故初设温差为 3 ℃,即尾气离塔温度为 35 ℃,然后计算各物流的焓值。结果列于表 3 - 3。

表 3 - 3 原料气、尾气及吸收剂的焓值

组分	原料气 $t_0 = 32$ ℃		尾气 $t_N = 35$ ℃		吸收剂 $t_{N+1} = 32$ ℃	
	H	$H \times v_{N+1}$	H	$H \times v_1$	h	$h \times l_0$
C_1	13054	370702	13054	354803	10000	0
C_2	23096	366100	23096	292880	16569	0
C_3	31882	765254	31882	343506	16736	0
$n\text{-}C_4$	41003	69454	41422	82843	20711	46024
$n\text{-}C_5$	50710	753120	51128	51128	24351	13514
$n\text{-}C_8$	79496	0	80124	80124	36192	3715392
Σ		2949720		1204992		3895304

注:焓值零点为 - 129 ℃(饱和液体)。

离塔吸收液的热量为

$$2949720 + 1204992 - 3895304 = 5640000 \text{kJ/h}$$

离塔吸收液的温度用试差法求取,如表 3 - 4。

表 3 - 4 用试差法求离塔吸收液的温度

离塔吸收液组成		设 $t_1 = 50$ ℃		设 $t = 60$ ℃	
组　分	l_N	h	$h \times l_N$	h	$h \times l_N$
C_1	1.20	10711	12845	12552	15062
C_2	3.16	16945	53555	17698	56066
C_3	13.2	18410	243509	19916	263592
$n\text{-}C_4$	17.11	23054	39470	24518	418400
$n\text{-}C_5$	19.32	27405	528021	28870	55229
$n\text{-}C_8$	101.67	41003	4175632	43514	4435040
Σ	155.66		5408531		5745469

用插入法求得

$$t_N = 50 + \frac{5640000 - 5408531}{5745469 - 5408531} \times 10 = 57 \ ℃$$

利用式(3 – 27)、式(3 – 28)和式(3 – 29)计算各板的流率和温度

$$V_n = 100 \times \left(\frac{54.74}{100}\right)^{\frac{4-n+1}{4}}$$

$$L_n = L_0 + V_{n+1} - V_1$$

$$L_n = 110.4 + V_{n+1} - 54.74$$

$$t_n = t_N - \frac{V_{N+1} - V_{n+1}}{V_{N+1} - V_1}(t_N - t_0) =$$

$$57 - \frac{100 - V_{n+1}}{100 - 54.74}(57 - 32) =$$

$$57 - \frac{100 - V_{n+1}}{45.26} \times 25$$

计算结果如表3 – 5。

表3 – 5　各板流率和温度的初步计算

	原料气	$n = n = 4$	$n = 3$	$n = 2$	$n = 1$	吸收剂
V_n	100.0	86	74	64	54.7	
L_n		155.7	141.7	141.9	119.7	110.4
$(L/V)_n$		1.811	1.92	1.92	2.19	
$V_0 - V_n$		14	26	26	45.3	
t_n	32	57	49	42	37	32

下面按有效吸收因子法进一步计算。由第一板和第四板的吸收因子利用式(3 – 23)算出有效吸收因子 A_e 如表3 – 6。

表3 – 6　有效吸收因子 A_e 的计算

组　　分	m_4	m_1	$(L/V)_4$	$(L/V)_1$	A_4	A_1	A_e
C_1	42.5	38.5	1.811	2.19	0.043	0.056	0.044
C_2	10.3	8.05	1.811	2.19	0.1758	0.268	0.188
C_3	3.96	2.81	1.811	2.19	0.457	0.77	0.53
$n-C_4$	1.39	0.865	1.811	2.19	1.303	2.49	1.69
$n-C_5$	0.49	0.29	1.811	2.19	3.70	7.14	5.01
$n-C_8$	0.036	0.0155	1.811	2.19	50.3	139.0	83.4

如果把有效吸收因子 A'_e 近似看做与有效吸收因子 A_e 相等,则式(3 – 19)可导出与式(3 – 13)形式相同的公式,可由理论板数 N 和有效吸收因子 A_e 算出(或利用图 3 – 2)相对吸收率 $\frac{v_{N+1} - v_1}{v_{N+1} - v_0}$,进而可求得尾气量和吸收液量。其结果见表3 – 7。

要用这一次求得的流率和上次的温度分布数据,再作一次热量衡算,并用式(3 – 27)、式(3 – 28)

和式(3-29)计算出各板的流率和温度,所得结果如表3-8。与表3-5所计算的各板温度和流率比较,差别较小,计算可到此结束。最后计算的尾气和吸收液的数量和组成列于表3-9。

表3-7 根据 A_e 计算出的尾气及吸收液量

组 分	v_{N+1}	l_0	A_e	v_0	$\dfrac{v_{N+1}-v_1}{v_{N+1}-v_0}$	v_1	L_N
C_1	28.5	0	0.044	0	0.044	27.22	1.28
C_2	15.8	0	0.188	0	0.188	12.71	3.09
C_3	24.0	0	0.53	0	0.52	11.6	12.4
$n\text{-}C_4$	16.9	2.21	1.69	1.31	0.93	2.4	16.71
$n\text{-}C_5$	14.8	5.52	5.01	1.06	1.0	1.06	19.26
$n\text{-}C_8$	0	102.67	83.4	1.15	1.00	1.15	101.52
Σ	100.0	110.4				56.14	154.26

表3-8 第二次计算的各板流率和温度

	原料气	$n=n=4$	$n=3$	$n=2$	$n=1$	吸收剂
V_n	100.0	86.5	74.7	64.7	56.1	
L_n		154.3	140.8	129.0	119.0	110.4
$(L/V)_n$		1.79	1.89	2.02	2.14	
$V_{N+1}-V_n$		13.5	25.3	35.3	43.9	
t_n	32	57	49	42	37	32

表3-9 计 算 结 果

组 分	S_e	l_N	v_1	x_N	y_1
C_1	0.044	1.28	27.22	0.008	0.487
C_2	0.188	3.09	12.71	0.020	0.228
C_3	0.53	12.4	11.6	0.080	0.202
$n\text{-}C_4$	1.69	16.71	2.4	0.108	0.043
$n\text{-}C_5$	5.01	19.26	1.06	0.125	0.019
$n\text{-}C_8$	83.4	101.52	1.15	0.659	0.021
Σ		154.26	56.14	1.000	1.000

应当指出,以上的计算是在假设塔顶尾气的温度情况下进行的,但计算过程中并未对此温度校核。严谨的计算方法,应根据计算确定的各物流的流率与组成,从塔底逐板而上作热量衡算求出各板温度,这样求出的顶板温度与所设温度一致,计算才能结束。否则应重新调整所设的顶板温度,重复前述各步的计算,直到两者一致为止。这一点将在逐板法中讨论。

三、逐板计算法

多组分吸收的逐板计算法就其基本原理来说是和多组分精馏相似的。考虑到吸收过程确定温度分布的特点,其计算过程与精馏的计算过程却是不同的。在多组分吸收计算中,对应于给定的温度分布,只有一组气、液相流率分布稳定不变,并且能够使所有各板上的组成之和都分别等于1。因此,多组分吸收的逐板计算,总是先根据温度分布作各板的热量衡算,以确定新的温度分布;再根据新的温度分布求出稳定的流率分布。如此交替进行,直至温度和气、液相流率分布都是稳定不变为止。

为了计算各组分的气相流率分布,可以直接利用式(3-11)和式(3-3)。对于从上而下的板序而言,是将定值 v_{N+1} 和已知的 l_0 代入式(3-11)即可求出 v_1,然后由式(3-3),用 v_1 值求出 l_1,再将 l_1 代替式中的 l_0 代入式(3-11),并且采用相应的 ω、Ω 值即可解出 v_2,如此继续直至求 v_N。

除了采用自上而下的板序外,有时也采用图3-3所示的自下而上的板序。这时同样可以导出与式(3-11)完全相似的方程式。

$$v_N = \frac{v_0 + \Omega l_{N+1}}{\omega + \Omega} \tag{3-30}$$

对自下而上的板序

$$\omega = A_1 A_2 A_3 \cdots A_N$$
$$\Omega = A_1 A_2 \cdots A_{N-1} + A_1 A_2 \cdots A_{N-2} + \cdots + A_1 + 1$$

而计算过程也是类似的。但是舍入误差对逐板而下和逐板而上两种计算程序的影响却不同。哈代(Hardy)所进行的计算表明:当吸收剂中不含溶质或者组分的吸收因子较小时,采用逐板而下的程序;而吸收因子较大时采用逐板而上的程序,都能使舍入误差降到最低程度。

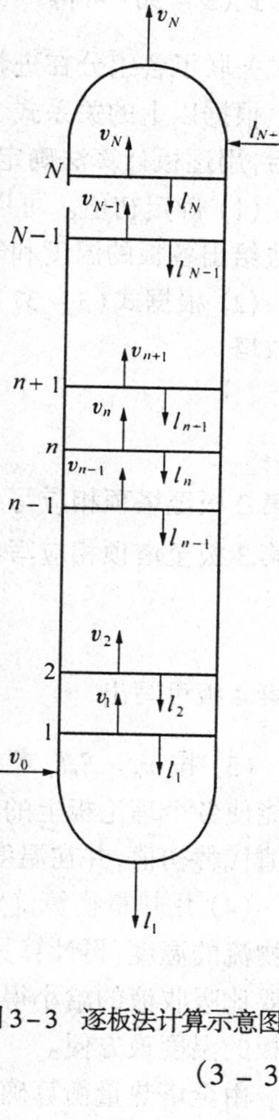

如果直接确定各组分的液相流率,对吸收过程的计算更为重要,则宜于采用解吸因子关联的基本方程式来计算。下面将依次讨论计算的基本方程式和计算步骤,并举例说明。

如图3-3所示的吸收塔,对各板作组分物料衡算,并且依次逐板关联,则得出计算的基本方程式。

对任意板 n 作组分的物料衡算

图3-3 逐板法计算示意图

$$l_{n+1} = v_n + l_n - v_{n-1} \tag{3-31}$$

相平衡关系为

$$y = mx$$

$$\frac{v}{V} = m \frac{l}{L}$$

令解吸因子

$$S = \frac{mV}{L} = \frac{1}{A} \tag{3-32}$$

故

$$v = Sl \tag{3-33}$$

当 $n = 1$ 时,由式(3-31)得

$$l_2 = v_1 + l_1 - v_0 = (S_1 + 1)l_1 - v_0 \tag{3-34}$$

当 $n = 2$ 时
$$l_3 = v_2 + l_2 - v_1 = (S_2 + 1)l_2 - v_1 - S_1 l_1$$

将式(3 – 34)中的 l_2 值代入上式得
$$l_3 = (S_1 S_2 + S_2 + 1)l_1 - (S_2 + 1)v_0 \tag{3-35}$$

依次类推得
$$l_{N+1} = (S_1 \cdots S_N + S_2 \cdots S_N + \cdots S_{N+1} S_N + S_N + 1)l_1$$
$$- (S_2 \cdots S_N + S_3 \cdots S_N + \cdots S_{N+1} S_N + S_N + 1)v_0 \tag{3-36}$$

令
$$\phi = S_2 \cdots S_N + S_3 \cdots S_N + \cdots S_{N+1} S_N + S_N + 1$$

则由式(3 – 36)可得
$$l_1 = \frac{\phi v_0 + l_{N+1}}{S_1 \cdots S_N + \phi} \tag{3-37}$$

上式关联了各组分在进料气、吸收剂和吸收液中的流率与塔板数、解吸因子的关系。

根据以上的关系式,当已知进料气和吸收剂的流率、组成及温度,理论板数和塔的操作压力后,用逐板计算法确定尾气和吸收液的流率、组成以及温度与气、液相流率分布的步骤如下:

(1) 确定初值。可以用平均吸收因子法计算结果粗略地给定初值,也可以用有效吸收因子法给出各板的温度和气、液相流率为初值,求出各板上各组分相应的解吸因子。

(2) 根据式(3 – 37)的原则按塔的理论板数展开以算出 l_n。例如,有四块理论塔板的吸收塔

$$l_1 = \frac{(S_2 S_3 S_4 + S_3 S_4 + S_4 + 1)v_0 + l_{N+1}}{S_1 S_2 S_3 S_4 + S_2 S_3 S_4 + S_3 S_4 + S_4 + 1} \tag{3-37a}$$

从第2板至塔顶相应写出
$$l_2 = \frac{(S_3 S_4 + S_4 + 1)v_1 + l_{N+1}}{S_2 S_3 S_4 + S_3 S_4 + S_4 + 1} \tag{3-37b}$$

从第3板至塔顶相应写出
$$l_3 = \frac{(S_4 + 1)v_2 + l_{N+1}}{S_3 S_4 + S_4 + 1} \tag{3-37c}$$

对第4板可写出
$$l_4 = \frac{v_3 + l_{N+1}}{S_4 + 1} \tag{3-37d}$$

(3) 按 $v_n = S_n l_n$ 求出 v_n。如前所述,对于一个给定的温度分布,只有一组气、液相流率分布能使各个理论板上的组成之和分别都等于 1。如果计算出的流率分布与初值不同,则用计算值代替初值,并在温度分布不变的条件下重复上述计算,直至流率分布不变为止。

(4) 用热量衡算确定新的温度分布时,尾气和吸收液的温度都不知道,因而需假设其中一个物流的温度,再计算另一个物流的温度,然后逐板作热量衡算以校核所设温度。一般尾气的焓要比吸收液的焓小得多。因此,尾气温度差几度对塔底吸收液的计算温度影响不大,故假设顶板的温度最方便。

由全塔热量衡算确定第一板的温度,由第一板的热量衡算确定第二板的温度,如此继续以确定各板的温度。如果计算的顶板温度与所设的顶板温度一致,则可用来计算气、液相流率分布与组成。否则改设顶板温度并重复上述计算。

(5) 以新的温度分布开始下一循环的计算,直至气、液相流率分布和温度分布都稳定为止。

现以例题说明。

例 3 – 3 试对例 3 – 2 题用逐板计算法进行计算,并确定各板的温度和气、液相流率。使

用的吸收剂按烃油看待。

解 例3-2近似法计算所得的温度与流率的分布如表例3-3(1)所示。

表例3-3(1)

组 分	已 知 条 件				近 似 法 结 果		
	v_0	x_{N+1}	l_{N+1}	$t/℃$	V	L	
甲烷	28.5	0	0	V_0	32	100.0	
乙烷	15.8	0	0	1	57	86.5	154.3
丙烷	24.0	0	0	2	49	74.70	140.8
正丁烷	16.9	0.02	2.21	3	42	64.7	129.0
正戊烷	14.8	0.05	5.52	4	37	56.1	119.0
烃油		0.93	102.67	L_{N+1}	32		110.4
Σ	100.0	1.00	110.4				

由于各组分均为烃类,形成的溶液可看做理想溶液,利用 $P-T-K$ 图可查出有关的相平衡常数,并计算出相应的解吸因子如表例3-3(2)所示。

表例3-3(2)

组 分	相 平 衡 常 数				解 吸 因 子			
	57 ℃	49 ℃	42 ℃	37 ℃	S_1	S_2	S_3	S_4
甲烷	43.0	41.5	40.0	38.5	23.89	21.81	19.78	17.83
乙烷	10.4	9.6	8.7	8.05	5.777	5.046	4.303	3.729
丙烷	4.0	3.55	3.12	2.81	2.222	1.866	1.543	1.302
正丁烷	1.4	1.2	1.00	0.865	0.777	0.6307	0.4946	0.4007
正戊烷	0.5	0.42	0.34	0.29	0.2777	0.2208	0.1682	0.1343
烃油	0.036	0.0265	0.0196	0.0155	0.0200	0.01393	0.00969	0.00718

预先计算出式(3-37a)至式(3-37d)中的解吸因子函数,对以后的计算比较方便。计算结果如表例3-3(3)所示。

表例3-3(3)

组分	S_4+1	$S_3S_4+S_4+1$	$S_2S_3S_4+S_3S_4+S_4+1$	$S_1S_2S_3S_4+S_2S_3S_4+S_3S_4+S_4+1$
甲烷	18.83	371.5	8063	191800
乙烷	4.729	20.78	101.7	569.6
丙烷	2.302	4.311	8.060	16.39
正丁烷	1.401	1.599	1.724	1.821
正戊烷	1.134	1.157	1.162	1.163
烃油	1.007	1.007	1.007	1.007

利用式(3-37a)至式(3-37d)根据温度分布的初值来计算更接近正确值的流率分布。其中气相各组分的流率是按 $v_n = S_n l_n$ 确定的。

逐板计算第一次迭代的第一次计算的结果如表例 3－3(4)所示。

表例 3－3(4)a

组分	ι_{N+1}	v_0	$(S_2S_3S_4+S_3S_4+\cdots\cdots+1)v_0+l_{N+1}$	l_1	x_1	v_1
甲烷	0	28.5	229800	1.2	0.0078	28.62
乙烷	0	15.8	1607	2.82	0.0183	16.30
丙烷	0	24.0	193.7	11.8	0.0764	26.22
正丁烷	2.21	16.9	31.35	17.22	0.1114	13.39
正戊烷	5.52	14.8	22.72	19.54	0.1264	5.426
烃油	102.67	0	102.67	101.960	0.6597	2.039
$\sum$	110.4	100.0		154.54	1.0000	92.00

表例 3－3(4)b

$(S_3S_3+S_4+1)v_1+l_{N+1}$	l_2	x_2	v_2	$(S_4+1)v_2+l_{N+1}$	l_3
10630	1.32	0.0090	28.77	541.7	1.46
388.7	3.33	0.0227	16.80	79.45	3.82
113.0	14.02	0.0957	26.16	60.22	13.97
23.62	13.70	0.0953	8.64	14.31	8.95
11.80	10.15	0.0693	2.241	8.061	6.97
104.72	104.00	0.7098	1.449	104.13	103.41
	146.52	1.0000	84.06		138.58

表例 3－3(4)c

x_3	v_3	v_3+l_{N+1}	l_4	x_4	v_4	y_4
0.0105	28.84	28.84	1.53	0.0120	27.32	0.4887
0.0276	16.45	16.45	3.48	0.0272	12.97	0.2320
0.1008	21.56	21.56	9.37	0.0732	12.19	0.2180
0.0646	4.426	6.64	4.74	0.0370	1.898	0.0339
0.0503	1.172	6.69	5.90	0.0461	0.792	0.0142
0.7462	1.002	103.67	102.95	0.8045	0.739	0.0132
1.0000	73.45		127.96	1.0000	55.91	1.0000

上表中所列的 x_n 值是根据 $\dfrac{l_n}{\sum l_n}$ 计算的,必须 $\sum x_n = 1$。但是如果 $\sum x_n$ 是 由下式计算

$$\sum x_n = \frac{\sum l_n}{L_n}$$

其中分母 L_n 是开始试算时假设的从 n 板溢流的液相流率,则 $\sum x \neq 1$。其结果如表例 3－3 (5)所示。

板序	假设的 L 值	计算值		板序	假设的 L 值	计算值	
		$\sum l$	$\sum x$			$\sum l$	$\sum x$
1	154.3	154.5	1.001	3	129.0	138.6	1.074
2	140.8	146.5	1.040	4	119.0	128.0	1.076

从 $\sum x \neq 1$ 或者从假设的 L 值和计算的 L 值不一致,说明了假设的流率分布不是所设温度分布对应的流率分布。在缺乏适当的收敛方法时,可以采用直接迭代法。将试算所得的 $\sum l$ 与 $\sum v$ 值作为第一次迭代第二次试算的假定流率分布(以给定的温度分布进行的一组试算称为一次迭代)。如此反复,直至流率分布稳定为止。

一旦某次试算后流率分布已成定值,就必须校核假定的温度分布是否正确,因为所有的 $\sum x$ 和 $\sum v$ 都应等于 1。根据计算的物流组成来确定露点或泡点,将会重复出假设的温度分布而无法校核。因此,只有作热量衡算才能确定各板的温度。其程序前已述及,这里就不再重复了。

在本例中,第一次迭代的热量衡算假设了顶板的温度 $t_4 = 37\ ℃$,计算以 $V_0 = 100\text{kmol}$ 为基准。

进料气 V_0、吸收剂 L_{N+1} 与尾气 V_4 的焓,计算如下

$$V_0 H_0 = \sum v_0 (H_i)_0 = 2\ 949\ 720\ \text{kJ}$$

$$L_{N+1} h_{N+1} = \sum l_{N+1} (h_i)_{N+1} = 1\ 204\ 992\ \text{kJ}$$

$$V_4 H_4 = \sum v_4 (H_i)_4 = 1\ 414\ 192\ \text{kJ}$$

则
$$L_1 h_1 = V_0 H_0 + L_{N+1} h_{N+1} - V_4 H_4 =$$
$$2\ 949\ 720 + 1\ 204\ 992 - 1\ 414\ 192 = 5\ 430\ 832\ \text{kJ}$$

相当于此焓值的底板温度通过试差确定为 55.8 ℃。在此温度下,离开第一板的气相焓由 $\sum v_1 H_{i1}$ 确定,得

$$V_1 H_1 = 2\ 790\ 728\ \text{kJ}$$

作第一板的热量衡算得
$$L_2 h_2 = V_1 H_1 + L_1 h_1 - V_0 H_0 = 2\ 790\ 728 + 5\ 430\ 832 - 2\ 949\ 720 =$$
$$5\ 271\ 840\ \text{kJ}$$

经试差求得 $t_2 = 56.1\ ℃$,在此温度下 $V_2 H_2 = 2\ 451\ 824\ \text{kJ}$

作第二板的热量衡算得
$$L_3 h_3 = V_2 H_2 + L_2 h_2 - V_1 H_1 = 2\ 451\ 824 + 5\ 271\ 840 - 2\ 790\ 728 =$$
$$4\ 932\ 936\ \text{kJ}$$

相当于此焓值的温度 $t_3 = 51.4\ ℃$。

作第三板的热量衡算得

$$L_4 h_4 = 4\ 510\ 352\ \text{kJ}$$

相应的温度 $t_4 = 45\ ℃$。因原假设 $t_4 = 37\ ℃$。,与计算的 t_4 值不符,故必须重算温度分布。所以改设 t_4 为 44 ℃,重作全塔热量衡算。结果前后两次所设的 t_4 变动了 7.4 ℃,而 t_1 的变化

不到 $0.5 \, ℃$（计算从略）。故不必再作各板的热量衡算，并将第二次迭代的温度分布假定为

$$t_1 = 55.6 \, ℃; \qquad t_2 = 56.1 \, ℃; \qquad t_3 = 51.1 \, ℃; \qquad t_4 = 44.4 \, ℃$$

下表为第一次迭代四次试算的流率分布和用上述温度分布来进行的第二次迭代计算。

第三次迭代后，温度基本不变，所以不再作第四次迭代了。各次迭代的试算次数随着假设的温度分布接近正确的温度分布而减少。这是由于当其温度分布变动较小时，在该次迭代的首次试算中，所设的流率分布就比较接近正确的温度分布所对应的流率分布。

由于求得的第四次迭代温度分布基本不变，则所得的流率分布和组成将会同时满足全部物料衡算和热量衡算的要求，同样所有的 $\sum x_n$ 与 $\sum y_n$ 必然等于 1。

例 3-3 的计算结果摘要

假定值		第一次迭代				第二次迭代			第三次迭代	
		试算 1	2	3	4	1	2	3	1	2
L_1	154.3	154.5	153.3	152.8	152.7	151.2	151.2	151.3	152.3	152.6
L_2	140.8	146.5	146.7	146.4	146.4	141.6	140.3	140.0	140.9	141.3
L_3	129.0	138.6	140.1	140.2	140.1	137.1	136.0	135.8	135.1	135.1
L_4	119.0	128.0	130.5	131.1	131.2	130.5	129.9	129.7	128.8	128.7
V_1	86.5	92.0	93.3	93.61	93.66	90.4	89.1	88.7	88.6	88.8
V_2	74.7	84.1	86.8	87.35	87.40	85.9	84.9	84.5	82.9	82.6
V_3	64.7	73.4	77.1	78.30	78.56	79.3	78.8	78.4	76.6	76.1
V_4	56.1	55.9	57.0	57.57	57.71	59.2	59.2	59.1	58.1	57.8
t_1	57	$\longrightarrow$				55.6	$\longrightarrow$		54.4	$\longrightarrow$ 54.4
t_2	49	$\longrightarrow$				56.1	$\longrightarrow$		51.7	$\longrightarrow$ 52.2
t_3	42	$\longrightarrow$				51.1	$\longrightarrow$		47.8	$\longrightarrow$ 47.8
t_4	37	$\longrightarrow$				44.4	$\longrightarrow$		43.3	$\longrightarrow$ 42.8

圆整的 x_1 值

假定值		第一次迭代				第二次迭代			第三次迭代	
		试算 1	2	3	4	1	2	3	1	2
甲烷		0.0078	0.0073	0.0071	0.0071	0.0072	0.0074	0.0075	0.0076	0.0076
乙烷		0.0183	0.0171	0.0167	0.0166	0.0168	0.0171	0.0173	0.0177	0.0179
丙烷		0.0764	0.0720	0.0704	0.0699	0.0679	0.0683	0.0688	0.0713	0.0720
正丁烷		0.1114	0.1112	0.1108	0.1107	0.1073	0.1070	0.1070	0.1085	0.1088
正戊烷		0.1264	0.1275	0.1278	0.1279	0.1278	0.1275	0.1273	0.1269	0.1268
烃油		0.6597	0.6649	0.6672	0.6678	0.6730	0.6727	0.6721	0.6681	0.6669

假定值	第一次迭代				第二次迭代			第三次迭代	
	试算 1	2	3	4	1	2	3	1	2
甲烷	0.4887	0.4798	0.4764	0.4749	0.4625	0.4625	0.4631	0.4706	0.4725
乙烷	0.2320	0.2310	0.2302	0.2299	0.2239	0.2228	0.2229	0.2253	0.2260
丙烷	0.2180	0.2273	0.2302	0.2312	0.2317	0.2307	0.2300	0.2263	0.2251
正丁烷	0.0339	0.0362	0.0376	0.0382	0.0486	0.0497	0.0495	0.0445	0.0434
正戊烷	0.0142	0.0135	0.0135	0.0136	0.0171	0.0176	0.0177	0.0170	0.0168
烃油	0.0132	0.0122	0.0121	0.0122	0.0162	0.0167	0.0168	0.0163	0.0162

如果把逐板法与例 3－2 中的近似计算结果进行对比,见表 3－10 和 3－11。

表 3－10　各板的温度、流率的对比

理论板序号	近 似 计 算 法			逐 板 法		
	t	V	L	t	V	L
1	57	86.5	154.3	54.4	88.8	152.6
2	49	74.7	140.8	52.2	82.6	141.3
3	42	64.7	129.0	47.8	76.1	135.1
4	37	56.1	119.0	42.8	57.8	128.7

表 3－11　尾气和吸收液组成的对比

理论板序号	x_1		y_N	
	近似计算法	逐板法	近似计算法	逐板法
C_1	0.008	0.008	0.487	0.473
C_2	0.020	0.018	0.228	0.226
C_3	0.080	0.072	0.202	0.225
$n-C_4$	0.108	0.109	0.043	0.043
$n-C_5$	0.125	0.127	0.019	0.017
$n-C_8$	0.659	0.666	0.021	0.016

　　由以上两表可看出,尽管在温度断面和流率断面上,近似计算法与严谨的逐板计算法有较大的出入,而在塔两端产物的组成上,两种方法的结果是相接近的。

　　通过计算结果可以看出,在多组分吸收过程中,气相流率和液相流率均由塔底向上逐渐减少,这是由于吸收过程中单相传质所引起的结果。温度也是塔底高,沿塔向上逐步降低,这是由于组分从气相转入液相,放出热量被液相所吸收,从而提高了温度。

　　在多组分吸收过程中,各组分在各块塔板上的吸收分率却是不同的。其中易溶组分在塔底的几块板上首先被大量吸收,而难溶组分一般只在靠近塔顶的几块板才被吸收,而在其余各板上的流率几乎没有显著的变化。只有中间的一些组分才在全塔范围内被吸收。如果把例

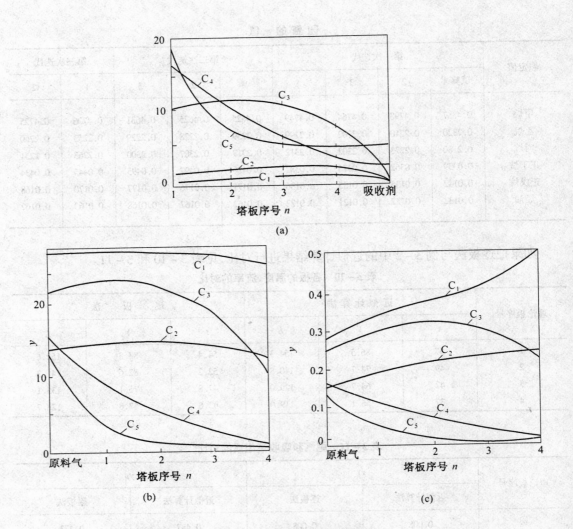

图3-4 例3-3的计算结果

3-3的逐板计算结果用图表示,图3-4(a)表示各组分的液相量沿塔分布;图3-4(b)表示各组分的气相量沿塔分布;图3-4(c)表示各组分气相浓度沿塔分布的情况。从图中不难看出:沿塔而上,易溶组分在塔底一、二块板上浓度就显著下降;而一些中间组分则由于易溶组分被大量吸收,出现浓度增高,直至这些组分具有相当溶解量时才又下降,因此这些中间组分可能在塔内出现浓度的最大值;至于难溶组分,由于其在吸收过程中溶解得很少,而出现气相中浓度不断升高的情况。了解吸收塔内各组分的流率、浓度和温度的变化规律,将有助于加强对吸收塔的控制并采取相应的措施来提高操作效率。

四、吸收操作过程的影响因素和强化

以上关于吸收塔的计算,是在压力、温度和液气比给定的情况进行讨论的,现分析一下有关各因素对吸收操作的影响和强化途径。

1. 主要影响因素的分析

(1) 操作压力的影响

提高操作压力,将使气相中吸收质的分压增加,吸收质的溶解度将增大。气液相平衡常数将因压力提高而减少,使平衡线下移,吸收推动力增加。因而提高压力对吸收操作是有利的。由图 3-2 也可看出,增加压力可使吸收因子增大,当塔板数一定时,将使吸收率增加;或当吸收率一定时,所需的塔板数减少,但过高的压力对提高吸收率的作用并不很显著,这可由一些烃类的压力与平衡常数关系的曲线看出。另外过高的增加压力将使气体压缩所需的费用和设备投资增加,并增加了高压操作的困难,还会使不需回收的组分被吸收下来的量也增加。所以一般不宜用过高的操作压力。

(2)操作温度的影响

操作温度上升,享利系数和相平衡常数都将增大,使吸收推动力减小,气相中吸收质的溶解度将减小。显然增加温度对吸收过程是不利的。由图 3-2 也可看出,温度增加使吸收因子 A 减小,当塔板数一定时,吸收率将减小,或当吸收率一定时,所需的塔板数将增多。因此一般情况下,降低吸收温度可提高吸收效果。但在实际设计中,由于受到气温、水温及冷冻设备和操作费用的限制,故应根据具体情况,选择适宜的操作温度。

(3)液气比的影响

液气比 $\dfrac{L}{V}$ 反映了处理单位原料气所需的吸收剂量。又是操作线的斜率,吸收剂量增大,操作线斜率远离平衡线,传质推动力变大,达到同样吸收要求所需的理论板数减少,有利于吸收,设备费降低。但气液比增大,对一定进料气量来说操作费用增加。液气比对吸收操作的影响好似回流比对精馏操作的影响。液气比过大和过小都有不利的一面,因此在选用时需加以权衡,一般取最小液气比的 1.2~2.0 倍。在使用填料塔时,吸收剂用量应满足充分润湿填料表面的喷淋密度的要求。

(4)吸收因子 A 和塔板数的影响

吸收因子 $A = \dfrac{L}{V_m}$,实际上综合了以上单独分析的三个因素。从图 3-2 可进一步看出,吸收因子 A、吸收率 φ 和理论板数 N 之间的关系,具有以下特点:

(a)A 的数值不得小于所规定的吸收率 φ。因当 $A = \varphi$ 时,$N = \infty$ 需要无穷多塔板。

(b)随 A 的增加,各组分的吸收率将增加,但当 A 超过某一数值后(与板数有关),若再增大,则对吸收率的影响就很小,一般当 $A > 2$ 后,其影响就明显减小。

(c)随板数 N 增大,各组分的吸收率增加,但当板数较小时,增加一块板对提高吸收率的影响比较明显,而当理论板数约十块时,再增加板数,吸收率的提高就很有限。增加一块板数的吸收效果还和吸收因子的大小有关,当 $A = 1.0 \sim 1.5$ 范围内,增加板数的效果为最好。

2. 吸收操作的强化

由传质速率方程式 $G = K_y \cdot F \cdot \Delta y$ 可知,要强化吸收操作,即要在一定的容积设备内,提高通过吸收塔的吸收质被吸收的量 G,必须设法增大传质系数 K_y、气液相际接触表面积 F 和推动力 Δy。

(1)增大传质系数 K_y

增大传质系数 K_y,就是要降低吸收过程的传质阻力,一般采用的方法是增大流体的湍流程度。当气相阻力是传质的主要矛盾时,应着重考虑增加塔内的气速,以增强气流的湍动状况。当液相阻力是传质过程的主要矛盾时,则应考虑增大塔内的喷淋密度,以提高液流湍动程度。但在提高流体速度以增大流体湍流程度时,不要使流体通过塔内的阻力降过分增大。

（2）增大气液相际接触面积 F

在吸收设备中,气液相际接触面积的形成不外乎有两种形式:一种是把气体分散在液体中,如板式塔中以气泡形式通过塔板上面的液体层;或是将液体分散在气体中,如在喷洒吸收器中液体被喷成液滴而分散在气体中。另一种如在填料塔中,液体一般以液膜形式分散在填料的表面与气体接触。对于一般填料塔,在合理选择填料尺寸、形状和堆置方法的前提下,为了保证填料所具有的表面积得到充分利用,必须有足够的喷淋密度,同时应尽量使液体分布均匀。

（3）增大吸收推动力 Δy

前已述及,提高操作压力,降低操作温度对增大推动力是有利的。此外降低入塔吸收剂中吸收质的浓度,增大液气比以及选择吸收能力大的吸收剂等均可使吸收推动力提高。在实际操作中要注意促使气液接触表面的更新和避免纵向返混的影响,都对提高推动力是有利的。

五、吸收塔的效率

与精馏过程相似,实际板与理论板之间相差一个塔板效率。对于板式塔的计算,在设计计算中需要将求得的理论板数换算为实际板数,在校核计算中需要将实际板数折算为相当的理论板数。在工程设计计算中常使用全塔效率 E_T,即

$$E_T = \frac{N_{理}}{N_{实}}$$

式中　$N_{理}$、$N_{实}$——分别为所需的理论板数和实际板数。

由于影响塔效率的因素很复杂,除物性外,还有操作条件和塔板结构等因素,目前尚缺乏精确的计算方法。在工程设计计算中常采用以下两种估算全塔效率的方法。

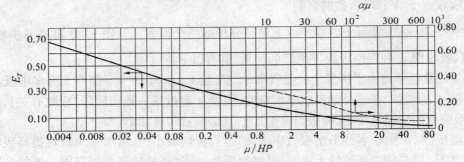

图 3-5　吸收塔的全塔效率

μ_L—塔顶和塔底平均温度下的液体粘度,10^{-3}Pa·s;

H—塔顶和塔底平均温度下的溶解度系数,kmol/(m³·kPa);

P—操作压力,kPa;

α—被吸收组分与溶剂的相对挥发度。

（1）采用相同或相近物系在同类塔型中的经验数据。对于已经有大量实践经验的烃类系统或其他系统的吸收,可供参考的数据是很多的。

（2）经验关联法。是用几个影响因素来关联板效率的实验结果。一般工程设计采用此法为多。目前,在所提出的经验式中,奥康奈尔(O'Connell)方法仍被认为是较好的方法。奥康奈尔对若干工业吸收塔及试验塔的塔板效率进行关联得出如图 3-5 所示的实线。图中吸收塔

的全塔效率是以液体的粘度和享利系数及总压为参数来表示的。图中的虚线为洛克哈尔特（Lockhart）用相对挥发度 α 和液体的粘度来表达烃类油吸收塔的效率,该虚线是由一些烃吸收塔的操作数据归纳而得。

由图 3-5 可看出,在一个多组分吸收塔内,按轻组分计算的全塔效率 E_T 要比按重组分计算的低,因为轻组分的相对挥发度大。例如按甲烷考虑的全塔效率比按丙烷考虑的有时要小 $4\sim5$ 倍。设计时对此应予以注意。

影响板效率的因素很多,只用几个因素来关联板效率是过于简单化了,难免有时误差较大。奥康奈尔法也只是概括了泡罩塔和筛板塔的数据,没有包括塔型和流体力学条件等影响因素,故应用时受到一定限制。但在处理碳氢化合物等物系时,可以用图 3-5 作初步的估算。

第二节　解　吸　过　程

在气液两相系统中,当溶质组分的气相分压低于其溶液中该组分的气液平衡分压时,就会发生溶质组分从液相到气相的传质,这一过程叫做解吸或蒸出。例如被吸收的气体从吸收液中释放出来的过程。

解吸与吸收都是在推动力作用下的气、液相际间的物质传递过程,不同的是两者的传质方向相反,推动力的方向也相反。所以解吸被看做是吸收的逆过程,由此可得知,凡有利于吸收的操作条件对解吸都是不利的,而对吸收不利的操作条件对解吸则是有利的。吸收过程的各种计算方法原理都可相应地运用于解吸计算中。

在化工生产中解吸和吸收往往是密切相关的。为了使吸收过程所用的吸收剂,特别是一些价格较高的溶剂能够循环使用,就需要通过解吸把被吸收的物质从吸收液中分离出去,从而使吸收剂得以再生。此外,要利用被吸收的气体组分时,也必须解吸。至于在石油化工生产中把所吸收的轻烃混合物分离成几个馏分或几个单一组分,如何合理地组织吸收—解吸流程方案就更加重要。在石油化工,天然气加工过程中广泛应用吸收、解吸过程。

解吸可通过不同的方式进行,但无论哪一种方式,都是为了创造从液相到气相的传质有利条件（$y < y^*$ 或 $p < p^*$）。常用的解吸方式有负压解吸、解吸剂（如惰性气体、水蒸气）作用下的解吸、加热解吸以及这些方式的联合。降压、负压和解吸剂的作用都是为了降低组分在气相的分压,也就是减小 y（或 p）；加热的作用则是升高温度,使气相平衡浓度 y^*（或平衡分压 p^*）增大,从而提高解吸推动力（$y^* - y$）或（$p^* - p$）。推动力越大,解吸越容易进行。

一、解吸的方式

1. 降压和负压解吸

降压是一种常用的解吸方法,特别适用于加压吸收之后的解吸。这时只需把吸收液降至常压,解吸就可进行到相当的程度,有时为了使组分充分解吸,需要进一步降至负压。如果吸收压力为常压,解吸就需在负压条件下进行。

对于单组分的吸收—解吸过程,若忽略吸收和解吸的热效应,则吸收和解吸的温度相等,吸收时的相平衡线和解吸时的相平衡线重合为一条直线。在吸收剂不挥发的降压解吸系统中,气相只存在溶质组分,其摩尔分数等于1,组分的气相分压也就等于解吸压力,且恒定不变。因此,气相传质单元数等于零,过程的进行取决于解吸压力和液相内的传质。这种减压解吸过程的设备设计,不是以传质单元数或理论板数为依据,而是以液体能够达到均匀良好的分散,和有足够的空间使解吸出来的气体集积并分离出夹带的液滴,作为确定设备结构尺寸的原则。过程的计算按一级平衡闪蒸来处理。

2. 解吸剂作用下的解吸过程

降压和负压解吸只是靠改变系统的压力来实现的。在许多情况下,由于压力条件的限制,解吸往往不可能充分进行,尤其是对溶解度较大的组分更难充分解吸,需要进一步用其他手段提高组分的解吸程度。解吸剂作用下的解吸,则是普遍采用的有效方法。常用的解吸剂是惰性气体、水蒸气、溶剂蒸气和贫气。

(1) 使用惰性气体或贫气的解吸

这种解吸是逆流接触过程。在采用惰性气体为解吸剂的解吸塔中,惰性气体自下而上从塔底进入,与由上而下的液体逆流接触。由于溶质组分不断地从液相转入气相,液相中组分的浓度将会由上而下逐渐降低;而气相中组分的浓度则由下而上逐渐增大。可见,塔中气、液相组分浓度的变化规律恰好与吸收过程相反。

在某些情况下,解吸剂并不是惰性气体,而是含有溶质组分的气体。当然,解吸组分的气相分压必须低于平衡分压(故称为贫气)。其他组分可以是溶解度较大的溶质,其气相分压也可能比平衡分压大,它们在过程中被下降的溶液所吸收。这就是说,在同一个塔中同时进行着吸收和解吸。在塔的一定范围内,对一些组分是吸收;对另一些组分却是解吸。

(2) 直接蒸气解吸

为了使解吸在较高的温度下进行,可以用水蒸气作为解吸剂。饱和水蒸气或过热水蒸气从解吸塔底部通入,迎着下降的液流上升。它除了起到降低组分在气相的分压,导致解吸的作用外,由于蒸气温度高于溶液温度,且通常是高于溶液的沸点,因而溶液将被加热,从而促进了解吸的进行。

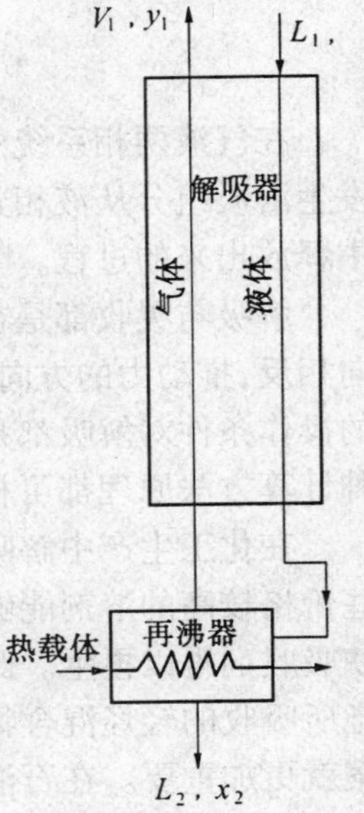

图3-6 间接加热蒸气解吸流程

在工业生产中常把吸收液预热到沸点再送入解吸塔。这时,溶液沿整个塔高都处于一定的沸点温度下,如果组分的解吸不消耗热量,且没有对环境的热损失,那么,解吸将在等温下进行。而实际的情况要复杂,解吸过程必然要消耗一定的热量。当解吸剂是饱和水蒸气时,将发生蒸气的部分冷凝以抵偿这些热量消耗;当解吸剂是过热蒸气时,消耗的热量靠过热蒸气的显热来抵偿。实际的解吸过程并不是等温过程。

3. 间接加热蒸气解吸

如图3-6所示解吸塔下面设有再沸器。液体从塔顶进入并向下流动,液相浓度逐渐降低,转入气相的组分量也逐渐减少。流体流入再沸器中受热而沸腾,部分汽化形成的蒸气自下而上与含被解吸组分的液体逆向流动,进行热量交换和质量交换。由于间接加热蒸气解吸过程的解吸剂是来自被解吸体自身汽化所产生的蒸气,而不是从外部引入的,所以,这种解吸过程实质上就是吸收剂和被吸收组分混合物的精馏过程,它与精馏塔的提馏段操作相似。

二、解吸过程的计算

解吸和吸收的原理是相同的,吸收计算的吸收因子法、逐板计算法都可以引用于计算解吸过程,只是把表征过程的参数应结合解吸过程来定义。在吸收过程中,用吸收率表示组分从气体中回收的程度;在解吸过程中则用解吸率(蒸出率)表示组分从液体中脱出的程度。在吸收过程中气相组分被吸收的难易和操作条件的关系是通过吸收因子来表示;而在解吸过程中液相组分被解吸的难易和操作条件的关系则是用解吸因子来表示。此外,应用逐板法时,对于各种解吸方式都应考虑它与吸收不同的固有特点,在计算中给予恰当的数学处理,以达到较好地收敛的目的。

下面介绍适用于以惰性气体或贫气为解吸剂的解吸因子法。对于塔板序号由下而上计数的逆流解吸塔,用类似于式(3－10)的推导方法,可以导出。

$$\frac{l_{N+1} - l_1}{l_{N+1}} = \frac{S_N S_{N-1} \cdots S_1 + S_N S_{N-1} \cdots S_2 + \cdots + S_N}{S_N S_{N-1} \cdots S_1 + S_N S_{N-1} \cdots S_2 + \cdots + S_N + 1} - $$
$$\frac{v_0}{l_{N+1}} \left(\frac{S_N S_{N-1} \cdots S_2 + S_N S_{N-1} \cdots S_3 + \cdots + S_N + 1}{S_N S_{N-1} \cdots S_1 + S_N S_{N-1} \cdots S_2 + \cdots + S_N + 1} \right) \qquad (3-38)$$

式中　l_{N+1}, l_1——分别为进塔液和出塔液中的组分流率;

v_0——进塔气体中的组分流率;

S_N——第 N 板上组分的解吸因子,$S_N = \dfrac{m_N V_N}{L_N}$。

在解吸剂用量较大,塔内气液比变化不大的情况下,若不考虑过程的温度变化,视相平衡常数为定值,则各板解吸因子可取全塔范围内的平均值。其平均值的取法与吸收因子平均值的取法相同。这时,式(3－38)可简化为

$$\frac{l_{N+1} - l_1}{l_{N+1}} = \left(1 - \frac{v_0}{S l_{N+1}} \right) \left(\frac{S^{N+1} - S}{S^{N+1} - 1} \right) \qquad (3-39)$$

或

$$\frac{l_{N+1} - l_1}{l_{N+1} - l_0} = \frac{S^{N+1} - S}{S^{N+1} - 1} = C_0 \qquad (3-40)$$

式中　l_0——$\dfrac{v_0}{S}$;

C_0——相对解吸率(相对蒸出率)。

由式(3－40)的左端可看出,相对解吸率 C_0 等于解吸出来的组分量与在气体入口端达到相平衡时可以从溶液中解吸的该组分的最大量之比。

对于使用惰性气为解吸剂的解吸过程,因为入塔气体中不含被解吸组分,所以 $l_0 = 0$,其相对解吸率也就等于解吸率$\dfrac{l_{N+1} - l_1}{l_{N+1}}$。

由式(3－40)也可解出下式

$$N = \frac{\ln \dfrac{S - C_0}{1 - C_0}}{\ln S} - 1 \qquad (3-41)$$

式(3－40)和式(3－41)都是表达理论板数 N、解吸因子 S 和相对解吸率 C_0 三者的关系,且其形式与(3－13)和(3－14)式相同,所以如果将其绘制成曲线,可得与吸收因子图相同的解

吸因子图。因此,图 3-2 同样可适用于解吸过程的计算,此时横坐标为解吸因子 S,纵坐标为解吸率(蒸出率)C_0。

为了提高计算的准确度,应用与有效吸收因子 A_e、A_e' 的同样处理方法,式(3-39)中的解吸因子 S 用有效解吸因子 S_e 和 S_e' 代替可得

$$\frac{l_{N+1} - l_1}{l_{N+1}} = \left(1 - \frac{v_0}{S_e' l_{N+1}}\right) \left(\frac{S_e^{N+1} - S_e}{S_e^{N+1} - 1}\right) \tag{3-42}$$

式中

$$S_e' = \frac{S_N(S_1 + 1)}{S_N + 1} \tag{3-43}$$

$$S_e = \sqrt{S_N(S_1 + 1) + 0.25} - 0.5 \tag{3-44}$$

并由式(3-42)可解得

$$N = \frac{\ln \dfrac{S_e - M}{1 - M}}{\ln S_e} - 1 \tag{3-45}$$

式中

$$M = \frac{\dfrac{l_{N+1} - l_1}{l_{N+1}}}{1 - \dfrac{v_0}{S_e' l_{N+1}}} \tag{3-46}$$

利用式(3-42)和式(3-45)计算解吸过程的方法称为有效解吸因子法。无论平均解吸因子法还是有效解吸因子法,这些算法的步骤分别类似于平均吸收因子法和有效吸收因子法。

第三节　吸收解吸(精馏)塔

一、吸收解吸(精馏)塔的特点

当气体为物理化学性质相似的多组分混合物时, 由于其中多个组分都具有相当大的溶解度,如果仅用吸收塔并不能按工艺要求把其中某两个组分分离完全。例如在石油炼制过程中的催化裂化富气含有 CO_2、CO、H_2、N_2、C_1、$C_2^=$、C_2^0、$C_3^=$、C_3^0、$C_4^=$、C_4^0、C_5 等组分。欲将 C_2^0 以下组分和 $C_3^=$ 以上组分分开,只用吸收过程是不能达到此目的的。如所得的吸收液仅用解吸的方法也不能达到此目的,因为在 C_2^0 以下组分被解吸的同时,也会有相当多的 $C_3^=$ 以上组分被解吸出去,这对回收 $C_3^=$ 以上的组分是非常不利的。在工业生产中,常用吸收解吸(精馏)塔来实现上述分离的目的。该塔如图 3-7 所示。原料从塔中间进入,塔的上部为吸收段,由上向下流的吸收剂与气相逆流接触;塔的下部是以间接加热蒸气解吸方式进行的解吸段,其作用是把从塔上段流下的吸收液中易挥发组分脱除出去。塔底设有再沸器,液体流入再沸器中受热而部分汽化,所形成的气体与含有被解吸组分的下流液体逆流接触,进行质量交换和热量交换,沿塔向上,气相中易挥发组分增加,液相中难挥发组分增加。在塔的下段实质上进行精馏过程,所以这种塔实为吸收精馏塔。塔的下段实际上是相当于普通精馏塔的提馏段的作用。在解吸段(或称为提馏段)被解吸出来的 C_2^0 以下组分和一部分挥发性较小的 $C_3^=$、C_3^0、$C_4^=$、C_4^0、等较重

的组分与原料气一起进入吸收段又进行吸收过程。采用这种吸收和解吸(精馏)联合操作的装置就可以保证不会有过多的丙烯、丙烷等组分进入塔顶贫气,又能保证不会有过多的乙烷进入塔底汽油,从而使 C_2^0 以下组分和 $C_3^=$ 以上组分基本上得以分离。

应当指出,由于吸收剂的挥发性比较小,常可以忽略,所以在吸收段中进行的过程可认为是单向传质——溶解过程,而解吸(提馏)段中所进行的过程,则是轻重组分物质交换、热量交换的双向传质——由汽化和冷凝所构成的精馏过程。

吸收解吸(精馏)塔广泛应用于炼油厂中催化裂化、延迟焦化、热裂化等装置,用以分离烃类气体,它与深冷低温精馏装置相比,不需采用深度冷冻,这不仅可以节约大量能量,而且可以使用普通钢材设备,经济上更为有利。但是吸收解吸(精馏)塔操作时需要有大量的吸收剂循环,而且还要消耗较多的蒸气。所以采用时应对其合理性作全面的技术经济分析。

现有的工厂常把吸收解吸(精馏)塔从中间隔开,分成两个塔来操作。这是因为离开解吸(提馏)段顶部的气相温度较高,进入吸收段后必然会使吸收操作的温度上升,而不利于吸收过程的进行。又由于两段直接连通,在操作时不免互相影响,特别是在操作条件波动时影响甚大。将两段隔开成为两个单独的塔后,由解吸(提馏)段顶出来的气体经冷凝冷却后与进料中的气相一起进入吸收段底部,这样既可以避免因其温度较高而影响吸收操作,又可减少原来两段的互相影响。但就其设计计算原理来说,两者基本上是相同的。

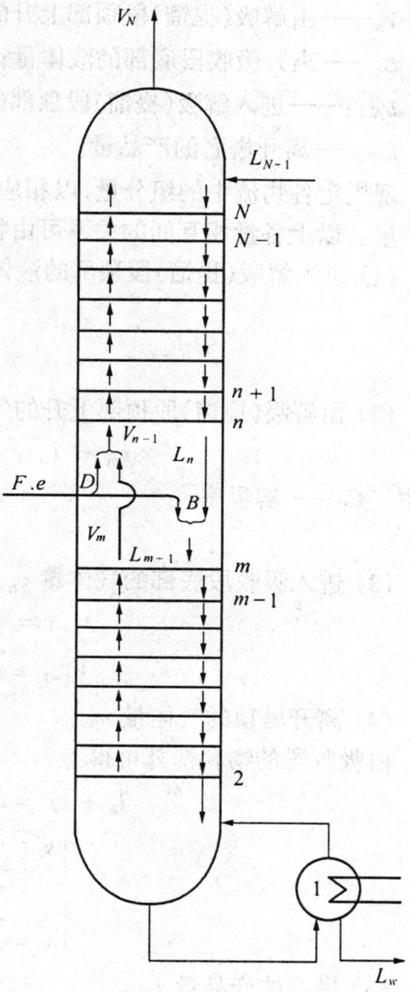

二、吸收解吸(精馏)塔的计算

吸收解吸(精馏)塔原则上可以将吸收段和解吸(提馏)段分别加以计算,但被吸收的和被脱出的组分在塔内部紧密联系,因此塔的计算应作整塔考虑比较方便。

图3-7 吸收解吸(精馏)塔的物料关系图

1. 物料衡算

由图3-7可以看出,进入吸收段的气相除进料中的气体外,还有从解吸(提馏)段上升的气体;进入解吸(提馏)段的液相除来自吸收段底部的吸收液外,还可包括进料中的液相。

现对图中各物流采用下列符号表示,单位为 kmol/h

L_{N+1}——由塔顶加入的吸收剂量;

F——进料量;

e——进料的摩尔汽化分数;

D——进料中的气相量,$D = F \cdot e$;

B——进料中的液相量,$B = F(1 - e)$;

V_N——离开塔顶的气体量;

V_{n-1}——进入吸收段底部的气体总量;

V_n——由解吸(提馏)段顶部上升的气体量;

L_n——离开吸收段底部的液体量;

L_{N+1}——进入解吸(提馏)段顶部的液体量;

L_W——离开塔底的产品量。

现规定各物流中的组分量,以相应的小写字母代表如 d、b 分别表示进料中某组分的气、液相量。以上各量相互间的关系可由物料衡算方程导出。

(1) 进入解吸(提馏)段顶部的液体量 l_{m+1}

$$l_{m+1} = b + l_n \tag{3-47}$$

$$L_{m+1} = \sum l_{m+1}$$

(2) 由解吸(提馏)段顶部上升的气体量,也就是经解吸段被解吸的量 v_m

$$v_m = l_{m+1} - l_W = C_0(b + l_n) = C_0 l_{m+1} \tag{3-48}$$

式中 C_0——解吸率

$$V_m = \sum v_m$$

(3) 进入吸收段底部的气体量 v_{n-1}

$$v_{n-1} = d + v_m = d + C_0(b + l_n)$$

$$V_{n-1} = \sum v_{n-1} \tag{3-49}$$

(4) 离开塔顶的气体量 v_N

由吸收段的物料衡算可得

$$l_n + v_N = l_{N+1} + v_{n-1}$$

$$v_N = v_{n-1} - (l_n - l_{N+1}) =$$

$$d + C_0(b + l_n) - (l_n - l_{N+1}) \tag{3-50}$$

$$V_N = \sum v_N$$

(5) 塔底的产品量 l_W

$$l_W = l_{m+1} - v_m = (b + l_n) - C_0(b + l_n) =$$

$$(1 - C_0)(b + l_n) \tag{3-51}$$

$$L_W = \sum l_W$$

由式(3-47)到式(3-51)可看出,各物料量均为 l_n 的函数,而离开吸收段底部液相中组分的量 l_n,由吸收段的物料衡算可得

$$l_n = l_{N+1} + (v_{n-1} - v_N) \tag{3-52}$$

式中 $(n_{n-1} - v_N)$ 为组分经吸收段被吸收的量。当吸收剂不含此组分时,即 $l_{N+1} = 0$ 时

$$v_{n-1} - v_N = \varphi \cdot v_{n-1} \tag{3-53}$$

式中 φ——相对吸收率。

当 l_{N+1} 不大时,可以认为使用式(3-53)误差不大。所以将式(3-53)代入式(3-52)可得

$$l_n = l_{N+1} + \varphi\, v_{n-1} = l_{N+1} + \varphi\,[d + C_0(b + l_n)]$$

所以
$$l_n = \frac{l_{N+1} + \varphi\,(d + C_0 b)}{1 - \varphi\, C_0} \tag{3-54}$$

当 l_{N+1} 比较大时，应用式(3-54)误差较大，此时式(3-53)为

$$v_{n-1} - v_N = \varphi\,(v_{n-1} - v_{N+1}) \tag{3-53a}$$

代入式(3-52)可得

$$l_n = l_{N+1} + \varphi\,(v_{n-1} - v_{N+1}) =$$
$$l_{N+1} + \varphi\,[d + C_0(b + l_n) - V_N y_{N+1}] =$$
$$l_{N+1} + \varphi\, d + \varphi\, C_0 b + \varphi\, C_0 l_n - \varphi\, V_N y_{N+1}$$

所以
$$l_n = [\varphi\,(d + C_0 b) + l_{N+1} - \varphi\, V_N y_{N+1}]/(1 - \varphi\, C_0) \tag{3-55}$$

式中 y_{N+1} ——为与该组分在吸收剂中的浓度成平衡的气相浓度，$y_{N+1} = m x_{N+1}$；m 为该组分在吸收剂入塔条件下的相平衡常数。

在设计计算一个吸收解吸(精馏)塔时，进料气液两相中各组分的量 d、b 为已知，或可根据进料条件计算出来，为了应用式(3-54)或式(3-55)求各组分的 l_n 值，必须知道各组分的吸收率 φ、解吸率 C_0 和在塔顶吸收剂中的量。而这些量和多组分精馏、多组分吸收中的情况一样，并不都是独立的，在确定了一些量的数值后，其他各量就已被确定，常常用试差法来求取。下面具体讨论其设计计算方法。

2. 吸收解吸(精馏)塔的简化计算法

(1)已知数据和计算任务

在设计一个吸收解吸(精馏)塔时，下列数据通常为已知的：

进料量：$F(\text{kmol/h})$；

进料组成：$Z_i(x\%)$；

进料状态：进料的压力、温度或汽化率；

吸收剂的组成：$x_{N+1,i}(x\%)$；

吸收剂入塔温度和压力；

塔的操作压力。

分离要求和多元精馏相同，不能指定塔顶尾气和塔底产品的全部组成，只能各自指定其中某一组分——关键组分的分离要求。例如在进料为催化裂化富气时，吸收段可以是丙烯为关键组分，解吸段乙烷为关键组分；我们可以指定丙烯的吸收率或在塔顶尾气中的量；乙烷的解吸率或在塔底产品中的量。

设计时通过计算需确定：

1)各段所需的理论板数和实际板数；

2)吸收剂的用量；

3)塔顶尾气的量和组成；

4)塔底产品的量和组成；

5)吸收段和解吸段中各气相和液相的量(V_{n-1}、V_m、L_n、L_{m+1})；

6)中间冷却器和再沸器的热负荷。

（2）简化计算法

吸收解吸（精馏）塔中所进行的过程是比较复杂的，如要作精确地计算需联合运用相平衡、物料衡算和热量衡算通过电子计算机来完成反复的运算。目前手算多采用前面所介绍的简化的吸收因子法和解吸因子法来计算，由于这些方法做了简化假定，把吸收因子和解吸因子取平均值作常数，因此计算结果是近似的。但对于这种塔即使采用简化计算法也是比较繁琐的。下面结合一个实例来说明计算的方法和步骤。

例3-4 某厂催化裂化富气吸收解吸（精馏）塔的设计数据如下。

（1）富气的总进料量 F 和总组成 Z_i 如表3-12所示。

表3-12

组　　分	$CO_2 + N_2$	H_2	C_1	$C_2^=$	C_2^0	$C_3^=$	C_3^0	$C_4^=$	C_4^0	C_5^0	H_2S	Σ
流量 F_i/kmol/h	45	24.5	124.5	17.3	46.2	63	43.8	71	58.2	74	9.8	577
组成 Z_i/%	7.8	4.2	21.6	3.0	8.0	10.9	7.6	12.3	10.1	12.8	1.7	100

（2）进料处于气液两相状态，其中气相量 d_i 和液相量 b_i 如表3-13。

表3-13

	组　　分	$CO_2 + N_2$	H_2	C_1	$C_2^=$	C_2^0	$C_3^=$	C_3^0	$C_4^=$	C_4^0	C_5^0	H_2S	Σ
气相	d_i/kmol/h	45	24.2	122.89	16.54	43.5	53.94	36.75	47.05	36.1	26.8	9.23	462
	y /%	9.75	5.24	26.6	3.58	9.41	11.65	7.96	10.2	7.81	5.80	2.00	100
液相	b_i/kmol/h			1.61	0.76	2.70	9.06	7.05	23.95	22.1	47.2	0.57	115
	x /%			1.40	0.66	2.35	7.88	6.13	20.8	19.18	41.1	0.5	100

（3）吸收剂的组成如表3-14。

（4）温度、压力条件：

操作压力：98.07 kPa（绝）；

进料温度：40 ℃；

吸收剂入塔温度：40 ℃；

吸收段操作平均温度：45 ℃；

解吸段操作平均温度：90 ℃。

表3-14

组　　分	$C_4^=$	C_4^0	C_5^0	$\geqslant C_6$	Σ
x/%	1	0.5	20	78.5	100

（5）分离要求：

丙烯吸收率：95%；

乙烷解吸率:85%。

试确定吸收段和解吸段所需的理论板数、塔内各气、液流率和塔底温度。

假定 CO_2、N_2、H_2 在吸收剂中的溶解度,以及吸收剂中 $\geqslant C_6$ 组分向气相的挥发都可以忽略。$C_4^=$ 按丁烯 – 1 计算,C_4^0 按正丁烷计算。

解

1. 吸收段的计算

由操作压力 $p = 98.07$ kPa,$t = 45$ ℃,可查得各组分的相平衡常数 m_i 列于表 3 – 15。

表 3 – 15 各组分的相平衡常数

组　　分	C_1	$C_2^=$	C_2^0	$C_3^=$	C_3^0	$C_4^=$	C_4^0	C_5^0	H_2S
m_i	20	6	4.2	1.6	1.4	0.55	0.46	0.16	4.2

(1) 最小液气比 $\left(\dfrac{L}{V}\right)_m$ 和操作液气比 $\dfrac{L}{V}$ 的确定

计算方法和吸收过程相同。当关键组分丙烯的吸收率 $\varphi_{C_3^=} = 0.95$ 时,丙烯的最小吸收因子 $A_m = \varphi_{C_3^=} = 0.95$,则最小液气比

$$\left(\frac{L}{V}\right)_m = 0.95 \times m_{C_3^=} = 0.95 \times 1.6 = 1.52$$

现取吸收段的平均操作液气比为最小液气比的 1.5 倍,则

$$\frac{L}{V} = 1.5\left(\frac{L}{V}\right)_m = 1.5 \times 1.52 = 2.28$$

在此液气比下丙烯在吸收段中的平均吸收因子

$$A_{C_3^=} = \frac{L}{V} \cdot \frac{1}{m_{C_3^=}} = \frac{2.28}{1.6} = 1.425$$

(2) 吸收段理论板数 $N_{吸}$ 和各组分的吸收率 φ_i 的确定

由图 3 – 2 可查得 $A = 1.452$、$\varphi = 0.95$ 时,吸收段所需的理论板数为 5.6 块,现取 $N_{吸} = 6$ 块。由图 3 – 2 可查得此时的丙烯吸收率为 0.96。

由 $N_{吸} = 6$ 和各组分的吸收因子 A_i 值,可求出相应的吸收率 φ_i。结果列于表 3 – 16。

表 3 – 16 各组分的吸收率

组　　分	m_i	$A_i = L/(Vm_i)$	φ_i
C_1	20	0.14	0.14
$C_2^=$	6	0.38	0.38
C_2^0	4.2	0.543	0.543
$C_3^=$	1.6	1.425	0.96
C_3^0	1.4	1.63	0.975
$C_4^=$	0.55	4.15	~1.0
C_4^0	0.46	4.96	~1.0
C_5^0	0.16	14.2	~1.0
H_2S	4.2	0.543	0.543

2. 解吸段的计算

在操作压力 $p = 98.07$ kPa，$t = 90$ ℃下各组分的相平衡常数 m_i 列于表 3－17。

表 3－17　各组分的相平衡常数

组　分	C_1	$C_2^=$	C_2^0	$C_3^=$	C_3^0	$C_4^=$	C_4^0	C_5^0	H_2S
m_i	21	8.5	6.4	3.0	2.75	1.3	1.15	0.51	6

在吸收段操作条件已经给定的情况下，又指定了解吸段中关键组分乙烷的解吸率 $C_0 = 0.85$，此时该段的气液比 $\left(\dfrac{V'}{L'}\right)$ 和理论板数以及各组分的解吸率等参数实际上都已经被决定，但需用试差法求解。

(1) 最小气液比 $\left(\dfrac{V'}{L'}\right)_m$ 和操作气液比 $\dfrac{V'}{L'}$ 的确定

在最小气液比下，乙烷的解吸因子 $S_{C_2^0} = C_0 c_0^0 = 0.85$，则

$$\left(\frac{V'}{L'}\right)_m = \frac{S_{C_2^0}}{m_{C_2^0}} = \frac{0.85}{6.4} = 0.133$$

现设解吸段的平均操作气液比为

$$\frac{V'}{L'} = 0.15$$

则乙烷在解吸段中的平均解吸因子

$$S_{C_2^0} = \left(\frac{V'}{L'}\right)_m m_{C_2^0} = 0.15 \times 6.4 = 0.96$$

(2) 解吸段理论板数 $N_{解}$ 和各组分解吸率 C_{0i} 的确定

由图 3－2 查得，当 $S_{C_2^0} = 0.96$，$C_0 c_2^0 = 0.85$ 时，解吸段的理论板数为 7 块，(包括再沸器)。再由各组分的解吸因子 S_i 和 $N = 7$ 时，可求得各组分的解吸率 C_{0i}，结果列于表 3－18。

表 3－18　各组分的解吸率

组　分	m_i	$S_i = V'm_i/L'$	C_{oi}
C_1	21	3.15	~ 1.0
$C_2^=$	8.5	1.275	0.95
C_2^0	6.4	0.96	0.85
$C_3^=$	3.0	0.45	0.45
C_3^0	2.75	0.413	0.413
$C_4^=$	1.3	0.195	0.195
C_4^0	1.15	0.172	0.172
C_5^0	0.51	0.077	0.077
H_2S	6	0.9	0.82

3. 塔中各气、液流率的计算

在初步算出各组分的吸收率 φ_i 和解吸率 C_{oi} 后，便可由式(3－54)和式(3－55)求出各组分

离开吸收段底部的量 l_n。由于式中 l_{N+1} 量已知后才计算,故必须假定加入塔顶的吸收剂量 L_{N+1}。

现假定塔顶的吸收剂加入量

$$L_{N+1} = 750\text{kmol/h}$$

（1）求各组分离开吸收段底部的量 l

因入塔吸收剂中含 $C_4^=$、C_4^0、C_5^0 等组分,且含量都比较大,故采用式(3-55)求各组分的 l_n 值,具体计算列于表 3-19。

由表 3-19 可看出,欲求得吸收段底部各组分的液相量 l_n,需先求得塔顶尾气量 V_N。

（2）塔内其他各气、液相量的计算

由式(3-47)至式(3-51)可知,塔内各气、液相量均为 l_n 的函数。所以要想计算塔内其他各气、液相量,也必须首先计算出塔顶尾气量 V_N。根据式(3-47)至式(3-51)计算各量列于表 3-20。

由表 3-20 可知,塔顶尾气量 V_N 为

$$V_N = 260.14 + 0.0349 V_N$$

所以

$$V_N = \frac{260.14}{0.9651} = 270 \text{ kmol/h}$$

表 3-19　吸收段底部各组分的液相量 l_n

组分	原料中各组分的气相量 d_i/ $(\text{kmol}\cdot\text{h}^{-1})$	原料中各组分的液相量 b_i/ $(\text{kmol}\cdot\text{h}^{-1})$	吸收率 φ_i	解吸率 C_{oi}	$\dfrac{\varphi(d_i+b_iC_{oi})}{1-\varphi_iC_{oi}}$	吸收剂中各组分的量 l_{N+1}/ $(\text{kmol}\cdot\text{h}^{-1})$	$\dfrac{l_{N+1}}{1-\varphi_iC_{oi}}$	$\dfrac{\varphi_iV_Ny_{N+1}}{1-\varphi_iC_{oi}}$	l_n /$(\text{kmol}\cdot\text{h}^{-1})$
CO_2+N_2	45	0	0	1.0	0	0	0	0	0
H_2	24.2	0	0	1.0	0	0	0	0	0
C_1	122.89	1.61	0.14	1.0	20.2	0	0	0	20.2
$C_2^=$	16.54	0.76	0.38	0.95	10.3	0	0	0	10.3
C_2^0	43.5	2.70	0.543	0.85	46.2	0	0	0	46.2
$C_3^=$	53.94	9.06	0.96	0.45	98	0	0	0	98
C_3^0	36.75	7.05	0.975	0.413	65	0	0	0	65
$C_4^=$	47.05	23.95	~1.0	0.195	64.2	7.5	9.31	$0.0061 V_N$	$73.51-0.0061 V_N$
C_4^0	36.1	22.1	~1.0	0.172	48.2	3.75	4.53	$0.00242 V_N$	$52.73-0.00242 V_N$
C_5^0	26.8	47.2	~1.0	0.077	33	150	162.5	$0.0304 V_N$	$195.5-0.0304 V_N$
$\geqslant C_6$	0	0	1.0	~0	0	588.75	588.75	0	588.75
H_2S	9.23	0.57	0.543	0.82	9.48	0	0	0	9.48
总计	462	115				750			$1159.57-0.03892 V_N$

表 3-20 塔内各气液相量
单位: kmol/h

组分	进入解吸段液体量 $l_{m+1} = b_i + l_n$	离开解吸段顶部气体量 $v_m = C_0 l_{m+1}$	进入吸收段气体量 $v_{n-1} = a_i + v_m$	吸收剂中组分的量 l_{N+1}	塔顶尾气量 $v_N = v_{n-1} + l_{N+1} - l_n$	塔底脱乙烷汽油量 $l_W = l_{m+1} - v_m$
$CO_2 + N_2$	0	0	45	0	45	0
H_2	0	0	24.2	0	24.2	0
C_1	21.81	21.81	144.7	0	124.5	0
$C_2^=$	11.06	10.5	27.04	0	16.74	0.56
C_2^0	48.9	41.6	85.1	0	38.9	7.3
$C_3^=$	107.06	48.1	102.04	0	4.04	58.96
C_3^0	72.05	29.8	66.55	0	1.55	42.25
$C_4^=$	$97.46 - 0.0061 V_N$	$19 - 0.0012 V_N$	$66.05 - 0.0012 V_N$	7.5	$0.0049 V_N$	$78.46 - 0.0049 V_N$
C_4^0	$74.83 - 0.0024 V_N$	$12.9 - 0.00042 V_N$	$49 - 0.00042 V_N$	3.75	$0.002 V_N$	$61.93 - 0.002 V_N$
C_5^0	$242.7 - 0.0304 V_N$	$18.7 - 0.00234 V_N$	$45.5 - 0.00234 V_N$	150	$0.028 V_N$	$224 - 0.028 V_N$
$\geqslant C_6$	588.75	0	0	588.75	0	588.75
H_2S	10.05	5.46	14.69	0	5.21	4.59
总计	$1274.67 - 0.0389 V_N$	$208 - 0.004 V_N$	$670 - 0.004 V_N$	750	$260.14 + 0.0349 V_N$	$1066.8 - 0.0349 V_N$

将所求得的 V_N 代入表 3-20 中各项,可计算出各气、液相流率

$$L_{m+1} = 1274.67 - 0.0389 V_N = 1264 \text{ kmol/h}$$

$$V_m = 208 - 0.004 V_N = 207 \text{ kmol/h}$$

$$V_{n-1} = 670 - 0.004 V_N = 669 \text{ kmol/h}$$

$$L_W = 1066.8 - 0.03892 V_N = 1057 \text{ kmol/h}$$

$$L_n = 1159.57 - 0.03892 V_N = 1149 \text{ kmol/h}$$

4. 校核

因前面计算的塔内各气、液相量是在假定吸收剂用量为 750kmol/h 下进行的,因此必须对其可靠性进行校核。由前面的计算结果可得出,在吸收剂用量为 750kmol/h 条件下。

(1) 吸收段的实际平均液气比

顶部液气比
$$\frac{L_{N+1}}{V_N} = \frac{750}{270} = 2.78$$

底部液气比
$$\frac{L_n}{V_{n-1}} = \frac{1149}{669} = 1.72$$

实际平均液气比
$$\frac{L}{V} = \frac{2.78 + 1.72}{2} = 2.25$$

与题中采用的平均液气比 $\frac{L}{V} = 2.28$ 相差甚小,可认为一致。

（2）解吸段的实际平均气液比

根据计算解吸段顶部实际的气液比

$$\frac{V_m}{L_{m+1}} = \frac{207}{1264} = 0.163$$

设计计算时所采用的平均气液比为 0.15,两者基本相符（如需解吸段底部的气液比,则需通过热量衡算计算,此处从略）。

以上校核说明,当假设塔顶吸收剂量为 750 kmol/h 时,吸收段的实际平均液气比和解吸段实际的气液比均与原设计计算时所采用的数值相近,因此,所设的吸收剂量是正确的,上述的计算结果是可靠的。

5. 塔底温度的计算

由表 3 - 20 中 l_W 一栏的数据,可求得塔底脱乙烷汽油的组成如表 3 - 21。根据泡点方程式,用试差法求塔底温度 t_W。（在计算时 $\geqslant C_6$ 组分近似看做正庚烷）。现设 $t_W = 115\ ℃$,列表计算结果于表 3 - 21。因 $\sum K_i x_i = 1.0002$,故认为所设塔底温度正确。

6. 全塔物料衡算

表 3 - 21　塔底温度的计算

组　　分	流　量 l_W /(kmol·h^{-1})	组　成 x_W /x%	相平均常　数 m_i	$m_i x_i$
$C_2^=$	0.56	0.054	10	0.54
C_2^0	7.3	0.69	8.0	5.52
$C_3^=$	58.95	5.59	4.1	22.9
C_3^0	42.25	4.0	3.7	14.8
$C_4^=$	77.2	7.31	1.95	14.3
C_4^0	61.4	5.8	1.75	10.15
C_5^0	216	20.42	0.83	16.9
$\geqslant C_6$	588.75	55.7	0.21	11.7
H$_2$S	4.59	0.436	7.4	3.22
总　计	1057	100.00		100.03

根据以上计算结果,可列出全塔物料衡算于表 3 - 22。

表 3–22　全塔物料衡算　流量：$kmol \cdot h^{-1}$,组成：$x\%$

组　分	入　方							出　方				
	进料中气相		进料中液相		吸收剂		总计	塔顶尾气		脱乙烷汽油		总计
	流量	组成	流量	组成	流量	组成	流量	流量	组成	流量	组成	流量
$CO_2 + N_2$	45	9.75	0	0	0	0	45	45	16.7	0	0	45
H_2	24.2	5.24	0	0	0	0	24.2	24.2	8.97	0	0	24.2
C_1	122.89	26.5	1.61	1.40	0	0	124.5	124.5	46.1	0	0	124.5
$C_2^=$	16.54	3.58	0.76	0.66	0	0	17.3	16.74	6.2	0.56	0.053	17.3
C_2^0	43.5	9.41	2.70	2.35	0	0	46.2	38.9	14.4	7.3	0.69	46.2
$C_3^=$	53.94	11.65	9.06	7.88	0	0	63	4.04	1.5	58.96	5.59	63
C_3^0	36.75	7.96	7.05	0.13	0	0	43.8	1.55	0.57	42.25	4.0	43.8
$C_4^=$	47.05	10.2	23.95	20.8	7.5	1.0	78.5	1.3	0.48	77.2	7.31	78.5
C_4^0	36.1	7.81	22.1	19.18	3.75	0.5	61.95	0.55	0.2	61.4	5.80	61.95
C_5^0	26.8	5.80	47.2	41.1	150	20	224	8	2.96	216	20.42	224
$\geq C_6$	0	0	0	0	588.75	78.5	588.75	0	0	588.75	55.7	588.75
H_2S	9.23	2.0	0.57	0.5	0	0	9.8	5.21	1.93	4.59	0.435	9.8
总计	462	100	115	100	750	100	1327	270	100	1057	100	1327

第四节　非等温吸收过程

在吸收操作过程中,只有当吸收剂用量很大而被吸收的气体量不大,或在吸收过程中散热良好时,才能假定在吸收操作过程中气液两相的温度是保持恒定的等温过程。但是在一般的吸收过程中,由于气体被吸收时放出溶解热将使液体和气体的温度上升。温度的变化又会对吸收过程产生影响,因为,一方面相平衡常数不仅是液相组分浓度的函数,而且是液体温度的函数,吸收过程放出的溶解热使液体温度升高,相平衡常数增大,相平衡曲线向上移动,平衡的气相浓度增大,使过程的推动力减小;另一方面,由于吸收放热,气体和液体之间产生温差,这就使得在相间传质的同时,发生相间的传热过程。

吸收放热所产生的上述影响不显著时,为了计算简便,可不必考虑其影响而将过程视为等温吸收。吸收放热对过程有显著影响时,就应该在吸收流程中设置导出热量的装置,以保证吸收过程在适宜的温度下进行。无论吸收过程要导出热量(称为非绝热吸收)或不导出热量(称为绝热吸收),只要溶解热对过程有较显著的影响,吸收计算都应按非等温过程来处理,计算中都是要涉及热量衡算和相间或间壁传热的问题。

一、绝热吸收

由于气体被吸收放出溶解热,致使吸收塔内各截面上的温度发生变化,而气体的溶解度又取决于溶液的温度,这就使吸收过程变得复杂。如果吸收过程中溶液达到不同浓度时的温度未曾定出,则适应于全塔温度变化的平衡曲线也确定不出来。就无法进行吸收过程的计算。因此,应首先研究实际平衡曲线的确定。

1. 实际平衡曲线的确定

设有一进行无热量导出且吸收剂为非挥发性的非等温吸收操作的吸收塔,塔中液相的浓度由塔顶处的 x_2 增加到塔底处的 x_1;温度由塔顶处的 t_2 增加到塔底处的 t_1。在此液相浓度与温度范围内,随浓度 x、温度 t 变化的同时,气液两相的平衡关系也在改变。此关系可以用

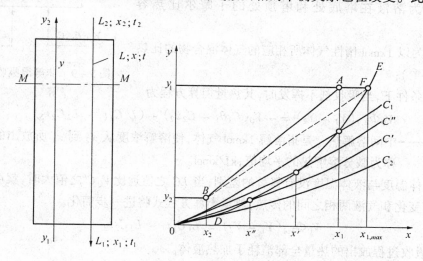

图 3 - 8 非等温非挥发性吸收剂吸收的近似计算

AB—操作线;OC_1, OC', OC'', OC_2—液体温度为定值时的平衡线位置;

DE—平均线;BF—相当于最小吸收剂用量操作线的极限位置。

无数条平衡曲线表示。如图 3 - 8 中的曲线 OC_2, OC', OC'', ……OC_1 表示。但与塔内实际出现的温度相对应的平衡曲线应为 OE 曲线。其绘制的原则是,在溶液进、出塔浓度 x_2、与 x_1 之间选定若干个 x 值,根据相应的液相浓度 x 求出吸收过程放出的热量 Q,由 Q 确定液相的相应温度 t,再根据温度 t 确定相应的相平衡常数 m,最后根据 m 算出相应的气相平衡浓度 y^*。这样可确定出若干对 x 与 y^* 的关系,从而绘制出适应于全塔温度变化的平衡曲线 OE。

在实际吸收过程中,越接近塔底液相浓度 x 越高,且塔底端液相浓度 x 的增加常较塔顶端为大,所以吸收过程放出的热量 Q 也越多,温度 t 增加的也大,致使相平衡常数 m 的值也越大,所以实际平衡曲线 OE 越是在接近塔底处变的越陡。这时,如果根据全塔的平均温度 $t_{平}$ 来确定平衡曲线,并按照此平衡曲线确定吸收剂的用量,就可能会不够,甚至会使所求得的吸收操作线与实际的平衡曲线相交,从而使塔的某些部分无法进行吸收操作。

2. 绝热吸收的简化计算

吸收操作过程中,在一些情况下并不设有导出热量的设备,若忽略向周围环境的热损失,

吸收过程就是在绝热的条件下进行。图 3-9 为一非等温吸收塔。所采用的吸收剂认为是不挥发的。现设：

t_1, t_2 为溶液在塔底处与塔顶处的温度，℃；

$\theta_1 \theta_2$ 为气体在塔底处和塔顶处的温度，℃；

L_1, L_2 为溶液在塔底处和塔顶处的流率，kmol/h；

x_1, x_x 为溶液在塔底处和塔顶处的浓度，摩尔分数；

Y_1, Y_2 为以惰性气体为基准的气相在塔底处和塔顶处的比摩尔浓度；

V_0 为惰性气体量，kmol/h；

C_1, C_2 为溶液在塔底处和塔顶处的千摩尔比热容 kJ/kmol·℃；

C_1', C_2' 为以 1kmol 惰性气体所相应的气体混合物的比热容 kJ/(kmol·℃)；

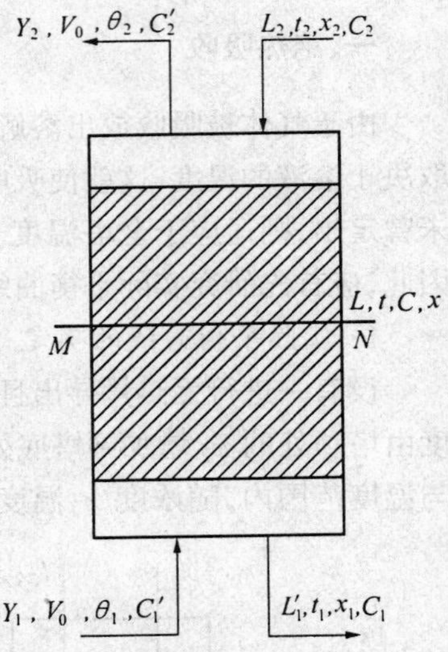

图 3-9 非等温吸收的热量衡算

在绝热条件下，当吸收剂不挥发时，其热量衡算方程为

$$V_0 \Phi_{2,1}(Y_1 - Y_2) = -V_0(C_1'\theta_1 - C_2'\theta_2) + (L_1 C_1 t_1 - L_2 C_2 t_2) \qquad (3-56)$$

式中 $\Phi_{2,1}$——中间溶解热。是指溶解 1kmol 气体，使溶解浓度从 x_2 到 x_1 所放出的热量。也称为微分溶解热的平均值，kJ/kmol。

如果气体温度与液体温度没有显著的差别，当 LC 之值远比 V_0C' 之值大时，就可以不考虑气体温度的变化和气液两相之间的传热，热量衡算方程式将进一步简化。

$$V_0 \Phi_{2,1}(Y_1 - Y_2) = L_1 C_1 t_1 - L_2 C_2 t_2 \qquad (3-56a)$$

上式表明，吸收过程放出的热量全部消耗于加热液体。

对气体出口端至塔的任意截面 MN 之间的吸收段，其物料衡算式和热量衡算式可写为

$$V_0(Y - Y_2) = Lx + L_2 x_2$$

$$V_0 \Phi_{2,x}(Y - Y_2) = LCt - L_2 C_2 t_2$$

两式联解得

$$\frac{\Phi_{2,x}(x - x_2)}{1 - x} = \frac{1 - x_2}{1 - x} Ct - C_2 t_2 \qquad (3-57)$$

MN 截面的温度 t

$$t = \frac{C_2 t_2 + \Phi_{2,x} \dfrac{x - x_2}{1 - x}}{\left(\dfrac{1 - x_2}{1 - x}\right) C} \qquad (3-58)$$

当 x 很小，且液体的比热在不等温吸收操作的温度范围内不随温度而变时，即 $C_2 = C$，则截面的温度 t 为

$$t = t_2 + \frac{\Phi_{2,x}}{C}(x - x_2) \qquad (3-59)$$

若已知 $\Phi_{2,x}$ 和 C，给定一系列 x 值，根据式(3-58)或式(3-59)，可算出对应于 x 的温度 t。根据 x 和 t 确定出相应的相平衡数据。这样，就能够运用吸收计算的一般方法进行有关的计算。

例 3-5 在一填料吸收塔中,用水吸收空气-NH_3混合气中的NH_3,NH_3在混合气中的含量为 5% ,回收率要求为 95% 。每小时处理的混合气量为 10 000m^3,混合气入口端的温度为 25 ℃。水用量为 16 000kg/h,水的入口温度为 20 ℃。塔的操作压力为 101.3 kPa(绝压力)。试用简化计算法求该吸收塔的传质单元数 N_{OG}。

NH_3 在水溶液中的微分溶解热 Φ 如图 3-10 所示。

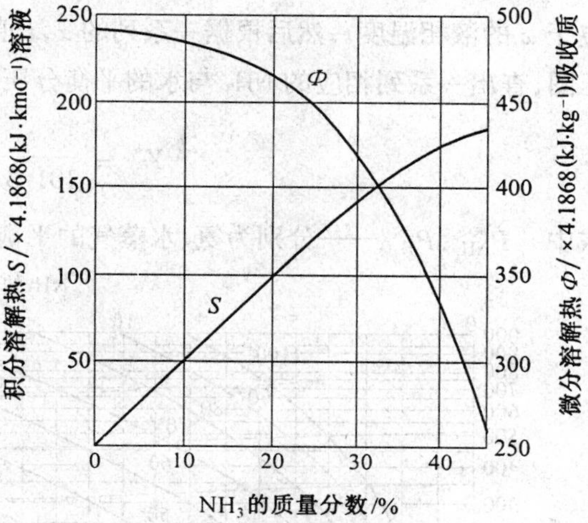

解 在 25 ℃时水的饱和蒸气压为 3.17 kPa,假设处理的混合气体为水蒸气所饱和,则塔内除水蒸气以外的气体压力为

$$p = 101.3 - 3.17 = 98.13 \text{ kPa}$$

所以被处理的混合气中的空气量为

$$V_0 = \frac{10000 \times 98.13}{22.4 \times 101.3}(1 - 0.05) = 410 \text{kmol/h}$$

水的 kmol 流量为

$$L = \frac{16000}{18} = 888 \text{kmol/h}$$

又因为塔底气相中 NH_3 的比摩尔浓度

$$Y_1 = \frac{0.05}{1 - 0.05} = 0.0526$$

塔顶气相中 NH_3 的比摩尔浓度

$$Y_2 = 0.0526 \times (1 - 0.95) = 0.0027$$

塔顶吸收剂中 NH_3 的比摩尔浓度

$$X_2 = 0$$

塔底液相中 HN_3 的比摩尔浓度

$$V_0(Y_1 - Y_2) = L_0(X_1 - X_2)$$

因 $X_0 = 0$,则

$$V_0(Y_1 - Y_2) = L_0 X_1$$

$$X_1 = \frac{410(0.0526 - 0.0027)}{888} = 0.023$$

故每小时被吸收的 NH_3 量为

$$G = 410 \times (0.0526 - 0.0027) = 20.5 \text{ kmol/h}$$

本题液相浓度和气相浓度的变化均较小,所以采用微分溶解热 Φ 来进行计算。

出口液体中 NH_3 的含量如以质量分数表示

$$x'_1 = \frac{0.023 \times 17}{18 + 0.023 \times 17} \times 100\%$$

由图 3-10 可查得,当 $x'_1 = 2.1\%$ 时 NH_3 的微分溶解热 Φ 为

$$\Phi = 495 \times 17 \times 4.184 = 3\,512 \text{kJ/kmol}$$

故吸收过程中每小时所放出的热量 Q 为

$$Q = 20.5 \times 35120 = 719\,968 \text{ kJ/h}$$

图 3-10 NH_3 在水溶液中的 S 与 Φ 的线图

积分溶解热 $S/ \times 4.1868 (kJ \cdot kmol^{-1})$溶液

微分溶解热 $\Phi/ \times 4.1868 (kJ \cdot kg^{-1})$吸收质

NH_3 的质量分数/%

设每小时所放出的热量全部用于加热液相,并设液相的比热容(水)为 4.184kJ/(kg·℃),由此可计算出塔底液相出口的温度 t_1

$$t_1 = 20 \text{ ℃} + \frac{719968}{4.184 \times 16000} = 30.8 \text{ ℃}$$

绘制实际平衡曲线的步骤为:由于本题液相浓度很低,可看做比摩尔浓度等于摩尔浓度。所以在 $x_2 = 0$ 与 $x_1 = 0.023$ 的浓度区间内,给定一系列的 x 值,按照式(3-59)可计算出一系列对应于 x 的液相温度 t,然后根据一系列的 x,t 值由图 3-11 的 NH_3 与水在水溶液上方的平衡分压图,查出一系列相应的 NH_3 与水的平衡分压,可由下式计算出相应的平衡浓度 Y^*

$$Y^* = \frac{P^*_{NH_3}}{101.3 - P^*_{NH_3} - P^*_{H_2O}}$$

式中 $P^*_{NH_3}$、$P^*_{H_2O}$——分别为氨、水蒸气的平衡分压,kPa。

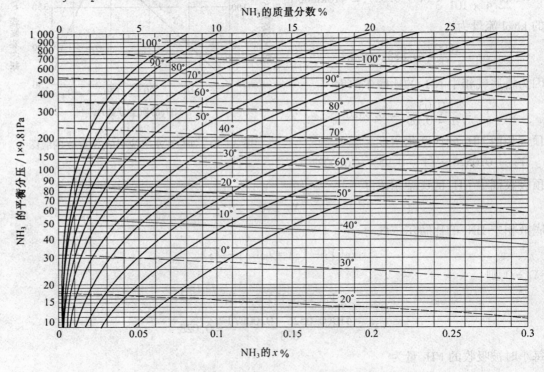

图 3-11 NH_3 与水气在水溶液上方的平衡分压
实线—NH_3 的平衡分压;   虚线—水气的平衡分压

再根据吸收操作线方程式算出相应的 Y 值

$$V_0(Y_1 - Y) = L_0(X_1 - X)$$

$$410 \times (0.0526 - Y) = 888 \times (0.023 - X)$$

$$Y = 0.0027 + 2.17X$$

则该吸收塔的传质单元数 $N_{OG} = \int_{Y_1}^{Y_2} \frac{dY}{Y - Y^*}$ 的计算如下表所示。

X	$t/{}^\circ\mathrm{C}$	$p_{NH_3}^*/kPa$	$p_{H_2O}^*/kPa$	Y^*	Y	$\dfrac{1}{Y-Y^*}$
0.023	30.8	3.08	4.01	0.0327	0.0526	50.2
0.02	29.3	2.57	3.95	0.0373	0.0461	53.2
0.0175	28.2	2.17	3.73	0.0228	0.0406	56.2
0.015	27.0	1.76	3.48	0.0183	0.0352	59.2
0.0125	25.8	1.33	3.25	0.0138	0.0298	62.5
0.01	24.7	0.987	3.05	0.0102	0.0245	70.5
0.0075	23.5	0.693	2.85	0.0071	0.0190	84
0.005	22.3	0.44	2.67	0.0045	0.0135	111
0.0025	21.2	0.213	2.51	0.002	0.0081	170
0	20	0	2.33		0.0027	370

以 $\dfrac{1}{Y-Y^*}$ 为纵坐标，Y 为横坐标进行绘图，可得如图 3-12 所示的曲线。求得曲线以下的面积为 4.85。故吸收塔的传质单元数 $N=4.85$。

二、非绝热吸收

在吸收操作过程中，当气体溶解释放的热量很大时，将会使操作温度升高较大。为了保证吸收操作能在适宜的条件下进行，需要导出热量，这时所进行的吸收操作是非绝热吸收过程。

导出热量的方式有多种，采用循环液体通过吸收塔外的冷却器导出热量的方式称为循环导热；因吸收塔内部设置冷却元件，借以导出热量的方式称为内部导热，在多段吸收塔的段间设置冷却器，借以导出热量的方式称为中间导热。

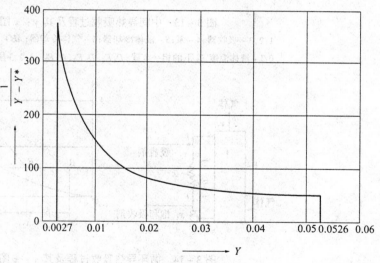

图 3-12　图解法求传质单元数

1. 内部导热

在连续接触的吸收设备（如管式吸收塔）中，从内部连续导出热量计算时，除应用在绝热吸收情况的基本方程式以外，还要增加一个液体通过间壁向冷却剂的传热方程式，计算方法基本与绝热吸收的算法类似。

对于梯级接触吸收设备的内部导热，原则上是每一级的计算按连续接触内部导热来处理，但其计算很复杂，尤其是级数较多时更为复杂。因为这一类设备运用非常少，所以不必专门讨论它的算法。

2. 中间导热

它是由多段逆流接触的绝热吸收器所组成，热量是借助于从一级至另一级的液体流经冷却器而被导出，如图 3-13 所示。吸收剂从第三段顶部进入吸收器，与气体逆流接触而从底部排出;经冷却器进入第二段,从第二段排出的液体又经冷却器进入第一段。气体则以相反的顺序逐级通过各段,气体在级间可冷却也可不冷却。

中间导出热量的吸收设备的计算是逐段进行的。首先给定吸收的段数,并分配气体在各段的吸收量,然后从气体出口端即最末段开始计算。计算按绝热吸收的方法进行,求出最末段液体出口温度,若已给定液体经冷却器冷却后的温度,便可求得冷却器的热负荷。液体经冷却器出口的温度即为前一个吸收段的进口温度,依此可逐段计算。

从图 3 – 13 的 y – x 图中可看出,各段经冷却器冷却后的液体温度等于该段液体的入口温度即 $\theta'_1 = \theta'_2 = \theta'_3$。显然,随着段数的增加,整个吸收过程就更接近于等温吸收操作。但是段数过多,将使流程复杂、操作困难和设备投资的增加。

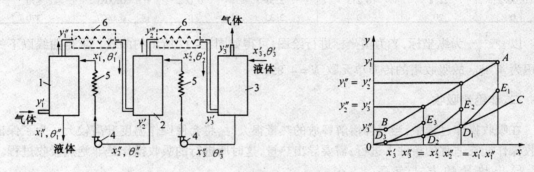

图 3 – 13　中间导热吸收过程及其 y – x 图

1,2,3 – 吸收器;4 – 泵;5 – 液体冷却器;6 – 气体冷却器;AB – 操作线;
$0C$ – 液体温度 θ'_3 下的相平衡线;D_1E_1、D_2E_2、D_3E_3 – 1、2、3 段的相平衡线

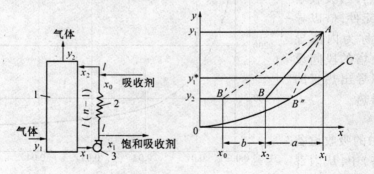

图 3 – 14　循环导热吸收过程及其 y – x 图

1 – 吸收器;2 – 冷却器;3 – 泵;AB – 操作线;AB' – 不循环时的操作线;

AB'' – 最大循环比时的操作线;$n'_l = \dfrac{a+b}{a}$(循环比)

3. 循环导热

它是以循环液体通过吸收设备外的冷却器把热量导出。通常用于不能内部导热的连续接触式装置,如填料塔。其流程见图 3 – 14。循环比是循环导热吸收过程的一个重要操作条件。循环比 n 是指进入吸收塔的液体量对加入的新鲜吸收剂量之比。计算这类设备时,如果按工艺条件已规定了吸收塔中允许的液体温升,则需计算出循环比;或者相反,根据工艺要求(如满足一定的液体喷淋密度)先确定循环比,然后计算液体产生的温升。

在一定的循环比和稳定操作的情况下,以图 3-14 所示的逆流吸收过程为例,其物料衡算方程为

$$Y_1 - Y_2 = l(x_1 - x_0) = nl(x_1 - x_2) \qquad (3-60)$$

式中　l——吸收剂的比用量,$L = \dfrac{L_0}{V_0}$。

当已知 Y_1、Y_2、x_0、l 值 n 后,便可求得 x_1 和 x_2,然后用式(3-58)或式(3-59)计算吸收塔出口液体温度,可进而求得吸收塔的传质单元数。

习　题

1. 某气体混合物含甲烷 95%,正丁烷 5%。现采用不挥发的烃油进行吸收,油气比为 1∶1。进塔温度均为 37 ℃。吸收塔在 0.294 MPa(绝压)下操作。今要从气体中回收 80% 的丁烷,求所需的理论板数。如果将上述的操作条件分别按下列情况予以改变:

(1) 吸收温度改为 0 ℃;

(2) 油气比改为 2∶1;

(3) 压力改为 9.8×10^4 MPa(绝压)。

求各自所需的理论板数,并分别与改变条件前进行比较。

2. 如果将本章例 1 中的液气比提高到最小液气比的 2 倍,求此时所需要的理论板数,尾气的数量和组成及塔顶应加入的吸收剂量。液气比改为 2 倍的最小液气比时,为满足工艺要求,操作温度最高不能超过多少度?

3. 某吸收塔用稳定汽油吸收催化裂化富气中的轻烃。已知进塔气体组成如下:

组分	$CO_2 + N_2$	H_2	C_1^0	$C_2^=$	C_2^0	$C_3^=$	C_3^0
组成/x%	9	35	5	3	8	11	7
组分	$C_4^=$	C_4^0	C_5^0	Σ			
组成/x%	10	7	5	100			

进塔气体量为 400 kmol/h。吸收塔的操作压力为 0.981 MPa(绝压),平均操作温度为 50 ℃。吸收剂中含 C_5^0 10%,其余均为 C_6 以上组分。现忽略 C_6 以上组分向气相中的挥发及 CO_2、N_2 和 H_2 在吸收剂中的溶解度,富气中 $C_3^=$ 的吸收率要求达到 90%,试求:

(1) 操作液气比取最小液气比的 1.5 倍,为完成此任务所需的理论板数;

(2) 出塔贫气的量和组成;

(3) 塔顶应加入的吸收剂量。

4. 在 24 块板的塔中用油吸收炼厂气(组成见表),采用的油气比为 1,操作压力为 0.263 MPa(绝压)。若全塔效率按 25% 计,问平均操作温度为多少才能回收 96% 的丁烷?并计算出塔顶尾气组成。

组分	C_1^0	C_2^0	C_3^0	$n-C_4^0$	$n-C_5^=$	$n-C_6^0$
组成/%	80	8	5	4	2	1

5. 含 86% C_2H_6,9% C_3H_8 和 5% $n-C_4H_{10}$ 的气体在 0.294 MPa(绝压)下,用分子量为 180 的

烃油吸收。塔的平均操作温度为 38 ℃,理论板数为 10 块,正丁烷的吸收率为 90%。试计算所需的油气比。若所采用的富气处于 15 ℃,101.3 kPa,问每 100m³ 富气所需的吸收油量是多少? 确定尾气组成,绘出正丁烷的吸收率随塔板数变化的曲线,并简要分析。

6. 可以通过哪些途径使上题吸收过程中正丁烷的吸收率提高到 95%,并通过计算对可能的途径加以比较。

7. 具有三块理论板的吸收塔,用来处理某气体混合物(已知数据见表),贫油和气体入口温度按塔的平均操作温度 32 ℃计算,塔在 2.06 MPa(绝压)下操作,富气流率为 100kmol/h,贫油流率为 20kmol/h,试用平均吸收因子法求吸收后塔顶气体 V_1 中各组分的流率。

组　分	$v_{N+1,i}$	l_{oi}	m_i(32 ℃,2.06 MPa)
CH_4	70	0	12.991
C_2H_6	15	0	2.181
C_3H_8	10	0	0.636
$n-C_4H_{10}$	4	0	0.186
$n-C_5H_{12}$	1	0	0.054
$n-C_8H_{18}$	0	20	0.0014
Σ	100	20	—

8. 在 24 ℃、2.026MPa 下,70% 甲烷、15% 乙烷、10% 丙烷和 5% 正丁烷的气体,在绝热的板式塔中用烃油吸收。烃油含 1% 正丁烷、99% 不挥发性烃油,塔的温度和压力与进料气相同。所用液气比为 3.5(进塔烃油与原料的摩尔比)。进料气中丙烷至少有 70% 被吸收。甲烷在烃油中的溶解度可以忽略,而其他组分均形成理想溶液。试用有效因子法估算所需的理论板数和尾气组成(题中的组成数据均为摩尔分数)。

9. 试用逐板计算法计算题 8。

参 考 文 献

1　Treybal R E. Mass Transfer Operation, 2nd Edition. McGraw－Hill,1968

2　Smith B D. Design of Equilibrium Stage processes. McGraw－Hill,1963

3　Sherwood T K. et al. Mass Transfer. McGraw－Hill,1975

4　陈洪钫.基本有机化工分离工程.北京:化学工业出版社,1981

5　裴元焘.基本有机化工过程及设备.北京:化学工业出版社,1981

6　Van Krevelen D W. Chem Eng Progr.1948,(44) 529～536

7　Кипиневский М Х,Армаш А С.жпх 1996(39):1487～1492

8　Акселврод Ю В,дитвман В В идр.Теор.Осн.Хим.Технол,1970(4):845～852

9　藤田重文,东平一郎.化学工学(Ⅲ).东京化学同人,1963

10　化学工程手册编委会.气体吸收.北京:化学工业出版社,1982

第四章　吸　附　过　程

　　吸附是利用多孔性固体吸附剂处理流体混合物,使其中所含的一种或数种组分被吸附在固体表面上,以达到分离的目的。

　　吸附现象的发现及其在生产上的应用虽已有悠久的历史,但直至不久以前,吸附操作还是作为一种辅助手段,主要用于溶剂的回收及气体的精制等。近年来,由于技术的进步,吸附的应用得到很大的发展,目前在工业上已经不仅是一种辅助手段,而成为必不可少的单元操作了。在石油化工中可用于气体的干燥、天然气的脱硫以及气体混合物中有价值的溶剂蒸气的回收。对液体而言,可用于丙酮、丁醇、二氯乙烷等化工产品的去湿,混合二甲苯的分离以及废水废液的处理等。吸附操作的主要优点是选择性高,它能分离其他过程难以分离的混合物。同时由于吸附速率极快,吸附作用可以进行得相当完全,故可用于回收浓度很低的蒸气或溶质,而留下大量无用的气体或液体;或用于清除浓度很低的有害或无用的组分,而得到大量洁净的气体或液体,这种分离效果一般是其他分离过程(如精馏、吸收等)难以达到的。吸附操作的优点还在于避开了高压、深冷、不需要大型的机械设备和昂贵的合金材料。但吸附操作也有其缺点,主要是理论尚不够完善成熟;固体吸附剂的吸附容量小,因而要耗用大量的吸附剂,使分离设备体积庞大;应用于大型生产及过程的连续化、自动化带来一定的困难。致使吸附操作长期以来发展比较缓慢。近些年来对上述问题已有所突破,如新型性能优良的吸附剂——分子筛的应用,以及模拟移动床的问世,为装置的大型化、自动化创造了条件,对吸附技术的发展起了向前推进的作用。

第一节　吸附现象和吸附剂

一、吸附现象

　　当气体或液体与某些固体接触时,气体或液体的分子会积聚在固体表面上,这种现象称之为吸附。它可以被认为是某些固体能将某些物质从气体混合物(或溶液)中凝聚到某表面上的一种物理化学现象。由于某些固体具有这些吸附能力,所以在化工中可用来实现气体或液体的分离。在气体分离方面,它可用于气体的干燥、脱臭和去除杂质成分以及烃类气体的分离。对液体可用于油品的脱水、脱色、脱味和去除杂质以及烷烃与芳烃的分离等。

　　吸附与吸收不同。吸收时,液相中物质分子是均匀分散的。流体分子富集在固体表面上,形成一吸附层(或称吸附膜),而没有向固体内部渗透。由于吸附是一种固体表面现象,所以只有那些具有较大内表面的多孔性固体才具有吸附能力。

　　吸附过程是由流体(气体或液体)与固体构成一个体系,是非均相过程。流体分子从流体相被吸附到固体表面,其分子的自由焓降低,与未吸附前相比,其分子的熵也降低了。按照热

力学定律,自由焓变化(ΔG)、焓变化(ΔH)及熵变化(ΔS)关系如下

$$\Delta G = \Delta H - T\Delta S$$

上式中 ΔG、ΔS 均为负值,故 ΔH 肯定为负值。因此,吸附过程必然是个放热过程。所放出的热,称为该物质在此固体表面上的吸附热。

二、物理吸附与化学吸附

根据吸附剂表面与被吸附物之间作用力的不同,吸附可分为物理吸附与化学吸附。

物理吸附是被吸附的流体分子与固体表面分子间的作用力为分子间吸引力,即所谓的范德华力(Van der waals)。因此,物理吸附又称范德华吸附,它是一种可逆过程。当固体表面分子与气体或液体分子间的引力大于气体或液体内部分子间的引力时,气体或液体的分子就被吸附在固体表面上。从分子运动观点来看,这些吸附在固体表面的分子由于分子运动,也会从固体表面脱离而进入气体(或液体)中去,其本身不发生任何化学变化。随着温度的升高,气体(或液体)分子的动能增加,分子就不易滞留在因体表面上,而越来越多地逸入气体(或液体)中去,即所谓"脱附"。这种吸附—脱附的可逆现象在物理吸附中均存在。工业上就利用这种现象,借改变操作条件,使吸附的物质脱附,达到使吸附剂再生,回收被吸附物质而达到分离的目的。物理吸附的特征是吸附物质不发生任何化学反应,吸附过程进行得极快,参与吸附的各相间的平衡瞬时即可达到。

化学吸附是固体表面与被吸附物间的化学键力起作用的结果。这类型的吸附需要一定的活化能,故又称"活化吸附"。这种化学键亲和力的大小可以差别很大,但它大大超过物理吸附的范德华力。化学吸附放出的吸附热比物理吸附所放出的吸附热要大得多,达到化学反应热这样的数量级。而物理吸附放出的吸附热通常与气体的液化热相近。化学吸附往往是不可逆的,而且脱附后,脱附的物质常发生了化学变化不再是原有的性状,故其过程是不可逆的。化学吸附的速率大多进行得较慢,吸附平衡也需要相当长时间才能达到,升高温度可以大大地增加吸附速率。对于这类吸附的脱附也不易进行,常需要很高的温度才能把被吸附的分子逐出去。人们还发现,同一种物质,在低温时,它在吸附剂上进行的是物理吸附,随着温度升高到一定程度,就开始发生化学变化转为化学吸附,有时两种吸附会同时发生。化学吸附在催化作用过程中占有很重要的地位。本章主要讨论物理吸附。

判别吸附是属于物理吸附还是化学吸附,可以从以下几方面来看。

首先是根据其吸附热的大小,化学吸附热($-\Delta H$)是与化学反应热相近的。例如二氧化碳和氢在各种吸附剂上的化学吸附热为 83740 和 62800J/mol,而这类气体的物理吸附热只有 25120 与 8374J/mol。化学吸附热一般为 83740 ~ 418680J/mol,物理吸附热一般仅约为 20000 J/mol。

第二是化学吸附的高度专属性。这是由化学性质决定的,化学吸附具有很高的选择性。例如氢可以被钨或镍所化学吸附,而不被铅或铜所化学吸附。物理吸附则没有多大的选择性,它取决于气体或液体的物理性质及吸附剂的特性。

第三是吸附速率是否受温度的影响。化学吸附的吸附速率随温度升高而显著变快,是一个活化过程。而物理吸附不是活化过程,它有时即使在低温下,其吸附速率也是相当快的。

最后从吸附层厚度来看,化学吸附总是单分子层或单原子层。而物理吸附则不同,在低压时一般也是单分子层,但随吸附物质的分压的增大,吸附层往往会变成多分子层。

三、吸附剂

吸附剂在吸附过程中起关键作用,也是长期阻碍吸附操作发展的因素之一。虽然吸附是一种普遍现象,所有的固体表面对于流体都或多或少具有物理吸附作用,但合乎工业要求的吸附剂首先必须是多孔性、比表面积大的物质,以增大其吸附容量。吸附剂的有效表面是包括颗粒内部孔道的内表面,且主要是内表面。例如,硅胶的内表面高达 500 m^2/g,活性炭的内表面则可达 1 000 m^2/g。其次,工业吸附剂还须对不同的吸附质具有选择性的吸附作用。例如,10X 分子筛吸附水和硫化氢的能力,远大于吸附乙烯、丙烯和丙烷的能力,所以可用 10X 分子筛对裂解气进行脱水和脱硫。第三,工业用吸附剂通常为颗粒状的,应具有一定的工程特性,如重度、机械强度、几何形状等。例如,颗粒大小要均匀,如果颗粒太大且不均一,床层则不易填充紧密,致使空隙率大且空隙分布不均,当流体通过时容易造成返混等现象,降低了分离效果。如果颗粒太小,则会使床层阻力增大,甚至会造成吸附剂被带出吸附器外。吸附剂颗粒应具有一定的机械强度,以便在装入设备时不致磨损,也不会因床层增高,或因本身重量而被压碎。

目前由于对吸附过程的实质还了解得不十分清楚,对鉴别吸附剂的吸附能力还只能依靠直接的实验数据,尚不能从理论上推出。下面列举一些常用的吸附剂。

1. 活性炭

活性炭是最先用于化工生产的吸附剂。是许多具有吸附性能的碳基物质的总称。将骨头、煤、椰壳、木材(或木屑)在低于 873K 下进行炭化,所得残炭再用水蒸气或热空气进行活化处理后即得可供使用的活性炭。其吸附性能取决于原始成炭物质及炭化、活化等操作条件。按其形状可分为粉末活性炭和颗粒状活性炭。可用于混合气体中溶剂蒸气的回收,烃类气体的分离,油品和糖液的脱色,水的净化等。近年来在三废处理上活性炭也得到了广泛的应用。

2. 硅胶

它是粒状无晶形氧化铝。当硅酸钠液用酸处理后沉淀所得的胶状物,在约 633K 下加热后即可制得硬质玻璃状物质。它是多孔结构,比表面积为 350m^2/g。硅胶吸水量很大,它从气体中吸附的水分可达自身重量的 50%,因此常用于气体或液体的干燥脱水,吸水后的硅胶可加热至 300 ℃放出水分而再生。

3. 活性氧化铝

它也是常见大量使用的吸附剂。将含水氧化铝在严格控制的加热速度下,于 637K 加热制成。这种含水氧化铝的脱水导致内表面生成,比表面积为 250m^2/g。它具有良好的机械强度,可以在移动床中使用。主要用于气体的干燥脱水,碳氢化合物或石油气的脱硫。

4. 活性白土

天然粘土经酸处理后,称为酸性白土也称活性白土。它的主要成分是硅藻土,其本身就已有活性。活性白土的化学组成为(50 ~ 70)% SiO_2;(10 ~ 16)% Al_2O_3;(2 ~ 4)% Fe_2O_3;(1 ~ 6)% MgO 等。活性白土的化学组成随所用原料粘土和活化条件不同而有很大差别,但一般认为吸附能力和化学组成关系不大。主要用于润滑油及动植物油脂的脱色精制,石油馏分的脱色或脱水及溶剂的精制等。

5. 分子筛

分子筛是近几十年发展的一种沸石吸附剂。它具有特定的均匀一致的孔穴尺寸。它是多孔性的硅酸铝骨架结构。比表面约为 $800\sim1\,000\text{m}^2/\text{g}$。这些骨架结构里面有空洞，即所谓"窗口"，窗口的尺寸就限制了可以进入的分子大小。比它小的分子可以进入，比它大的分子就被拒于"窗外"。这样，就起到了分子筛的作用。另外分子筛也可以根据分子的极性及不饱和程度，利用吸附作用进行分离。由于人工合成了优质的分子筛，且品种多种多样，能适应多种需要，所以使吸附分离过程得到迅速发展。图 4-1 为分子筛的一种结构。分子筛的通式如下

$$Me_{x/n}[(AlO_2)_x(SiO_2)_y]\cdot mH_2O$$

式中　x/n——价数为 n 的金属阳离子数；

　　　m——结晶水分子数。

根据孔径大小的不同和 Si 与 Al 分子比的不同，分子筛可分为各种不同型号见表 4-1。

表 4-1　分子筛的品种规格举列

型　号	孔　径	阳离子	硅铝比	可 被 吸 附 物 质	不 被 吸 附 物 质
3A	$0.3\,\mu m$	K^+	2/1	H_2, NH_3, H_2 及有效直径 $<0.3\mu m$ 者	CH_4, 乙炔，乙烷，CO_2, H_2S, 乙醇，O_2, N_2, 有效直径 $>0.3\mu m$ 者
4A	$0.4\,\mu m$	Na^+	2/1	上述物质，乙烷，丙烯，丁烯，H_2S, CO_2, 乙醇，O_2, N_2……	丙烷，C_3H_7SH, CH_2Cl_2, $n-C_4H_9OH$ 氟里昂……
5A	$0.5\,\mu m$	Ca^{++}	2/1	上述物质，正构烷烃，正构烯烃，氟里昂，CH_2Cl_2	异构烷烃，异构烯烃，环烷烃
10X	$0.9\,\mu m$	Ca^{++}	2.5/1	上述物质，异构烷，异构烯	正丁二胺
13X	$1\,\mu m$	Na^+	2.5/1	上述物质，正丁二胺	高分子化合物
Y	$0.7\sim0.9\,\mu m$	各种	$3\sim6/1$		

分子筛作为干燥剂在吸附水分后，没有形态变化，不发生膨胀，不因含水而松碎，经加热脱水再生后可重复使用，无腐蚀性。

分子筛可用于气体和液体的脱水干燥、气体和液体烃类混合物的分离、以及精制气体等，例如用于含氢气体脱杂质、液化石油气脱硫、空气精制（脱水及二氧化碳）等等，一般用13X 分子筛。此外，分子筛也用作催化裂化、正构烷烃异构化、甲苯歧化、二甲苯异构化等过程的催化剂。

分子筛的出现，使吸附分离过程大大向前推进了一步。它可用于石油裂解气和天然气的干燥，以防止水或水合烃类在低温下结冰，引起设备堵塞。一般选用 3A 或 4A 分子筛作为干燥剂。还可用于对二甲苯的分离；正构烷烃与异构烷烃的分离；在分离 $C_6\sim C_8$ 正构烯烃过程中，用低沸点烃作脱附剂后 $C_{11}\sim C_{14}$ 正构烯烃纯度可达 98.8%。吸附分离制氢和富氧，可得高纯氢（可达 99.999%）和 95% 的富氧。

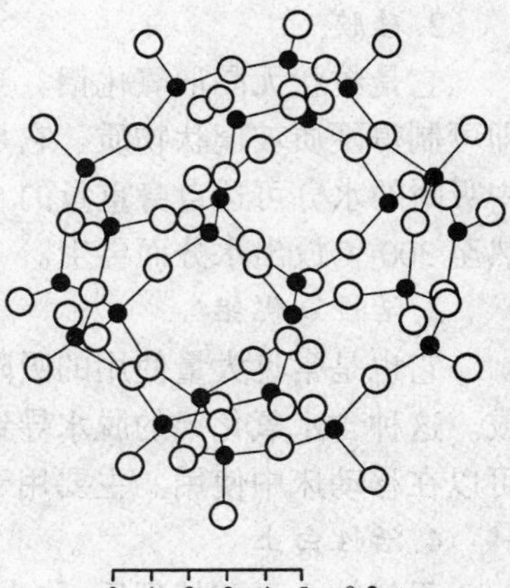

分子筛与其他吸附剂比较，其显著的优点在于：

（1）具有高的吸附选择性。分子筛的孔径大小整齐均

0　1　2　3　4　5　×0.3 μm

图 4-1　分子筛的一种结晶结构
●Si 或 Al　○氧

一，而硅胶、活性炭是无定形的，其孔径大小极不一致，从而没有明显的吸附选择性。分子筛又是一种离子型吸附剂，对极性分子具有较强的亲和力，而 H_2、CH_4、C_2H_6 等则为非极性分子不易被吸附牢。所以比分子筛孔径小的分子虽然都能进入孔内，但由于这些分子的极性、不饱和度

· 204 ·

与空间结构不同,出现吸附强弱和扩散速度的差异,分子筛优先吸附的是不饱和分子、极性分子和易极化分子,从而达到分离目的。

(2)在气体组分浓度很低(分压很小)时,分子筛仍具有较大的吸附能力。分子筛比表面大,空腔多,孔道小。一个空腔可以吸附较多分子。其吸附能力是很强的。所以即使气体中含水量很低,也能起深度干燥的作用。但当气体的相对温度较高时,硅胶和活性氧化铝均有较大的吸附容量,甚至比分子筛还要高;但在气体中水分含量较低时,这两种吸附剂的吸附能力急剧下降,而分子筛仍保持着很高的吸附能力。所以分子筛特别适用于深度干燥。目前工业上裂解气或烯烃气体的深度干燥后露点可达 -55 ~ -70 ℃。

(3)在较高的温度下分子筛仍具有较高的吸附能力。各种吸附剂的吸附容量受温度影响很大,温度越高,吸附容量越小。在气体中水分含量很低时,在相同的温度下分子筛的吸附容量大于硅胶和活性氧化铝,在高温情况下也是如此,而其他吸附剂随温度的升高其吸附能力下降比分子筛厉害得多。

综上所述,分子筛是一种非常优良的吸附剂,现已广泛应用于石油化工生产中,特别是近年来,各种新型分子筛和经过无机离子交换的分子筛不断问世,它能解决精馏、吸收等操作难以解决的分离问题,大大开阔了吸附分离的应用领域。表4-2列出了主要吸附剂的特性。

表4-2 主要吸附剂特性

组 成	内孔隙率/%	外孔洞率/%	体积质量/(kg·l⁻¹)	比表面积/(m²·g⁻¹)
活性粘土	~30	~40	9 ~ 14	100 ~ 300
活性氧化铝	30 ~ 40	40 ~ 50	11 ~ 14	200 ~ 300
硅酸铝,分子筛	45 ~ 55	~35	10.5 ~ 11	600 ~ 800
骨 炭	50 ~ 55	18 ~ 20	10.2	~ 100
活 性 炭	55 ~ 75	35 ~ 40	2.5 ~ 7.7	600 ~ 1400
漂 白 土	50 ~ 55	~40	7.7 ~ 10.2	130 ~ 250
硅 胶	~70	~40	6.4	~ 320

四、吸附剂的再生

当吸附进行一定时间后,吸附剂的表面就会被吸附物所覆盖,使吸附能力急剧下降,此时就需将被吸附物脱附,使吸附剂得到再生。通常工业上采用的再生方法有下列几种:

(1) 降低压力

吸附过程与气相的压力有关。压力高,吸附进行得快脱附进行得慢。当压力降低时,脱附现象开始显著。所以操作压力降低后,被吸附的物质就会脱离吸附剂表面返回气相。有时为了脱附彻底,甚至采用抽真空的办法。这种改变压力的再生操作,在变压吸附中广为应用。如吸附分离高纯度氢,先是在 1.37 ~ 4.12 MPa 压力下吸附,然后在常压下脱附,从而可得到高纯度氢,吸附剂也得到再生。

(2)升高温度

吸附为放热过程。从热力学观点可知,温度降低有利于吸附,温度升高有利于脱附。这是因为分子的动能随温度的升高而增加,使吸附在固体表面上的分子不稳定,不易被吸附剂表面的分子吸引力所控制,也就越容易逸入气相中去。工业上利用这一原理,提高吸附剂的温度,使被吸附物脱附。加热的方法有:一是用内盘管间接加热;一是用吸附质的热蒸气返回床层直接加热。两种方法也可联合使用。显然,吸附床层的传热速率也就决定了脱附速率。

(3) 通气吹扫

将吸附剂所不吸附或基本不吸附的气体通入吸附剂床层,进行吹扫,以降低吸附剂上的吸附质分压,从而达到脱附。当吹扫气的量一定时,脱附物质的量取决于该操作温度和总压下的平衡关系。

(4) 置换脱附

向床层中通入另一种流体,当该流体被吸附剂吸附的程度较吸附质弱时,通入的流体就将吸附质置换与吹扫出来,这种流体称为脱附剂。脱附剂与吸附质的被吸附性能越接近,则脱附剂用量越省。如果通入的脱附剂,其被吸附程度比吸附质强时,则纯属置换脱附,否则就兼有吹扫作用。脱附剂被吸附的能力越强,则吸附质脱附就越彻底。这种脱附剂置换脱附的方法特别适用于热敏性物质。当然,采用置换脱附时,还需将脱附剂进行脱附。

在工业上常是根据情况将上述各方法综合使用,特别是经常把降压,升温和通气吹扫联合使用以达到吸附剂再生的目的。

第二节 吸附平衡和吸附速率

吸附作用是由固体表面力作用的结果,但对于这种表面力的性质,至今尚未充分了解,所以对吸附过程的本质也未能很好地从理论上进行解释,即使已提出过若干理论,但都只能解释一种或数种吸附现象,有很大的局限性,不能认为是满意的。但不管吸附性质如何,在两相充分接触后,终将达到吸附平衡,平衡吸附量是表示吸附量的极限,是设计或生产中十分重要的参数。所以研究吸附理论首先要讨论吸附平衡问题。

一、吸附平衡

1. 单组分气体(蒸气)在固体上的吸附

平衡吸附的数值一般用吸附等温线表示。对于单一气体或蒸气的吸附等温线,是根据实验数据,以吸附量对恒温下气体或蒸气的平衡压力 p(或相对压力 p/p^0)标绘的。若自溶液中吸附,则等温线的横坐标改为用被吸附物质在溶液中的平衡浓度 C^* 进行标绘。各种气体与蒸气的物理吸附等温线各异,但归纳起来可分为五种,如图 4-2 所示。吸附等温线也常用各种经验方程式表示,称为吸附等温线方程式。下面简单介绍在吸附研究中的几个典型理论。

(1) 弗朗德利希(Freundlich)经验式

弗朗德利希根据大量实验总结出含有两个常数的指数方程作为吸附等温线方程式

$$\frac{X}{m} = kp^{\frac{1}{n}} \tag{4-1}$$

式中 X 是被吸附气体的量; m 为吸附剂的量; p 是吸附达到平衡时气体的压力; k 和 n 是经验常数,在一定温度下对一定的吸附剂和一定的气体而言,它们都是常数。 k 值可看做是单位压力时的吸附量,$1/n$ 在 $0\sim1$ 之间。对(4-1)式取对数可得

$$\lg \frac{X}{m} = \lg k + \frac{1}{n}\lg p \tag{4-1a}$$

如以 $\lg(X/m)$ 对 $\lg p$ 作图可得一直线。由直线的斜率和截距可求出常数 n 和 k，斜率 $1/n$ 值越大，表示吸附量随压力的变化越显著。式(4-1)在低压和高压下误差都比较大，它仅是一个经验式，不能说明吸附作用的机理。

（2）朗格谬尔单分子层吸附理论

朗格谬尔(Langmuir)根据大量实验事实，在 1916 年首先提出了描述吸附现象的理论，即著名的朗格谬尔吸附理论。他假定：①固体表面是均匀的。②吸附是单分子层的。③被吸附的相邻分子间无相互作用力。在这些假设条件下的吸附为理想吸附。这个理论认为固体表面的各个原子的力场不饱和，产生剩余价力。这种剩余价力使碰撞到固体表面的气体分子被吸附。当固体表面吸附了一层分子后，这种力场就得到了饱和。气体分子只有碰撞在尚未吸附分子的空白表面上才能够发生吸附作用，所以吸附是单分子层的。还认为吸附平衡是气体分子在固体表面凝聚和逃逸两种相反过程达到动态平衡的结果。被吸附的分子逃回气相的

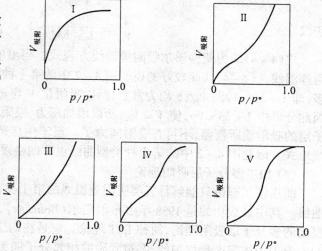

图 4-2　五种类型的吸附等温线

Ⅰ型为 -193 ℃下 N_2 在活性炭上吸附；Ⅱ型为 -195 ℃下 N_2 在硅胶上吸附；Ⅲ型为 78 ℃下溴在硅胶上吸附；Ⅳ型为 50 ℃下苯在 FeO 上吸附；Ⅴ型为 100 ℃下水蒸气在活性炭上吸附

机会不受邻近其他被吸附分子的影响，也不受吸附位置的影响。

以 μ 代表每秒内碰撞在单位固体表面的分子数；以 α 代表撞击在固体表面的分子中被固体表面吸附的分数；θ 代表固体表面被吸附分子遮盖的分数；则 $1-\theta$ 代表未遮盖表面的分数。根据朗格谬尔理论，只有碰在固体表面上的分子才被吸附，而碰撞在已经吸附的分子上时，则不被吸附。这样，每秒内吸附的分子为 $\mu\alpha(1-\theta)$。脱附的速率与被遮盖表面的比率 θ 成正比。所以脱附速率为 $\upsilon\theta$（υ 为比例常数，即全吸附时 $\theta=1$ 的脱附速率）。

在吸附平衡时，吸附速率 = 脱附速率。即

$$\mu\alpha(1-\theta) = \upsilon\theta$$

$$\theta = \frac{\alpha}{\upsilon}\mu \Big/ \left(1 + \frac{\alpha}{\upsilon}\mu\right) \tag{4-2}$$

从玻耳兹曼理论可知

$$\mu = \frac{p}{\sqrt{2\pi mkT}}$$

式中　m——分子质量；

　　　k——波尔茨曼常数；

　　　T——绝对温度；

　　　p——气体压力。

现令 $b = \dfrac{\alpha}{\upsilon} \cdot \dfrac{1}{\sqrt{2\pi mkT}}$，代入式(4-2)可得

$$\theta = \frac{bp}{1 + bp} \tag{4-3}$$

如以 V_m 表示表面覆盖满时$(\theta = 1)$的吸附量，V 表示在气体压力为 p 时的吸附量，则表面覆盖分数为

$$\theta = V/V_m$$

因为

$$\theta = \frac{bp}{1 + bp}$$

所以

$$\frac{V}{V_m} = \frac{bp}{1 + bp}; \quad V = \frac{V_m bp}{1 + bp} \tag{4-4}$$

式(4-4)即为朗格谬尔吸附等温线方程式。当温度恒定时，以 V 对压力 p 作图即可得吸附等温线。(4-4)式能较好的说明图 4-2 中的第 I 种类型等温线。在低压时，bp 项比 1 小得多，即 $1 + bp \approx 1$，因 V_m、b 均为常数，所以吸附量 V 与 p 成正比。在高压时，bp 项比 1 大得多，因此分母中 $1 + bp \approx bp$，使 $V \approx V_m$，所以增加压力，吸附量基本不变，表明吸附剂表面已被单分子层的吸附质所覆盖，不再有吸附能力了。至于中压范围，则为 $V = V_m[bp/(bp)]$，仍保持曲线形式。因此图 4-2 中的第 I 种类型曲线也称朗格谬尔型吸附等温线。

(3) BET 多分子层吸附理论

朗格谬尔理论只能解释五类吸附等温线的第 I 类，因此很多人尝试以新理论来解释这些曲线。其中最成功的是 1938 年由布朗诺尔(Brunauer)、埃默特(Emmett)和泰勒(Teller)三人所提出的多分子层吸附理论，简称 BET 理论。它是在朗格谬尔理论基础上加以改进提高的。他们假设①固体表面是均匀的；②被吸附的相邻分子间无相互作用力；③可以有多层分子吸附，而层间分子力为范德华力；④第一层的吸附热为物理吸附热，第二层以上的为相变的观点，认为在物理吸附中，固体和气体间的吸附是依靠分子间引力发生的，已被吸附的分子仍有吸附能力，所以应是多分子层吸附。只不过第一层吸附是靠固气间分子引力，而第二层以上是靠气体分子间的引力，两类引力不同，所以它们的吸附热也不同。由此可导出 BET 二常数的吸附等温线方程式如下

$$V = \frac{V_m C p}{(p^\circ - p)\left[1 + (C - 1)\dfrac{p}{p^\circ}\right]} \tag{4-5}$$

式中　p——平衡压力；

　　　V——在 p 压力下的吸附量；

　　　C——与吸附热有关的常数；

　　　V_m——第一层全部覆盖满时所吸附的量；

　　　p^0——实验温度下的饱和蒸气压。

上式是在假定固体表面为均匀的，吸附层数可以是无穷多的情况下推得的。但吸附剂是属多孔性固体，吸附的层数有一定的限制，当假设吸附层数为 n 层时，则可得三常数 BET 方程，如下所示

$$V = V_m \frac{Cp}{(p^0 - p)}\left[\frac{1 - (n + 1)\left(\dfrac{p}{p^0}\right)^n + n\left(\dfrac{p}{p^0}\right)^{n+1}}{1 + (C + 1)\left(\dfrac{p}{p^0}\right) - C\left(\dfrac{p}{p^0}\right)^{n+1}}\right] \tag{4-6}$$

当单分子层吸附时 $n = 1$，上式可简化为朗格谬尔方程式(4-4)；当 $n = \infty$ 时，即吸附层数是无限的，则上式即为(4-5)。显然 BET 方程比朗格谬尔方程适用范围更宽些，把吸附理论向前发展了一步。一般认为二常数方程适用于相对压力(p/p^0)约为 $0.05 \sim 0.35$ 之间。BET 方程可适用于五种类型等温线中的 I、II、III 种，但仍不能适用于 IV 和 V 类型。该理论的不足之处是没有考虑表面的不均匀性，同一层上吸附分子之间的相互作用力，以及压力很高时多孔性吸

附剂因吸附多分子层而使孔径变细后可能发生的毛细管凝聚作用等因素。

（4）毛细管凝结现象

毛细管凝结现象是指被吸附的蒸气在多孔性的吸附剂孔隙中凝结为液体的现象。

开尔文（Kelvin）对微小液滴的饱和蒸气压研究得出

$$\ln \frac{p_r}{p^0} = \frac{2\sigma M}{\rho R T r} \qquad (4-7)$$

式中　p^0——饱和蒸气压；

　　　p_r——液滴的饱和蒸气压；

　　　r——液滴的半径；

　　　ρ——液体的密度；

　　　M——液体的相对分子质量；

　　　σ——液体的表面张力；

　　　T——绝对温度。

（4-7）式表明，液体的饱和蒸气压与其液面的曲率半径（r）有关,微小液滴的曲率半径为正值,故其饱和蒸气压 p_r 恒大于平面液体的饱和蒸气压 p^0。如果液体能在固体毛细管的表面上很好润湿,则毛细管内液面应是凹面,故与液滴相反,这种液面的曲率半径应为负值。因此,在毛细管内液体的饱和蒸气压 p_r,将恒低于平面液体的饱和蒸气压 p^0,所以对平面液体尚未达到饱和的蒸气,而对毛细管内呈凹面的液体可能已达到饱和。对于给定的蒸气压 p_1,可从（4-7）式算出使蒸气开始凝结的毛细管半径 r_1。显然,凡是半径小于 r_1 的微孔,此时蒸气都可在其中凝结。当蒸气压逐渐增加,较大的微孔也将先后被填满,吸附量将随压力增加而迅速增加,这就是类型Ⅱ的曲线在 p/p^0 达 0.4 以上时曲线向上弯曲的原因。

当毛细管半径大于 10^{-4}cm 时,其蒸气压与平面蒸气压差别很小,这样的毛细管中不会出现毛细管凝结现象。而当毛细管的直径与分子大小相近时,同样也不会有毛细管凝结现象。因为此时将不会形成弯曲的液面。

（5）吸附滞流现象

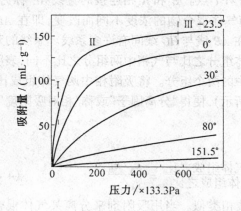

图 4-3　氨在木炭上的吸附等温线

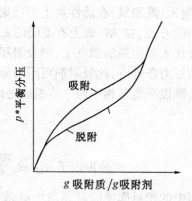

图 4-4　吸附滞留现象

五种吸附等温线中,不管何种类型的吸附,都是随压力的升高吸附量增大,随温度的增加吸附量降低,图 4-3 为氨在炭上的吸附等温线。所讨论的吸附等温线都是完全可逆的,即吸附等温线上任一点所代表的平衡状态,既可以由新鲜吸附剂进行吸附时达到（即从吸附等温线的低端向上),也可以从已吸附了吸附质的吸附剂脱附达到(即从等温线的高端向下)。但有时候,在某一段等温线上,由吸附所达到的某一平衡点,与由脱附达到该点时不是同一个平衡状态。如图4-4所示。即在脱附过程中,欲使吸附剂达到与吸附时同样的吸附量,需更低的平衡压力。这种现象称之为"吸附滞留现象"。这种现象可能是由于固体吸附的毛细管或孔穴的开口形状和吸附质湿润在固体吸附剂上的复杂现象所造成。在任何情况下,如果产生滞留现象,则对应于同一吸附量,其吸附的平衡压力一定比脱附的平衡压力高。

2. 双组分气体(蒸气)的吸附

在多组分系统的吸附中,虽然不能用单组分的平衡数据直接求得吸附量,但各种单组分的吸附等温线,仍然可以用来指示极限的吸附容量,以及用来作为复杂设计、分析的基础。有的气体混合物,特别是蒸气-气体混合物,其中只有一个组分能显著的被吸收,如丙酮蒸气和甲烷的混合物与活性炭接触时,对丙酮的吸附,基本不受难吸附气体甲烷存在的影响。此时,如果平衡压强取混合物中易吸附组分的蒸气分压,则可以采用纯蒸气的吸附等温线。

如果气体(蒸气)的二元混合物中的两组分,在吸附剂上的吸附量大致相同,则任一组分从混合物中被吸附的量,将因另一组分的存在而受影响。这时,由于系统包括吸附剂在内有三个组分,所以平衡数据采用三角相图表示较为方便。因温度和平衡压强对吸附影响都很大,故平衡相图都是在恒温、恒压下标绘的。图4-5是一个典型的用活性炭吸附双组分气体氮和氧系统的平衡相图。对气体来说,虽然摩尔分数通常是一种比较方便的浓度单位,但因吸附剂的分子量难以确定,所以这类相图都是按重量分率标绘的。AB边表示氮、氧气体共存,AC边表示氧和活性炭共存,BC边表示氮和活性炭共存。H点和G点分别代表单一气相的吸附量(以重量分率表示)。当氮和氧的混合气与吸附剂活性炭充分接触达到平衡时,气相中氮和氧的浓度可以用R点表示,由于吸附剂是不挥发的,不会出现在气相中,故平衡时气相组成均落在三角形的AB边上。氮和氧的重量分率可分别用AR和BR两线段表示。HG曲线代表吸附相组成。HG线上的E点代表与R点呈平衡的吸附相中的三个组分(氧、氮和活性炭)的浓度。通过E点对AC边作垂线,此垂线长度代表B的比率;对BC边作垂线,其长度代表A的比率。E和R作为吸附相和气相达到平衡状态时相应的两个点。E和R相连接的直线RE称为"系线"。吸附质(氮和氧)在活性炭上的吸附容量,随气体混合物的浓度不同而改变,即在AB线上有不同的R点,在HG线上有不同的E点。即在AB线与HG线间有许多系线。系线的延伸若不通过代表吸附剂的顶点C,则吸附相中两气体组分之比与气相中两组分之比不同,表明在该温度和压力条件下,此吸附剂可用来分离气体中的两个组分。将吸附相中两气体组成比(E点所示),除以平衡气相中两气体组成之比(R点所示),便得"分离因子"或称"相对吸附度",以α_{AB}表示

$$分离因子 \ \alpha_{AB} = \frac{吸附相中气体组成之比}{气相中气体组成之比} = \frac{x_A/x_B}{y_A/y_B} \qquad (4-8)$$

它与精馏中的相对挥发度及萃取中的选择性系数相类似。当用吸附剂来分离某气体混合物时,其分离因子应大于1,且其值越大,表明越容易分离。

为了便于计算吸附剂的用量,常用无吸附剂基来表示组成关系,把三角相图改为普通直角坐标图,如图4-6中的上部图。其纵坐标为每吸附一公斤吸附质所需吸附剂的公斤数,横坐标是原三角坐标的AB边,即吸附达到平衡后气相的组成。GH相当于原三角相图中GH;是表

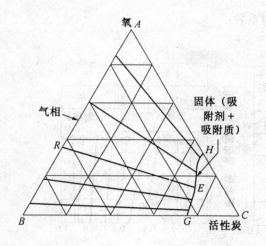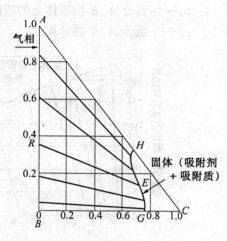

图 4-5　氧-氮-活性炭系统(123K,0.101 MPa)三角形平衡相图

示吸附相组成的,吸附相中吸附质的组成亦可由横坐标读出。例如气相组成 R,则与之成平衡的吸附相的组成由系线的另一端 E 点表示,吸附相中的气体吸附质的组成可由 E 点作垂线与横坐标的交点得到。吸附相中吸附 1 公斤吸附质时,所需吸附剂的公斤数则由 E 点的纵坐标读得。作 HG 线时,先通过实验测得吸附数据,把相应的吸附容量取倒数即可算出纵坐标 m 值来,然后根据吸附相中吸附质的组成,即可确定其横坐标的位置。和三角相图一样,在 HG 和 AB 边间也有很多系线,系线两端表示两相中的相平衡浓度。

图 4-6 为 25 ℃,0.101 MPa 下,乙炔-乙烯二元混合物分别在硅胶和活性炭的吸附特性。图中下部的图组成用无吸附剂基表示。其作法是通过上部图系线的两端点(如 R,E)作垂线,通过 E 点的垂线和对角线相交,再从交点作与横轴平行的直线与从 R 点作的垂线相交。即得 RE 点,如此类推,可由其他系线端点得到一系列点,这样便可以绘出与精馏的 $y - x$ 图相似的相图。这种相图用于图解法求理论级数是很方便的。比较图 4-6 的(a)与(b)可以看出,吸附剂对平衡有很大的影响,不但活性炭的吸附量比硅胶大,而且硅胶是优先吸附乙炔,活性炭则优先吸附乙烯。一般在单独存在时能较多地被吸附的气体,在混合物中也优先被吸附。

关于温度和压力对多组分气体吸附的影响,还缺乏足够的数据,不能得出一个一般的结论。但压力降低,将减少吸附的量,如图 4-7(a)所示。从图 4-7(b)可看出,随压力升高其相对吸附度减小,这点与精馏相同。由于压力增加后,吸附剂毛细管内的凝结趋势增加,使吸附平衡趋于汽液平衡,而使分离因子下降。温度对吸附的影响,一般地说,温度升高会使吸附剂上吸附量减小,但目前还得不到具体的普遍规律。

双组分气体混合物被吸附时,各组分的吸附等温线方程式,也可根据朗格谬尔单分子层吸附理论,按推导式(4-3)的方法导出

表面被 A 组分覆盖分数

$$\theta_A = \frac{b_A p_A}{1 + b_A p_A + b_B p_B} \tag{4-9a}$$

表面被 B 组分覆盖分数

$$\theta_B = \frac{b_B p_B}{1 + b_A p_A + b_B p_B} \tag{4-9b}$$

式中　b_A , b_B——组分 A , B 在固体上的吸附系数；

　　　p_A , p_B——组分 A , B 的分压。

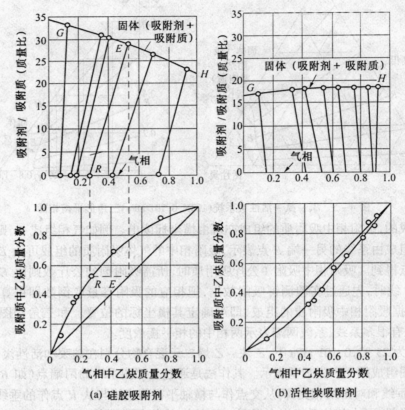

(a) 硅胶吸附剂　　　　　(b) 活性炭吸附剂

图 4-6　乙炔-乙烯在硅胶(a)和活性炭(b)上的吸附(298K, 0.101 MPa)

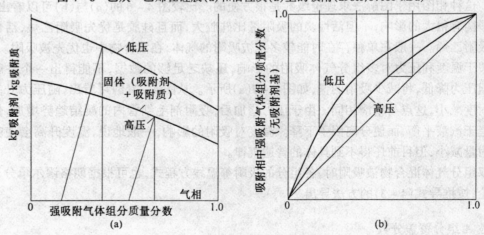

图 4-7　压力对双组分吸附的影响

3. 液-固吸附平衡

尽管人们很早就已发现把固体吸附剂放入溶液中后,会选择性地吸附其中某些组分,但由于固体对溶液的吸附要比气体复杂得多,因此,目前对溶液吸附平衡的研究,无论在理论上或实验测定方法上都不成熟。虽然人们在长期的实践及研究中,找到了一些规律,发现气体的吸附公式对溶液的吸附也适用,但这些公式只能作为经验公式来应用,不能从理论上推导。用实验方法来测定固体对溶液的吸附平衡数据也有困难,目前还没有一种能准确的测量吸附程度的有效方法,因为可用作吸附程度来度量的液体体积的变化,通常是不明显的,而取出吸附溶液后的吸附剂加以称量,又无法区分被吸附的液体与机械包藏的液体,也就是说,要把孔穴中和表面上机械包含的液体全部去掉,而被吸附的液体又一点也不被带走,实际上是很难做到的。另外,溶质和溶剂一般均有被吸附的可能,且对溶液吸附速度的影响也是多方面的,如溶液粘度、溶质分子的大小、扩散速度的快慢、固体微孔的大小等均有影响,所以液固吸附要比气固吸附复杂得多。

(1) 稀溶液中溶质的吸附

当吸附剂与二元溶液混合时,溶质与溶剂二者都同时被吸附。由于真正的吸附量不能测定,常以溶质的相对吸附量或表观吸附量 a 来表示。其定义为:将重量为 m 的吸附剂放入体积为 V 的溶液中,溶液原始的浓度为 C_0,吸附达到平衡后溶液的浓度为 C^*,则表观吸附量为

$$a = \frac{V}{m}(C_0 - C^*) \qquad \text{kg吸附质/kg吸附剂} \qquad (4-10)$$

此种计算是假定溶剂未被吸附,即忽略了溶液体积的变化,所以所得结果只是相对或相近的吸附量。对于稀溶液,当溶剂被吸附的分数很小时,其计算误差不大,但对浓溶液显然是不可靠的。

对稀溶液,影响溶质吸附的因素很多,溶质的浓度、温度、溶剂及吸附剂的类型等都对吸附平衡有影响,一般吸附量是随温度的升高而降低;溶解度越小的溶质,越容易被吸附。对同一吸附剂和吸附质,溶剂不同吸附等温线的形状也不同。几种典型的吸附等温线如图 4-8 所示。这类吸附过程通常是可逆的,所以,不论溶质是被吸附还是脱附,都会得到同样的等温线。

稀溶液的吸附等温线,在浓度范围较小时,可用弗朗德利希方程式表示

$$C^* = ka^n = k\left[\frac{V}{m}(C_0 - C^*)\right]^n \qquad (4-11)$$

式中　C^* ——吸附达到平衡后溶液中溶质的浓度,kg溶质/m³溶液;

a ——表观吸附量,kg吸附剂/kg吸附剂;

k, n ——实验测得的常数。

对上式取对数可得

$$\lg C^* = \lg k + n\lg a \qquad (4-12)$$

把实验测得的 C^* 和 C_0 值代入可求得 k 和 n,或以溶质的平衡浓度为纵坐标,以表观吸附量为横坐标,在双对数坐标上标绘,可得斜率为 n,截距为 k 的直线。k 随单位不同而异,但 n 对稀溶液来说则是不变的。图 4-9 中的(a)、(b)两线表示不同溶剂对等温线的影响,(c)线则表明在高浓度和浓度范围较大时将不为直线,可能此时溶剂被吸附的比率增大。所以应注意弗朗德利希公式的应用范围。

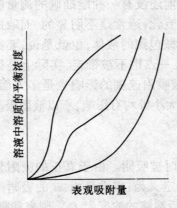

图 4 - 8　稀溶液中溶质的吸附
等温线

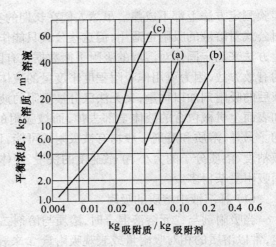

图 4 - 9　稀溶液中溶质的吸附等温线

(a)—从苯中用硅胶吸附苯甲酸；(b)—从 CCl_4 中用硅胶
吸附苯甲酸；(c)—从水中用石墨吸附丁醇

（2）浓溶液的吸附

图 4 - 10 是从纯溶剂到纯溶质的整个浓度范围内测定的溶质表观吸附量。曲线 a 是在所有的浓度下溶质始终比溶剂优先被吸附的情况，随溶质浓度的增加，溶质吸附量实际上会继续增加，然而显示表观吸附量的曲线必然会回到 E 点，这是因为对纯溶质来说，加入吸附剂后不会引起浓度的变化，因此表观吸附量为零。如果溶质和溶剂被吸附的能力大致相等，就会出现如 b 那样的 S 形曲线。从 C 到 D 范围内，溶质比溶剂优先吸附，在 D 点表明在此浓度下吸附剂对溶质、溶剂吸附数量之比恰好等于两者的浓度之比，此时吸附相的浓度和液相中的浓度一样，溶液的浓度在吸附前后无变化，所以表观吸附量为零。而在 D 点至 E 点的浓度范围内，溶剂被吸附的程度反而增大，如果在此浓度的溶液中加入吸附剂，溶液中溶质的浓度将会增加，所以对溶质来说将会出现负的表观吸附量。图

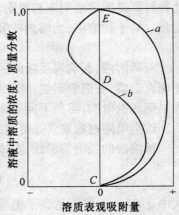

图 4 - 10　浓溶液中溶质表观吸附量

4 - 11 为 20 ℃时苯和乙醇的混合液在木炭上吸附的情况，横坐标为乙醇的摩尔分数，纵坐标为吸附量。由图中的(b)可看出各组分的真实吸附量均随其摩尔分数的增加而升高。如果把苯和乙醇在活性炭上吸附的相平衡关系绘制成图可得图 4 - 12。这种 S 形曲线，就像精馏操作中出现的恒沸组成一样，其相对吸附度等于 1，常称为吸附恒沸混合物。

在吸附过程中，一般极性的吸附剂易于吸附极性的溶质，非极性的吸附剂易于吸附非极性的溶质。例如活性炭为非极性的吸附剂，从图 4 - 11 中可看出，它吸附苯的能力比吸附乙醇的能力强。

由于对液体溶液的吸附量也是随温度的升高而降低，因此可以用升高温度的方法进行脱附。此外，还可以用冲洗剂(吸附能力与吸附质接近或略大的溶剂)把吸附在吸附剂内的吸附质冲洗出来。因此选取适当的脱附剂(冲洗剂)就可以不必提高温度，把被吸附的物质脱附出

来。混合二甲苯的吸附分离在工业装置上能够实现,就是与选择了适当的脱附剂有关。

二、吸附速率

吸附平衡表达了吸附过程进行的极限,但要达到平衡往往两相经过长时间的接触才能建立。在实际吸附操作中,相际接触的时间一般是有限的。因此,吸附量常决定于吸附速率。而吸附速率又依吸附剂及被吸附组分的性质不同而差异很大。一般地说,溶液的吸附要比气体的吸附慢得多。开始时过程进行得较快,随即变慢。由于吸附过程的复杂性,故工业上所需的吸附速率数据从理论上推导往往有困难,目前吸附器的设计所需基础数据或凭经验、或在模拟的情况下通过实验来进行测定。

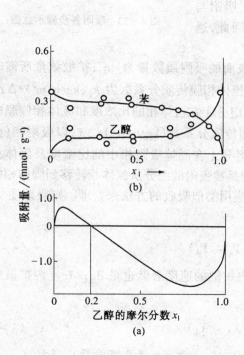

图 4-11 木炭对苯和乙醇系统的吸附

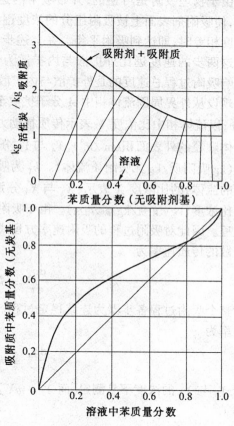

图 4-12 苯和乙醇在活性炭上的吸附

对于吸附过程由于被吸附的物质在流体相中的浓度较大,而在固定相吸附剂中浓度较低,此浓度差形成吸附过程的推动力。而吸附过程的阻力则是在吸附过程的进行中产生。通常一个吸附过程包括下列几个步骤,其每步骤的速度都将不同程度地影响总吸附速率。总吸附速率是一个综合结果。它主要受速度最慢的步骤控制。图 4-13 为固体吸附剂颗粒在流体中吸附过程的示意图。

(1)外部扩散。吸附剂周围的流体相中组分 A 扩散穿过流体膜到达固体吸附剂表面。

(2)内部扩散。组分 A 从固体表面进入其微孔道,在微孔道的吸附流体相中扩散到微孔表面。

（3）吸附。扩散到微孔表面的组分 A 分子被固体所吸附，完成吸附。

（4）脱附。已被吸附的组分 A 分子，部分脱附，离开微孔道表面。

（5）内反扩散。脱附的组分 A 分子从孔道内吸附流体相扩散到吸附剂外表面。

（6）外反扩散。组分 A 分子从外表面反扩散穿过流体膜，进入外界周围的流体中，从而完成脱附。

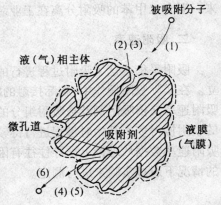

图 4-13　吸附各步骤示意图

由于物理吸附是可逆的，开始吸附的速度比脱附速度快，使吸附剂表面上被吸附组分的浓度逐渐增加，当两者速度相等时，即达到吸附平衡。在上述步骤中，吸附与脱附这两步的速度远比外扩散与内扩散为快。因此，通常影响吸附过程总速度的是外扩散与内扩散速度。

现设从外界周围流体相中 A 分子扩散至外表面的吸附质数量为 dq_A；扩散该量所需时间为 $d\tau$；以流体相中比浓度 Y 表示传质推动力时，流体相膜传质分系数为 $k_Y(kg/h\cdot m^2)\cdot\Delta Y$；$a_P$ 为固体颗粒的外表面积(m^2/m^3)，Y_A 与 Y_A' 分别为组分 A 在流体相的比浓度和流体相侧膜的比浓度（kg 吸附质/kg 无吸附质流体）。k_X 为吸附相传质分系数$(kg/h\cdot m^2)\cdot\Delta X$，以吸附相（微孔道中的流体）的比浓度 X 表示；X_A 与 X_A' 分别为组分 A 在固体吸附相中的比浓度及固体相侧膜的比浓度（kg 吸附质/kg 净吸附剂）。由于吸附过程是被吸附的组分从流体相转移到固体相的扩散过程。因此对吸附过程的吸附速率方程式，可应用类似吸收的方法来处理。则吸附质 A 的外扩散的传质速率为

$$\frac{dq_A}{d\tau} = k_Y a_P(Y_A - Y_A') \tag{4-13}$$

假设整个吸附过程各步骤为连续稳定过程。则内扩散的速度必然也是 $dq_A/d\tau$。内扩散的传质速率为

$$\frac{dq_A}{d\tau} = k_X a_P(X_A' - X_A) \tag{4-14}$$

由于 Y_A' 与 X_A' 的浓度不易测定，而 $Y' = mX'$。现设 $Y_A^* = mX_A$（m 为平衡常数），则由(4-14)式可得

$$\frac{dq_A}{d\tau} = k_X a_P \frac{1}{m}(Y_A' - Y_A^*)$$

$$Y_A' - Y_A^* = \frac{dq_A}{d\tau}\frac{m}{k_X a_P} \tag{4-14a}$$

而由(4-13)式可得

$$Y_A - Y_A' = \frac{dq_A}{d\tau}\frac{1}{k_Y a_P} \tag{4-13a}$$

将上两式相加可得

$$Y_A - Y_A^* = \frac{dq_A}{d\tau}\left(\frac{1}{k_Y a_P} + \frac{m}{k_X a_P}\right)$$

则

$$\frac{dq_A}{d\tau} = K_{OV} a_P(Y_A - Y_A^*) \tag{4-15}$$

式中　K_{OV}——以流体相比浓度表示的总传质系数。

$$\frac{1}{K_{OV}a_P} = \frac{1}{k_Y a_P} + \frac{m}{k_X a_P} \qquad (4-16)$$

同理可导出

$$\frac{\mathrm{d}q_A}{\mathrm{d}\tau} = K_{OL}a_P(X_A^* - X_A) \qquad (4-17)$$

式中　K_{OL}——以吸附相比浓度表示的总传质系数；

　　　X_A^*——与流体相 Y_A 成平衡的吸附相的比浓度。

$$\frac{1}{K_{OL}a_P} = \frac{1}{k_X a_P} + \frac{1}{k_Y a_P m} \qquad (4-18)$$

则

$$K_{OL} = mK_{OV} \qquad (4-19)$$

在式(4-16)中,当 $1/k_Y \ll m/k_X$ 时,$1/K_{OV} = m/k_X$,表示外扩散阻力可忽略不计,总吸附阻力取决于内扩散阻力。而当 $1/k_Y \gg m/k_X$ 时,$1/K_{OV} = m/k_X$,表示此时内扩散阻力可忽略不计,总吸附阻力取决于外扩散阻力。

由于吸附机理较为复杂,传质系数目前还常从经验公式求得。对气体混合物的传质总系数之值可用下式计算

$$K_{OV}a_P = 1.6\frac{Du^{0.54}}{\nu^{0.54}d^{1.46}} \qquad (4-20)$$

式中　D——扩散系数,m^2/s;

　　　u——气体混合物流速,$\mathrm{m/s}$;

　　　ν——运动粘度,m^2/s;

　　　d——吸附剂颗粒直径,m。

第三节　固定床吸附分离及计算

一、固定床吸附器

固定床吸附器是工业上最常用的吸附分离设备。它多为圆柱形立式设备,在内部支撑的格板或多孔板上,放置吸附剂成为固定吸附剂床层。当欲处理的流体通过床层时,吸附质被吸附在吸附剂上,其余流体由出口流出。图 4-14 是典型的两个吸附器轮流操作的流程图。它是一个原料气的干燥过程,当干燥器 A 在操作时,原料气由下方通入(通干燥器 B 的阀关闭),经干燥后的原料气从顶部出口排出。与此同时,干燥器 B 处于再生阶段。再生用气体经加热器加热至要求的温度。从顶部进入干燥器 B(通干燥器 A 的阀关闭),再生气携带从吸附剂上脱附的水分从干燥器底部排出,经冷却器使再生气降温,水气结成水分离出去,再生气可循环使用。再生气进入吸附器的流向与原料气的方向相反。

固定床吸附器的优点是结构简单,造价低,吸附剂磨损少。其缺点是间歇操作,吸附和再生两过程必须周期性更换,这样不但需有备用设备,而且要较多的进、出口阀门,操作十分麻烦,为大型化,自动化带来困难。即使实现操作自动化,控制的程序也是比较复杂的。其次,在吸附器内为了保证产品的质量,床层要有一定的富余,需要放置多于实际需要的吸附剂,使吸

附剂耗用量增加。除此之外,再生时需加热升温,吸附时放出吸附热,不但热量不能利用,而且由于静止的吸附床层导热性差,对床层的热量输入和导出均不容易,因此容易出现床层局部过热现象而影响吸附。加热再生后还需冷却也延长了再生时间。

固定床吸附器在操作时随操作时间的增加,床层中的吸附量也随之增加,且床层中各处的浓度分布随时间而变化,所以床层的操作为不稳定操作。

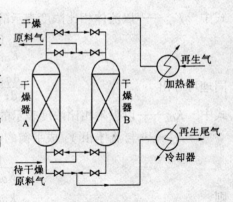

图 4 - 14　固定床吸附器流程示意图

二、吸附负荷曲线和透过曲线

在研究固定床吸附器在整个吸附操作过程中的变化时,是以流体等速通入床层,在流动状态下观察床层的浓度或流出物中吸附质的变化,如果以床层离进口端长度为横坐标,床层中吸附剂负荷(或床层流体相中吸附质浓度)为纵坐标,所绘制的吸附剂中所吸附的吸附质(或流体相中吸附质的浓度),沿床层不同高度的变化曲线称为吸附负荷曲线。若以操作时间为横坐标,以吸附器出口流出物中吸附质浓度为纵坐标,所绘制的流出物中吸附质浓度随时间变化的曲线称为透过曲线。图 4 - 15 是固定床吸附器在整个操作过程中所画出的两种曲线情况。

1. 吸附负荷曲线

床层中吸附剂的原始浓度为 X_0,如图 4 - 15 中(a)所示。开始时间以 τ_0 表示。进入吸附器的物料以质量流速 G 匀速的通入床层内,物料中的吸附质不断为吸附剂所吸附。经过某个时间 τ_1 后,从床层中取均匀样品分析,此时恰好床层的最上一层达到饱和,其吸附质负荷为 X_e,它与进料中吸附质的浓度呈平衡,在图上形成一个完整的曲线,如图 4 - 15 中(b)所示。再继续到 τ_2 后,床层内出现如图 4 - 15(c)的情况。在床层进料端的一段床层内的吸附剂已达到饱和,其吸附质负荷为 X_e,吸附能力为零,称之为平衡区。而靠近出口端的一段床层内的吸附剂与开始一样,其吸附质负荷仍为 X_0,这部分床层称为未用床层区。介于平衡区和未用床层区之间的这部分床层,其吸附质负荷由饱和的 X_e 变化到起始吸附质负荷 X_0,形成一个 S 形波的曲线。在这段床层里,进料中的吸附质在吸附剂上进行着吸附过程,故 S 形波所占的这部分床层称为传质区或吸附区,而 S 形曲线称为"吸附波"或"传质波"也称为"传质前沿"。

当进料继续通入床层时,则吸附流以等速向前移动,形状基本不变,当吸附波的前端刚好到达床层出口端时,就产生所谓的"透过现象"(breakthrough)。即吸附波再稍微向前移动,就到床层以外了。吸附器出口流出物中吸附质的浓度将第一次突然升高到一个可观的数值,因此,此点称为"破点"(break point),到达破点所需要的时间称为"透过时间"τ_b,如图 4 - 15(d)所示。

当流动继续进行,则吸附波逐渐伸出床层以外如图 4 - 15(e)所示,最后刚好吸附波的尾端脱离床层出口时,表明此时床层中全部吸附剂均已饱和,与进料中吸附质的浓度达到平衡状态,整个床层已完全失去吸附能力,流动再延续下去,已毫无实际意义,此时所需要的时间称为平衡时间 τ_e,如图 4 - 15(f)所示。

床层内吸附负荷曲线表示了床层中浓度的分布情况,可以直观地了解床层内的操作状况,这是重要的优点。可是它虽然可通过实验测得,但毕竟非常麻烦,若是把吸附剂一小薄层一小薄层取出来分析吸附剂的吸附量,或者在实验过程中从床层不同位置取样分析流体的浓度,不

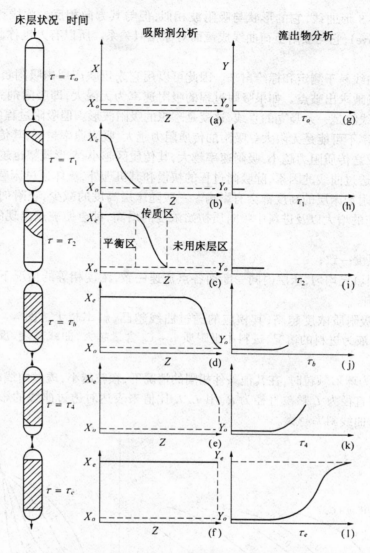

图 4 - 15 固定床吸附器操作过程分析图

仅采样困难,而且均会破坏床层的稳定或破坏流体的流速和浓度的分布。因此,在评价固定床吸附剂的性能时,常采用吸附器出口流出物中吸附质的浓度随时间变化的透过曲线。

2. 透过曲线及其影响因素

以床层出口流出物中吸附质的浓度为纵坐标,则在绘制上述吸附负荷曲线的同时,随时间的推移,可得到如图 4 - 15 中的(g) ~ (1)一组曲线。当含有吸附质的浓度为 Y_e 的物料开始等速通入床层时,床层中最上层的吸附剂对吸附质进行吸附,下流的物料中含吸附质逐渐减少,经过一段床层后吸附质的浓度达到了与床层吸附剂原有浓度 X_0 呈平衡的浓度 Y_0 从吸附器出口流出。从开始时间 τ_0 直到达到破点时间 τ_b,出口流出物中吸附质的浓度始终为 Y_0。经过 τ_b 后,吸附波前端开始超出床层,流出物中吸附质的浓度突然开始上升至 Y_b。时间由 τ_b 到 τ_e,流出物的吸附质浓度由 Y_b 升至与物料进口相同的浓度突然开始上升至 Y_e。即物料此时通过吸附剂床层时,由于床层内所有吸附剂均已达到饱和,其物料浓度没有变化。在 $Y - \tau$ 图上,也呈现一个 S 形曲线,它的形状与吸附波相似,但与其方向相反。此线称为"透过曲线"(breakthrough curve),它与吸附负荷曲线成镜面对称相似关系。所以有人也称此曲线为吸附波或传质前沿。

由于透过曲线易于测定和标绘出来。因此可以用它来反映床层内吸附负荷曲线的形状,而且可以较准确地求出破点。如果吸附过程的吸附速率为无限大,即吸附剂完全没有传质阻力时,则透过曲线将是一条竖立的直线,这就是理想的吸附波形。但吸附过程中是有吸附阻力存在的,吸附速率不可能是无限大。吸附的传质阻力越大,吸附速率越低,其传质区越大,S 形波幅也越大。反之传质阻力越小,吸附速率越大,其传质区越小,S 形波幅也越小,床层的利用率也越高,影响透过曲线的因素,除吸附过程的快慢和其机理外,流体通过床层的流速、进料中溶质的浓度、吸附剂床层的高度都会有影响。一般随床层高度的减少、吸附剂颗粒的增大、流体通过床层流速的增大以及进料中吸附质初始浓度的增高,都会使破点出现的时间提前。现假定:

(1) 床层温度一致;

(2) 吸附剂填充均匀,床层内同一断面各点流速一致,浓度相等的情况下,看其他因素对透过曲线的影响。

① 进料中吸附质浓度越高,其相应的透过曲线越凸,斜率越大。图 4 – 16 是 $n-C_5$ 和 $n-C_6$ 烃类混合液为进料的情况,进料中吸附质 $n-C_6$ 含量越大,曲线越陡,反之曲线越平滑,斜率越小。

② 吸附剂为球形颗粒时,在其他条件相同的情况下,颗粒越小,透过曲线的斜率越大。图 4 – 17 是以床层直径为 L 颗粒直径为 R,用 L/R 比值来表达对透过曲线的影响,由图可看出 L/R 比值越大,曲线斜率越大。

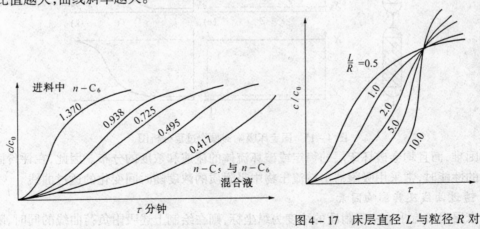

图 4 – 16　$n-C_5$ 与 $n-C_6$ 混合液透过曲线图

图 4 – 17　床层直径 L 与粒径 R 对透过曲线的影响

③ 对同一种吸附质,不同吸附剂,其透过曲线也不一样。图 4 – 18 表明,对二氧化碳来说,13X 分子筛要比 5A 分子筛好。因为 13X 分子筛的透过曲线斜率较大,故其传质区较短,吸附速率较快。

④ 随着吸附剂使用周期的增加,其透过曲线斜率逐渐变小,吸附剂性能逐渐变坏。如图 4 – 19所示。如果使用周期过长,致使透过曲线斜率过小,则需更换新鲜吸附剂。

由上可以看出,透过曲线能清楚地反映出吸附床层的变化,可以鉴别吸附剂的性能及床层操作的优劣。在设计吸附器时,应尽可能采用与生产相似的条件,通过实验测出其破点和透过曲线,为设计提供数据。

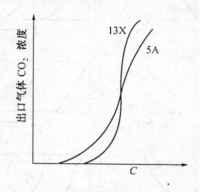

图4-18　两种分子筛吸附 CO_2 的
透过曲线

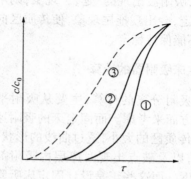

图4-19　吸附周期对透过曲线的影响
①最初使用;②使用数日后;③使用数年后

三、吸附等温线对吸附波的影响

如前所述,吸附波的宽度即传质区(吸附区)的大小。传质区越短表示床层操作状况越好,吸附剂的性能越好。吸附区的大小、吸附波的形状是固定床操作好坏的重要标志。下面讨论在理想操作条件下(如床层填充均匀,流体流型是活塞流,没有返混等)从吸附剂的吸附等温线来考察其对吸附波和传质区的影响。虽然吸附等温线基本上可分为五类(图4-2),但把各吸附等温线分段来看,可简化为三种形式,如图4-20所示,即(1)优惠型吸附等温线;(2)线型吸附等温线;(3)非优惠型吸附等温线。

(1)优惠型吸附等温线。如图4-20(a)所示,横坐标为流体中吸附质浓度 C,纵坐标为固体吸附剂中吸附质的浓度 C_S。此类等温线的斜率随流体中吸附质浓度 C 的增加而减少;说明吸附质的分子和固体吸附剂的分子之间的亲和力,随浓度 C 的增加而降低。所以吸附波的高浓度端因分子间的亲和力低,而移动速度快;吸附波的低浓度端因分子间的亲和力强,而移动速度慢。随着吸附波的不断向前移动;将会使吸附波的斜率增大变陡,传质区变窄,这将使床层有效利用率增加,对操作是有利的。

(2)线型吸附等温线。此类等温线的斜率不随流体中吸附质浓度的变化而改变,即吸附质和固体吸附剂分子之间的亲和力保持恒定,与吸附质的浓度无关,所以吸附波在向前移动时形状不变。如图4-20(b)所示。

(3)非优惠型吸附等温线。如图4-20(c)所示。此类等温线的斜率随流体中吸附质浓度 C 的增加而增加,即吸附质的分子和固体吸附剂的分子之间亲和力,随浓度 C 的增加而增大。所以吸附波的高浓度端因分子间的亲和力大,移动速度慢,而吸附波的低浓度端因分子间亲和力小移动速度快。致使吸附波在不断向前移动中产生"延长"现象,相应的使传质区也随之增加。造成床层的有效利用率降低,对吸附操作不利。

由上可以看出,在评选固定床吸附剂时,应尽可能选取其吸附等温线为优惠型吸附等温线的吸附剂,或选优惠型的线段进行操作较为有利。但应指出的是,上述是假设在理想情况下仅就吸附剂来讨论的。在实际操作中,由于流体和吸附剂颗粒之间总有一定的传质阻力,所以在理想情况下优惠型吸附波的"缩短"现象,将经过一段时间后停止变化,传质区保持一定的高度,吸附波成为一定形状在床层内向前移动,直至吸附波的前端到达床层的出口。而吸附等温线为非优惠型时,吸附波出现的"延长"现象,则不那么容易达到稳定,会出现拖尾现象,使传质区向前移动时,高度不能保持稳定。

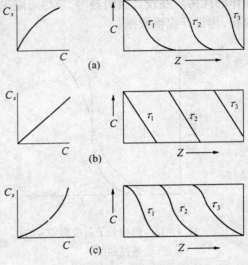

图 4 - 20　三种不同吸附等温线对吸附波的影响
(a)优惠等温曲线;(b)线性等温线;(c)不优惠等温线

四、固定床吸附器的计算

固定床吸附分离的计算,主要从吸附平衡和吸附速率两方面来考虑。而固定床的吸附速率又主要体现在传质区的大小,透过曲线的形状,到达破点的时间,以及破点出现时床层内吸附剂所达到的饱和程度。而这些正是设计固定床吸附器及选定吸附周期(两次再生之间进行吸附的时间)时需要预先知道的。由于固定床在操作时床层内有饱和、传质及未利用三个区,在传质区内,吸附剂吸附的吸附质的浓度是随时间而改变的,又由于随着传质区的移动,三个区的位置不断改变,所以固定床吸附是不稳定状态。由于其影响因素之多,给计算带来困难。故在一般情况下,采用简化的方法来处理,其简化限制的条件为:

(1) 所处理的流体其吸附质含量很低,即浓度为稀薄的物料;

(2) 吸附过程为等温吸附;

(3) 吸附等温线是线性或优惠型的,也就是说传质区向前移动时在床层内的高度保持恒定;

(4) 传质区高度和吸附器床层相比要小得多。

上述这些简化假定条件,对工业应用的吸附器来说一般是符合的。由于吸附剂及流体中不被吸附的组分在吸附过程中是不变的,所以,在计算时常以无吸附质基,即比重量分数表示组成。

1. 传质区高度及饱和度的确定

图 4 - 21 为一条理想透过曲线,它表示初始浓度为 Y_0(kg 吸附质/kg 无吸附质气体)的气体混合物,通过吸附床层所得的结果。气体流过床层的重量流速为 G_s[kg 无吸附质气体/(h·m²)],经一段时间后流出物总量为 W(kg 无吸附质气体/m²)。

此透过曲线是比较陡的。流出物中的吸附质浓度从基本上为零迅速升高到进口浓度。以某一低浓度 Y_B 选作为破点浓度,并认为流出物浓度升高到接近 Y_0 的某一任选浓度 Y_E 时,吸附剂已基本上无吸附能力了。到达破点时的流出物量 W_B 和在 W_B 与 W_E 两点间的曲线形状是设计者所关心的。在透过曲线出现期间所积累的流出物量为 $W_a = S_E - W_B$。具有恒

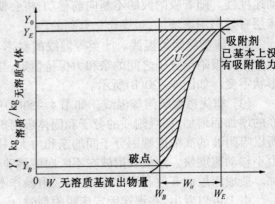

图 4 - 21　理想透过曲线

定高度 Z_a 的传质区是指在床层内任何时间都发生从 Y_B 到 Y_E 浓度变化的那一部分床层。

当吸附波形成后,随气体混合物的不断通入,传质区沿床层不断移动。现令 τ_a 为传质区沿床层深度向下移动的距离正好等于传质区高度所需的时间,于是

$$\tau_a = \frac{W_E - W_B}{Gs} = \frac{W_a}{Gs} \tag{4-21}$$

令 τ_E 为传质区形成并移出床层所需时间

则

$$\tau_E = \frac{W_E}{Gs} \tag{4-22}$$

若吸附剂床层高度为 Z, τ_F 为传质区形成所需时间,则传质区高度 Z_a 为

$$Z_a = Z \frac{\tau_a}{\tau_E - \tau_F} \tag{4-23}$$

气体在传质区里,从破点到吸附剂基本上失去吸附能力,被吸附的吸附质量如图 4-21 中阴影部分的面积所示,为 U(kg吸附质/m² 床层截面积)。则

$$U = \int_{W_B}^{W_E} (Y_0 - Y) \, dW \tag{4-24}$$

若传质区中所有吸附剂均为吸附质所饱和,则被吸附的吸附质的量将为 $Y_0 W_a$(kg吸附质/m²)。当传质区处在床层内刚出现破点时,传质区内的吸附剂仍有一部分具有吸附能力。现以 f 代表其分率,则可得

$$f = \frac{U}{Y_0 W_a} = \frac{\int_{W_B}^{W_E} (Y_0 - Y) \, dW}{Y_0 W_a} \tag{4-25}$$

现再讨论 τ_a 与 τ_F 的关系。如前所述,τ_a 为吸附波向前移动的距离恰好等于传质区高度所需的时间,在吸附波向前移动的这段相当于传质区高度范围内的吸附剂都达到了饱和,而 τ_F 是从进料开始到形成一个完整的吸附波所需要的时间,此时在传质区内尚有 U 这一部分面积未吸附,仍具有占传质区的吸附分率为 f 的吸附能力,因此 τ_F 与 τ_a 的关系应为

$$\tau_F = (1 - f)\tau_a \tag{4-26}$$

若 $f = 0$,则 $\tau_F = \tau_a$,即吸附波形成后传质区内的吸附剂已完全饱和,在这种情况下,达到"破点"之后,整个床层就不再有吸附能力。若 $f = 1$,则 $\tau_F = 0$,说明传质区内吸附剂没有吸附吸附质。所以从 f 值的大小可知到达"破点"时传质区内饱和的程度,f 值越大,吸附的饱和程度越低,最初形成传质区所需的时间就越短。由式(4-23)和(4-26)可得

$$Z_a = Z \cdot \frac{\tau_a}{\tau_E - (1 - f)\tau_a} = Z \cdot \frac{W_a}{W_E - (1 - f)W_a} \tag{4-27}$$

高度为 Z(m)的单位截面积的床层,如果吸附剂的堆积重度为 γs(kg/m²),则床层内有吸附剂为 $Z\gamma s$(kg)。若床层内全部吸附剂与进口气体达到平衡,并设吸附剂内吸附质的平衡浓度为 X_T(kg吸附质/kg吸附剂),则床层中吸附的吸附质重量为 $Z\gamma s X_T$(kg)。但达到破点时,高度为 Z_a(m)的传质区在床层底部,此时只有 $Z - Z_a$(m)内的吸附剂是基本饱和的,而在传质区 Z_a 内吸附了吸附质的面积分率为 $(1 - f)$,故此时床层内所吸附的吸附质的重量为

$$(Z - Z_a)\gamma_s X_T + Z_a \gamma_s (1 - f) X_T \quad \text{kg}$$

所以当破点出现时,床层的饱和度为

$$\frac{(Z - Z_a)\gamma_s X_T + Z_a \gamma_s (1 - f) X_T}{Z\gamma_s X_T} = \frac{Z - Z_a f}{Z} \tag{4-28}$$

2. 传质区内传质单元数的确定

在固定床的吸附操作中,传质区是通过固定床层沿流体流动方向移动的。可以设想,如果

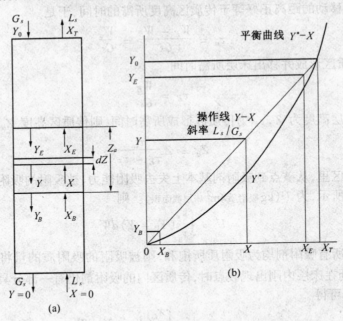

图 4-22　固定床吸附的物料变化示意图

固体以此相同的速率与流体逆向移动,则将使传质区在床层内的某一定高度的位置上成稳定状态不动,如图 4-22 所示。图中表示离开床层顶部的吸附剂与进口气体平衡,而流出气体中的全部吸附质已被吸附。要达到这样的要求,其床层应是无限高的,但现在主要是涉及到相当于传质区两端平面上的浓度。

整个床层吸附质的物料衡算为

$$Gs(Y_0 - 0) = Ls(X_T - 0)$$

$$Y_0 = \frac{Ls}{Gs}X_T \tag{4-29}$$

Ls/Gs 即为图 4-22(b)中通过原点的操作线斜率。在床层内的任一截面上,吸附质在气体中的浓度 Y 与吸附剂上吸附质的浓度 X 之间的关系为

$$GsY = LsX \tag{4-30}$$

在床层内取一微分高度 dZ,在单位时间单位截面积的 dZ 高度内,流体相中吸附质的减少量等于固定相中吸附剂的吸附量,即

$$GsdY = K_{OV}a_P(Y - Y^*)dZ \tag{4-31}$$

式中　K_{OV}——流体相的总传质系数,kg溶质/(h·m²·ΔY);

　　　a_P——每单位容积的吸附剂床层内所有吸附剂固体颗粒的外表面积,m²/m³;

　　　Y^*——与 X 成平衡的气相浓度,kg溶质/kg无溶质气体。

于是床层中传质区的气相总传质单元数为

$$N_{toG} = \int_{Y_B}^{Y_E} \frac{dY}{Y - Y^*} = \frac{Z_a}{Gs/K_{OV}a_P} = \frac{Z_a}{H_{toG}} \tag{4-32}$$

式中　H_{toG}——气相传质单元高度。

如果在 Z_a 范围内，H_{toG} 值不随浓度而变化，对于任何小于 Z_a 的 Z 值，则对应 Y 时为

$$\frac{Z}{Z_a} = \frac{W - W_B}{W_a} = \frac{\int_{Y_B}^{Y} \dfrac{\mathrm{d}Y}{Y - Y^*}}{\int_{Y_B}^{Y_E} \dfrac{\mathrm{d}Y}{Y - Y^*}} \tag{4-33}$$

上式可用图解积分法求得，并根据上式可标绘出透过曲线(即 W 与 Y 的关系)。上述简化处理的方法，除前面提到的限制外，关键就在于传质区浓度。

下面举一例子说明其计算方法。

例 4-1 在 300K 及 0.101 MPa 下，湿度为 $0.00267\,\mathrm{kg_水/kg_{干空气}}$，通过硅胶(堆积重度 $672\mathrm{kg/m^3}$)固定床进行干燥。床层厚度为 0.61m。现假定吸附为等温的，流出的空气湿度为 $0.0001\,\mathrm{kg_水/kg_{干空气}}$ 时，认为达到了破点；达到 $0.0024\,\mathrm{kg_水/kg_{干空气}}$ 时则认为床层已全部饱和，不再具有吸附能力。对于这种硅胶的传质分系数(吸附水蒸气)为

$$k_Y a_P = 1260 (G')^{0.55} \quad \mathrm{kg_水/(h \cdot m^2 \cdot \Delta Y)}$$

$$k_X a_P = 3485 \quad\quad\quad \mathrm{kg_水/(h \cdot m^2 \cdot \Delta Y)}$$

其中 G' 为空气重量流率($\mathrm{kg/m^2}$)，试求达到破点所需的时间。平衡数据标绘于图 4-23，且平衡曲线的平均斜率 $m = \dfrac{\Delta Y}{\Delta X} = 0.0185$。

解 认为硅胶原为干燥的，最初流出的空气，湿度很低可视为基本上是干的，故操作线为通过原点的直线。操作线与平衡线相交于 $Y_0 = 0.00267$，已知：$Y_B = 0.0001$，$Y_E = 0.0024$。

将计算结果列于表 4-3。表中的第(1)栏为 Y_B 与 Y_E 之间的若干 Y 值，第(2)栏为在操作线上与各 Y 值相对应的平衡曲线上的 Y^* 值，第(3)栏为用(1)、(2)两栏的数据计算的结果。以第(1)栏为横坐标，第(3)栏为纵坐标绘制曲线，并在 Y_B 与 Y_E 之间作图解积分得第(4)栏，即对应于每一个 Y 值的传质单元数(例如，曲线下面从 $Y_B = 0.0001$ 到 $Y = 0.0012$ 之间面积等于4.438，即为两点之间的传质单元数)。按(4-32)式对应于整个传质区的传质单元数 $N_{toG} = 9.304$。

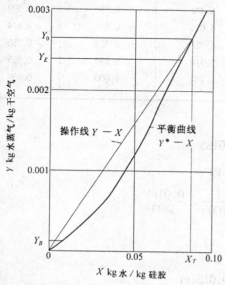

图 4-23 例 4-1 的平衡曲线和操作线

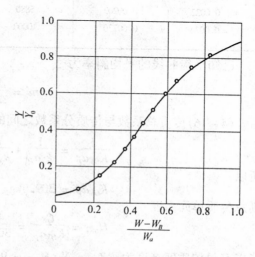

图 4-24 例 4-1 中计算的透过曲线

按照式(4-33)将第(4)栏各值除以 9.304 得第(5)栏各值。第(6)栏即由第(1)栏各值除以 $Y_0 = 0.00267$ 得出。以第(6)对第(5)栏标绘,可得一条无因次的在 W_B 与 W_E 之间的透过曲线,如图 4-24 所示。式(4-25)可写成

$$f = \frac{\int_{W_B}^{W_E} (Y_0 - Y) \mathrm{d}W}{Y_0 W_a} = \int_0^{1.0} \left(1 - \frac{Y}{Y_0}\right) \mathrm{d} \frac{W - W_B}{W_a}$$

由此可知 f 为图 4-24 中曲线上方直至 $Y/Y_0 = 1.0$ 的全部面积。由图解积分可得

$$f = 0.530$$

当空气的重量流速等于 $466 \mathrm{kg/h \cdot m^2}$ 时的传质分系数为

$$k_Y a_P = 1260 \times (466)^{0.55} = 37000 \ \mathrm{kg水} /(\mathrm{h \cdot m^3 \cdot \Delta Y})$$

$$k_Y a_P = 3485 \ \mathrm{kg水} /(\mathrm{h \cdot m^3 \cdot \Delta Y})$$

表 4-3 例 4-1 的计算结果

Y $\dfrac{\mathrm{kg水}}{\mathrm{kg干空气}}$ (1)	Y^* $\dfrac{\mathrm{kg水}}{\mathrm{kg干空气}}$ (2)	$\dfrac{1}{Y - Y^*}$ (3)	$\int_{Y_B}^{Y} \dfrac{\mathrm{d}Y}{Y - Y^*}$ (4)	$\dfrac{W - W_B}{W_a}$ (5)	$\dfrac{Y}{Y_0}$ (6)
$Y_B = 0.0001$	0.00003	14300	0	0	0.0374
0.0002	0.00007	7700	1.100	0.1183	0.0749
0.0004	0.00016	4160	2.219	0.2365	0.1498
0.0006	0.00027	3030	2.930	0.314	0.225
0.0008	0.00041	2560	3.487	0.375	0.300
0.0010	0.00057	2325	3.976	0.427	0.374
0.0012	0.000765	2300	4.438	0.477	0.450
0.0014	0.000995	2470	4.915	0.529	0.525
0.0016	0.00123	2700	5.432	0.584	0.599
0.0018	0.00148	3130	6.015	0.646	0.674
0.0020	0.00175	4000	6.728	0.723	0.750
0.0022	0.00203	5880	7.716	0.830	0.825
$Y_E = 0.0024$	0.00230	10000	9.304	1.000	0.899

已知平衡曲线的平均斜率为

$$m = \frac{\Delta Y}{\Delta X} = 0.0185$$

由式(4-16)传质总系数与传质分系数之间的关系可得

$$\frac{1}{K_{OV} a_P} = \frac{1}{k_Y a_P} + \frac{m}{k_X a_P} = \frac{1}{37000} + \frac{0.0185}{3483}$$

所以

$$K_{OV} a_P = 30926 \mathrm{kg水} /(\mathrm{h \cdot m^3 \Delta Y})$$

则总传质单元高度

$$H_{toG} = \frac{G_s}{K_{OV} a_P} = \frac{466}{30926} = 0.0151 \mathrm{m}$$

所以可得传质区高度为 $Z_a = N_{toG} H_{toG} = 9.304 \times 0.0151 = 0.141 \mathrm{m}$

因为床层高为 $Z = 0.61m$，所以，出现破点时床层的饱和度为

$$\frac{Z - fZ_a}{Z} = \frac{0.61 - 0.53 \times (0.141)}{0.61} = 0.877 \text{ 或 } 87.7\%$$

床层中硅胶填充体积为 $0.61m^3/m^2$ 截面积(堆积体积质量 $672kg/m^3$)，故硅胶质量为 $0.61 \times 672 = 410kg/m^2$ 截面积。在床层达到 87.7% 饱和度时，硅胶含水为

$$410 \times 0.877 \times 0.085\,8 = 30.8kg_水/m^2_{截面积}$$

其中 $0.085\,8$ 为硅胶对进料组成为 Y_0 的平衡吸附量(X_T)，可由图 $4-23$ 得出。
空气带入水为

$$466 \times 0.00\,267 = 1.25kg_水/(h \cdot m^2)$$

故达到破点所需时间为

$$30.8/1.25 = 24.6\,h$$

第四节 移动床吸附分离

固定床吸附分离设备是间歇操作，设备结构简单，操作易于掌握，有一定的可靠性，常被中小型生产装置所采用。但固定床切换频繁，是不稳定操作，产品质量会受到一定影响，而且生产能力小，吸附剂用量大，因此，如何使间歇操作过渡到连续操作，以便大型化及自动化，成为化工生产的方向。

一、移动床吸附分离过程及设备

在移动床吸附器中，由于固体吸附剂连续运动，使流体及吸附剂两相均以恒定的速度通过设备，任一断面上的组成都不随时间而变，即操作是连续稳定状态。为了达到许多理论级的分离，故采用逆流操作。因为如果采用两相并流，则最好的结果只能是流出的两股流体之间达到平衡，只相当于一个理论级。以下的讨论以逆流操作为限。

图 $4-25$ 为一移动床吸附装置，是用由椰壳或果核制成的致密坚硬的活性炭，进行轻烃气体分离而设计的，称为"超吸附器"。设备高约 $20 \sim 30m$，分为若干段，最上段为冷却器，是垂直的列管式热交换器，用于冷却吸附剂，往下是吸附段、增浓段(精馏段)、气提段，它们彼此由分配板隔开。最下部是脱附器，它和冷却器一样也是列管式的热交换器。在塔的下部还装有吸附剂流控制器，固体颗粒层高度控制器以及颗粒卸料阀门及其封闭装置。塔的结构可以使固相连续，稳定的输入和输出，气固两相接触良好，不致发生沟流或局部不均匀现象。

超吸附器的工作原理如下：经脱附后的活性炭从设备顶部连续进入冷却器，使温度降低后，经分配板进入吸附段，再由重力作用不断下降通过整个吸附器。在吸附段与气体混合物逆流接触，气体中易被吸附的重组分优先被吸附，没有被吸附的气体便从吸附段的顶部引出称为塔顶产品或轻馏分。吸附了吸附质的活性炭从吸附段进入增浓段，与自下而上的气流相遇，固体上较易挥发的组分被置换出去，置换出来的气体向上升，吸附剂离开增浓段时，就只剩下易被吸附的组分，这样在此段内就起到了"增浓"作用。吸附剂进入气提段后，此时吸附剂富含易吸附的组分，被蒸气加热和吹扫使之脱附，部分上升到增浓段作为回流，部分作为塔底产品。固体吸附剂继续下降经脱附器进一步把尚未脱附的吸附质全部脱附出来，然后吸附剂下降到

下提升罐,再用气体提升至上提升罐,从顶部再进入冷却器,如此循环进行吸附分离过程。

二、移动床吸附分离的计算

移动床吸附分离的计算,主要决定吸附段的高度及吸附剂的用量。由于采用逆流接触,移动床吸附过程的计算,就可以采用类似精馏和吸收过程的计算方法。

1. 单组分的吸附分离

在流体相中,只有一个组分为吸附剂所吸附,其余的组分则作为惰性物质存在,即吸附剂将混合物中的一个组分吸附,从而达到分离的目的。假设吸附操作是等温的, 这一假设仅对从稀溶液中吸附溶质的情况适用。在处理气体时,如吸附热效应不可忽略,则这一假定不适用。非等温吸附,计算十分复杂。现只讨论等温情况。

可以把吸附操作看成与气体的吸收过程一样,只是用固体吸附剂代替液体吸收剂。图4-26(a)为一逆流吸附过程示意图。与固定床操作一样,由于在吸附过程中吸附剂和不被吸附的流体在吸附过程中是不变的,故所用的符号与单位和固定床吸附分离计算中相一致。即令

G_S 为不含吸附质的流体负量流速,kg(无吸附质流体)/(h·m²);

L_S 为净吸附剂的负量流速,kg(无吸附质吸附剂)/(h·m²);

Y 为吸附质在流体相中的比浓度,kg(吸附质)/kg(无吸附质流体);

X 为吸附质在吸附相中的比浓度,kg(吸附质)/kg(净吸附剂)。

对被吸附组分作全塔物料衡算为

$$G_S(Y_1 - Y_2) = L_S(X_1 - X_2) \qquad (4-34)$$

取任意截面与塔顶作物料衡算为

$$G_S(Y - Y_2) = L_S(X - X_2)$$

$$Y = \frac{L_S}{G_S}X + \left(Y_2 - \frac{L_S}{G_S}X_2\right) \qquad (4-35)$$

上式即为操作线方程。在稳定操作条件下 G_S 和 L_S 是定值,由(4-35)和(4-34)式可知,在 X、Y 坐标上操作线为一条斜率是 L_S/G_S,通过 $(X_2、Y_2)$ 和 $(X_1、Y_1)$ 两个点的直线,如图 5-26

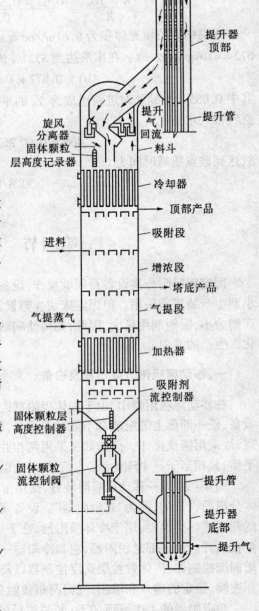

图 4-25　超吸附塔结构图

提升器顶部

提升管

提升气回流

旋风分离器

固体颗粒层高度记录器

料斗

冷却器

顶部产品

吸附段

进料

增浓段

塔底产品

气提段

气提蒸气

加热器

吸附剂流控制器

固体颗粒层高度控制器

固体颗粒流控制阀

提升管

提升器底部

提升气

(b)所示。L_S/G_S 也称固流比。塔中任一水平断面的被吸附组分浓度都落在此条线上。对于吸附过程其操作线在平衡曲线(吸附等温线)之上,而对脱附则操作线将在平衡曲线之下。D、E 两点分别表示顶部和底部的两相进出口处的组成。和吸收操作一样,操作线偏离平衡曲线的程度越大,吸附推动力也越大。固流比的最小值,即吸附剂的最小用量,是由与平衡曲线相交的操作线的最大斜率决定,如图中的 DF 线为最小吸附剂用量时的操作线。

在吸附操作中,吸附质从流体被吸附到固体表面上的传质阻力,包括固体颗粒周围流体的阻力,在固体颗粒孔道中流体进行扩散的阻力以及吸附时所发生的阻力。对物理吸附而言,最后一种阻力可忽略。而当处理气体物料时,前两种阻力可用基于固体颗粒外表面积 a_p(按单位床层体积计算)的气相总传质系数 $K_Y a_p$ 加以概括。此时,如图 4–26 所示,通过吸附床层微分高度 dZ 的吸附组分的传质速率方程式可得

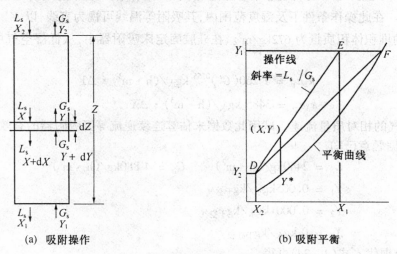

图 4–26　单组分连续逆流吸附操作及吸附平衡

$$L_S dX = G_S dY = K_Y a_p (Y - Y^*) dZ \qquad (4-36)$$

式中 Y^* 为与吸附剂上吸附质浓度 X 对应的气体平衡组成。因此推动力 $Y - Y^*$ 可用平衡曲线与操作线间的垂直距离代表(见图 4–26(b))。将(4–36)式整理后积分可得传质单元数

$$H_{toG} = G_S / K_Y a_p$$

$$N_{toG} = \int_{Y_2}^{Y_1} \frac{dY}{Y - Y^*} = \frac{K_Y a_p}{G_S} \int_0^Z dZ = \frac{Z}{H_{toG}} \qquad (4-37)$$

$$Z = N_{toG} H_{toG} \qquad (4-38)$$

由上式可知,欲求吸附段高度 Z 必须先求出传质单元数和总传质单元高度。传质单元数可由式(4–37),用图解积分法求得,而反映系统特性的总传质单元高度 H_{toG} 与总传质系数 $K_Y a_p$ 有关。固体颗粒微孔道的阻力可相应用传质分系数 $k_X a_p$ 或传质单元高度 H_{tX} 来代表,与反映移动床固体颗粒周围流体阻力的传质分系数 $k_Y a_p$ 或传质单元高度 H_{tG} 综合成总传质系数或总传质单元高度,即

$$\frac{G_S}{K_Y a_p} = \frac{G_S}{k_Y a_p} + \frac{m G_S}{L_S} \cdot \frac{L_S}{k_X a_p} \qquad (4-39)$$

$$H_{toG} = H_{tG} + \frac{mG_S}{L_S} \cdot H_{tX} \qquad (4-40)$$

式中 $m = dY^*/dX$，为平衡线的斜率。

目前移动床的传质总系数是采用固定床的数据进行估算的。由于在移动床中固体颗粒处于运动状态，因此传质阻力与固定床是有差别的，严格地说是有一定的问题的，只有在固体颗粒周围流体中的传质阻力为控制因素时才是可靠适用的，然而固体颗粒的内扩散往往是起主要作用。因此，上述的计算只能是估算。

例 4-2 用连续逆流等温操作的移动床干燥空气，用硅胶作吸附剂。用该吸附器干燥 290K，0.101 MPa 下的空气，从原湿度为 0.005kg水/kg干空气 干燥到最终湿度为 0.000 1kg水/kg干空气。所加的硅胶是干的，其允许通过速率为 2440kg/(h·m²)，空气的通过速率为 4 880 kg干空气/h·m²。在此操作条件下及湿度范围内，其吸附等温线可视为直线，以 $Y^* = 0.018\,5X$ 来表示。硅胶的堆积体积质量为 672kg/m³。在硅胶固定床吸附器中，从低湿空气中吸附水汽的试验测得

$$k_Y a_p = 1\,260(G')^{0.55} \text{ kg水}/(\text{h} \cdot \text{m}^3) \cdot \Delta Y$$

$$k_X a_p = 3485 \text{ kg水}/(\text{h} \cdot \text{m}^3) \cdot \Delta X$$

式中 G' 为空气的相对质量流速。试用此数据来估算连续逆流等温吸附器的有效高度。

解： 根据题意已知

$$L_S = 2440\text{kg}/(\text{h} \cdot \text{m}^2) \qquad G_S = 4\,880\text{kg}/(\text{h} \cdot \text{m}^2)$$

$$Y_1 = 0.005\text{kg水}/\text{kg干空气}$$

$$Y_2 = 0.0001\text{kg水}/\text{kg干空气}$$

$$X_2 = 0 \text{ kg水}/\text{kg干硅胶}$$

将上面原始数据代入式(4-34)可得

$$X_1 = \frac{G_S(Y_1 - Y_2)}{L_S} + X_2 = \frac{4\,880 \times (0.005 - 0.000\,1)}{2\,440} =$$

$$0.009\,8\text{kg水}/\text{kg干硅胶}$$

$$Y_1^* = 0.018\,5X_1 =$$

$$0.018\,5 \times 0.009\,8 = 0.000\,181\,3\text{kg水}/\text{kg干硅胶}$$

$$Y_2^* = 0$$

由于操作线与平衡线均为直线，故平均推动力取对数平均值。

$$Y_1 - Y_1^* = 0.005 - 0.000\,181\,3 = 0.004\,82$$

$$Y_2 - Y_2^* = 0.000\,1 - 0 = 0.000\,1$$

$$\Delta Y_{平均} = \frac{0.004\,82 - 0.000\,1}{\ln \dfrac{0.004\,82}{0.000\,1}} = 0.001\,217$$

则传质单元总数为

$$N_{toG} = \frac{Y_1 - Y_2}{\Delta Y_{平均}} = \frac{0.005 - 0.000\,1}{0.001\,217} = 4.03$$

用固定床数据关联式来估算移动床的传质分系数，需先求出固体颗粒与空气的相对质量

流速 G'。已知在该温度、压力条件下,空气体积质量为 $1.18\mathrm{kg/m^3}$。

固体颗粒在床层中向下移动的速度为

$$\frac{L_S}{\gamma_S} = \frac{2\,440}{672} = 3.63\mathrm{m/h}$$

空气向上表观线速

$$\frac{G_S}{\gamma_空} = \frac{4\,880}{1.18} = 4\,136\mathrm{m/h}$$

气固两相相对线速

$$3.63 + 4\,136 = 4\,140\mathrm{m/h}$$

空气对于固体颗粒床层的质量流速

$$G' = 4\,140 \times 1.18 = 4\,885 \ \mathrm{kg/h \cdot m^2}$$

由(4-39)式可得

$$\frac{1}{K_Y a_P} = \frac{1}{k_Y a_P} + \frac{m}{k_X a_P} = \frac{1}{1\,260 \times (4\,885)^{0.55}} + \frac{0.018\,5}{3\,485} = 0.000\,012\,7$$

则总传质单元高度为

$$H_{toG} = \frac{G_S}{K_Y a_P} = 0.000\,012\,7 \times 4\,880 = 0.062 \ \mathrm{m}$$

则吸附段的高度应为

$$Z = N_{toG} H_{toG} = 4.03 \times 0.062 = 0.25 \ \mathrm{m}$$

2. 双组分的吸附分离

若气体混合物中有几个组分都能明显地被吸附,则需用逐步提浓的方法进行分离,为此可以采用连续逆流接触的移动床——超吸附器装置,现在以双组分气体混合物的吸附提浓分离为例来讨论。

为简化起见,先作下列假设:① 吸附操作是在恒温下进行的;② 从顶部下降的吸附剂中吸附质的量是恒定的,不因浓度或吸附床层的位置而变化;③ 上升的气体混合物的流量也是固定的。这样在坐标上作出的操作线才是直线。而事实上吸附剂的吸附容量受组分浓度的影响很大;上升的气体混合物的流量也随吸附床层位置的不同而变化。因而吸附段和增浓段的操作线不是直线,而是抛物线形状。

图4-27为连续逆流移动床吸附器的物料情况,吸附剂从顶部加入,含有 A 和 C 两组分的气体从中间送入。在进料口以上是吸附段,以下为精馏段(增浓段)。在两组分中 C 为易吸附组分,精馏段的目的是为了提高易吸附组分 C 的浓度。而其效果则与此段的高度、吸附剂的用量、回流比的大小及其他因素有关。

下面将计算中所用的符号及单位表示如下,组成用质量分数表示:

F——进料质量流速(内含 A + C 两组分),$\mathrm{kg/(h \cdot m^2)}$;

B——净吸附剂的循环质量流速,$\mathrm{kg/(h \cdot m^2)}$;

P_E——柱底富 C 产品的质量流速,$\mathrm{kg/(h \cdot m^2)}$;

m——吸附剂与吸附质的质量比,$\mathrm{kg_{净吸附剂}/kg_{吸附质}}$;

E——吸附剂所吸附的吸附质(A + C)的质量流速,$\mathrm{kg/(h \cdot m^2)}$;

R——在上升的流体相中吸附质(A + C)的质量流速,$\mathrm{kg/(h \cdot m^2)}$;

y——流体相中 C 组分的浓度,质量分数;

x——吸附剂吸附的吸附质中 C 组分的浓度,质量分数(无吸附剂基)。

现分别讨论各物料关系。

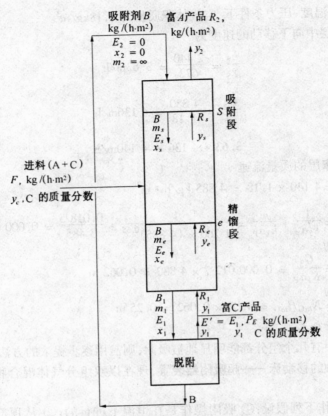

图 4-27 连续逆流吸附提浓物料图

（1）在塔的下部

从吸附器底部出来的吸附剂,在脱附段中脱除吸附质,脱附出来的气体分为两部分,一部分作为回流 R_1,进入精馏段(增浓段);另一部分则作为富含 C 的产品 P_E 流出系统。

设 Δ_E 为不计吸附剂在内的两相中的吸附质向下流的净质量流速,则在精馏段任一截面 e 有

$$\Delta_E = E_e - R_e = P_E \qquad (4-41)$$

即向下流的净质量流速 Δ_E 在数量上等于塔底富含 C 的产品 P_E。

在吸附塔内任一截面上, $m = B/E$,故 Δ_E 在相图上的坐标应为 $m_{\Delta E} = B/P_E$,$x_{\Delta E} = y_1$ 在吸附器底部

$$E_1 = E' = P_E + R_1 = \Delta_E + R_1 \qquad (4-42)$$

在精馏段取任一截面 e,对截面 e 以下做 A 和 C 二组分的物料衡算

$$E_e = P_E + R_e = \Delta_E + R_e$$

对 C 组分作物料衡算

$$E_e x_e = P_E y_1 + R_e y_e = \Delta_E y_1 + R_e y_e \qquad (4-43)$$

吸附剂的物料衡算为

$$B = m_e E_e = m_{\Delta E} \Delta_E \qquad (4-44)$$

式(4-43)移项,并取消 x,y 的下标 e,即可表示精馏段中任意一段。

$$P_E y_1 = E_e x - R_e y \qquad (4-45)$$

因为 $P_E = \Delta_E$，$R_e = E_e - \Delta_E$，并将(4-44)式代入(4-45)式，可得

$$\frac{B}{m_{\Delta E}} y_1 = \frac{B}{m_e} x - \left(\frac{B}{m_e} - \frac{B}{m_{\Delta E}} \right) y \qquad (4-46)$$

或

$$m_{\Delta E}(y-x) = m_e(y-y_1) \qquad (4-47)$$

上式即为移动床双组分吸附分离精馏段的操作线方程式，它表示精馏段内流体相和吸附相中的 y 与 x 之关系。

精馏段的内回流比

$$\frac{R_e}{E_e} = \frac{E_e - \Delta_E}{E_e} = 1 - \frac{\Delta_E}{E_e} = 1 - \frac{m_e}{m_{\Delta E}} \qquad (4-48)$$

精馏段的外回流比

$$\frac{R_1}{P_E} = \frac{E_1 - \Delta_E}{\Delta_E} = \frac{E_1}{\Delta_E} - 1 = \frac{m_{\Delta E}}{m_1} - 1 \qquad (4-49)$$

(2) 在塔的上部

设 Δ_R 为不计吸附剂在内的两相中吸附质向下流的净质量流速，即

$$\Delta_R = E_2 - R_2 = -R_2 \qquad (4-50)$$

所以 Δ_R 在相图上的坐标不为 $m_{\Delta R} = -B/R_2$，$x_{\Delta R} = y_2$

在吸附段取任一截面 S，在截面 S 以上对 A 和 C 二组分作物料衡算

$$R_s = E_s + R_2 = E_s - \Delta_R \qquad (4-51)$$

对组分 C 作物料衡算

$$R_s y_s = E_s x_s + R_2 y_2 = E_s x_s - \Delta_R x_{\Delta R} \qquad (4-52)$$

对吸附剂则为

$$B = m_S E_S = m_{\Delta R} \cdot \Delta_R \qquad (4-53)$$

将(4-52)式移项，并取消 x，y 下标 S，即吸附段中任意一段为

$$R_2 y_2 = R_2 y - E_s x \qquad (4-54)$$

因 $R_2 = -\Delta_R$，$R_S = E_S - \Delta_R$，将(4-53)式代入(4-54)式，得

$$-\frac{B}{m_{\Delta R}} y_2 = \left(\frac{B}{m_S} - \frac{B}{m_{\Delta R}} \right) y - \frac{B}{m_S} x$$

或

$$-m_{\Delta R}(x-y) = m_S(y-y_2) \qquad (4-55)$$

上式即为移动床双组分吸附分离吸附段的操作线方程式，它表示吸附段内流体相和吸附相中的 y 和 x 之关系。

吸附段的内回流比

$$\frac{R_S}{E_S} = \frac{E_S - \Delta_R}{E_S} = 1 - \frac{\Delta_R}{E_S} = 1 - \frac{m_S}{m_{\Delta R}} \qquad (4-56)$$

(3) 对全塔

对 A 和 C 二组分作全塔物料衡算

$$F = R_2 + P_E \qquad (4-57)$$

对 C 组分作物料衡算

$$F y_F = R_2 y_2 + P_E y_1 \qquad (4-58)$$

根据 Δ_E 和 Δ_R 的定义代入(4-57)式，可得

$$\Delta_R + F = \Delta_E$$

为了作精馏段的操作线，根据式(4-43)须证明 E_e、Δ_E、R_e 三点在一直线上，即在图 4-28

中 L、Δ_E、J 三点在一直线上。此三点分别为 $E_e(x_e, m_e)$，$\Delta_E(y_1, m_{\Delta E})$，$R_e(y_e, 0)$。通过 Δ_E、L 两点作一直线，此直线方程为

$$\frac{m_{\Delta E} - m_e}{y_1 - x_e} = \frac{m - m_e}{y - x_e} \tag{4-59}$$

现设 J 点也在此直线上，将 J 点的坐标代入上式为

$$\frac{m_{\Delta E} - m_e}{y_1 - x_e} = \frac{0 - m_e}{y_e - x_e}$$

$$m_{\Delta E}(y_e - x_e) - m_e(y_e - x_e) = -m_e(y_1 - x_e)$$

$$m_{\Delta E}(y_e - x_e) = m_e(y_e - y_1)$$

取消 x，y 的下标 e 得

$$m_{\Delta E}(y - x) = m_e(y - y_1)$$

上式即为精馏段操作线方程式(4-47)式，故可证明 L、Δ_E、J 三点在一直线上。绘出操作线与平衡线后，可求得传质推动力，再用下式求出传质单元数

$$N_{toG} = \frac{Z}{H_{toG}} = \int_{p_2}^{p_1} \frac{\mathrm{d}p}{p - p^*} = \int_{y_2}^{y_1} \frac{\mathrm{d}y}{y - y^*} - \ln\frac{1 + (r-1)y_1}{1 + (r-1)y_2} \tag{4-60}$$

式中　　p——易吸附组分 C 在气相中的分压；

　　　　y——组分 C 在气相中的质量分数；

　　　　r——组分 A 与组分 C 的相对分子质量比，$r = M_A/M_C$；

　　　　H_{toG}——总传质单元高度。

$$H_{toG} = \frac{G}{K_G a_p P_t}$$

式中　　G——气体流率，$\mathrm{kmol/(h \cdot m^2)}$；

　　　　K_G——气相总传质系数，$\mathrm{kmol/(h \cdot m^2 \cdot MPa)}$；

　　　　P_t——总压，MPa；

　　　　a_p——床层中固体颗粒的外表面积，$\mathrm{m^2/m^3}$ 床层体积。

　　式(4-60)可分别应用于吸附段及增浓段。它是假设 A 与 C 为等分子反向扩散，而这并非完全合乎事实，但由于缺乏足够的数据，故还不能对此方程式作进一步修正。此外，该式也与单组分吸附的方程式一样，受到同样的限制，就是说，应该是在固体颗粒周围流体里的传质阻力占控制地位时，它才能适用。

　　以上各关系式的具体应用及在相图上的表示，可详见例4-3。

　　例4-3　某气体混合物含 60% C_2H_4 和 40% C_3H_8，要求用活性炭为吸附剂，在 0.227 MPa 及 298K 下进行等温吸附分离，分离成为含 5% 及 95% C_2H_4 的两种产品。实际回流比取最小回流比的二倍(一般超吸附器分离所采用回流比接近于最小回流比，以减少吸附剂的循环量，节省能量，降低吸附剂的消耗。现取较大回流比，是为了使图解清晰)。试求所需的传质单元数和吸附剂循环速率。

　　解　乙烯和丙烷的混合气体用活性炭吸附时丙烷为易吸附组分，所以在气相及固相上吸附质的组成以丙烷的质量分数表示。混合物在给定条件下的平衡数据可查得，并绘在图4-28的上部分。通过系线转换成 $y-x$ 坐标，得到平衡曲线绘于图下部，为清晰起见，省略了图上部的系线。

乙烯的相对分子质量为 28.0,丙烷的相对分子质量为 44.1。进料的气体组成的质量分数为

$$y_f = \frac{0.4 \times 44.1}{0.4 \times 44.1 + 0.6 \times 28.0} = 0.512$$

同理可得

$$y_1 = 0.967; \quad y_2 = 0.076\,3$$

以 $F = 100$ kg 进料气体为基准。由(4-57)式和(4-58)式可得

$$100 = R_2 + P_E$$

$$100 \times 0.512 = R_2 \times 0.0763 - P_E \times 0.967$$

解此两式得

$$R_2 = 51.1\text{kg} \qquad P_E = 48.9\text{kg}$$

在 $y-x$ 图中,在 y 轴上依 y_2、y_f、y_1 三数值作三条垂线交 $m = 0$ 线于 R_2、F、P_E 三点。继续延长 y_1 的垂线,在 $y_1 = x_1$ 处得 E_1 点。由图读出与 E_1 点对应的纵坐标为

$$m_1 = 4.57\text{kg}_{活性炭}/\text{kg}_{吸附质}$$

在最小回流比情况下,下部图中的两操作线将在对应的 y_f 处相交于平衡曲线上,该交点的 y 与 x^*,即上部图中通过 F 点的细线所代表的关系。因此,延伸 F 点的细线与 $y = y_1$ 的垂线相交,便得到代表精馏段向下流的"净无吸附剂流"的最小值 Δ_{Em} 的位置。由图可读出 $\Delta_{Em} = 5.80\text{kg}_{吸附剂}/\text{kg}_{吸附质}$。

由(4-49)式得精馏段最小外回流比

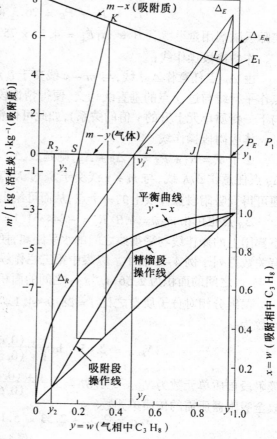

图 4-28　例 4-3 的附图

$$\left(\frac{R_1}{P_E}\right)_{\min} = \frac{m_{\Delta Em}}{m_1} - 1 = \frac{5.80}{4.57} - 1 = 0.269$$

$$(R_1)_m = 0.269 P_E = 0.269 \times 48.9 = 13.15 \text{ kg}$$

$$(E_1)_m = (R_1)_m + P_E = 13.15 + 48.9 = 62.1 \text{ kg}$$

最小吸附剂量

$$B_m = m_1(E_1)_{\min} = 45.7 \times 62.1 = 284\text{kg}_{炭}/100\text{kg}_{进料}$$

当实际回流比为最小回流比的两倍时

$$\frac{R_1}{P_E} = 2 \times 0.269 = 0.538$$

由(4-59)式可得

$$0.538 = \frac{m_{\Delta E}}{4.57} - 1$$

$$m_{\Delta E} = 7.03\text{kg}_{炭}/\text{kg}_{吸附质}$$

在图上可定出 Δ_E 的位置,即 $m = 7.03$,$y = y_1 = 0.967$。并可得

$$R_1 = 0.538P_E = 0.538 \times 48.9 = 26.3 \text{ kg}$$

$$E_1 = R_1 + P_E = 26.3 + 48.9 = 75.2 \text{ kg}$$

实际吸附剂用量 $\quad B = m_1 E_1 = 4.57 \times 75.2 = 344\text{kg}_{炭}/100\text{kg}_{进料}$

作精馏段操作线：

由 Δ_E 点任意作 $\Delta_E J$ 线，与 $m-x$ 线交于 L 点，过 L 点作垂线与 $y=x$ 的对角线相交，过此点作平行线与过 J 点的垂直线相交，便得精馏段操作线上的一点(代表上一传质单元的 x 值与下一传质单元上升的 y 值的关系)，如此可作精馏段操作线。

作吸附段操作线

由于 $F = R_2 + P_E = -\Delta_R + \Delta_E$，则延长 Δ_E 与 F 的联线至 $y=y_2$ 的垂线相交得 Δ_R 点，由 Δ_R 点任意作 $\Delta_R K$ 线，与 $m-y$ 线交于 S，过 K 点和 S 向下做垂线，采取和精馏段同样的方法，便可得到吸附段操作线上的一个点，从而可绘出该段的操作线。

Δ_R 点也可由 $m_{\Delta R} = -B/R_2 = -344/51.1 = -6.74\text{kg}_{活性炭}/\text{kg}_{吸附质}$，$y=y_2$ 求得。

下部图上的操作线与平衡线之间的水平距离，便是(4-60)式中的推动力 $(y-y^*)$。由图得出有关数据列于例4-3表中。以表中第三栏作纵坐标，第一栏作横坐标进行标绘，得曲线下面 y_1 与 y_f 之间的面积为 2.56，y_f 与 y_2 之间的面积为 2.67。

两组分相对分子质量之比 $r = 28.0/44.1 = 0.635$，将其代入(4-60)式得精馏段的传质单元数为

$$N_{toG1} = 2.65 - \ln\frac{1 + (0.635 - 1) \times 0.967}{1 + (0.635 - 1) \times 0.512} = 2.52$$

吸附段传质单元数为 $N_{toG2} = 2.67 - \ln\dfrac{1 + (0.635 - 1) \times 0.512}{1 + (0.635 - 1) \times 0.0763} = 2.53$

故全吸附器所需的传质单元数

$$N_{toG} = 2.52 + 2.53 \approx 5.1$$

例 4-3 表

y	y^*	$\dfrac{1}{y-y^*}$	y	y^*	$\dfrac{1}{y-y^*}$
$y_1 = 0.967$	0.825	7.05	$y_f = 0.512$	0.39	8.20
0.90	0.710	5.26	0.40	0.193	4.83
0.80	0.60	5.00	0.30	0.090	4.76
0.70	0.50	5.00	0.20	0.041	6.29
0.60	0.43	5.89	$y_2 = 0.0763$	0.003	13.65

第五节　吸附分离方法的新进展

一、模拟移动床

所谓模拟移动床,对吸附剂来说是不动的固定床,它通过流体进出口位置不断改变,使流体与吸附剂相对运动,以此来模拟移动床的作用。因此,从效果上看,它达到了移动床的效果,是连续的过程,但对床层本身来说并没有移动,它又有许多优点,吸附剂不会造成磨损,能很好

地填充吸附剂,尽可能使液流在床层中均匀分布,减少沟流与返混等,提高了分离效果。

图4-29为一立式模拟移动床吸附塔,吸附塔分为24个室(塔段),每个室内装有固体吸附剂。液体物料在塔内由下向上流动,塔顶的物料排出塔外,经泵由塔底循环返回塔内。吸附塔各室均有一根管道通出塔外与旋转阀连接,作为进料和出料之用。

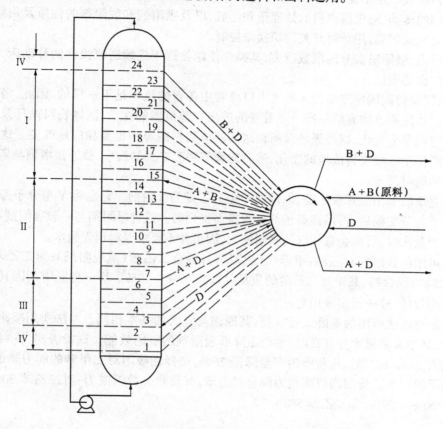

图4-29 模拟移动床操作示意图

图4-29表明,在某一时刻内有4根进出口管分别处于3、7、15和24室,通过旋转阀分别连结于脱附剂入口总管、吸取液出口总管、原料入口总管和吸余液出口总管。这四个总管连结于旋转阀,是固定不变的。

在稳态操作情况下,吸附塔内不同作用区间的分布同移动床一样,分为四个区域:

15~23室(共9段)为A吸附区(Ⅰ区);

7~14室(共8段)为第一精制区(Ⅱ区);

3~6室(共4段)为A脱附区(Ⅲ区);

24~2室(共3段)为第二精制区(Ⅳ区)。

如果塔上这些进出口管的位置固定不变,则随着吸附过程的进行,吸附剂所吸附的物料组成将逐渐发生变化,于是吸取液和吸余液的组成亦将相应地改变,稳定的操作条件即将被破坏。为此,必须在一定的时间间隔内变更进出口管的位置,使其沿液体顺流向上的方向往前移动一段,即通过旋转阀转动一格,使4根进出口管的位置相应地变动到4室(吸附剂入口),8室(吸取液出口),16室(原料入口),1室(吸余液出口)。

通过管道内运送物料的改变,使进出口管位置不断向上移动,相当于使吸附剂逆液体流动方向而向下移动,从而形成类似于移动床逆流接触的操作条件。只要通过自动控制系统,按规定的时间隔控制旋转阀的转动,便可保持吸附塔操作的稳定,使同旋转阀固定连接的进出口总管内的物料组成固定不变。

旋转阀的转动,应根据原料的处理量和组成,以及吸附剂和脱附剂的性质及用量等因素,按着一定的时间间隔,用计时开关的切换来控制。

可以看出,吸附塔被分的段数越多,其操作便越接近于连续逆流操作的移动床,但其控制的复杂程度也要增加。

此外,同旋转阀固定连结的 4 根进出口总管中各自的流率是不一样的,因此,塔内不同作用区间各流体流率也均有所不同。随着塔的进出口管位置的变动,液体物料循环泵所处的区间也在相应地发生变化,则经循环泵所输送的液体物料的流率也要相应地改变。这就要求必须根据不同作用区域物料流率的变化,适时地调节和改变泵的流率,故连接塔顶与塔底的循环泵应能自动适时调速。

派莱克斯法采用立式吸附塔,以钾钡 Y 型分了筛为吸附剂。它是将 Y 型分子筛中的钠离子用钾离子充分交换后,再用钡离子部分置换而得到的。这种吸附剂与一般吸附剂不同,当系统中含有少量水时,反而会有较好的吸附能力,因而并不要求原料预先脱水。

本法可用的脱附剂有三种:甲苯(轻脱附剂);混合二乙苯(重脱附剂);对二乙苯和 $C_{11} \sim C_{13}$ 正构烷烃的混合物,其中对二乙苯的质量分数为 60% ~ 70%。后一种脱附剂因其能量消耗和操作费均较低,故一般多采用它。

阿洛麦克斯法所用的是卧式吸附器,其原理与立式的基本相同。本法所用吸附剂为钾 Y 型分子筛,其中有微量水分存在时,会严重降低吸附剂的吸附效能。试验表明,进料中含水的质量分数为 240×10^{-6} 时,可使吸附容量降低 26%,选择性吸附对二甲苯的能力降低 44%,故原料必先干燥脱水。使用的脱附剂为混合二乙苯,其质量分数组成为:对二乙苯 30% ~ 35%,间二乙苯 50% ~ 60%,邻二乙苯 5% ~ 7%。

二、变压吸附法

变压吸附法是在恒温下,改变压力以达到吸附—脱附循环操作的分离目的的一种操作方法。它不需要加热和冷却设备,其循环周期短、吸附剂利用率高、设备体积小、操作范围广、气体处理量可从每小时几立方米至几万立方米,分离后可获得较高纯度的产品。

变压吸附操作,最简单的为两塔系统,一塔吸附,一塔再生,每隔一定时间互相交替。在加压下达到吸附平衡的吸附剂,如将压力降到常压,则被吸附的吸附质的气相分压随压力的降低而降低,从而达到新的吸附平衡状态,使被吸附的吸附质脱附出来。这一过程可从图 4 - 30 的吸附等温线上看出。压力为 5kg/cm² 时的平衡吸附量为 20%,如果减压到1kg/cm²,则平衡吸附量变为 11%,其差值为 9%,这便是可由吸附除去的量。此外可认为在已知时间内完成再生,并不是单纯的扩散脱附,也包括随压力的降低,从微孔中心部

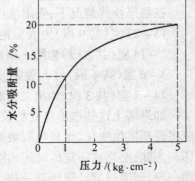

图 4 - 30 吸附等温线

分出来的气流所产生的脱附。

现以制氢为例,其流程如图4-31所示。现用A床来说明。第一阶段高压进料,进行等压吸附过程,得到纯氢产品;第二阶段床内停止进料,进行减压脱附;第三阶段仍停止进料,用纯氢产品进行逆向充压再生;第四阶段又在高压下进料,进行等压吸附得到纯氢产品。当A床为吸附阶段,B床为减压和充气再生阶段,互相交替操作。

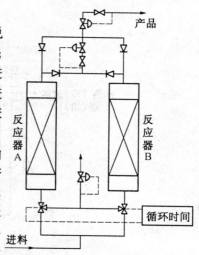

图4-31 变压吸附法原理流程图

为了提高原料气的回收率和降低能耗,在两塔流程中加一个缓冲罐,与之连通,取得在某一较低压力下的平衡,即所谓的均压。均压得到的气体,可作为充压使用,以减少产品气的消耗量,提高回收率。在此基础上,经改进后发展为多塔操作,一般为三至五塔,多至十塔,即两塔间的中间贮罐为塔所代替,使每一塔都经历加压吸附、均压、放气、冲洗、充压等各阶段,几个塔顺序切换,循环操作。虽然塔数增多,回收率提高,但切换频繁,造成流程复杂,投资费用增加,所以在处理量小及产品纯度要求不高时,仍采用两床式。只有对规模较大及产品纯度要求高的系统,为能在高纯度下提高单位吸附剂的产品回收率,才采用多塔式操作。

三、热参数泵法

它是采用温度这个热力学参数作为其变换参数,所进行的一种循环非稳态操作过程。它与一般固定床吸附操作没有本质上的区别。其主要特点:一是流体的流向与热参数的变换(即温度的增加和降低)周期性的同时变换;二是在床层的一端或两端都有回流,也就是流出吸附器一端的物料部分地或全部地再从同一端返回吸附器。图4-32为热参数泵部分回流的示意图,它是一种带夹套的直接式热参数泵,可上下移动的溶液进入床层内,夹套内交替通入热或冷介质加热或冷却床层。也可在吸附器两端各连热交换器,使移动相经加热或冷却后进入床层内。

若进料为A和B的混合物,所选的吸附剂,对A为强吸附质,B为弱吸附质(可认为它不被吸附)。A在吸附剂上的吸附平衡常数只是温度的函数。吸附器的顶端与底端各与一个泵(包括贮槽)相连接,吸附器的夹套与温度调节系统相连接。在开始时,吸附器床层里充满了要分离的液体(即进料液)。这样,吸附剂与液体达到平衡状态。在起始状态时,床层是冷的,上面的受槽几乎是空的,而下面的受槽则是满的。现规定向上流时为加热,向下流时为冷却。参数泵每循环分前后两个半周期。第一循环开始,床层通过夹套突然加热,同时在受槽里用驱动活塞将流体向上推送。由于温度高,吸附剂上吸附的吸附质A少了,将A释放出来,进入上流的液体中,使上流的液体A的浓度增加。因此,上受槽收集了比进料液浓度更大的液体。在这个半周期里,上受槽接受的液体量达到预先计划的数量后,就很快转入后半周期。床层停止加热并很快进行冷却,与此同时液体流向也立即改变为向下流。由于吸附剂在低温下的吸附量大于它在高温下的吸附量,因此,吸附质A由流体相向固体吸附剂相转移,吸附剂上的A浓度增加,相应地在流体相中A的浓度降低,流入到底部罐内的溶液A的浓度低于原来在此槽内的浓度。当下面受槽收集的液体量达到与上受槽相同的预先计划的规定数量时,床层又停

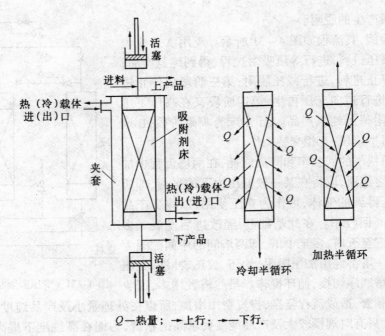

Q—热量；→上行；→下行.

图 4-32　热参数泵示意图

止冷却再度加热,液体流向再改变成上流,于是第二循环开始。当第二循环结束时,上受槽里的溶液 A 的浓度进一步增加,下受槽里的溶液 A 的浓度进一步降低。循环过程不断进行,这个分离过程就不断进行下去。总的结果是在外加能量(这里是热能)的作用下,可使吸附质 A 从低浓度区流向高浓度区,达到分离 A、B 组分的目的。

热参数泵法可能由于流体正反流动造成机械结构的复杂性以及固体的热容大、传热系数小、效率低而造成长循环周期等原因,目前尚未应用于工业。但是由于它具有在分离过程中无需引入另一种流体来更新吸附剂床层以及在较小的设备中可以获得很高的分离效果等优点,因此值得进行理论和实验的研究。近年来已有用于烷烃与芳烃、芳烃异构物、果糖与葡萄糖等分离的实验室研究。

四、浆液吸附法

固体吸附剂,由于它是固态的,因而带来了以下一些缺点。

(1) 当采用固定床时,为了达到一定的吸附容量,以维持一定的操作时间,故床层要有一定体积,即一定高度。固体颗粒必须有均一的外径,有足够的机械强度;由于要不断加热、冷却,周而复始,所以必须有足够的热稳定性;固定床的操作是间歇的,周期循环的,所以生产能力不高,吸附剂用量大。

(2) 为了克服间歇操作的缺点,发展了连续逆向接触的移动床吸附器。但是,其吸附剂的磨损增大,动能消耗大。

(3) 固体颗粒的导热性能差,吸附热不易导出,容易产生局部过热和温度不稳定。

假如固体吸附剂在干燥状态和湿润状态下的吸附能力都一样时,则可以将固体吸附剂混悬于不被吸附的中性(惰性)液体中,形成流动性好的浆液。这样,就可采用像处理液体一样的那些连续操作方法。现在已经发现活性炭的浆液对甲烷、乙烷、丙烷和苯的吸附能力与干态时一样。分子筛的许多吸附性能,在干态时与湿态时没有什么差别,这就显示出浆液吸附可能被采用的前途。

由于浆液导热性能比单纯固体颗粒床层要好得多,所以不致造成因吸附热传导不出来而形成局部过热的现象。因此可以避免像处理裂解气干燥时,因局部过热而使二烯烃类聚合、结焦、积炭等现象。

浆液吸附时,其吸附过程变成如下几步:①气体中吸附质(强吸附组分)穿过气泡中的气膜;②吸附质在液相中扩散;③穿过包围在固体颗粒外面的液膜;④在固体颗粒内孔扩散而后被吸附。

由于采用很微小的固体颗粒,其表面积大大增加,就把后两个步骤的传质阻力减至最小。如分子筛可采用小于 $5\mu m$ 的微细颗粒,由于粒径很小,因此在用泵输送时,也不会造成进一步的破碎。由此可见,浆液吸附可在很大程度上克服前面所说的三个缺点。

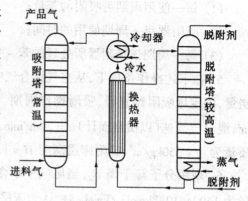

图 4-33　浆液吸附示意图

浆液吸附可采用通常所有的板式接触设备(如板式塔)。当然,要考虑到浆液易堵塞微孔的特点,在设备结构上应减少其堵塞的可能,减少流动上的死角,以及考虑清理积渣装置。其原理流程如图 4-33 所示。

此法可以连续生产,而且可以不停车更换失活的吸附剂,来维持其吸附能力。只要注意克服设备的堵塞问题及解决好浆液的输送问题,这个方法预计在将来应用于热敏性吸附反应过程及吸附热大的过程是比较有利的。

习　题

1. 0 ℃下,以 10kg 活性炭吸附甲烷,不同平衡压力 p 之下被吸附气体在标准状态下的体积为

p/kPa	13.32	26.64	39.97	53.29
V/cm^3	977.5	144	182	214

试问该吸附体系对 Langmuir 等温式和 Freundlich 等温式中,哪一个符合得更好一些?

2. 0 ℃时 CO 在 3.022g 活性炭上的吸附有下列数据,体积 V 已校正到标准状况下。

p/kPa	13.32	26.64	39.97	53.29	66.61	79.93	93.25
V/cm^3	10.2	18.6	25.5	31.9	36.9	41.6	46.1

试证明它符合 Langmuir 吸附等温式,并求 b 和 V_m 的值。

3. 今有空气油气混合物流量为 $2\,000$ m^3/h。油气原始含量为 $C_0 = 0.02$ kg/m^3,按设备截面积计算混合气线速为 $u = 0.3$ m/s。现用活性炭为吸附剂,其吸附动活性为 7%,脱附残余吸附量为 0.8%。活性炭的堆积体积质量为 $\gamma = 500$ kg/m^3。吸附剂的脱附、冷却所需时间为 5h。试计算该固定床吸附器所需的床层直径、高度及活性炭量。

4. 在内径为 $D = 0.4m$ 的立式吸附器中,装填堆积体积质量 $\gamma = 220 \text{ kg/m}^3$ 的活性炭,其床层高度为 $Z = 1.1m$。含有含苯蒸气的空气以 14 m/min 的速度通过床层。苯的初始浓度为 $C_0 = 39g/m^3$。假设苯蒸气通过床层后完全被活性炭吸附其出口浓度为零。活性炭对苯的动活性为 7%,床层中苯的残余吸会量为 0.5%。试求:

(1) 每一使用周期可吸附的苯量;

(2) 吸附器每一周期使用的时间;

(3) 每一周期该吸附器所处理的苯 – 空气混合物的体积。

5. 在下述操作条件下,从空气混合气中将 100kg 的辛烷蒸气吸附下来,求所需装填的活性炭量,固定床吸附器直径,吸附操作周期。操作条件:混合气中辛烷初始浓度 $C_0 = 0.012\text{kg/m}^3$,混合气线速(以横截面计)$u = 20\text{m/min}$。活性炭对辛烷吸附活性为 7%。活性炭堆积体积质量为 $\gamma = 350\text{kg/m}^3$,吸附床层高度 $H = 1.8m$。

6. 现用分子筛干燥 N_2,当尾气中水含量为 $1 \times 10^{-6}\text{kmol}_水/\text{kmol}_{N_2}$ 时,认为达到破点,水含量为 $1490 \times 10^{-6}\text{kmol}_水/\text{kmol}_{N_2}$ 时,认为床层达到饱和,尾气中水含量与吸附时间的关系如下:

时间/h			0 ~ 15.0	15.0	15.3	15.4	15.6	15.8	16.0	16.2	16.4
$Y/(10^{-6}\text{kmol}_水 \cdot \text{kmol}^{-1}{}_{N_2})$			< 1	1	4	5	26	74	145	260	430
时间/h	16.6	16.8	17.0	17.2	17.4	17.6	17.8	18.0	18.3	18.5
$Y/(10^{-6}\text{kmol}_水 \cdot \text{kmol}^{-1}{}_{N_2})$	610	719	978	1125	1245	1355	1432	1465	1490	1490

画出透过曲线,并确定出达到破点所需时间及床层移动一个传质区高度所需时间。

7. 某溶液含一种有价值的溶质,但被少量杂质所污染而着色。在结晶提纯之前此溶液先用脱色炭处理。恒温下用不同炭量做搅拌试验结果如下。

用炭量/$\text{kg}_炭$/$\text{kg}_溶液$	0	0.001	0.004	0.008	0.02	0.04
达到平衡后的着色度	9.6	8.6	6.3	4.3	1.7	0.7

已知着色度数值正比于溶液中杂质含量。溶液的吸附符合 Freundlich 方程式。可采用 Y 为每 kg 溶液中的着色单位,X 为每 kg 炭吸附的着色单位。操作线可视为直线。试求将 1 000kg 溶液脱色至其最初色度 9.6 的 10%,所需用的脱色活性炭的用量。

8. 某连续逆流吸附床装有平均直径为 0.001 73m 的硅胶球,装填堆积体积质量为 672 kg/m³,湿空气为 0.003 87$\text{kg}_水$/$\text{kg}_{干空气}$,相对密度为 1.18,以 4 560kg/(h·m²)的流率通过床层。空气温度为 27 ℃,硅球向下移动,允许通过的流率为 2 250kg/(h·m²)。吸附等温线近似用 $Y^* = 0.032X$ 表示。吸附干燥后空气含水 0.0001 $\text{kg}_水$/$\text{kg}_{干空气}$。假定最初所用的硅胶球为干硅胶球,其传质系数为 $k_Y a_P = 1260 G'^{0.55} (\text{kg}_水/(\text{h}·\text{m}^3·\Delta Y))$,其中 G' 为空气的质量流速(kg/h·m²);$k_X a_P = 3476\text{kg}_水/(\text{h}·\text{m}^3·\Delta X)$。试估算连续移动床吸附器的有效高度。

参 考 文 献

1 Treybal, Robert, E. Mass Transfer Operation, 2nd. McGraw – Hill 1968
2 陈洪钫.基本有机化工分离工程.北京:化学工业出版社,1981
3 胡英等.物理化学.北京:人民教育出版社,1979
4 裘元涛.基本有机化工过程及设备.北京:化学工业出版社,1981
5 Chemical Rubber Co. Recent Developments in Separation Science. Vol,1,and 2,Ed, by Norman N, Li,Cleveland,1972
6 史季芬.多级分离过程.北京:化学工业出版社,1991

第五章 分离方法的选择和发展

第一节 膜分离过程

膜分离过程是一门新兴的多种学科交叉的高技术,近二十多年来膜技术有了迅速的发展。膜过程已成为工业气体分离、水溶液分离、化学产品和生化产品分离与纯化的重要过程,广泛应用于食品、饮料加工过程、工业污水处理、大规模空气分离、湿法、冶金技术、气体和液体燃料的生产,以及石油化工制品生产等。

一、膜的定义及膜分离过程的特点

膜从广义上可定义为两相之间的一个不连续区间[1],这个区间的三维量度中的一度和其余两度相比要小得多。膜一般很薄,厚度从几微米、几十微米至几百微米之间,而长度和宽度要以米来计量。定义中"区间"用以区别通常的相界面,即两种互不相溶液体之间的相界面,一种气体和一种液体之间的相界面,或一种固体和一种固体之间的相界面,它们均不属于这里所指的膜。

膜可以是固体、液体,甚至是气体,常用的膜为多孔的或非多孔的固相聚合的膜[2]和近年来发明的液膜。无论从产量、产值、品种、功能或应用对象来讲,固体膜都占99%以上,其中以有机高分子聚合物材料制成的膜及其过程为主。人工合成的聚合物膜还没有达到生物膜的性能。无机膜近年来发展迅速,液膜有其独特的优点,有待发展。气体在原则上可构成分离膜,但研究它的人很少。

膜的分离作用是借助膜在分离过程中的选择渗透作用,使混合物分离,宏观上相似于"过滤"。物质选择透过膜的能力可分为两类,一类是借助外界能量,物质发生由低区位向高区位的流动;另一类是以化学位差为推动力,物质发生由高位向低位的流动。

表征分离膜的性能主要有两个参数,一是各种物质透过膜的速率的比值,即分离系数。分离系数的大小表示了该体系分离的难易程度。它对被分离体系所能得到的浓度(或纯度),分离过程的能耗(或功耗)都有决定性的影响,对分离设备的大小也有相当的影响。另一参数是物质透过膜的速率,或称通量,即单位面积膜上单位时间内物质透过的数量。这个参数在生产任务量确定之后将直接决定分离设备的大小。当然,这两个参数在不同的膜分离过程中有不同的具体表示方法。

膜分离过程通常是一个高效的分离过程,例如,在按物质颗粒大小分离的领域,以重力为基础的分离技术的最小极限是微米,而膜分离技术中却可以做到将相对分子质量为几千,甚至几百(相应的颗粒大小为纳米)的物质进行分离。又如,和扩散过程相比,蒸馏过程中物质的相对挥发度的数值大都是个位数,对难分离物质体系有时仅比 1 稍大一些。而膜分离的分离系数要大得多,如乙醇质量分数超过90%的水溶液已接近恒沸点。

蒸馏很难分离,但渗透气化的分离系数为几百甚至上万。再如,N_2 和 H_2 分离,蒸馏不仅要在深冷下进行,H_2/N_2 的相对挥发度很小,用聚砜膜分离的分离系数为80左右,聚酰亚胺膜则超过120。蒸馏过程的分离系数主要决定于体系的物化性质,而膜分离过程中,加入了高分子材料的物性、结构、形态等因素,因此显示了异乎寻常的高性能。并且高分子材料如此多样,这就为膜分离技术的发展提供了广阔的天地。

膜分离过程的能耗(功耗)通常比较低,能耗低主要有两个原因,一是膜分离过程中,被分离的物质大都不发生相的变化。而蒸发、蒸馏、萃取、吸收、吸附等分离过程都伴随着从液相或吸附相至气相的变化,相变化的潜热是很大的,能耗亦大。二是膜分离过程通常是在室温附近的温度下进行,对被分离物料加热或冷却的能耗很小。

膜分离设备本身没有运动的部件,工作温度又在室温附近,很少需要维护,可靠度很高。它的操作十分简便,而且从启动到得到出产品的时间很短,可以在频繁的启停下工作。由于分离效率高,通常设备的体积比较小,也是一个突出的优点。

膜分离过程的另一个突出的特点是它的规模和处理能力可在很大范围内变化,而它的效率、设备单价、运行费用等都变化不大。

二、各种膜分离过程概述

膜分离是借助一种特殊介质实现的分离技术,是一种典型的动力学分离过程,分离的速度取决于膜两侧的传质推动力和透过膜受到的阻力。

1. 主要的膜分离过程

几种主要的膜分离过程的推动力、传递机理、透过物截留物,膜类型等信息列于表 5 – 1。下面对这 8 个膜分离过程加以简单的描述。

表 5 – 1 几种主要的膜分离过程

过 程	简 图	推动力	传递机理	透过物	截留物	膜类型
1. 微孔过滤(0.02 ~ 10 μm)	进料 → 滤液(水)	压力差 < 100 kPa	颗粒大小、形状	水、溶剂溶解物	悬浮物颗粒、纤维	多孔膜
2. 超滤 (0.001 ~ 0.02 μm)	进料 → 浓缩液 / 滤液	压力差 100 ~ 1 000 kPa	分子特性、大小、形状	水、溶剂	胶体大分子(不同相对分子质量)	非对称性膜
3. 反渗透 (0.000 1 ~ 0.001 μm)	进料 → 溶质(盐) / 溶剂(水)	压力差 1 000 ~ 10 000 kPa	溶剂的扩散传递	水、溶剂	溶质、盐(悬浮物大分子、离子)	非对称性膜或复合膜
4. 渗析	进料 → 净化液 / 扩散液 → 接受液	浓度差	溶质的扩散传递	低相对分子质量物,离子	溶剂相对分子质量 > 1000	非对称性膜离子交换膜

过　程	简　图	推动力	传递机理	透过物	截留物	膜类型
5.电渗析	浓电解质　产品（溶剂） ＋极　－极 阴离子交换膜　进料　阳离子交换膜	电化学势	电解质离子的选择传递	电解质离子	非电解质大分子物质	离子交换膜
6.气体分离	进气　渗杂气　渗透气	压力差 1 000～10 000 kPa 浓度差 （分压差）	气体和蒸气的扩散渗透	渗透性的气体或蒸气	难渗透性的气体或蒸气	均匀膜、复合膜非对称性膜
7.渗透气化	进料　溶质或溶剂　溶剂或溶质	分压差	选择传递（物性差异）	溶质或溶剂（易渗组分的气体）	溶剂或溶质（难渗组分的液体）	均匀膜、复合膜非对称性膜
8.液膜（促进传递）	内相　膜相　外相	化学反应和浓度差	反应促进和扩散传递	杂质（电解质离子）	溶剂非电解质	液　膜

（1）微孔过滤（Microfiltration）

微孔过滤是膜分离过程中最早出现的一种,其膜也是最早产业化的一个,以天然或人工合成的聚合物制成的微孔过滤膜。

微孔过滤膜的孔径一般是 $0.02\sim10\ \mu m$ 左右。在滤谱上可以看到,在微孔过滤和超过滤之间有一段是重叠的,没有绝对的界线。目前各种手册和膜公司刊出的滤谱中各种膜分离过程的分离范围并非完全相同,而且在不断变化。例如,在最近出现的滤谱中,不少在反渗透与超滤之间增加了一个纳滤过程。

微孔过滤膜的主要特征如下所述。

① 孔径均一　微孔过滤膜的孔径十分均匀。例如,平均孔径为 $0.45\ \mu m$ 的膜,其孔径变化仅 $0.02\ \mu m$。因此,微孔过滤具有很高的过滤精度。

② 空隙率高　微孔过滤膜的空隙率一般可高达 80% 左右。因此,过滤通量大,过滤所需的时间短。

③ 滤膜薄　大部分微孔过滤膜的厚度在 $150\ \mu m$ 左右,仅为深层过滤介质的 1/10,甚至更小。所以,过滤时液体过滤膜吸附而造成的能量损失很小。

微孔过滤的截留主要依靠机械筛分作用,吸附截留是次要的。

由醋酸纤维素与硝酸纤维等混合组成的膜是微孔过滤的标准常用滤膜。此外,已商品化的主要滤膜有再生纤维素膜、聚氯乙烯膜、聚酰胺膜、聚四氟乙烯膜、聚丙烯膜、聚碳酸酯核径迹膜(核孔膜)、陶瓷膜等。

微孔过滤在工业上主要用于无菌液体的生产、超纯水制造和空气过滤;在实验室中,微孔过滤是检测有形微细杂质的重要工具。

（2）超滤（Ultrafiltration）

20世纪50年代前后，微孔过滤（Microfiltration）、反渗透（Hyperfiltration）、超滤等都称为超滤。从相对分子质量来分，反渗透截留的相对分子质量 $M_r \leqslant 300$；超滤截留的相对分子质量 $M_r = 300 \sim 300\,000$；而微孔过滤截留者的相对分子质量为 $M_r > 300\,000$。超滤也是一个以压力差为推动力的膜分离过程，其操作压力在 $0.1 \sim 0.5$ MPa 左右。超滤发展过程中有两大里程碑，其一是在20世纪60年代中期，Loeb-Sourirajan 非对称性膜用于反渗透，这是热处理后的反渗透膜，而未经热处理的就是超滤膜。这也就是第一代商业上超滤装置所用的膜。第二个里程碑是人们认识到超滤技术中，边界层效应非常重要。于是，在60年代后期，设计了适宜的工业装置。

超滤膜，早期用醋酸纤维素膜材料制造，以后还用聚砜、聚丙烯腈、聚氯乙烯、聚偏氟乙烯、聚酰胺、聚乙烯醇等以及无机膜材料制造。超滤膜多数为非对称膜，也有复合膜。超滤操作简单，能耗低，现已用于超纯水制备、电泳漆回收及其他废水处理、乳制品加工和饮料精制、酶及生物制品的浓缩分离等方面。

（3）反渗透（Reverse Qsmosis）

在膜分离的应用中，反渗透的应用是最广泛的，反渗透过程是渗透过程的总过程，即溶剂从浓溶液通过膜向稀溶液中流动。如图5－1所示，正常的渗透过程按照溶液的浓度梯度，溶剂从稀溶液流向浓溶液。若在浓溶液侧加上压力，当膜两侧的压力差 Δp 达到两溶液的渗透压差 $\Delta \pi$ 时，溶剂的流动就停止，即达到

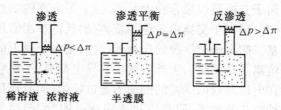

图5－1　渗透和反渗透现象示意图

渗透平衡。当压力增加到 $\Delta p > \Delta \pi$ 时，溶剂就从浓溶液一侧流向稀的一侧，即为反渗透。

1960年 Loeb-Sourirajan 制成了具有极薄皮层的非对称醋酸纤维素膜，使反渗透过程迅速地从实验室走向工业应用。非对称分离膜的出现，也大大推动了其他膜过程的开发和工业应用。目前应用的反渗透膜可分为非对称膜和复合膜两大类。前者主要以醋酸纤维素和芳香聚酰胺为膜材料；后者支撑体多为聚砜多孔滤膜，超薄皮层的膜材料都为有机含氮芳香族聚合物。反渗透膜的膜材料必须是亲水性的。

反渗透过程的推动力为压力差，其分离机理曾引起广泛的争论。无孔机理（溶解－扩散模型）和有孔机理（选择吸附－毛细孔流理论）之争持续了若干年。反渗透过程中膜材料与被分离介质之间的化学特性均起着第一位的作用，然后才是膜的结构形态。这一点目前已取得了共识。

反渗透过程主要用于海水及苦咸水的脱盐淡化、纯水制备以及低相对分子质量水溶性组分的浓缩和回收。

（4）渗析

当把一张半透膜置于两种溶液之间时，会出现双方溶液中的大分子原地不动而小分子（包括溶剂、溶质）透过膜而互相交换的现象，称为透析。透析现象是1854年被 Graham 首先发现的。

透析过程的原理如图5－2所示，中间以膜（虚线）相隔，A 侧通原料液，B 侧通溶剂。溶质（原料液）由 A 侧根据扩散原理向 B 侧渗透，同时溶剂（水）由 B 侧根据渗透原理向 A 侧渗透，

即相对移动。借助于两种溶质扩散速度之差,使溶质之间分离。浓度差是透析过程的推动力。

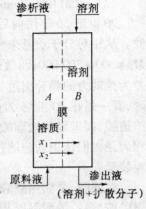

图 5-2　渗析过程原理示意图

虽然渗析过程是最早发现和研究的膜分离过程,但由于渗析过程渗透速度慢,选择性又不高,因此工业上很少采用,目前主要用于人工肾。

血液透析膜所用的膜材料,1965 年以前几乎全是赛璐玢,它很快又被 Cuprophan 膜所取代。目前用于透析膜的膜材料有聚酰胺、聚碳酸酯、聚砜、聚丙烯酯、聚甲基丙烯酸甲酯、纤维素酯等多种聚合物。

（5）电渗析（Electrodialysis）

以电位差为推动力,利用离子交换膜的选择透过性,从溶液中脱除或富集电解质的膜分离操作称电渗析。电解质离子在两股液流间传递,其中一般液流失去电解质,成为淡化液;另一股液流接受电解质,成为浓缩液。

电渗析的选择性取决于所用的离子交换膜。离子交换膜以聚合物为基体,接上可电离的活性基团。阴离子交换膜简称阴膜,它的活性基团常用胺基。阳离子交换膜的选择透过性,是由于膜上的固定离子基团吸引膜外溶液中的异电荷离子,使它能在电位差或浓度差的推动下透过膜体,同时排斥同种电荷的离子,阻拦它进入膜内。因此,阳离子通过阳膜,阴离子通过阴膜,见图 5-3。

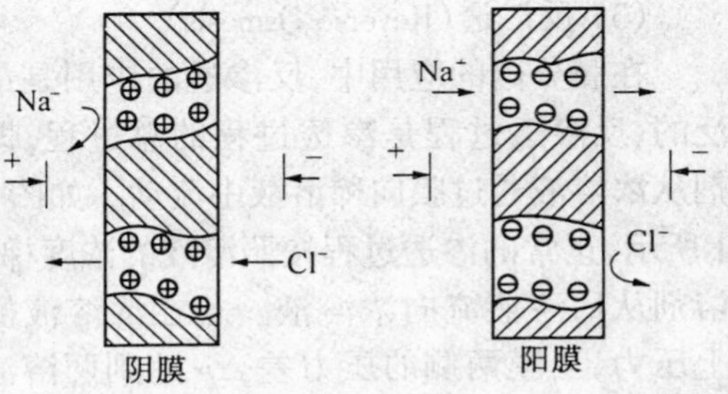

图 5-3　离子交换膜功能示意图

根据膜中活性基团分布的均一程度,离子交换膜大体上可以分为异相膜、均相膜及半均相膜。聚乙烯、聚丙烯、聚氯乙烯的苯乙烯接枝聚合物是离子交换膜最常用的膜材料。性能最好的是用全氟磺酸、全氟羧酸类型膜材料制造的离子交换膜。

电渗析用于水溶液中电解质的去除（即水脱盐）、电解质的浓缩、电解质与非电解质的分离和复分解反应等领域。

（6）气体分离（Gas Permeation）

1831 年美国 J.R.Mitchell 报导了关于气体透过橡胶膜的研究。

用膜分离气体,主要是以压力差为推动力,依据原料气中各组分透过膜的速率不同而分离。分离机理视膜的不同而异,主要可分为两类:一是通过非多孔膜的渗透,另一是通过多孔膜的流动,实际应用的气体分离膜绝大多数是非对称膜。通常有三种渗透过程在起作用:① 溶解的气体通过聚合物致密皮层（非多孔层）的扩散;② 通过表皮层下微孔过渡区的 Knudsen 扩散;③ 通过膜底层的 Poiseuille 流动。总的传递阻力为各层阻力之和。

气体分离膜主要用的是有机聚合物,如聚砜、乙酸纤维、聚酰亚胺、聚 4-甲基-1-戊烯、聚二甲基硅氧烷、聚 1-三甲基硅烷-1-丙炔等,也有无机膜。

1979 年美国 Monsanto 公司研制成功 Prism 中孔纤维膜分离器,使膜法气体分离迅速走向工业应用。目前,膜法气体分离主要用于化肥及石油化工中含氢气体的浓缩,以空气为原料制富氮和富氧气体、天然气中氦的分离和空气除湿等方面。

（7）渗透汽化

渗透汽化（渗透蒸发）是指液体混合物在膜两侧组分的蒸气分压差的推动下透过膜并部分蒸发，从而达到分离目的的一种膜分离过程。

渗透汽化与那些常用的膜分离技术的最大不同点在于它在渗透过程中发生由液相到气相的相变化。它的分离机制可分为三步：① 被分离的液相物质在膜表面上被选择吸附并溶解；② 以扩散形式在膜内渗透；③ 在膜的另一侧变成气相而脱附。

在渗透汽化过程中，膜的上游侧的压力一般维持常压，而膜的下游侧则有三种方法维持组分的蒸气分压：①采用惰性气体吹扫，也称扫气渗透汽化（Sweeping Pervaporation）；② 用真空泵获得真空，也称真空渗透汽化（Vacuum Pervaporation）；③ 采用冷凝器冷却，也称热渗透汽化（Thermo – Pervaporation）。实验室一般采用真空渗透汽化，工业上大都采用热渗透汽化。

渗透汽化膜材料主要是有机聚合物。膜通常具有非对称结构，最常用的是聚乙烯醇复合膜。

渗透汽化目前主要用于无水乙醇生产，装置规模已超过 1000 t/d。由于它的极高的单级分离效率，随着膜的性能不断提高，其应用领域会不断拓宽。特别在恒沸混合物分离、回收溶剂和脱除微量水等方面，会越来越大地发挥其独特的优势。

（8）液膜

液膜一般分为两大类：一类是无固相支撑型，即为乳化液膜。将内相溶液的微滴（1～100 μm）形式分散在膜相溶液中，形成浮液，然后将乳液以液滴（0.5～5 μm）形式散在外相溶液中，就形成乳化液膜系统。液膜有效厚度为 1～10 μm，加入表面活性剂和稳定添加剂，增加了分离过程的稳定性。还可在内相加以酸、碱或催化剂等，造成促进传递或反应传递。例如，对于废水脱酚或脱去酸性气体二氧化碳和硫化氢等过程，都有大量的促进传递研究。

另一类是有固相支持型，即固定液膜，又称支撑液膜。这种膜比乳化液膜厚，膜内通道又增加了阻力，但它不需制乳和破乳，更适合于工业使用。美国国家计量局正在开发研究 H_2/CO 分离、H_2/CO_2 和硫化氢气体的分离，Bend 研究公司对富氧的获得等都是采用固定液膜。美国水处理中心也在研究固定液膜对废水处理，如脱酚、氯化物等。

2. 发展中的新膜过程

（1）纳米膜过滤技术

20 世纪 90 年代出现了纳米（Nanofiltration）膜分离过程。由于这类膜孔径是在纳米范围，所以称为纳滤膜及纳滤过程。纳滤是介于反渗透与超滤之间的一种以压力为驱动力的新型膜分离过程，见图 5–4，它拓宽了液相膜分离过程。纳滤特别适用于分离相对分子质量为几百的有机化合物，它的操作压力一般小于 1 MPa，能截断相对分子质量为 $M_r = 300 \sim 1000$ 的分子（近来也有报导大于 200 或 100 的），见图 5–4，这与制膜的技术有关。

从图 5–5 可见，纳米过滤膜截断相对分子质量范围比反渗透膜大而比超滤膜小，因此可以截留能通过超滤膜的溶质而让不能通过反渗透膜的溶质通过，根据这一原理，可用纳米过滤来填补由超滤和反渗透所留下的空白部分。

20 世纪 80 年代初期，美国 Film Tec 的科学家研究了一种薄层复合膜，它能使 90% 的 NaCl 透析，而 99% 的蔗糖被截留。显然，这种膜既不能称之为反渗透膜（因为不能截留无机盐），也不属于超滤膜的范畴（因为不能透析低相对分子质量的有机物）。由于这种膜在渗透过程中对约为 1 nm 的小分子截留率大于 95%，因而它被命名为"纳米过滤"。

纳米过滤的特点是：①在过滤分离过程中，它能截留小分子的有机物并可同时透析出盐，即集浓缩与透析为一体；② 操作压力低，因为无机盐能通过纳米滤膜而透析，使得纳米过滤的渗透压远比反渗透低，这样，在保证一定的膜通量的前提下，纳米过滤过程所需的外加压力就能比反渗透低得多，具有节约动力的优点。

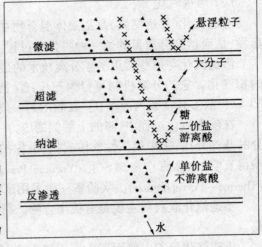

鉴于上述特点，这种膜分离过程在工业流体的分离纯化方面将大有作为，比超滤和反渗透的应用面要广得多，所以引起各国著名的反渗透膜制造商竞相投入巨资，研究制造纳米滤膜并开发其应用领域，使该高新分离技术得到迅速发展，为繁荣经济做出了贡献。

图 5 - 4 膜的分类与特性

（2）膜蒸馏

膜蒸馏（Membrane Distillation）是膜技术与蒸发过程结合的新型膜分离过程。20 世纪 60 年代 Findly 首先介绍了这种分离技术。1982 年 Gore 报导了采用一种称为 Gore - Tex 膜的聚四氟乙烯膜进行膜蒸馏和潜热回收的情况，并论述了采用这种技术进行大规模海水淡化的可能性，引起了人们的重视，见图 5 - 6。

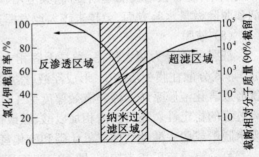

膜蒸馏所用的聚合物必须是疏水性的微孔膜，普遍认为聚四氟乙烯最好。膜的孔径一般在 0.2 ~ 0.4 μm 之间为宜。

图 5 - 5 纳滤与反渗透、超滤操作性能比较

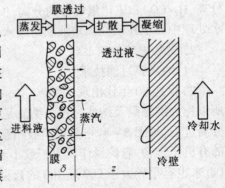

膜蒸馏是在常压和低于溶液沸点的温度下进行的。热侧溶液通常在较低的温度（例如 40 ~ 50 ℃）下操作，因而常常可以使用低温热源或废热。与反渗透比较，它在常压下操作，设备要求低，过程中溶液浓度变化的影响小；与常规蒸馏比较，它具有较高的蒸馏效率，蒸馏液更为纯净。膜蒸馏是一个有相变的膜过程，它主要用于盐水淡化和水溶液的浓缩，目前已有 10 ~ 100 t/d 的膜蒸馏海水淡化的商品装置。提高热能利用率是目前改进膜蒸馏的主攻方向。

图 5 - 6 膜蒸馏原理示意图

（3）膜萃取

20 世纪 80 年代初，一个将膜过程和液 - 液萃取过程结合的膜萃取（Membrane Extraction）过程开始出现。

膜萃取的传递过程是在把料液相和萃取相分开的微孔膜表面上进行的。因此，它不存在通常萃取过程中液滴的分散与聚合问题。膜萃取的优点如下：① 没有液体的分散和聚集过程，可减少萃取剂的夹带损失；② 不形成直接接触的液 - 液两相流动，可使选择萃取剂的范围

大大拓宽;③ 两相在膜两侧分别流动,使过程免受"反混"的影响和"液泛"条件的限制;④ 与支撑液膜相比,萃取相的存在,可避免膜内溶液的流失。

膜萃取目前还处在实验室研究阶段,常用的是中空纤维装置。膜萃取中相之间可能存在相互渗透、膜的溶胀,以及由此引起的膜器的寿命等是其实际应用时所须解决的问题。

(4)液膜电渗析

如果电渗析器中的固态离子交换膜用具有相同功能的液态膜代替,就构成液膜电渗析工艺。

利用萃取剂作液膜与电渗析过程结合在一起有很大的前途,对于浓缩和提取贵金属、重金属和稀有金属等问题有可能找到高效的分离方法。因为提高电渗析的提取效率直接与寻找对这种形式的离子具有特殊选择性的膜有关,而这种选择的最大可能性可以在液膜领域中找到。

液膜电渗析目前尚处在实验室阶段,其实验模型是利用半透性玻璃将液膜溶液包封制成薄层状隔板,然后装入小型电渗析器中进行运转。

液膜电渗析把化学反应、扩散过程和电迁移三者结合起来,今后会有广阔的应用前景。

(5)亲和膜分离

1951 年 Hedda 等提出的亲和膜分离(Affinity Membrane Separation)方法最近得到迅速发展。亲和膜分离是基于在膜分离介质上(一般为超滤或微滤膜)利用其表面及孔内所具有的官能团,将其活化,接上具有一定大小的间隔臂(Spacer),再选用一个合适的亲和配基(Ligand),在合适条件下使其与间隔臂分子产生共价结合,生成带有亲和配基的膜。将样品混合物缓慢地通过膜,使样品中能与亲和配基产生特异性相互作用的分子(配合物 Legate)产生偶联,生成相应的络合物。然后,改变条件,如洗脱液组成、pH 值、离子强度、温度等,使已和配基产生亲和作用的配合物产生解离,将其收集,从而使样品得以分离。

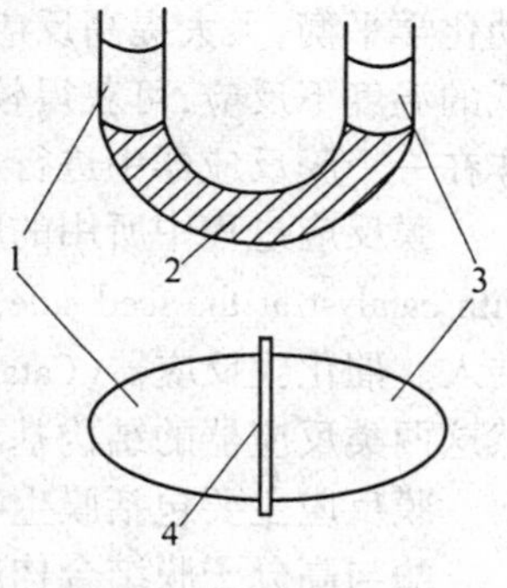

亲和膜分离技术将是解决生物技术下游产品的回收和纯化的高效方法。随着生命科学和生物技术的迅速发展,对生物大分子纯化分离的要求越来越高。一些相对分子质量差别很小的大分子,可用亲和介质所具有的高选择性和特性性能,将一二种所需组分从数十甚至数百种物质的混合物中分离出来。

亲和膜分离刚出现不久,还有许多理论和实际问题需要解决,尤其是制造技术中的一些关键问题亟待攻克。

(6)促进传递

见图 5-7,促进传递(Facilitated Transport)是在膜中进行的一种抽提(萃取)。

促进传递与固体膜分离过程的对比列于表 5-2,促进传递有以下特点:① 它具有极高的选择性;② 通量大;③ 极易中毒。

图 5-7 促进传递原理示意图
1—混合盐原料溶液;2—聚醚的三氯甲烷溶液;3—反萃液,初始纯水;4—带有膜孔的三氯甲烷溶液

表 5－2　促进传递膜与固态膜性能的比较

膜	扩散系数/cm²·s⁻¹	分离因子	厚度/cm
玻璃态聚合物膜	10^{-8}	4	10^{-6}
橡胶态聚合物膜	10^{-6}	1.3	10^{-4}
促进传递膜	10^{-5}	50	10^{-3}

促进传递的研究是从活性生物膜开始的,后来促进传递被用于酸气处理、金属离子回收和药剂纯化等方面,但是直至 1975 年都未能在工业上应用。1980 年以来,在促进传递上的主要研究工作集中在改进膜的稳定性。

(7)膜反应过程

许多重要的化学反应都是平衡反应,使用普通的反应器无法突破平衡转化率的限制。在膜反应器中,利用膜的选择透过性,连续脱除某一产物组分,使化学反应平衡发生移动,从而提高可逆反应的转化率,减少未反应物的循环量。如果利用膜的选择透过性,使反应物的某一组分通过膜而加入,就有可能提高复杂反应的选择性。

膜反应过程(Membrane Reaction)有以下特点:① 对受化学平衡限制的反应,膜反应器能移动化学平衡,大大提高反应的转化率;② 膜反应有可能大大提高复杂反应的选择性;③ 在较低的温度下反应,可获得较高的转化率;④ 有可能使化学反应、产物分离和净化等几个单元操作在一个膜反应器中进行,节省投资;⑤ 较低的反应温度和压力可节约能源。

膜反应过程中所用的膜反应器,一般可以分为两类。惰性膜反应器(Inert membrane reactor with catalyst at the feed side)所用的膜本身无催化活性,只起分离作用。反应所需的催化剂另行装入。催化膜反应器(Catalytic membrane reactor)所用的膜同时具有催化和分离双重功能。虽然这两类反应器的结构基本类似,但工作原理不尽相同。

膜反应主要包括膜生物反应和膜催化反应两个方面。

酶与高分子膜结合构成酶膜反应器是 1966 年 Weetal 首先提出的,后来合成高分子酶膜也被成功地用于乙醇发酵,实现了连续生产。最近,又进一步推广到辅酶反应过程中,开发出具有更高功能的催化膜。同时,固定化细胞的膜反应器和半透性微胶囊固定化膜生物反应器也相继问世。在膜生物反应领域,膜反应技术已取得相当大的进展。

在膜催化反应领域,通常反应温度较高,需要使用无机膜。钯膜对氢有极高的选择性,最早被用来研究膜反应器中的加氢和脱氢反应,有时把钯膜也同时当作催化剂。环己烷脱氢是研究的最多的反应。接近全部转化这一实验结果被用来显示膜反应器的特点。最近,钯/陶瓷复合膜和可选择透过氧的材料的研究得到极大重视。多孔的无机膜由于对各组分的分离系数不高,在膜反应器中只可用作支撑底膜。

膜反应过程的研究、开发与应用已取得显著成效,随着各种问题的解决和膜性能的提高,膜反应过程的应用前景十分广阔。

3.膜分离与各化工分离和反应过程的结合

为实施某一具体对象的分离,将膜分离与其他分离和反应单元操作结合起来,发挥各自的优点,往往能获得很好的分离效果,取得良好的经济效益。这是近年来在膜分离技术的发展中的一个新的动向。

(1)膜分离与蒸发操作相结合

以 2% $CuSO_4$ 水溶液的浓缩为例,若想将浓度提高到 80%,经济的方法是先用反渗透从

2%提高到20%,再经蒸发浓缩到80%。实践表明,与单纯蒸发相比,后者能耗要高十倍。

（2）膜分离与吸附操作相结合

以美国 Permea 公司设计的一种飞机上用的分离器为例,先用膜法把空气中的氧含量从21%浓缩到40%～45%,再用吸附法进一步分离氧和氮。这种方法较之单用吸附法效率提高了三倍,设备尺寸也小得多。氮可用作油箱的保护气,氧用于机上人员的呼吸。

（3）膜分离与冷冻操作相结合

例如,Cryctronics,Inc.公司用膜分离法先把空气中的氮提浓到99%,再用氦冷冻系统把气态氮液化成液氮。又如,Air Product 和 Chemicals, Inc.用膜法及冷冻法串联和并联相结合的流程分离氢/甲烷混合气中的空气,结果比任一种单独的方法为好,冷凝温度由 -158℃升高至 -134℃,能耗与成本均降低。

（4）膜分离与离子交换树脂法相结合

Ionics,Inc.公司在美国南部地区的一个发电厂,为革新工艺,在原有的澄清/过滤与离子交换树脂装置之间加了一个电渗析装置,用以粗脱水中的离子,结果大大延长了离子交换装置的运转周期,再生频率下降5～10倍,化学品消耗、废料排出量及操作人员都有所减少,并提高了生产能力。

（5）膜分离与催化反应相结合

例如 Cryonic,Inc.公司提供的用于海洋石油平台的高纯氮装置氮的纯度为99.9995%。其制备方法是用燃料气在空气中燃烧后,先用去除氧和二氧化碳得到氮,再用膜分离把氮提浓到99.5%,加入适量的氧,经过金属钯催化剂除去残氧,氮中氧的体积分数可小于 5×10^{-6}。

第二节　超临界流体萃取概述

超临界流体萃取(Supercritical fluidextraction,简称 SFE)是用超临界条件下的流体作为萃取剂,由液体或固体中萃取出所需成分(或有害成分)的一种分离方法。超临界流体(Supercritical fluid,简称 SCF)是指操作温度超过临界温度和压力超过临界压力状态的流体。在此状态下的流体,具有接近于液体的密度和类似于液体的溶解能力,同时还具有类似于气体的高扩散性、低粘度、低表面张力等特性。因此 SCF 具有良好的溶剂特性,很多固体或液体物质都能被其溶解。常用的 SCF 有二氧化碳、乙烯、乙烷、丙烯、丙烷和氨等,其中以二氧化碳最为常用。由于 SCF 在溶解能力、传递能力和溶剂回收等方面具有特殊的优点,而且所用溶剂多为无毒气体,避免了常用有机溶剂的污染问题。

作为一个分离过程,超临界流体萃取过程介于蒸馏和液 - 液萃取过程之间。可以这样设想,蒸馏出物质在流动的气体中,利用不同的蒸气压进行蒸发分离;液 - 液萃取是利用溶质在不同溶液中的溶能能力的差异进行分离;而超临界流体萃取是利用临界或超临界状态的流体,依靠被萃取的物质在不用的蒸汽压力下所具有的不同化学亲和力和溶解能力进行分离、纯化的单元操作,即此过程同时利用了蒸馏和萃取现象,蒸气压和相分离均起作用。

对超临界现象的观察和研究已有 100 多年的历史,目前超临界流体萃取已经发展成为一项新型的化工分离技术,应用领域相当广泛,可用于芳香化合物、聚合物、石油、脂肪、天然产物中许多特定组分的分离,尤其在分离或生产高经济价值的产品,如食品、药品和精细化工产品等方面有广阔的前景。

一、超临界流体萃取的基本原理

1. 超临界流体定义

任何一种物质都存在三种相态——气相、液相、固相。三相成平衡态共存的点叫三相点。液、气两相成平衡状态的点叫临界点。在临界点时的温度和压力称为临界温度、临界压力。不同的物质其临界点所要求的压力和温度各不相同。

超临界流体(SCF)是指温度和压力均高于临界点的流体,如二氧化碳、氨、乙烯、丙烷、丙烯、水等。高于临界温度和临界压力而接近临界点的状态称为超临界状态。处于超临界状态时,气液两相性质非常相近,以至无法分别,所以称之为 SCF,此时,流体表现出具有较高的密度、较高的粘度和较低的扩散系数。SCF 和常温、常压下气体、液体的物性比较见表 5－3。

表 5－3 SCF 和常温、常压下气体、液体的物性比较

流　　体	物理性质		
	密度/ $g \cdot cm^{-3}$	粘度$\times 10^{-4}$/ $g \cdot (cm \cdot s)^{-1}$	扩散系数/ $cm^2 \cdot s^{-1}$
气体,15～20 ℃,常压	$(0.6～) \times 10^{-3}$	1～3	0.1～0.4
临界流体,T_c,P_c	0.2～0.5	1～3	0.7×10^{-3}
超临界流体,$> T_c$,$4P_c$	0.4～0.9	3～9	0.2×10^{-3}
液体(有机溶剂,15～20 ℃,常压)	0.6～1.6	20～300	$(0.2～2) \times 10^{-5}$

表 5－3 说明 SCF 具有接近液体的密度和接近气体的粘度。而且扩散速度又比液体大 100 倍。因此 SCF 具有良好的溶剂特性。

目前研究较多的超临界流体是二氧化碳。因其具有无毒、不燃烧、对大部分物质不反应、价廉等优点,所以最为常用。在超临界状态下,CO_2 流体兼有气液两相的双重特点,既具有与气体相当的高扩散系数和低粘度,又具有与液体相近的密度和对物质的良好的溶解能力。其密度对温度和压力变化十分敏感,且与溶解能力在一定压力范围内成比例,所以可通过控制温度和压力改变物质的溶解度。

2. 超临界流体萃取的基本原理

超临界流体萃取分离过程是利用超临界流体的溶解能力与其密度的关系,即利用压力和温度对超临界流体溶解能力的影响而进行的。当气体处于超临界状态时,成为性质介于液体和气体之间的单一相态,具有和液体相近的密度,粘度虽高于气体但明显低于液体,扩散系数为液体的 10～100 倍;因此对物料有较好的渗透性和较强的溶解能力,能够将物料中某些成分提取出来。

在超临界状态下,将超临界流体与待分离的物质接触,使其有选择性地依次把极性大小、沸点高低和相对分子质量大小的成分萃取出来。并且超临界流体的密度和介电常数随着密闭体系压力的增加而增加,极性增大,利用程序升压可将不同极性的成分进行分步提取。当然,对应各压力范围所得到的萃取物不可能是单一的,但可以通过控制条件得到最佳比例的混合成分,然后借助减压、升温的方法使超临界流体变成普通气体,被萃取物质则自动完全析出或基本析出,从而达到分离提纯的目的,并将萃取分离两过程合为一体,这就是超临界流体萃取分离的基本原理。

3. 超临界 CO_2 的特性

（1）超临界 CO_2 的溶解能力

超临界状态下，CO_2 对不同溶质的溶解能力差别很大，这与溶质的极性、沸点和相对分子质量密切相关，一般来说有以下规律：

① 亲脂性、低沸点成分可在低压（104 Pa）萃取，如挥发油、烃、酯等。

② 化合物的极性基团越多，就越难萃取。

③ 化合物的相对分子质量越高，越难萃取。

（2）超临界 CO_2 的特点

超临界 CO_2 成为目前最常用的萃取剂，它具有以下特点：

① CO_2 临界温度为 31.1 ℃，临界压力为 7.2 MPa，临界条件容易达到。

② CO_2 化学性质不活泼，无色无味无毒，安全性好。

③ 价格便宜，纯度高，容易获得。

因此，CO_2 特别适合天然产物有效成分的提取。

二、超临界流体萃取的特点

1. 萃取和分离合二为一。当饱含溶解物的二氧化碳超临界流体流经分离器时，由于压力下降使得 CO_2 与萃取物迅速成为两相（气液分离）而立即分开，不存在物料的相变过程，不需回收溶剂，操作方便；不仅萃取效率高，而且能耗较少，节约成本。

2. 压力和温度都可以成为调节萃取过程的参数。临界点附近，温度压力的微小变化，都会引起 CO_2 密度显著变化，从而引起待萃物的溶解度发生变化。可通过控制温度或压力的方法达到萃取目的。压力固定，改变温度可将物质分离；反之温度固定，降低压力使萃取物分离；因此工艺流程短、耗时少。对环境无污染，萃取流体可循环使用，真正实现生产过程绿色化。

3. 萃取温度低，CO_2 的临界温度为 31.265 ℃。临界压力为 7.18 MPa，可以有效地防止热敏性成分的氧化和逸散，完整保留生物活性，而且能把高沸点、低挥发度、易热解的物质在其沸点温度以下萃取出来。

4. 临界 CO_2 流体常态下是气体，无毒，与萃取成分分离后，完全没有溶剂的残留，有效地避免了传统提取条件下溶剂毒性的残留。同时也防止了提取过程对人体的毒害和对环境的污染。

5. 超临界流体的极性可以改变，一定温度条件下，只要改变压力或加入适宜的夹带剂，即可提取不同极性的物质，可选择范围广。

三、典型的超临界萃取流程

利用 SCF 的溶解能力随温度或压力改变而连续变化的特点，可将 SFE 过程大致分为两类，即等温变压流程和等压变温流程。前者是使萃取相经过等温减压，后者是使萃取相经过等压升（降）温，结果都能使 SCF 失去对溶质的溶解能力，达到分离溶质与回收溶剂的目的。典型的等温降压超临界萃取流程见图 5-8。

将二氧化碳气体压缩升温达到溶解能力最大的状态点 1（即 SCF 状态），然后加到萃取器与被萃取物料接触。由于 SCF 有很高的扩散系数，故传质过程很快就达到平衡。此过程维持压力恒定，则温度自然下降，密度必定增加，到状态点 2，然后萃取物流进入分离器，进行等温减压分离过程，到状态点 3，这时 SCF 的溶解能力减弱，溶质从萃取相中析出，SCF 再进入压缩

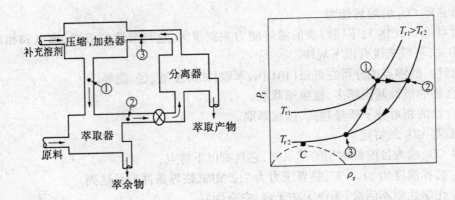

图 5-8 超临界萃取流程

①→② $T\downarrow$ 进料萃取；②→③ $p\downarrow$ $p\downarrow$ 分离出料；③→① $T\uparrow$ $p\uparrow$ 溶剂加收

机进行升温加压，回到状态点 1，这样只需要不断补充少量溶剂，过程就可以周而复始。

四、超临界流体萃取技术的应用

1. 在化工方面的应用

SFE 技术从 20 世纪 50 年代初在化学工业中崭露头角以来，已涉及石油化工、煤化工、精细化工等领域。石油化工的 SFE 应用是化工生产中开发最早的行业，除主要用于渣油脱沥青外，在废油回收利用及三次采油等方面也得到了一定的开发。

在美国超临界技术还用来制造液体燃料。以甲苯为萃取剂，在 SCF 溶剂分子的扩散作用下，促进煤有机质发生深度的热分解，能使三分之一的有机质转化为液体产物。此外，从煤炭中还可以萃取硫等化工产品。

美国最近研制成功用超临界二氧化碳既作反应剂又作萃取剂的新型乙酸的制造工艺。俄罗斯、德国还把 SOFE 法用于油料脱沥青技术。

此外，超临界流体萃取技术还可以用于提取茶叶中的茶多酚；提取银杏黄酮、内酯；提取桂花精和米糖油。

2. 超临界流体萃取技术在国内天然药物研制中的应用

目前，国内外采用 CO_2 超临界萃取技术可利用的资源很多如紫杉、黄芪、人参叶、大麻等等，SCF 对非极性和中等极性成分的萃取，可克服传统的萃取方法中因回收溶剂而致样品损失和对环境的污染，尤其适用于对温热不稳定的挥发性化合物提取；对于极性偏大的化合物，可采用加入极性的夹带剂如乙醇、甲醇等，改变其萃取范围提高抽提率。

3. 在食品方面的应用

超临界流体萃取技术应用于食品中的研究有很多，如咖啡、红茶脱咖啡因；萃取啤酒花、萃取香辛料、萃取植物色素和植物油；食品及原料脱脂；萃取动物油脂；醇类饮料的软化脱色、脱臭；油脂的精炼脱色、脱臭；萃取中药有效成分；烟草脱尼古丁等。但目前研究仍主要限于适用领域的开发和探讨，实际应用于生产的仍然较少。

4. 在医药制品方面的应用

从动、植物中提取有效药物成分仍是目前 SFE 在医药工业中应用较多的一个方面。在抗生素药品生产中以及用 SOFE 法从银杏叶中提取的银杏黄酮，从鱼的内脏、骨头等提取的多烯不饱和脂肪酸(DHA,EPA),从沙棘籽提取的沙棘油,从蛋黄中提取的卵磷脂等均用超临界流体萃取技术。这些药品对心脑血管疾病具有独特的疗效。

近年来,超临界流体技术在医药工业上的应用已不仅仅局限于萃取方面,随着研究的不断深入,利用超临界流体技术进行药物的干燥、造粒和制作缓释药丸已成为人们关注的一个新的热点。

超临界流体结晶技术中的 RESS 过程、GAS 过程等可用于制备粒径均匀的超细颗粒,从而可制备控释小丸等剂型,可用来制备中药新剂型。

5．天然香精香料的提取

用 SOFE 法萃取香料不仅可以有效地提取芳香组分,而且还可以提高产品纯度,能保持其天然香味,如从桂花、茉莉花中提取花香精,从胡椒、肉桂、薄荷提取香辛料,从芹菜籽、生姜等原料中提取精油,不仅可以用作调味香料,而且一些精油还具有较高的药用价值。啤酒花是啤酒酿造中不可缺少的添加物,具有独特的香气、清爽度和苦味。传统方法生产的啤酒花浸膏不含或仅含少量的香精油,破坏了啤酒的风味,而且残存的有机溶剂对人体有害。超临界流体萃取技术为啤酒花浸膏的生产开辟了广阔的前景。

目前已工业化的超临界流体萃取过程有:从烟草废料提取尼古丁、从土壤中除去多环芳烃、用 SC－CO$_2$ 析出粒状活性炭中的 2,2－双(对－氯苯基)－1,1,1－三氯乙烷和二氯酚、植物油的提取、用 SC－CO$_2$ 流体提取辣椒红色素、废水工业中用 SCF 萃取有机物、天然气田中用 SCF 溶解固体硫及利用 SCF 技术促进化学反应与改善化工过程。

五、超临界流体萃取技术的展望

与气体、液体和固体一样,超临界流体具有自己的特点,也具有自己的局限性。人们对气体、液体和固体的研究及有效利用已有多年的历史,但真正重视超临界流体的研究和应用是从 20 世纪 70 年代开始的。虽然超临界流体技术在许多方面已得到应用,但还远没有发挥其应有的作用。这主要是因为目前对超临界流体性质的认识还远远不够。随着认识的深入,超临界流体技术势必得到越来越广泛的应用。从目前发展趋势看,超临界技术将在以下方面发挥重要作用:

(1) 超临界流体萃取方面,虽然其发展历史较长,但仍保持其强劲的发展势头,在食品、医药等工业领域将发挥越来越重要的作用。

(2) 化学反应工程方面,环境好的超临界流体将取代一些有害的有机溶剂,并且使反应效率更高,甚至有可能得到通常条件下难以得到的产品。

(3) 材料科学方面,超临界技术应用前景十分广阔,其中包括聚合物材料加工、不同微粒的制备、药物的包封、多孔材料的制备、喷涂、印染等等。

(4) 环境科学方面,超临界水为有害物质和有害材料的处理提供了特殊的介质。随着腐蚀等问题的解决,超临界水氧化处理污水、超临界水中消毁毒性及危险性物质等可能很快实现商业化。另外,超临界流体技术在土壤中污染物的清除与分析等方面也具有一定的应用前景。

(5) 生物技术方面,超临界技术在蛋白质的提取和加工、细胞破碎中的应用等已引起重视。

(6) 洗涤工业中,超临界流体清洗纺织品、金属零部件等具有许多优点,目前已引起重视。

第三节 分离方法的选择

前面各章的内容都是讨论在分离方法及设备类型等已经选定以后,如何分析与设计给定的分离过程。但是分离方法是多种多样的(参阅表 5-4),常常不能一下子就确定出在一定条件下,分离一个特定的混合物究竟该用哪一种分离方法。这是因为对选择分离方法有影响的因素很多,而且有些因素的影响又随特定的条件而改变,因此很难有一个在一切条件下均可遵循的考虑模式。下面只是提供一些比较粗略的办法以供选择分离方法时参考。

表 5-4 主要分离方法

1. 机械的分离方法	
1) 过滤	7) 浸取
2) 网眼除沫	8) 渗透
3) 沉降	9) 泡沫分级
4) 离心	10) 磁分离法
5) 静电沉降	11) 色谱法
6) 升华	
2. 以平衡为基础的分离方法	3. 以速率为基础的分离方法
1) 蒸发	1) 气体扩散
2) 精馏	2) 热扩散
3) 吸收	3) 电渗析
4) 萃取	4) 电泳
5) 结晶	5) 反渗透
6) 吸附	6) 超过滤
7) 离子交换	7) 分子精馏
8) 干燥	

1. 可行性

任何一个可提供考虑的分离方法,首先必须是可行的,也就是说,应用该分离方法有可能获得所要的结果。这虽然是一个看来很简单的原则,但用处常常是很大的。利用它可以把大量的分离方法筛选掉。例如,若要分离的混合物是丙酮和乙醚的溶液,由于它们是非离子型化合物,因此,离子交换法、磁力分离法、电泳法等是用不上的;由于丙酮和乙醚的表面性质差别不大,因此泡沫法等也是不需要考虑的。

通常,某一种方法是否可行,还常常和需要不需要苛刻的工艺条件有联系。什么算苛刻的工艺条件,当然并无严格的界限。但一般的概念是如果要求很高或很低的压力或温度时,就不如采用不要这些条件的方法。例如对丙酮-乙醚来说,若要采用以固体为进料的分离方法(例如浸取,冷冻干燥,区域融熔等),就必须先将原料加以冷冻固化,因而必须使用低温冷冻。若有可能采用不需要冷冻的分离方法,那么,显然是希望使用它的。另一个例子是若要将 NaCl 与 KCl 用精馏或蒸发的方法来分离,那就得要求用很高的温度或很低的压力,而这当然也是不可取的。

将一个多组分混合物分离成为数不多的几个产品时,也有可行性问题。因为不同的分离方法是以不同的原理为依据的,所以同一混合物按不同的分离方法分离时,分得产品的顺序不一定相同。例如,丙烷－丙烯－丙二烯这样一个混合物,在分离获得纯的丙烯时,就是希望能得到纯的丙烯,而将丙烷及丙二烯留下作为另一个产品。用精馏方法分离时,丙烯是最易挥发的,因此可将丙烯作为馏出物,另两个组分作为釜液,分离是可行的。但若采用萃取精馏,由于加入了极性溶剂,丙烷的挥发度将变为最大,丙烯次之,而丙二烯则成为最不挥发。此时,若将丙烷作为馏出物,丙二烯就将和丙烯一起留在釜液中,这样的分离就不是所要求的。同样,若采用萃取的方法,因为希望用一个极性的能不完全互溶的溶剂,故溶剂对组分的亲和力大小也将是按丙二烯、丙烯、丙烷的次序排列,因此,丙二烯也不能与丙烷在一起。

　　另一个例子是从以汽油为原料的重整液中分离出芳烃,由于重整液中包括不同相对分子质量的饱和烃、不饱和烃及芳烃,因此不能用一个普通精馏塔将 $C_5 \sim C_{12}$ 混合液中的芳烃与烷烃分开。因为芳烃与烷烃的沸点有重叠,正戊烷、正己烷的挥发度最大,其次则是苯,而不是下一个烷烃了。若加入溶剂进行萃取精馏,则在溶剂存在下,相同碳原子的正构烷烃与芳烃之间的相对挥发度可以增大,但目前已有的溶剂仍不足以在一个塔内将烷烃与芳烃分离。若先用一般精馏塔将重整液切割成三个馏分,然后再用萃取精馏分别将各个馏分的烷烃与芳烃分离,这是可行的,但却是一个昂贵的办法。液-液萃取的溶剂通常比萃取精馏的溶剂有更大的选择性,这是因为萃取过程是在系统发生分层的范围进行的,即有足够大的非理想性;而萃取精馏则不能选用在发生分层的范围内,故萃取的分离效果会较萃取精馏好些,因而利用萃取就可在一个塔内将烷烃与芳烃分开。但若进料组成很宽,则利用萃取与萃取精馏相结合,可能是最好的。因为此时,轻饱和烃很易在萃取精馏中分出,而饱和烃则易与其他烃在萃取过程中分开,故可先用萃取过程将重饱和烃分走,再用萃取精馏将其余的饱和烃与芳烃分开。

　　2. 产品的价值

　　产品的价值常常影响到分离过程的选择。从海水淡化所得的淡水、裂解气分离所得的乙烯,以及很多醛、酮、酸,直到很多药物(如维生素等),其价值可以相差达几个数量级之多。显然,有些分离方法对高价值产品是合适的,但对低价值的产品则不能用。产品的经济价值越低,就要求采用能耗尽量小或加入的分离介质是很便宜的那些过程。单价便宜的物质一般情况都是大量生产的,此时,在分离过程的选择中,工厂及分离设备的能力常常是一个重要因素,因为有些过程(如色层分离法)是难以大规模进行的。

　　3. 产品的损坏

　　避免产品的损坏,常常是分离方法选择中的一个重要因素。一个问题是要采取必要的步骤,以防止因热而使产品损坏,其中包括变质、变色,以及产生聚合物等。若采用精馏的办法有使产品因热而损坏的危险时,则常采用减压以降低釜温,此外,还常采用特殊的设计以缩短物料在高温下的停留时间。

　　另一个问题是加入的分离介质对产品质量所产生的影响。例如解吸过程所用气体中是否有氧存在,对易氧化的物质来说常常是一个决定性的因素。再如对生物制品来说,冷冻有可能导致不可逆的组织破坏,因此必须选择合适的条件。

　　4. 过程的类别

　　从各类分离方法用于不同的过程时所具有的优点和缺点来说,可对各类分离过程列出某些一般性的规律。

　　一般说来,以能量为分离介质的过程,其热力学效率较高。这是因为以物质为分离介质的过程中,由于混合过程加入了另一个组分,以后又要将它分离,则必定要花费能量。因此,在选用以物质为分离介质的分离过程时,应有较大的分离因子才行。

在连续操作中,处理固相不如处理流体来得方便,要实现有固相参加的连续过程常有一定困难,为此必须采用复杂的设备,或是用固定床装置。而固定床操作实际上是不连续的,必须有再生等。此外,在固定床操作中,不好利用逆流操作的优点。但当流体相中欲被吸附的物质含量越小时,则越具有吸引力。因为此时,再生次数就可减少,床的尺寸也可以缩小。

另一个重要因素是分级。膜分离过程较难实现多级过程,而精馏则可在一个塔内设很多的级。也有另一些方法很适合于需要很多的级的分离,例如色谱法。色谱对只要一级就够了的分离过程是不适宜的,因增加级数倒并不要花费太多的投资,因此,色谱适用在分离因子小,产品纯度要求高的过程,而膜分离则适用于分离因子较大的情况。

按过程类别加以考虑后,可以认为精馏是一种较好的分离方法。精馏是以能量为分离介质的,故从能量消耗来说,比较有利;精馏不处理固相物质,比结晶法来得好;也不需加入可能会使物料污染的分离介质;又易于在一个容器内实现多级过程。正因为有这些有利因素的结合,所以精馏是实际工业生产中最常用的分离方法。因此,在选择分离方法时,首先问一下"为什么不用精馏"? 看来是很合理的,除了有明显的理由说明精馏是不合适的,那么精馏总是首先可供选择的一个方法。不用精馏的原因常不外是:①产品会因受热而损坏;②分离因子十分接近于1;③精馏时要用过高或过低的压力或温度。

5. 分子性质

不同的分离方法所依据的物质的宏观性质是不同的。精馏是依靠蒸气压的不同,而萃取和吸收则是溶解度的差别,等等。这些宏观性质的差别必定是分子本身性质不同的反映。目前,已知下列分子性质对于分离因子的大小有重要的决定作用:

(1) 相对分子质量;

(2) 分子体积通常是用物质在常压沸点下的摩尔体积来表示;

(3) 分子形状指分子是链状的、圆的等,常用键角来度量;

(4) 偶极矩及极化度这些性质说明分子间力的大小;

(5) 分子电荷;

(6) 化学反应。

表5-5中列出了分子性质对不同分离方法的分离因子的影响。

表5-5 分子性质对分离因子的影响

分离过程	相对分子质量	分子体积	分子形状	偶极矩	分子电荷	与分离介质的作用		
						化学平衡	分子大小及形状	偶极矩
精　　馏	3	3	4	2	－	－	－	－
结　　晶	4	2	2	3	2	－	－	－
吸　　收	－	－	－	－	－	2	3	2
萃　　取	－	－	－	－	－	2	3	2
一般吸附	－	－	－	－	－	2	3	2
分子筛吸附	－	－	－	－	－	－	1	3
超　过　滤	－	－	4	－	－	－	1	－
气体扩散	1	－	－	－	－	－	－	－
电　渗　析	－	－	－	－	1	－	2	－

注:1-首要作用,必需具备差别;2-重要作用;3-次要作用;4-作用甚小;-无作用。

该表不可能是很精确的,但可以定性地看出其趋势。例如,精馏的分离因子是相对挥发度主要反映在蒸气压的差别上,而蒸气的差别又主要反映出分子间力的强弱。结晶过程的分离因子是反映不同物质的分子能否相互配置的能力,因此简单的几何因素,如分子大小、形状等便是主要的了。将分离过程按分子性质的影响加以分类,可以有助于选择分离方法。例如,溶液中各组分的极性不同,则可考虑用精馏;如相对挥发度差别不大,则可考虑用极性溶剂萃取;若极性大的组分浓度很小,则用极性吸附剂固定床吸附分离是合适的。

6. 经验

经验在选择分离方法中起重要的作用,一般设计人员都愿意应用已经取得较好经验的分离方法,因此很多方法常常是慢慢地才被广泛采用的。一个优秀的工程技术人员应该是既勇于采用先进技术,又能仔细分析已有的经验,包括本人和本单位的经验,也包括旁人和外单位的经验,这样才能有所创造,有所前进。

参 考 文 献

1　Sun-Tak Huang. Karl Kammermeger, Membranes in Separation. Wiley-Interscience, New Youk, 1975

2　R M Barrer. Diffusion in and Through Solids. Cambridge University Press, Londen, 1951

3　时钧,袁权,高从.膜技术手册.北京:化学工业出版社,2001

4　张镜澄.超临界流体萃取.北京:化学工业出版社,2000

5　朱自强.超临界流体技术.北京:化学工业出版社,2000

6　Reis T Chen Proc Eng 51.1970(3):65～76

7　Takao S Hydv. Proc 45.1966(11):15～154

8　King C J. Separation Processes, McGraw－Hill,1971